최근 출제경향을 완벽하게 분석한 **소방기술자격시험대비**

소방
기술사 2
기출문제풀이

배상일 · 김성곤 공저

PROFESSIONAL ENGINEER
FIRE PROTECTION

예문사

머리말

    소방기술사 시험은 기사 및 산업기사보다 높은 단계에 있는 상위 자격증으로 취업 등 사회적 우대를 받게 되는 자격제도이며, 연봉이 높고 취업분야가 많지만 난이도가 높아 합격률이 굉장히 낮은 시험입니다.

    소방기술사 자격시험의 1차 필기는 논술형 방식으로 '화재 및 소화이론(연소, 폭발, 연소생성물 및 소화약제 등), 소방수리학 및 화재역학, 소방시설의 설계 및 시공, 소방설비의 구조원리(소방시설 전반), 건축방재(피난계획, 연기제어, 방·내화설계 및 건축재료 등), 화재, 폭발위험성 평가 및 안정성 평가(건축물 등 소방 대상물), 소방관계법령에 관한 사항' 과목으로 실시됩니다. 이처럼 내용과 범위가 광대하므로 길을 모르고 시작하면 필연적으로 수험기간이 길어지고, 수험생은 포기할 수밖에 없습니다.

    이 책은 1차 필기를 세 번만에 합격한 경험을 바탕으로, 소방기술사를 준비하는 수험생들의 공부방법과 답안지 작성방법을 수험생의 입장에서 쉽게 접근하고, 빠른 기간에 합격할 수 있는 지름길을 안내하기 위해 편찬하였습니다.

    이 한 권의 책이 수험생들에게 빠른 합격의 발판이 되길 기원하며, 책이 나올 수 있도록 도움을 주신 김성곤 원장님, 예문사 출판관계자분들과 곁에서 함께 해준 가족들에게 감사드립니다.

2024. 6
배상일(소방기술사)

출제기준

출제기준[필기]

직무 분야	안전관리	중직무 분야	안전관리	자격 종목	소방기술사	적용 기간	2023.1.1.~2026.12.31.

직무내용 : 소방설비 종목에 관한 고도의 전문지식과 실무경험에 입각한 계획, 연구, 설계, 분석, 시험, 운영, 시공, 평가, 진단, 유지관리 또는 이에 관한 지도, 감리, 사업관리 등의 기술업무를 수행하는 직무이다.

검정방법	단답형/주관식 논문형	시험시간	400분(1교시당 100분)

필기 과목명	주요항목	세부항목
화재 및 소화이론(연소, 폭발, 연소생성물 및 소화약제 등), 소방수리학 및 화재역학, 소방시설의 설계 및 시공, 소방설비의 구조원리(소방시설 전반), 건축방재(피난계획, 연기제어, 방화·내화설계 및 건축재료 등), 화재, 폭발위험성 평가 및 안전성 평가(건축물 등 소방대상물), 소방관계 법령에 관한 사항	1. 연소 및 소화이론	1. 연소이론 　－가연물별 연소 특성, 연소한계 및 연소범위 　－연소생성물, 연기의 생성 및 특성, 연기농도, 감광계수 등 2. 화재 및 폭발 　－화재의 종류 및 특성 　－폭발의 종류 및 특성 3. 소화 및 소화약제 　－소화원리, 화재 종류별 소화대책 　－소화약제의 종류 및 특성 4. 위험물의 종류 및 성상 　－화재현상 및 화재방어 등 　－위험물제조소 등 소방시설 5. 기타 연소 및 소화관련 기술동향
	2. 소방유체역학, 소방전기, 화재역학 및 제연	1. 소방유체역학 　－유체의 기본적 성질 　－유체정역학 　－유체유동의 해석 　－관내의 유동 　－펌프 및 송풍기의 성능 특성 2. 소방전기 　－소방전기 일반 　－소방용 비상전원 3. 화재역학 　－화재역학 관련 이론 　－화재확산 및 화재현상 등 　－열전달 등

필기 과목명	주요항목	세부항목
	2. 소방유체역학, 소방전기, 화재역학 및 제연	4. 제연기술 - 연기제어 이론 - 연기의 유동 및 특성 등
	3. 소방시설의 설계, 시공, 감리, 유지 관리 및 사업관리	1. 소방시설의 설계 - 소방시설의 계획 및 설계(기본, 실시설계) - 법적 근거, 건축물의 용도별 소방시설 설치기준 등 - 특정소방대상물 분류 등 - 성능위주설계 - 소방시설 등의 내진설계 - 종합방재계획에 관한 사항 등 - 사전 재난 영향성 평가 2. 소방시설의 시공 - 수계소화설비 시공 - 가스계소화설비 시공 - 경보설비 시공 - 소방용 전원설비 시공 - 피난ㆍ소화용수설비 시공 - 소화활동설비 시공 3. 소방시설의 감리 - 공사감리 결과보고 - 성능평가 시행 4. 소방시설의 유지관리 - 유지관리계획 - 시설점검 등 5. 소방시설의 사업관리 - 설계, 시공, 감리 및 공정관리 등
	4. 소방시설의 구조 원리	1. 소화설비 - 소화기구, 자동소화장치, 옥내소화전설비, 스프링클러설비 등, 물분무 등 소화설비, 옥외소화전설비 2. 경보설비 - 단독경보형 감지기, 비상경보설비, 시각경보기, 자동화재탐지설비, 비상방송설비, 자동화재속보설비, 통합감시시설, 누전경보기, 가스누설경보기

필기 과목명	주요항목	세부항목
	4. 소방시설의 구조 원리	3. 피난설비 – 피난기구, 인명구조기구, 유도등, 비상조명등 및 휴대용비상조명등 4. 소화용수설비 – 상수도소화용수설비, 소화수조·저수조, 그 밖의 소화용수설비 5. 소화활동설비 – 제연설비, 연결송수관설비, 연결살수설비, 비상콘센트설비, 무선통신보조설비, 연소방지설비
	5. 건축방재	1. 피난계획 – RSET, ASET, 피난성능평가 등 – 피난계단, 특별피난계단, 비상용승강기, 피난용승강기, 피난안전구역 등 – 방·배연 관련 사항 등 2. 방·내화관련 사항 – 방화구획, 방화문 등 방화설비, 관통부, 내화구조 및 내화성능 – 건축물의 피난·방화구조 등의 기준에 관한 규칙 3. 건축재료 – 불연재, 난연재, 단열재, 내장재, 외장재 종류 및 특성 – 방염제의 종류 및 특성, 방염처리방법 등
	6. 위험성 평가	1. 화재폭발위험성평가 – 위험물의 위험등급, 유해 및 독성기준 등 – 화재위험도분석(정량·정성적 위험성평가) – 피해저감 대책, 특수시설 위험성평가 및 화재안전대책 – 사고결과 영향분석 2. 화재 조사 – 화재 원인 조사 – 화재 피해 조사 – PL법, 화재영향평가 등

필기 과목명	주요항목	세부항목
	7. 소방 관계 법령 및 기준 등에 관한 사항	1. 소방기본법, 시행령, 시행규칙 2. 소방시설공사업법, 시행령, 시행규칙 3. 화재의 예방 및 안전관리에 관한 법률, 시행령, 시행규칙 4. 소방시설 설치 및 관리에 관한 법률, 시행령, 시행규칙 5. 화재안전성능기준, 화재안전기술기준 6. 위험물안전관리법, 시행령, 시행규칙 7. 초고층 및 지하연계 복합건축물 재난관리에 관한 특별법, 시행령, 시행규칙 8. 다중이용업소의 안전관리에 관한 특별법, 시행령, 시행규칙 9. 기타 소방관련 기술 기준 사항(예 : NFPA, ISO 등)

출제기준

출제기준[면접]

직무 분야	안전관리	중직무 분야	안전관리	자격 종목	소방기술사	적용 기간	2023.1.1.~2026.12.31.

직무내용 : 소방설비 종목에 관한 고도의 전문지식과 실무경험에 입각한 계획, 연구, 설계, 분석, 시험, 운영, 시공, 평가, 진단, 유지관리 또는 이에 관한 지도, 감리, 사업관리 등의 기술업무를 수행하는 직무이다.

검정방법	구술형 면접시험	시험시간	15~30분 내외

면접항목	주요항목	세부항목
화재 및 소화이론(연소, 폭발, 연소생성물 및 소화약제 등), 소방수리학 및 화재역학, 소방시설의 설계 및 시공, 소방설비의 구조원리(소방시설 전반), 건축방재(피난계획, 연기제어, 방화·내화설계 및 건축재료 등), 화재, 폭발위험성 평가 및 안전성 평가(건축물 등 소방대상물), 소방관계 법령에 관한 전문지식/기술	1. 연소 및 소화이론	1. 연소이론 　-가연물별 연소 특성, 연소한계 및 연소범위 　-연소생성물, 연기의 생성 및 특성, 연기농도, 감광계수 등 2. 화재 및 폭발 　-화재의 종류 및 특성 　-폭발의 종류 및 특성 3. 소화 및 소화약제 　-소화원리, 화재 종류별 소화대책 　-소화약제의 종류 및 특성 4. 위험물의 종류 및 성상 　-화재현상 및 화재방어 등 　-위험물제조소 등 소방시설 5. 기타 연소 및 소화관련 기술동향
	2. 소방유체역학, 소방전기, 화재역학 및 제연	1. 소방유체역학 　-유체의 기본적 성질 　-유체정역학 　-유체유동의 해석 　-관내의 유동 　-펌프 및 송풍기의 성능 특성 2. 소방전기 　-소방전기 일반 　-소방용 비상전원 3. 화재역학 　-화재역학 관련 이론 　-화재확산 및 화재현상 등 　-열전달 등

면접항목	주요항목	세부항목
	2. 소방유체역학, 소방전기, 화재역학 및 제연	4. 제연기술 　－연기제어 이론 　－연기의 유동 및 특성 등
	3. 소방시설의 설계, 시공, 감리, 유지 관리 및 사업관리	1. 소방시설의 설계 　－소방시설의 계획 및 설계(기본, 실시설계) 　－법적 근거, 건축물의 용도별 소방시설 　　설치기준 등 　－특정소방대상물 분류 등 　－성능위주설계 　－소방시설 등의 내진설계 　－종합방재계획에 관한 사항 등 　－사전 재난 영향성 평가 2. 소방시설의 시공 　－수계소화설비 시공 　－가스계소화설비 시공 　－경보설비 시공 　－소방용 전원설비 시공 　－피난ㆍ소화용수설비 시공 　－소화활동설비 시공 3. 소방시설의 감리 　－공사감리 결과보고 　－성능평가 시행 4. 소방시설의 유지관리 　－유지관리계획 　－시설점검 등 5. 소방시설의 사업관리 　－설계, 시공, 감리 및 공정관리 등
	4. 소방시설의 구조 원리	1. 소화설비 　－소화기구, 자동소화장치, 옥내소화전설 　　비, 스프링클러설비 등, 물분무 등 소화 　　설비, 옥외소화전설비 2. 경보설비 　－단독경보형 감지기, 비상경보설비, 시각 　　경보기, 자동화재탐지설비, 비상방송설 　　비, 자동화재속보설비, 통합감시시설, 　　누전경보기, 가스누설경보기

출제기준

면접항목	주요항목	세부항목
	4. 소방시설의 구조 원리	3. 피난설비 　－피난기구, 인명구조기구, 유도등, 비상조명등 및 휴대용비상조명등 4. 소화용수설비 　－상수도소화용수설비, 소화수조·저수조, 그 밖의 소화용수설비 5. 소화활동설비 　－제연설비, 연결송수관설비, 연결살수설비, 비상콘센트설비, 무선통신보조설비, 연소방지설비
	5. 건축방재	1. 피난계획 　－RSET, ASET, 피난성능평가 등 　－피난계단, 특별피난계단, 비상용승강기, 피난용승강기, 피난안전구역 등 　－**방·배연 관련 사항 등** 2. 방·내화관련 사항 　－방화구획, 방화문 등 방화설비, 관통부, 내화구조 및 내화성능 　－건축물의 피난·방화구조 등의 기준에 관한 규칙 3. 건축재료 　－불연재, 난연재, 단열재, 내장재, 외장재 종류 및 특성 　－방염제의 종류 및 특성, 방염처리방법 등
	6. 위험성 평가	1. 화재폭발위험성평가 　－위험물의 위험등급, 유해 및 독성기준 등 　－화재위험도분석(정량·정성적 위험성 평가) 　－피해저감 대책, 특수시설 위험성평가 및 화재안전대책 　－사고결과 영향분석 2. 화재 조사 　－화재 원인 조사 　－화재 피해 조사 　－PL법, 화재영향평가 등

면접항목	주요항목	세부항목
	7. 소방 관계 법령 및 기준 등에 관한 사항	1. 소방기본법, 시행령, 시행규칙 2. 소방시설공사업법, 시행령, 시행규칙 3. 화재의 예방 및 안전관리에 관한 법률, 시행령, 시행규칙 4. 소방시설 설치 및 관리에 관한 법률, 시행령, 시행규칙 5. 화재안전성능기준, 화재안전기술기준 6. 위험물안전관리법, 시행령, 시행규칙 7. 초고층 및 지하연계 복합건축물 재난관리에 관한 특별법, 시행령, 시행규칙 8. 다중이용업소의 안전관리에 관한 특별법, 시행령, 시행규칙 9. 기타 소방관련 기술 기준 사항(예 : NFPA, ISO 등)
품위 및 자질	8. 기술사로서 품위 및 자질	1. 기술사가 갖추어야 할 주된 자질, 사명감, 인성 2. 기술사 자기개발과제

수험정보

출제경향 분석(70~131회)

소방기술사는 다양한 분야에서 출제되고 있으므로 출제율에 따라서 공부의 우선순위를 정하는 것이 효율적이다.

구분	연소	소방전기	소방기계	건축방화	방폭	위험물	위험성 평가	소방의 적용	계산 문제	합계
출제 횟수	163	312	480	250	59	82	41	186	146	1,719
비율 (%)	9.5	18.2	27.9	14.5	3.4	4.8	2.4	10.8	8.5	100
우선 순위	5	2	1	3	8	7	9	4	6	

처음 소방기술사 공부를 하는 경우에는 소방기계 → 소방전기 → 건축방화 순으로 정리하도록 하며, 소방기술사 준비를 오랫동안 해온 경우에는 전체를 아울러 내용을 정리하도록 한다.

수험요령

1. 준비 전 단계

주변정리	기술사 시험은 장기간 준비하여야 하므로, 주변 생활을 단순화하여야 한다. 음주, 흡연, 가족, 친구, 동료 및 교우관계 단체 참석 등을 최소화하여 인생의 전부를 건다는 생각으로 집중이 필요하다.
건강유지	수험기간 동안 책상에 앉아있는 시간이 길기 때문에 체력저하 등이 발생하여 중도에 포기해야 하는 상황이 발생할 수 있다. 이를 방지하기 위해 다양한 방법으로 건강을 지키며 공부하여야 한다.
마음가짐	첫째도 자신감. 둘째도 자신감이다. '나는 무조건 합격한다'는 마음가짐으로 초심을 잃지 않아야 한다.

2. 시험준비 단계

기본도서 선정	① 기출문제풀이집, ② 계산문제풀이집, ③ 기본서 세 가지를 매일매일 정해진 양과 정해진 시간에 맞춰 공부할 수 있어야 한다.
계산문제 풀이	계산문제를 먼저 정리하여야 하는 이유는 타과목의 문제로는 변별성을 갖추기 힘들고, 작성만 하면 고득점을 얻을 수 있기에 포기해서는 안 되며, 타과목을 공부하기 이전에 최소 30분씩이라도 매일 공부할 수 있어야 한다.
기출문제 분석	기출문제를 전체적으로 일독하여 어떻게 출제되는지를 알고, 그중에서 자주 출제되는 문제, 형태, 시대적 경향 등을 분석하여 출제빈도가 높은 문제는 한 번이라도 더 보는 시간을 가져야 한다.
시사성 문제 정리	방재신문, 화재보험협회, 학원교재, 기타 인터넷검색을 통해 좀 더 깊이 있고, 변화된 시스템에 대해 알고 시사성 있는 문제를 정리해야 한다.
답안의 패턴화	기출문제 분석을 통해 답안을 어떻게 전개해 나가야 하는지를 고민하고 정형화, 패턴화하면 좀 더 쉽게 이해되고 머릿속에 오랫동안 남아있게 된다.
모의시험평가	시험에 실패하는 혹은 합격하지 못하는 분의 주된 원인은, 공부는 오랜 기간 하였지만 자신이 아는 부분과 표현하는 방식의 차이에 따른 괴리에서 비롯된 경우가 많다. 1교시에는 문제당 8분, 2교시부터는 문제당 20분 안에 정리할 수 있는 실력을 배양하여야 한다.

3. 마무리 단계

암기 및 이해	① 기출문제풀이집, ② 계산문제풀이집, ③ 기본서 세 가지 기본도서를 최소 일주일 안에 일독이 가능해지면 응용력과 자신감이 증대되고 좋은 마무리가 된다.
답안의 차별화	차별화는 내용의 차별화 및 표현의 차별화로 나눌 수 있다. 내용의 차별화는 심도있는 깊이를 가져야 하기에 좀 더 많은 시간이 필요하지만, 표현의 차별화는 그림, 도표, 답안형식 등을 이용하여 채점관에게 어필할 수 있는 방법이기에 평상시 모의고사 등을 통해 확인하여야 한다.

수험정보

답안지 작성요령

1. 답안지 작성방법

시험시간	시험시간은 총 4교시로 구성되어 있으며 1교시당 100분의 시간이 주어진다. 1교시에는 13문제 중 10문제를 선택하여 작성하고, 2~4교시에는 6문제 중 4문제를 선택하여 작성한다. 즉, 총 31문제 중 22문제를 선택하여 작성한다.
답안지	필기시험 답안지는 산업인력관리공단 양식으로 A4 용지 7매(14페이지)가 제공되며 더 필요할 경우 시험감독관에게 요청하면 추가로 더 받을 수 있다. 한 교시당 10페이지 이상을 작성하여야 한다.
답안지 작성시간	한 교시당 10페이지를 작성하기 위해서는 1교시에는 문제당 10분, 2~4교시에는 문제당 25분 안에 작성하여야 한다. 이를 위해 모의고사 평가 시 1교시에는 문제당 8분, 2~4교시에는 20분 이내에 작성할 수 있도록 연습하여야 한다.
답안지 형식	각 교시마다 한 문제의 풀이가 끝나면 "끝"이라 표기하고, 2줄을 띄운 후 다음 문제풀이에 들어간다. 마지막 문제의 풀이가 끝나면 "끝"을 표기하고, 다음 줄에 "이하여백"이라고 표기 후 제출한다. 이때 문제풀이 순서는 관계 없다.
필기구	필기구는 시중에 나와 있는 검은색으로 써지는 펜을 사용하여야 한다. 일반 볼펜 보다는 잉크 덩어리가 나오지 않는 속기용 펜이 좋으며, 자신의 손에 맞는 펜을 선택하여 모의고사 시 계속 사용하면서 손에 익혀야 한다.
합격 점수	3명이 채점하여 각각 400점씩, 총 1,200점이 되며, 720점 이상이면 합격을 하게 된다.
공통 Tip	• 출제자는 세 가지 지문의 설명을 원하는데 그중에서도 소방에서의 적용은 어떻게 할지 물어본 것이다. 따라서 이런 문제의 유형에는 소방에서의 적용란이 포함되어야 한다. • 1교시에는 한페이지 꽉 채우시는 겁니다. • 머리에서 연상하기를 문제를 받으면 어떻게 서술할지를 계속생각해내야 하고 생각한 것을 어떻게 펜으로 쓸것인가를 고민하는 사람만이 합격의 영광을 안을수 있습니다. • 첫인상 첫문제의 답안이 제일 중요합니다. 그리고 1페이지를 다채우지 못한다면 마직막엔 소견을 적어 꽉찬 1페이지를 만들어야 합니다. • 문제지에 번호를 표기하고 어떻게 답안을 꾸려 나갈지 생각하는데 30초에서 1분정도 생각을 한후 답을 써야 합니다. 그래서 시험일 감독관이 시험지를 배포하면 그때부터 머릿속으로 답안을 작성해 나가고 있어야 합니다.

공통 Tip	• 근거가 있어야 답을 내릴 수 있으며, 기술사는 이러한 근거를 말하고 답을 전개해 나갈수 있는 능력이 있는 사람을 말하며, 이러한 점을 고려하며, 채점자는 채점을 하게 되는 것입니다. • 수험생은 평상시 구글링을 통해 내가 실제 답안지에 적용하여 간단하게 그릴수 있는 그림이 뭐가 있을까 하고 검색해 보셔야 합니다. 그림으로 인해서 채점자에게 어필할수 있고 내가 알고있다는 점을 확실하게 주입시킬수 있습니다. 채점자는 유치원생입니다. 쉽게 그리고 친절하게 ..) • 수험생은 전개를 어떻게 끌어갈지 문제에 번호를 표기하면서 생각해야 합니다.

2. 답안지 작성 실패사례

시간배정 오류	앞서 말했듯이 한 교시당 10페이지를 작성하기 위해서는 1교시에는 문제당 10분, 2~4교시에는 25분 안에 작성하여야 한다. 자신이 잘 아는 문제가 나와 시간을 더배정하여 문제를 풀면 나머지 문제에서 시간이 부족하고, 답안 내용이 부실해져 전체점수가 바람직한 결과를 가져오지 못한다.
선택문항 수 및 기타 오류	1교시는 10문제를 선택하고, 2~4교시는 4문제를 선택한다. 이때 지문에서 뭘 묻고 있는지 정확하게 이해하여야 한다, 계산문제는 맞으면 고득점이지만 틀리면 0점이기에 자신이 정확하게 이해하여 암기하고 있는 문제일 때 답을 작성하여야 한다.

3. 실제 답안 작성형식 예시

① 실제문제(100회 1교시 1번 문제 : 100 – 1 – 1)

> 100 – 1 – 1) 건식 스프링클러설비의 건식 밸브에서 발생되는 Water Columning 현상의
> 정의, 발생원인, 영향 및 방지대책에 대하여 설명하시오.

② 시험지에 번호 표기

> 100 – 1 – 1) 건식 스프링클러설비의 건식 밸브에서 발생되는 Water Columning 현상의
> 정의(1), 발생원인(2), 영향(3) 및 방지대책(4)에 대하여 설명하시오.

③ 출제자의도 파악 및 지문에서 내가 써야 할 대제목, 소제목 가져오기

지문	대제목 및 소제목
Water Columning 현상의 정의(1)	1. 정의
Water Columning 현상의 발생원인(2)	2. 발생원인
Water Columning 현상의 영향(3)	3. 영향
Water Columning 현상의 방지대책(4)	4. 방지대책

④ 실제 답안지에 작성해보기

한 페이지는 22줄이며, 1교시에는 문제당 1페이지를, 2～4교시에는 문제당 2.5～
3페이지를 쓰도록 한다. 한 줄당 글자 수는 21～24자를 넘기지 않아야 가독성이 늘
어나며, 채점자에게 어필할 수 있다.

문 1－1) Water Columning 현상의 정의, 발생원인 설명
1. 정의
건식 밸브 클래퍼 상부 누적수두에 의해 건식 밸브 클래퍼가 작동되지 않는 경우
나 시간지연이 발생할 수 있는 현상
2. 발생원인
① 2차 측 배관 내 압축공기의 응축수 누적
② 물공급조정밸브를 통한 배수 지연
③ 잔류 소화수 누적
3. 영향
① 밸브의 Trip Point 초과에 따른 방수시간 지연
② 빙점 이하에 노출 시 동결로 인한 밸브작동 불가
③ 밸브의 동파 위험
4. 방지대책
① 응축수 등을 제거하기 위한 자동 응축수 트랩 설치
② 압축공기 공급관 계통 내 습기제거용 Filter 설치

③ 2차측 충전 압력 질소 또는 Dry 공기 사용

④ 응축수 확인용 Sight Glass 설치

5. 소견(남은 줄수를 채우고, 채점자에게 내가 많이 알고 있다는 것을 알리기 위해 내용을 쓴다.)

배관에서도 2차 측 배관 내 압축공기의 응축수 누적으로 인한 동파가능성 염려로 질소 사용이 필요하다.

"끝"

🔔 면접시험 요령

1. 면접시험이란

필기시험을 합격한 사람에게 기술사로서 갖추어야 할 소양과 실무경험 수험생의 자세 등을 확인하고자 하는 시험으로서 면접관 앞에서 실제 말을 하는 것이기에 압박감이 상당하다.

2. 면접시험 내용 및 준비

시험관	통상적으로 대학교수와 기술사 등으로 3인 1조로 구성된다.
면접시간	1명당 3문제씩, 통상 9문제를 물어보며, 시간은 20~30분 정도 소요된다.
면접문제	① 기본적인 내용 : 기술사를 취득하려는 동기, 이력카드에 작성된 것 이외에 소방 관련 직무 수행 경험, 자기PR ② 기술적인 내용 : Door Fan Test, 공기흡입형 감지기를 설명하는 등의 전문적인 소방지식 ③ 지적을 받았을 경우 '좋은 지적 감사합니다.', '미처 준비하지 못해 죄송합니다.' 등과 같이 답변하도록 한다. 첫째도 겸손, 둘째도 겸손, 셋째도 겸손임을 잊어서는 안 된다.
면접준비	① 첫인상이 중요하므로 양복정장 차림이 좋으며, 눈에 거슬리거나 화려하지 않게 해야 한다. ② 면접모의 : 평상시에 주변사람 혹은 선배 등에게 면접모의를 실시하여 당일에 떨리지 않게 준비한다.
주의사항	① 다변과 궤변 등으로 면접관이 질문한 요지를 빗나가는 말을 하지 않도록 주의할 것 ② 침착과 차분한 목소리로 예의를 지킬 것 ③ 이력카드상의 내용을 거짓으로 적고 마치 일을 실제 한 것처럼 하는 것 금물

차례

123~131회 기출문제풀이

Chapter 01

제123회

소방기술사
기출문제풀이

1. 문제

> 고용노동부 고시의 「사업장 위험성평가에 관한 지침」에 따른 위험성 평가방법 및 위험성 평가 절차에 대하여 설명하시오.

Tip 수험생이 고르기는 쉽지 않습니다.

1. 문제

> 가연성 혼합물의 연료와 공기량을 결정하는 방법에서 당량비(Equivalence Ratio, ϕ)의 정의와 당량비(ϕ)>1, 당량비(ϕ)=1, 당량비(ϕ)<1인 경우 혼합기 상태에 대하여 설명하시오.

2. 시험지에 번호 표기

> 가연성 혼합물의 연료와 공기량을 결정하는 방법에서 **당량비(Equivalence Ratio, ϕ)의 정의(1)**와 **당량비(ϕ)>1, 당량비(ϕ)=1, 당량비(ϕ)<1인 경우 혼합기 상태(2)**에 대하여 설명하시오.

3. 실제 답안지에 작성해보기

문 1-2) 당량비(ϕ)>1, 당량비(ϕ)=1, 당량비(ϕ)<1인 경우 혼합기 상태

1. 당량비의 정의

정의	• 연소반응이 일어나기 위해서 공기와 연료의 적절한 상대적 양이 공급되어야 하는데 적절한 공기와 연료의 혼합비를 나타내는 데 사용되는 파라m • 당량비란 일정량의 공기에 대해 화학양론비의 몇 배의 연료가 공급되는지를 표시하는 양
관계식	당량비$(\phi) = \dfrac{\text{실제연공비}}{\text{이론연공비}} = \dfrac{(F/A)}{(F/A)_{st}}$
개념도	

2. 당량비에 따른 혼합기 상태

구분	혼합기 상태
당량비(ϕ) >1	• 연료량에 비해 환기량이 부족한 과농혼합기 • 환기지배형 화재의 양상으로 Post-flashover 시에 발생 • 연소속도가 환기요소($A\sqrt{H}$)에 의해 지배받는 화재 • 환기지배형 화재를 고려한 내화성능을 확보하여야 함
당량비(ϕ) =1	• 화학양론 조성비 완전연소에 필요한 농도비율인 C_{st} vol% • 발열량과 발열속도가 아주 크고 방열량이 작아 온도가 급격히 상승 • 가연성 혼합기의 농도가 화학양론농도일 때 연소나 폭발이 가장 일어나기 쉬움
당량비(ϕ) <1	• 연료량에 비해 환기량이 충분한 희박혼합기 • 연료지배형 화재 양상으로 Pre-flashover 시에 발생 • 성장기의 화재는 $Q = \alpha t^2$으로 성장 • 화재의 급격한 성장을 늦추는 대책을 수립하는 데 연료의 특성이 중요

"끝"

1. 문제

소방시설 법령에서 규정하고 있는 특정소방대상물의 증축 또는 용도변경 시의 소방시설 적용의 특례에 대하여 각각 설명하시오.

2. 시험지에 번호 표기

소방시설 법령에서 규정하고 있는 **특정소방대상물의 증축 또는 용도변경 시의 소방시설 적용의 특례(1)**에 대하여 각각 설명하시오.

Tip 소방시설 설치 및 관리에 관한 법률 제13조(소방시설기준 적용의 특례), 시행령 제15조의 내용을 묻는 법에 관한 내용입니다. 법 문제도 자기만의 색깔을 가지고 정리하실 필요가 있습니다.

3. 실제 답안지에 작성해보기

문 1 - 3) 특정소방대상물의 증축 또는 용도변경 시의 소방시설 적용의 특례

1. 화재안전기준이 강화되는 경우

원칙	화재안전기준이 강화되는 경우 기존의 특정소방대상물(신축, 개축, 이전, 대수선)의 소방시설에 대해서는 변경 전의 기준적용
특례 (예외)	• 소방시설 설치 시 강화된 기준 적용 　－소화기구, 비상경보설비, 자동화재탐지설비, 자동화재속보설비, 피난구조설비 • 특정소방대상물의 용도에 설치되는 소방시설 　－지하에 설치되는 공동구, 전력 및 통신사업용 지하구, 노유자시설, 의료시설

2. 증축, 용도변경 시 소방시설 적용 특례

1) 원칙

증축 시	특정소방대상물이 증축되는 경우에는 기존 부분을 포함한 전체에 증축 당시의 소방기준 적용
용도변경 시	용도변경 시에는 용도변경되는 부분에 대해서만 용도변경 당시의 소방기준을 적용해야 함

2) 특례

증축 시	• 기존 부분과 증축 부분이 내화구조(耐火構造)로 된 바닥과 벽으로 구획된 경우 • 기존 부분과 증축 부분이 자동방화셔터 또는 60분 + 방화문으로 구획된 경우 • 자동차 생산공장 등 화재 위험이 낮은 특정소방대상물 내부에 연면적 33m² 이하의 직원 휴게실을 증축하는 경우 • 자동차 생산공장 등 화재 위험이 낮은 특정소방대상물에 캐노피(기둥으로 받치거나 매달아 놓은 덮개를 말하며, 3면 이상에 벽이 없는 구조의 것을 말한다)를 설치하는 경우
용도 변경 시	• 특정소방대상물의 구조 · 설비가 화재연소 확대 요인이 적어지거나 피난 또는 화재진압활동이 쉬워지도록 변경되는 경우 • 용도변경으로 인하여 천장 · 바닥 · 벽 등에 고정되어 있는 가연성 물질의 양이 줄어드는 경우

3. 소방시설을 설치하지 아니할 수 있는 경우

　① 화재 위험도가 낮은 특정소방대상물

　② 화재안전기준을 적용하기 어려운 특정소방대상물

　③ 화재안전기준을 다르게 적용하여야 하는 특수한 용도 또는 구조를 가진 특정
　　소방대상물

　④ 「위험물안전관리법」에 따른 자체소방대가 설치된 특정소방대상물

"끝"

1. 문제

> 최소산소농도(MOC : Minimum Oxygen Concentration)를 설명하고, 다음과 같은 데이터로 부탄가스의 최소산소농도를 추정하시오. 또한 불활성화(Inerting)의 정의 및 방법에 대하여 설명하시오.
>
> <조건>
> - 분자식 : 부탄가스(C_4H_{10})
> - 분자량 : 58
> - 연소범위 : 연소하한값(LFL) 1.6%, 연소상한값(UFL) 8.4%

2. 시험지에 번호 표기

> 최소산소농도(MOC : Minimum Oxygen Concentration)를 설명하고, 다음과 같은 데이터로 **부탄가스의 최소산소농도를 추정(1)**하시오. 또한 **불활성화(Inerting)의 정의 및 방법(2)**에 대하여 설명하시오.
>
> <조건>
> - 분자식 : 부탄가스(C_4H_{10})
> - 분자량 : 58
> - 연소범위 : 연소하한값(LFL) 1.6%, 연소상한값(UFL) 8.4%

Tip 지문이 2개이므로 11줄 내외로 작성하여야 합니다. 평상시 시간과 소요줄수 연습을 하셔야 합니다.

3. 실제 답안지에 작성해보기

문 1-4) 부탄가스의 최소산소농도, 불활성화(Inerting)의 정의 및 방법

1. 부탄가스의 최소산소농도

정의	가연성 혼합기의 예혼합 연소에서 화염이 자력으로 전파하기 위해 필요한 최소산소농도
관계식	$MOC = LFL \times \dfrac{\text{O}_2\,몰수}{연료몰수}$ 여기서 O₂몰수는 연료가 완전 연소 반응 시 소모된 산소의 몰수
계산	• 부탄가스의 완전연소 반응식 $C_4H_{10} + 6.5O_2 \rightarrow 4CO_2 + 5H_2O$ • 최소산소농도 추산 $MOC = LFL \times O_2\,몰수 = 1.6 \times 6.5 = 10.4\,\%$
답	10.4%

2. 불활성화의 정의 및 방법

1) 정의

    ① 불활성화(블랭키팅이라고도 함)는 물질 또는 물질 주변의 대기를 질소 또는 아르곤과 같은 비반응성 가스로 대체하여 수동 또는 무반응 상태를 유지하는 과정

    ② 폭발성 가스에 CO_2, N_2, 수증기 등 불활성 가스를 용기 내에 주입하여 산소농도를 MOC 이하로 제어한 상태

2) 불활성화 방법

진공퍼지	• 용기 내를 진공작업 후 불활성 가스를 대기압에 도달 시까지 용기 내에 주입하며, 원하는 산소농도에 도달 시까지 위 단계를 반복 • 질소의 양 $nN_2(\%) = j(P_H - P_L)\dfrac{V}{RT}$ • 이너팅횟수 : $j = \dfrac{\ln\left(\dfrac{y_o}{y_n}\right)}{\ln\left(\dfrac{P_L}{P_H}\right)}$ 여기서, y_n : 초기산소농도, y_o : 목표산소농도

압력퍼지	• 용기 내에 가압된 불활성 가스를 주입하고 용기 내에 불활성 가스가 확산된 후 대기로 방출하며, 원하는 산소농도에 도달 시까지 위 단계를 반복 • $nN_2(\%) = j(P_H - P_L)\dfrac{V}{RT}$
스위프퍼지	• 용기 입구에 불활성 가스 주입과 동시에 용기 출구에서 대기 중으로 불활성 가스와 산소가 혼합된 혼합가스를 배출하며, 원하는 산소농도에 도달 시까지 불활성 가스를 주입 • $Q = V \times \ln\left(\dfrac{C_1}{C_2}\right)$ 여기서, C_1 : 초기산소농도, C_2 : 목표산소농도
사이폰퍼지	• 용기 내에 액체를 채운 후 용기로부터 액체를 배출하면서 기상부에 불활성 가스를 주입하며, 불활성 가스의 부피는 배출된 액체의 부피와 같음 • 효과가 가장 우수하지만 작업비용이 증가

"끝"

1. 문제

열감지기의 동작원리 중 샤를의 법칙(Charles' Law)을 활용한 감지기의 작동원리에 대하여 설명하시오.

2. 시험지에 번호 표기

열감지기의 동작원리 중 샤를의 법칙(1)(Charles' Law)을 활용한 감지기의 작동원리(2)에 대하여 설명하시오.

3. 실제 답안지에 작성해보기

문 1-5) 샤를의 법칙(Charles' Law)을 활용한 감지기의 작동원리

1. 샤를의 법칙

정의	압력이 일정할 때 기체의 온도가 높아지면 기체의 부피가 증가하고, 온도가 낮아지면 부피가 감소하는 것
개념도	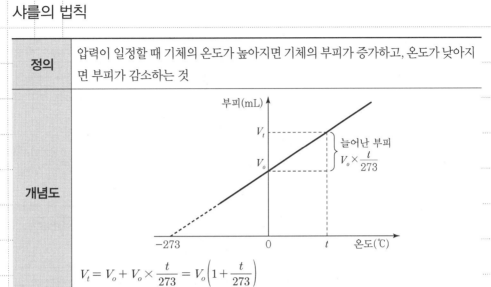 $$V_t = V_o + V_o \times \frac{t}{273} = V_o\left(1 + \frac{t}{273}\right)$$

2. 샤를의 법칙을 활용한 감지기의 작동원리

적용 감지기	내용
차동식 스폿형 공기식 감지기	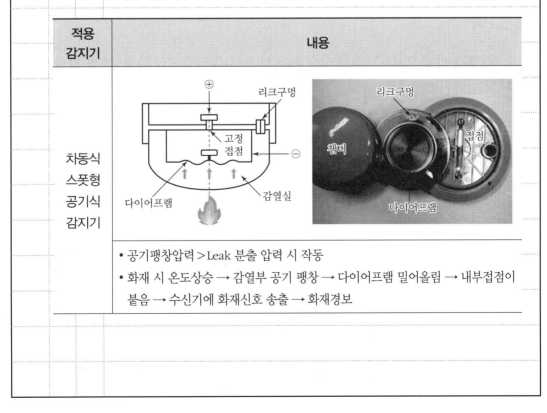 • 공기팽창압력 > Leak 분출 압력 시 작동 • 화재 시 온도상승 → 감열부 공기 팽창 → 다이어프램 밀어올림 → 내부접점이 붙음 → 수신기에 화재신호 송출 → 화재경보

적용 감지기	내용
차동식 분포형 공기관식	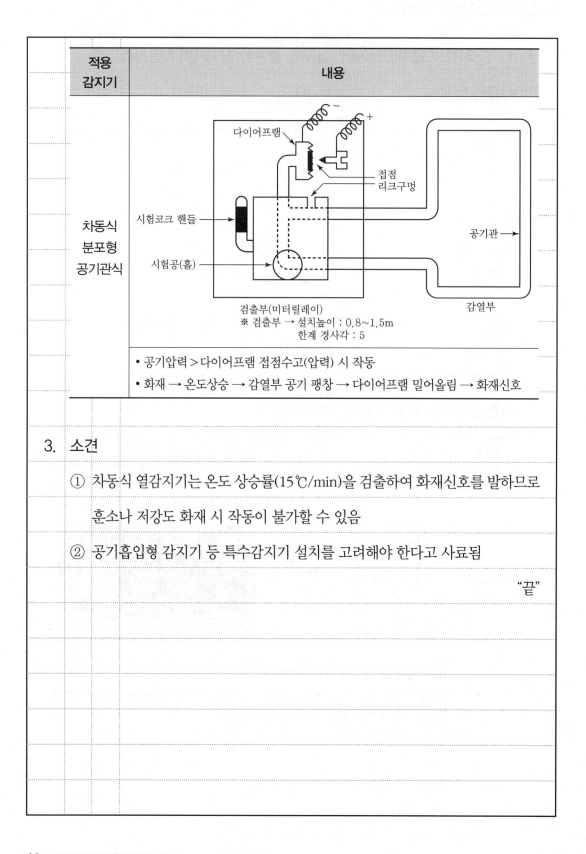 검출부(미터릴레이) ※ 검출부 → 설치높이 : 0.8~1.5m 　　　　　한계 경사각 : 5
	• 공기압력 > 다이어프램 접점수고(압력) 시 작동 • 화재 → 온도상승 → 감열부 공기 팽창 → 다이어프램 밀어올림 → 화재신호

3. 소견

① 차동식 열감지기는 온도 상승률(15℃/min)을 검출하여 화재신호를 발하므로

　훈소나 저강도 화재 시 작동이 불가할 수 있음

② 공기흡입형 감지기 등 특수감지기 설치를 고려해야 한다고 사료됨

"끝"

1. 문제

> 자동화재탐지설비 및 시각경보장치의 화재안전기준(NFSC 203)에서 감지기 설치 위치로 천장 또는 반자의 옥내에 면하는 부분에 설치를 규정한 기술적인 사유를 화재공학적인 측면에서 설명하시오.

2. 시험지에 번호 표기

> 자동화재탐지설비 및 시각경보장치의 화재안전기준(NFSC 203)에서 감지기 설치 위치로 천장 또는 반자의 옥내에 면하는 부분에 설치를 규정한 기술적인 사유(1)를 화재공학적인 측면에서 설명(2)하시오.

Tip NFPC 203 제7조(감지기)에 규정되어 있는 내용입니다. 화재플럼의 특징을 설명하고 그에 따라 감지기를 설치한다고 전개합니다. 수학적이고 정량적인 근거와 그에 따른 설명, 그게 답안의 처음이자 끝입니다.

3. 실제 답안지에 작성해보기

문 1-6) 기술적인 사유를 화재공학적인 측면에서 설명

1. 화재발생 시 특성

개요도	
화재플럼	• Fire Plume은 부력에 의해 상승하는 화염기둥의 열기류 • 밀도 $\rho = \dfrac{PM}{RT}$ 에서 온도 상승 시 밀도가 저하되어 중력에 의한 부력이 발생하여 상승기류 발생
Ceiling Jet Flow	• Fire Plume의 상승기류가 천장면에 제한을 받아 천장면 아래에서 수평으로 흐르는 빠른 속도의 가스 흐름 • 두께 : 천장~화염까지 높이의 5~12% • 최고온도 및 속도 : 천장~화염까지 높이의 1% 이내

2. 화재공학적 측면에서 설명

화재발생	• 화재플럼으로 부력 생성 및 열기류 상승
	 • Ceiling Jet Flow 생성
	   −두께 : 천장~화염까지 높이의 5~12%
	   −최고온도 및 속도 : 천장~화염까지 높이의 1% 이내

근거	• Ceiling Jet Flow가 형성되는 장소 및 구간에 설치하여야 감지기로의 역할 수행이 가능 • Ceiling Jet Flow는 두께와 최고온도 및 속도를 고려하여 화재감지기는 최고온도 및 속도 구간인 천장~화염까지 높이의 1% 이내에 설치하도록 하고 있음

3.	소견
	① NFPA에서는 감지기 설치 시 설치장소의 보의 깊이와 너비에 따라 연기감지기의 설치위치를 규정
	② 따라서 국내에서도 반자가 없는 구조의 경우 보를 고려한 감지기의 설치위치 규정이 필요하다고 사료됨
	"끝"

1. 문제

제연시스템에 적용하고 있는 기술기준에 따른 방화댐퍼, 플랩댐퍼, 자동차압조절댐퍼 및 배출댐퍼에 대하여 작동 및 성능기준에 대하여 각각 설명하시오.

Tip 시험출제 당시의 추세에 따른 문제입니다. 현재는 「건축물의 피난·방화구조 등의 기준에 관한 규칙」 등에서 규정하고 있습니다. 방화댐퍼의 경우 지속적인 출제가 되고 있기에 이에 대해 정리해둘 필요가 있습니다.

1. 문제

최근 에너지저장장치(ESS : Energy Storage System)를 활용한 전기저장장치시설의 화재가 빈발하여 화재사고 예방 및 피해 확산 방지를 위해 전기저장시설의 화재안전기준제정(안)이 예고되었다. 이에 따른 스프링클러설비 및 배출설비 설계 시 고려사항에 대하여 설명하시오.

Tip 2022년 12월 1일부로 제정이 되었습니다. 그에 대한 내용을 정리할 필요가 있습니다.

1. 문제

> 국내 소방법령에 의한 성능위주설계 방법 및 기준에 대하여 다음 사항을 설명하시오.
>
> (1) 성능위주설계를 하여야 하는 특정소방대상물
>
> (2) 성능위주설계의 사전검토 신청서 서류

Tip 전회차에서도 성능위주 설계대상은 출제가 되었습니다. 사전검토 신청서 서류는 외우셔야 합니다. 안 외워지는 건 다독이 안 되어서입니다.

[참고] 성능위주설계 가이드라인 제출도서

사전검토 단계

- 다음 각 목의 사항이 포함된 건축물의 기본 설계도서
  - 건물의 개요(위치, 규모, 구조, 용도)
  - 부지 및 도로 계획(소방차량 진입동선을 포함한다)(단지 내 조경 및 조형물 등 칼라 표시)
  - 화재안전계획의 기본방침
  - 건축물의 기본 설계도면(주단면도, 입면도, 용도별 기준층 평면도 및 창호도 등을 말한다)
  - 건축물의 구조 설계에 따른 피난계획 및 피난동선도
  - 건축물 내 · 외장재료 마감계획
  - 방화구획 계획도 및 화재확대 방지계획(연기의 제어방법을 포함한다)
  - 수계 소화설비 수리 흐름도
  - 제연설비 D · A 위치 평면도
  - 종합방재실 장비 배치 평면도
  - 소방시설 계통도 및 용도별 기준층 평면도
  - 「화재예방, 소방시설 설치유지 및 안전관리에 관한 법률 시행령」 별표 1의 소방시설의 설치계획 및 설계 설명서
  - 별표 1의 시나리오에 따른 화재 및 피난 시뮬레이션
- 성능위주설계 설계업자 또는 설계기관 등록증 사본
- 성능위주설계 용역 계약서 사본

신고 단계

- 건물의 개요(위치, 구조, 규모, 용도)
- 부지 및 도로계획(소방차량 진입동선을 포함한다)
  - 단지 내 조경 및 조형물 등 칼라 표시
- 화재안전기준과 성능위주설계에 따라 소방시설을 설치하였을 경우의 화재안전성능 비교표
- 화재안전계획의 기본방침
- 건축물 계획·설계도면
  - 주단면도 및 입면도
  - 건축물 내장재료 마감계획
  - 용도별 기준층 평면도 및 창호도
  - 방화구획 계획도 및 화재확대 방지계획(연기의 제어방법을 포함한다)
  - 피난계획 및 피난동선도
  - 「화재예방, 소방시설 설치유지 및 안전관리에 관한 법률 시행령」 별표 1의 소방시설의 설치계획 및
    설계 설명서
- 소방시설 계획·설계도면
  - 수계 소화설비 수리 흐름도
  - 소방시설 계통도 및 용도별 기준층 평면도
  - 소화용수설비 및 연결송수구 설치위치 평면도
  - 종합방재실의 운영 및 설치계획(종합방재실 장비 배치 평면도)
  - 상용전원 및 비상전원의 설치계획
  - 제연설비 D·A 위치 평면도
- 소방시설에 대한 부하 및 용량계산서
- 적용된 성능위주설계 요소 개요
- 성능위주설계 요소 설계 설명서
- 성능위주설계 요소의 성능 평가(별표 1의 시나리오에 따른 화재 및 피난 시뮬레이션을 포함한다)
- 성능위주설계 설계업자 또는 설계기관 등록증 사본
- 성능위주설계 용역 계약서 사본
- 그 밖에 성능위주설계를 증명할 수 있는 자료

123회 1교시 10번

1. 문제

> 최근 고층건축물이 많아지면서 내부 화재 시 연기에 대한 재해도 증가 추세이다. 소방감리가 건축물의 준공을 앞두고 확인해야 할 사항 중 특별피난계단의 계단실 및 부속실 제연설비의 기능 및 성능을 시험하고 조정하여 균형이 이루어지도록 하는 과정에 대하여 설명하시오.

2. 시험지에 번호 표기

> 최근 고층건축물이 많아지면서 내부 화재 시 연기에 대한 재해도 증가 추세이다. 소방감리가 건축물의 준공을 앞두고 확인해야 할 사항(1) 중 특별피난계단의 계단실 및 부속실 제연설비의 기능 및 성능을 시험하고 조정하여 균형이 이루어지도록 하는 과정(2)에 대하여 설명하시오.

Tip 문제의 내용을 살펴보면 소방감리가 확인해야 하는 사항, 즉 업무 중 제연설비의 TAB에 대해서 설명하라고 하고 있습니다. 시중에는 화재안전기준에 있는 내용을 답이라고 서술하고 있는 교재들이 있습니다. 하지만 제 생각에는 문제의 내용 중에 있는 것을 서술하는 것이 먼저라고 생각합니다.

3. 실제 답안지에 작성해보기

문 1 – 10) 제연설비의 기능, 성능을 시험, 조정, 균형이 이루어지도록 하는 과정

1. 소방감리 업무

적법성	• 소방시설 등의 설치계획표 검토 • 소방시설 등의 시공이 설계도서와 화재안전기준(NFSC)에 맞는지 지도, 감독 • 피난 및 방화시설 검토
적합성	• 소방시설 등의 설계도서 검토, 소방시설 등의 설계변경 사항 검토 • 소방용품 등의 위치, 규격 및 사용자재 검토 • 공사업자가 작성한 시공상세도 검토
성능시험	완공된 소방시설물의 성능시험

2. 제연설비의 기능, 성능을 시험하고 조정하여 균형이 이루어지도록 하는 과정

개념도	
사전 작업 및 검토	• 제연대상의 현장 상황을 판단하기 위하여 일차적으로 건축도면, 거실제연 설계도서 및 관련도서들을 수집 및 검토 • 각 시스템에 대한 계통도를 작성하며 특이사항을 파악
설계도서 검토	• 사전조사가 완료되면 제연설비의 적정성 여부를 검토하기 위해 시스템 도면을 검토하고 개선 방안 및 검토사항을 작성 • TAB 계획서가 작성되면 현장에서 상세도면(Shop Drawing)이 완성될 때까지 상호 협력하여 덕트 경로 및 크기 등을 검토 • 마지막으로 현장을 점검하여 도면과의 상이성 여부를 판단하여 보고서를 제출
중간검사	• 덕트 누설시험, 자동차압댐퍼 및 배기댐퍼의 누설량 성능검사 • 방화문 설치 후 누설량 검사
시스템 점검	• 시공자는 TAB 작업 수행 전에 송풍기, 자동차압댐퍼, 과압방지장치 설치를 완료하여 정상적 시스템 운전이 가능하도록 함 • 송풍기, 자동차압댐퍼, 부속실 및 방화문, 유입공기 배출 댐퍼 등 점검

성능시험	• 「국가화재안전기준」에 의한 시스템의 성능시험을 단계별로 시행, 측정을 실시 • 송풍기 운전상태, 시스템 조정, 배기 풍량 측정 • 부속실 방화문 개방력 또는 폐쇄력 측정, 부속실 차압 측정 • 방연풍속 분포 측정 • 비개방층 차압 측정 • 송풍기 풍량 측정(피토 튜브를 이용하는 경우), 송풍기 정압 측정 • 전동기 회전수 측정, 운전전류와 전압 측정 • 방화문 누설량 검사(필요한 경우) • 비상전원 공급 시 송풍기 회전방향 확인
종합 보고서	• 설비 개요의 기술, 「국가화재안전기준」과 측정치와의 비교 검토 • 설계, 시공상태의 문제점 표출 및 대안 제시 • TAB 작업의 순서, 진행 및 결과를 기술

3. 소견

① 「국가화재안전기준」에서는 거실제연 설비의 TAB를 규정하지 않음

② 제연설비는 인테리어, 경년변화 등의 설비의 성능감소 등을 고려한 주기적인 TAB가 필요하며, 관련 규정이 필요

"끝"

1. 문제

> 위험물안전관리법에서 규정한 인화성 액체, 산업안전보건법에서 규정한 인화성 액체, 인화성 가스,
> 고압가스안전관리법에서 규정한 가연성 가스의 정의에 대하여 각각 설명하시오.

Tip 수험생이 선택하기에 쉽지 않은 문제입니다. 위험물안전관리법, 산업안전보건법, 고압가스안
전관리법 3가지를 모두 다 알기에는 범위가 너무 넓습니다.

1. 문제

> 푸르키네(Purkinje) 현상과 이를 응용한 유도등에 대하여 설명하시오.

Tip 전회차에서 푸르키네 현상에 대해서 설명을 드렸습니다.

1. 문제

> 대피(피난)행동 시 인간의 심리 특성에 대하여 설명하시오.

2. 시험지에 번호 표기

> 대피(피난)행동 시 인간의 심리 특성(1)에 대하여 설명하시오.

Tip 인간의 심리 특성을 설명하고 기존의 피난유도등의 개선점을 말하면 더욱더 좋은 답안이 됩니다.

3. 실제 답안지에 작성해보기

문 1-13) 대피(피난)행동 시 인간의 심리 특성에 대하여 설명

1. 대피행동 시 인간의 심리 특성

구분	내용
추종본능	누군가 한쪽 방향으로 피난하기 시작하면 맨 처음 행동을 취한 사람을 따라감
퇴피본능	위험한 장소에서 벗어나려고 함
귀소본능	왔던 길로 되돌아가려는 심리
지광본능	화재 시 어두워지면 밝은 곳으로 피난을 하려고 함
좌회본능	오른손잡이인 경우 오른손, 오른발이 발달해 있기 때문에 왼쪽으로 돌아 피난하려는 본능

2. 인간의 심리 특성을 고려한 피난대책

피난로의 수	2개 방향 이상의 피난로를 상시 확보
간단명료성	피난경로는 간단 명료할 것
원시성	피난수단은 비상사태에서는 복잡한 조작을 필요로 하는 장치는 부적당하며 가장 원시적인 보행에 의한 것을 첫째로 하여야 함
고정시설	피난설비는 고정적인 시설을 기본으로 하며, 승강식의 기구와 장치 등은 도피하는 소수의 인원을 위한 것으로서 보조수단으로 고려
Fool Proof	• "Fool Proof"라고 하는 것은 비상상태에서 Panic 상태 • 소화설비, 경보기기의 위치, 유도표시 판별이 쉬운 색채를 사용 • 피난방향으로 문이 열릴 수 있게 함
Fail Safe	하나의 수단이 고장 등으로 실패하여도 다음의 수단에 의하여 구체할 수 있도록 고려

3. 유도등의 보완

구분	종류	특성
고휘도 유도등		유도등의 표시면의 휘도를 높이고 크기는 소형화
점멸형 유도등	형광등이 점멸	화재신호를 수신하여 점멸시키는 장치를 내장 또는 부착(피난구 유도등에 한정)
유도음 장치부착 유도등	유도음 스피커 / 점멸장치	화재신호를 수신하여 피난구의 소재를 표시하기 위해 경보음 및 음성을 반복 발생시키는 장치를 유도등 기구에 내장 또는 부착(피난구 유도등에 한정)
광점주행식 피난유도 시스템	비상구 / 화재 / 광점주행 / 안전한 피난경로	피난경로의 바닥면에 일정간격으로 심어둔 녹색 광원이 화재신호에 의해 안전한 피난방향을 검출하여 그 피난방향을 따라 피난출구까지 빛이 흘러가듯이 점멸
선행음효과 (해스트효과)를 이용한 피난유도 시스템	유도용 스피커 / 유도용 스피커 / 유도음 부착 유도등	피난경로의 천장면에 5~10m 간격으로 스피커를 부착해 스피커 사이에 음성의 시간차를 가지도록 하는 것(안전한 출구에서 순차적으로 음성이 발생하여, 마치 그 출구의 방향에서 들리는 듯이 한 것)

"끝"

123회 2교시 1번

1. 문제

전기 설비를 위험 장소 및 사용 환경이 열악하여 화재 및 폭발의 우려가 있는 장소에서 사용하는 경우의 방폭형 소방 전기 기기에 대하여 아래 기호의 정의를 설명하고 이와 관련된 사항을 설명하시오.

(1) Ex d ⅡB T6   (2) IP2X, IP54, IP67

2. 시험지에 번호 표기

전기 설비를 위험 장소 및 사용 환경이 열악하여 화재 및 폭발의 우려가 있는 장소에서 사용하는 경우의 **방폭형 소방 전기 기기**(1)에 대하여 아래 기호의 정의를 설명하고 이와 관련된 사항을 설명하시오.

(1) Ex d ⅡB T6 (2)   (2) IP2X, IP54, IP67 (3)

Tip 화재 등 문제점은 정의 – 개념도, 메커니즘 – 문제점 – 원인, 대책 순으로, 물건 · 물체의 설명은 정의 – 개념도 – 특징 – 문제점, 개선할 점 순으로 설명하시면 됩니다. 패턴을 가지고 답안을 작성하시면 채점자가 편하고 점수를 더 줄 수 있습니다.

3. 실제 답안지에 작성해보기

문	2-1) 방폭형 소방 전기 기기에 대하여 아래 기호의 정의를 설명하고 이와 관련된 사항을 설명

1. 개요

① 소방전기설비의 방폭(폭발 방지)이란 전기설비가 원인이 되어 가연성 가스나 증기 또는 분진에 인화되거나 착화되어 발생되는 폭발사고를 방지하는 것을 말함

② IP 등급, 또는 방진방수 등급은 IEC(국제전기기술위원회)에 의해 개발되었고, 등급은 전기 제품의 인클로저 밀폐력이 먼지, 수분 등의 외부 물질 유입을 효과적으로 막아내는 레벨을 정의하는 데 사용되며, 이러한 각각의 특징을 알고 설비의 보호에 적용하여야 함

2. Exd ⅡB T6

1) Ex d

개념도	
정의	• Ex d : 내압방폭구조 • 내압방폭구조란 용기 내부에서 폭발성 가스 또는 증기의 폭발 시 용기가 그 압력에 견디며, 또한 접합면, 개구부 등을 통해서 외부의 폭발성 가스에 인화될 우려가 없도록 전기설비를 전폐구조의 특수 용기에 넣어 보호한 것
특징	• 최대안전틈새에 의한 폭발등급 • 사용장소 : 1종 장소, 2종 장소, 전기기기의 접점류, 개폐기, 변압기, 전동기 등

2) ⅡB

정의	방폭전기기기의 폭발보호 등급		
최대안전 틈새	**최대안전틈새(mm)** / 0.9 이상 / 0.5 초과~0.9 미만 / 0.5 이하		

최대안전 틈새	최대안전틈새(mm)	0.9 이상	0.5 초과~0.9 미만	0.5 이하
	가연성 가스의 폭발등급	A	B	C
	방폭전기기기의 폭발등급	ⅡA (小)	ⅡB (中)	ⅡC (大)

특징	• ⅡB 등급은 중간 정도의 위험성이 있는 가스가 있는 장소로 최대안전틈새 0.5mm 이상과 0.9mm 미만의 틈새가 최대안전틈새가 되는 것 • 가스의 종류 : 에틸렌, 도시가스 등

3) T6

정의	위험장소 구분에 따른 온도 등급		

구분표	위험장소 구분에 따른 온도등급	가스 · 증기 발화온도(℃)	허용 가능한 기기의 온도등급
	T1	>450	T1~T6
	T2	>300	T2~T6
	T3	>200	T3~T6
	T4	>135	T4~T6
	T5	>100	T5~T6
	T6	>85	T6

특징	• 폭발가스 발화온도에 따른 분류로 발화온도에 따라 T1~T6으로 나누어진다. • T6은 발화온도가 85℃ 이하인 가스를 말하고 표면온도가 85℃보다 높은 설비가 있으면 자연발화할 수 있는 온도

3. IP2X, IP54, IP67

1) IP등급 표시방법

① 표시방법

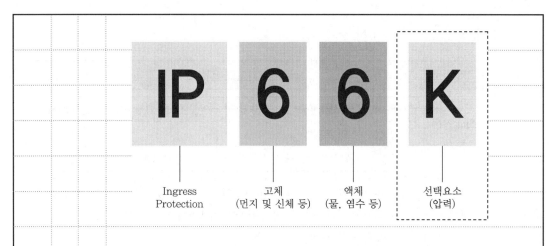

② 구분표

IP등급 첫 번째 숫자		보호 대상	IP등급 두 번째 숫자		보호 대상
0		보호 안 됨	0		보호 안 됨
1		50mm 이상(손으로 만지는 정도)	1		수직으로 떨어지는 물방울
2		12mm 이상(손가락 크기 정도)	2		수직으로부터 15° 이하로 직접 분사되는 액체
3		2.5mm 이상(연장 및 전선 정도)	3		수직으로부터 60° 이하로 직접 분사되는 액체
4		1mm 이상(연장 및 가는 전선 정도)	4		모든 방향에서 분사되는 액체, 제한된 수준의 유입 허용
5		먼지로부터 보호, 제한된 수준의 유입 허용	5		모든 방향에서 분사되는 낮은 수압의 물줄기, 제한된 수준의 유입 허용

IP등급 첫 번째 숫자	보호 대상	IP등급 두 번째 숫자	보호 대상
6	먼지로부터 완벽하게 보호	6	모든 방향에서 분사되는 높은 수압의 물줄기(예 : 선상)
		7	15cm~1m 깊이의 물속에서 보호
		8	1m 이상 깊이의 물속에서 장시간 보호

2) IP2X, IP54, IP67

구분	보호 정도		
IP2X	P1034		손가락 크기의 접근으로부터의 보호
IP54	IP5X		먼지로부터 보호
	IPX4		모든 방향에서 분사되는 물로부터의 보호
	정상동작을 방해하는 분진이 침투되지 않고, 모든 방향에서 분사되는 물방울에 해로운 영향을 받지 않는 구조		
IP67	IP6X		먼지로부터 완벽하게 보호
	IPX7		15~100cm 깊이의 물에 잠겨도 보호
	방진의 침투가 완전하게 보호되고, 특정압력하에서 일정한 시간 물에 잠겼을 때 해로운 영향을 받지 않는 구조		

"끝"

1. 문제

이산화탄소 소화설비에 대하여 다음 사항을 설명하시오.

(1) 배관의 구경 산정 기준(이산화탄소의 소요량이 시간 내에 방사될 수 있는 것)

(2) 방출시간(가스계 소화설비 설계프로그램의 성능인증 및 제품검사의 기술기준)

(3) 배출설비

(4) 과압배출구(Pressure vent) 소요면적(m^2) 산출(식) 및 작동성능시험

2. 시험지에 번호 표기

이산화탄소 소화설비(1)에 대하여 다음 사항을 설명하시오.

(1) 배관의 구경 산정 기준(이산화탄소의 소요량이 시간 내에 방사될 수 있는 것)(2)

(2) 방출시간(가스계 소화설비 설계프로그램의 성능인증 및 제품검사의 기술기준)(3)

(3) 배출설비(4)

(4) 과압배출구(Pressure vent) 소요면적(m^2) 산출(식) 및 작동성능시험(5)

3. 실제 답안지에 작성해보기

문 2-2) 이산화탄소 소화설비에 대하여 다음 사항을 설명

1. 개요

① 이산화탄소 소화설비는 화재 시 불연성 가스의 CO_2에 의하여 산소의 공급을 차단하여 화재실 내 O_2 농도를 15% 이하로 낮춰 질식효과로 소화하는 설비

② 가연물의 종류에 따른 방출시간, 과압배출구, 배출설비 등의 기준을 준수하여 설계를 하여야 소화효과를 극대화할 수 있음

2. 배관의 구경 산정 기준

방출방식	배관구경 산정 기준
전역방출	• 표면화재 : 가연성 액체 또는 가연성 가스 등 표면화재 방호대상물의 경우에는 1분 • 심부화재 : 종이, 목재, 석탄, 섬유류, 합성수지류 등 심부화재 방호대상물의 경우에는 7분, 이 경우 설계농도가 2분 이내에 30퍼센트에 도달하여야 함
국소방출	국소방출방식의 경우에는 30초

3. 방출시간

정의	"방출시간"이란 분사헤드로부터 소화약제가 방출되기 시작하여 방호구역의 가스계 소화약제 농도값이 최소설계농도의 95%에 도달되는 시간
개념	• 방출시간의 산정은 방출 시 측정된 시간에 따른 방출헤드의 압력변화곡선에 의해 산출하며 산출된 방출시간은 다음 표의 기준에 적합할 것 • 이산화탄소소화설비의 심부화재의 경우 420초 이내에 방출하여야 하며, 2분 이내에 설계농도 30%에 도달하는 조건을 만족할 것 • 압력곡선으로 방출시간을 산정할 수 없는 경우에는 공인된 다른 시험방법(온도 · 농도곡선 등)이나 기술적으로 충분히 과학적인 것으로 인정되는 시험방법을 적용하여 시험할 수 있음

허용 한계표	구분	방출시간 허용한계
	10초 방출방식의 설비	설계값±1초
	60초 방출방식의 설비	설계값±10초
	기타의 설비	설계값±10%

4. 배출설비

개요	지하층, 무창층 및 밀폐된 거실 등에 이산화탄소소화설비를 설치한 경우에 소화 약제의 농도를 희석시키기 위한 배출설비를 갖추어야 함
CO₂ 위험	**[농도별 인체에 미치는 영향]**

농도	신체 이상증상
2%	불쾌
3%	호흡수가 늘어나며, 호흡이 가빠짐
4%	눈, 목의 점막에 자극
8%	두통, 귀울림, 어지럼증, 혈압상승 등
9%	호흡 곤란
10%	구토, 실신
20%	시력장애, 몸이 떨리며 1분 이내 실신

5. 과압배출구 소요면적 산출 및 작동성능시험

1) 과압배출구 소요면적 산출

CO₂ 압력변화	• 방출 초기 : 이산화탄소는 액상으로 저장되어 방출 초기에는 기화로 인한 냉각으로 실내 공기가 수축되어 부압이 형성되며 실외공기가 유입 • 방출 후기 : 이산화탄소가 밀폐된 방호구역 내에 충만되면서 압력이 상승하여 내부에서 외부로 압력이 형성
산출식	$A(\mathrm{mm}^2) = \dfrac{239\,Q(\mathrm{kg/min})}{\sqrt{P(\mathrm{kPa})}}$ 여기서, Q : 분당 방출률, P : 방호구역 허용 농도

소견	방출 초기에는 부압 형성으로 실외공기가 유입되고 방출 후기에는 과압이 형성되기에 과압배출구가 실외공기유입 방지구의 역할을 할 수 있어야 한다고 사료됨

2) 작동성능 시험

최소개방압력	개폐부가 폐쇄된 상태에서 송풍기를 가압하여 최소개방압력(개폐부가 최초 개방될 때의 압력값)을 측정하며, 측정값은 설계값의 ±20% 이내이어야 하며 50Pa 이상
유효배출면적	송풍기를 계속 가압하는 경우 신청된 최대허용압력의 90~100% 범위에서 개폐부의 배출면적이 유효배출면적에 도달
최대허용압력	송풍기를 최대허용압력의 110% 압력까지 가압한 후 송풍기의 작동을 정지시키고 최소폐쇄압력(개폐부가 닫힘 상태에 도달하는 시점의 압력값)을 측정하며, 측정값은 다음 각 목에 적합하여야 함 • 설계값의 ±20% 범위 이내일 것 • 30Pa 이상일 것 • 최소개방압력 설계값 미만일 것

"끝"

1. 문제

최근 전통시장에는 IoT 기반의 무선통신 화재감지기를 많이 설치하고 있다. 무선통신 화재감지 시스템의 구성요소와 이를 실현하기 위한 필수기술(또는 필수요소)에 대하여 설명하시오.

Tip 현 추세에는 맞지 않는 내용입니다. 최근 전통시장에 화재알림시스템을 적용하라는 규정이 마련되었으며, 이에 대해 정리하실 필요가 있습니다.

1. 문제

건축물 소방시설의 설계는 설계 전 준비를 포함한 ① 기본계획, ② 기본설계, ③ 실시설계의 3단계로 구분된다. ②항의 기본설계 단계에서 수행되어야 할 주요 설계업무를 항목별로 설명하시오.

2. 시험지에 번호 표기

건축물 소방시설의 설계는 설계 전 준비를 포함한 ① 기본계획, ② 기본설계, ③ 실시설계의 3단계로 구분된다. ②항의 기본설계 단계에서 수행되어야 할 주요 설계업무를 항목별로 설명하시오.

Tip 소방시설 설계 절차서 내용입니다. 소방기술사의 업무인 설계에 관해 묻는 내용으로 면접에도 출제될 수 있기에 중요한 내용입니다. 정의 – 메커니즘(절차) – 항목별 설명 – 소견(주의사항)의 순으로 작성합니다.

3. 실제 답안지에 작성해보기

문 2-4) 기본설계 단계에서 수행되어야 할 주요 설계업무를 항목별로 설명

1. 개요

   ① 기본설계는 계획설계에서 개략적으로 정리된 건축물의 개요를 바탕으로 하여
   건축물의 구조, 규모, 형태, 치수, 사용 재료, 각 공정별 시스템 결정, 개략 공사
   비 산정 및 설계기간을 결정하는 설계 업무

   ② 건축주의 요구와 설계자의 의도를 명확히 전달하기 위하여 기본설계도서를
   작성

2. 소방설계 절차

   1) 절차도

설계 의뢰 (Design Request)	▶ 설계 의뢰 (건축주 사업성 개진)
기획설계 (Predesign)	▶ 설계 조건 검토 (건축주 사업구상, 재정 타당성 검토) · 건축 가능유무 조사 · 규모 검토 · 법적 검토 · 설계 계약 · 사업성 검토
계획설계 (Schematic Design)	▶ 설계 기본 방침 수립 (건축주 이해와 승인) · 설계 목표 설정 · 건물에 대한 종합 계획 기능/규모/형태/구조/재료/기타
기본설계 (Design Development)	▶ 실시 설계 가이드라인 결정 (건축주와 최종 협의) · System 결정 : 건축/구조/설비/장비 · 개략 공사비 · 설계 기간
실시설계 (Construction Documcnts)	▶ 시공계약의 일체 서류 작성 (건축주 재정, 공사 승인) · 공사용 도면 · 시방서(Specification) · 계산서(소화펌프, 내진설계 등) · 공사내역서

설계 변경 (Design Change)

2) 설계 프로세스

설계의뢰 → 기획설계 → 계획설계 → 기본설계 → 실시설계 → 공사원가 산출

→ 설계검증의 과정을 거쳐 확정

3. 기본설계 단계에서 수행되어야 할 주요 설계업무

1) 기본설계의 업무범위와 검토 내용

기본설계 업무범위	기본설계 소방분야 검토 내용
• 건축 기본계획안 검토 • 소방시설 설치 공간 검토 • 소화시스템 비교 검토 • 기본설계 도면 작성 • 개략 공사비 산출서 작성 • 소화 장비 검토(계략 계산서 작성) • 일반시방서 및 특기공사시방서(초안) 작성 • 기본설계 설명서 작성	• 소화 시스템 비교검토 • 소방시설 기본설계 보고서 • 기본설계 도면 • 개략 공사비 산출서 작성 • 소화장비 계산서 작성(송풍기, 펌프, 비상 전원) • 일반시방서 및 특기공사시방서(초안) 작성

2) 항목별 검토 내용

소화 시스템 비교검토	• 소화 배관 이음 방식 비교 검토 • 스프링클러설비, 청정소화약제설비 비교 검토 • 자동화재탐지설비 수신기, 감지기, 무선통신보조설비 비교 검토 • 기타 신기술, 신공법 비교 검토
기본설계 보고서	• 소방설계의 목표 및 기본 방향 • 소방 관계 법규 검토 • 소방시설 적용 계획
기본설계 도면	• 도면목록표, 범례 및 장비일람표 • 계통도, 기준층 평면도

"끝"

1. 문제

> 건축법령에서 규정하고 있는 다음 사항에 대하여 설명하시오.
>
> (1) 대피공간의 설치기준 및 제외 조건
>
> (2) 방화판 또는 방화유리창의 구조
>
> (3) 발코니 내부마감재료 등

2. 시험지에 번호 표기

> 건축법령에서 규정하고 있는 다음 사항에 대하여 설명하시오.
>
> (1) 대피공간의 설치기준 및 제외 조건(1)
>
> (2) 방화판 또는 방화유리창의 구조(2)
>
> (3) 발코니 내부마감재료 등(3)

Tip 법 문제는 자기만의 색깔이 중요합니다. 법이라고 외운 대로 적기만 하면 기본점수밖에 안 나옵니다. 자신만의 생각과 철학을 가지고 접근하고 있다는 것을 채점자에게 어필해야 내가 원하는 점수 이상이 나옵니다.

3. 실제 답안지에 작성해보기

문 2-5) 건축법령에서 규정하고 있는 다음 사항에 대하여 설명

1. 대피공간의 설치기준 및 제외 조건

1) 대피공간의 설치기준

외기	대피공간은 바깥의 공기와 접할 것
방화구획	대피공간은 실내의 다른 부분과 방화구획으로 구획될 것
면적	대피공간의 바닥면적은 인접 세대와 공동으로 설치하는 경우에는 3m² 이상, 각 세대별로 설치하는 경우에는 2m² 이상일 것
기타	국토교통부장관이 정하는 기준에 적합할 것

2) 설치 제외 조건

경계벽	• 발코니와 인접 세대와의 경계벽이 파괴하기 쉬운 경량구조 등인 경우 • 발코니의 경계벽에 피난구를 설치한 경우
하향식피난구	발코니의 바닥에 국토교통부령으로 정하는 하향식 피난구를 설치한 경우
대체시설	국토교통부장관이 대피공간과 동일하거나 그 이상의 성능이 있다고 인정하여 고시하는 구조 또는 시설

2. 방화판 또는 방화유리창의 구조

설치대상	아파트 2층 이상의 층에서 스프링클러의 살수범위에 포함되지 않는 발코니를 구조변경하는 경우에는 발코니 끝부분에 바닥판 두께를 포함하여 높이가 90cm 이상의 방화판 또는 방화유리창을 설치하여야 함
창호	• 방화판과 방화유리창은 창호와 일체 또는 분리하여 설치할 수 있음 • 다만, 난간은 별도로 설치하여야 함
재료	• 방화판은 불연재료로 함 • 방화판으로 유리를 사용하는 경우 방화유리를 사용

틈새	• 방화판은 화재 시 아래층에서 발생한 화염을 차단할 수 있도록 발코니 바닥과의 사이에 틈새가 없이 고정 • 틈새가 있는 경우에는 내화채움성능이 인정된 구조재료로 틈새를 메워야 함
방화유리	방화유리창에서 방화유리(창호 등을 포함한다)는 한국산업표준 KS F 2845(유리 구획부분의 내화시험방법)에서 규정하고 있는 시험방법에 따라 시험한 결과 비차열 30분 이상의 성능을 갖춰야 함
선택	입주자 및 사용자는 관리규약을 통해 방화판 또는 방화유리창 중 하나를 선택할 수 있음

3. 발코니 내부마감재료 등

1) 경보설비

스프링클러의 살수범위에 포함되지 않는 발코니를 구조변경하여 거실 등으로 사용하는 경우 발코니에 자동화재탐지기를 설치

2) 마감재료

거실의 벽 및 반자의 실내에 접하는 부분의 마감재료는 불연재료·준불연재료 또는 난연재료를 사용해야 함

4. 소견

① 방화판, 방화유리 및 마감재료의 규정은 Passive적인 대책

② 일정규모 이상의 건축물의 외벽에는 살수 설비를 설치하고, 내부에는 창문형 스프링클러 설비를 설치하여야 한다고 사료됨

"끝"

1. 문제

> 다중이용업소에 설치 유지하여야 하는 안전시설 중 소방시설의 종류와 비상구의 설치유지 공통기준
> 에 대하여 설명하시오.

2. 시험지에 번호 표기

> **다중이용업소(1)**에 설치 유지하여야 하는 안전시설 중 **소방시설의 종류(2)**와 **비상구의 설치유지 공통기준(3)**에 대하여 설명하시오.

Tip 소방시설의 종류는 표로 작성하여 한눈에 보이게 해야 합니다. 표로 만들기가 가장 쉽고 편합니다.

3. 실제 답안지에 작성해보기

문 2-6) 소방시설의 종류와 비상구의 설치유지 공통기준에 대하여 설명

1. 개요

① 다중이용업소는 휴게음식점, 단란주점영업 등 불특정 다수인이 이용하는 영업 중 화재 등 재난 발생 시 생명·신체·재산상의 피해가 발생할 우려가 높은 곳으로서 대통령령이 정의한 영업

② 사회적 경제적 발달로 건축물이 대형화와 복합화가 되며, 소비와 문화를 위한 공간인 다중이용업소의 확대가 이어지고 있으며, 다중이용업소의 화재는 다수의 인원과 피난의 어려움의 특징이 있기에 다중이용업소의 안전관리에 관한 특별법에서 다중이용업을 정의하고 안전시설의 설치, 유지 및 안전관리 등을 규율하여 공공의 안전을 기함

2. 소방시설의 종류

구분	내용
소화설비	• 소화기 또는 자동확산소화기 : 영업장 안의 구획된 실마다 설치할 것 • 간이스프링클러설비 : 화재안전기준에 따라 설치 SP헤드가 있는 경우 면제 가능
경보설비	• 비상벨설비 : 영업장의 구획된 실마다 설치 • 자동화재탐지설비 　－감지기와 지구음향장치는 영업장의 구획된 실마다 설치 　－영상음향차단장치가 설치된 경우 자동화재탐지설비 수신기를 별도로 설치
피난설비	• 피난기구 　－4층 이하 영업장의 비상구(발코니 또는 부속실)에는 피난기구 설치 　－미끄럼대, 피난사다리, 구조대, 완강기, 다수인 피난장비, 승강식 피난기 • 유도등, 유도표지 또는 비상조명등 : 영업장의 구획된 실마다 설치 • 휴대용 비상조명등 : 영업장안의 구획된 실마다 설치
기타	• 비상구, 영업장 내부 피난통로 • 영상음향차단장치, 누전차단기, 창문 등

3. 비상구의 설치유지 공통기준

설치위치	• 비상구는 영업장의 주된 출입구의 반대방향에 설치 • 주된 출입구 중심선으로부터의 수평거리가 영업장의 긴 변 길이의 1/2 이상 떨어진 위치에 설치 • 건물구조로 인하여 주된 출입구의 반대방향에 설치할 수 없는 경우 주된 출입구 중심선으로부터의 수평거리가 영업장의 긴 변 길이의 1/2 이상 떨어진 위치에 설치
비상구 규격	가로 75cm 이상, 세로 150cm 이상으로 할 것
구조	• 비상구는 구획된 실 또는 천장으로 통하는 구조가 아닌 것으로 할 것. 다만, 영업장 바닥에서 천장까지 불연재료로 구획된 부속실은 예외 • 비상구는 다른 영업장 또는 다른 용도의 시설을 경유하는 구조가 아닐 것 • 층별 영업장은 다른 영업장 또는 다른 용도의 시설과 불연재료·준불연재료로 된 차단벽이나 칸막이로 분리되도록 할 것 　– 객실부분을 공동으로 사용하는 등의 구조 또는 각 영업소와 영업소 사이를 분리 또는 구획하는 별도의 차단벽이나 칸막이 등을 설치하지 않을 수 있는 경우는 예외
문 개방 방향	• 문이 열리는 방향은 피난방향으로 열리는 구조 • 자동문[미서기(슬라이딩)문]으로 설치 가능한 경우 　– 방화문 설치대상이 아닐 경우 　– 화재감지기와 연동하여 개방되는 구조 　– 정전 시 자동으로 개방되는 구조 　– 정전 시 수동으로 개방되는 구조
문의 재질	• 주요 구조부가 내화구조(耐火構造)인 경우 비상구 등의 문은 방화문설치 • 불연재료가 가능한 경우 　– 주요 구조부가 내화구조가 아닌 경우 　– 비상구 등의 문이 지표면과 접하는 경우로서 화재의 연소 확대 우려가 없는 경우 　– 비상구 등의 문이 피난계단 또는 특별피난계단의 설치 기준에 따라 설치해야 하는 문이 아니거나 방화구획이 아닌 곳에 위치한 경우

"끝"

1. 문제

> 전통시장 화재에 대하여 다음 사항을 설명하시오.
>
> (1) 전통시장 화재의 특성(취약성)
>
> (2) 전통시장 화재알림시설 지원 사업 목적 및 대상
>
> (3) 개별점포 및 공용부분 화재알림시설 설치기준 및 구성도(전통시설 화재알림시설 설치사업 가이드라인)

Tip (1)과 (2)의 문제는 현재 추세가 아니며, (3)의 화재알림설비의 경우는 정리해야 합니다.

1. 문제

> 하나의 단지 내에 각 단위공장별로 산재된 자동화재탐지설비의 수신기를 근거리통신망(LAN)을 활용하여 관리하고자 한다. LAN의 Topology(통신망의 구조) 중 Ring형, Star형, Bus형의 특징 및 장단점을 설명하시오.

2. 시험지에 번호 표기

> 하나의 단지 내에 각 단위공장별로 산재된 자동화재탐지설비의 수신기를 근거리통신망(LAN)(1)을 활용하여 관리하고자 한다. LAN의 Topology(통신망의 구조) 중 Ring형, Star형, Bus형의 특징 및 장단점을 설명(2)하시오.

3. 실제 답안지에 작성해보기

문	3 – 2) LAN의 Topology 중 Ring형, Star형, Bus형의 특징 및 장단점을 설명

1. 개요

① LAN은 Local Area Network 의 약자로서 근거리 통신망을 의미하는 것으로 작은 지역 내에서 다양한 통신 기기의 상호 연결을 가능하게 하는 통신 네트워크

② LAN의 분류는 Ring형, Star형, Bus형 등이 있으며, 이들의 특징 및 장단점을 알고 적용하여야 함

2. 통신제어 방식의 분류

구분	내용
중앙집중식 (Centralized Control)	데이터 전송을 중앙에서 통제
임의제어 (Random Control)	모든 스테이션(노드)이 전송 권한, 충돌을 감지하는 기능
분산제어 (Distributed Control)	한 번에 한 스테이션씩 전송 권한, Token Ring 전달방식

3. Ring형, Star형, Bus형의 특징 및 장단점

1) Ring형

개요도	

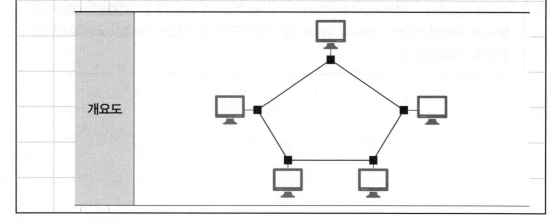

정의	컴퓨터를 하나의 원을 이루도록 연결하는 것으로, 각 장치는 고유 주소를 지닌 형태로 컴퓨터와 터미널을 서로 이웃하는 것끼리 연결된 방식
특징 (장단점)	• Token Ring 제어방식 사용, 정보흐름(신호)은 원을 따라 흐름 • 단방향 통신으로 신호 증폭이 가능하여 거리 제약이 적음 • 네트워크 전송상의 충돌이 없고 고장 발견이 용이함 • 보안에 취약하고, 하나의 컴퓨터에 이상 발생 시 전체 네트워크에 문제가 생김 • 새로운 터미널 추가 시 통신회선을 절단해야 하며, 전체적 통신처리량 증가

2) Star형

개요도	
정의	컴퓨터들이 UTP 케이블로 중앙에 위치한 허브/스위치에 연결되는 형태
특징 (장단점)	• 중앙 시스템을 제외한 모든 노드는 서로 접촉하지 않음 • 중앙집중식 제어, 해당 노드에 발생한 데이터와 관련 없는 노드는 해당 데이터가 발생하였는지 알 수 없음 • 장애 발견이 쉽고, Network 관리가 쉬움 • 하나의 장애가 다른 네트워크 장비에 영향을 주지 않음 • 중앙 컴퓨터, Hub가 고장 났을때 전체 Network에 충돌이 일어남 • 터미널 증가 시 통신회선수 증가로 통신망이 복잡해짐

3) Bus형

개요도	
정의	모든 노드들이 간선을 공유하며 버스 T자형으로 연결되는 형태
특징 (장단점)	• 하나의 컴퓨터에서 신호 전송 시 신호는 단일회선으로 양방향으로 이동 • 모든 네트워크의 터미널은 동일신호 수신 • 장치의 추가와 제거가 용이하며, 하나의 장치(컴퓨터)가 고장 나더라도 전체 통신망에 영향을 주지 않아 신뢰성이 높음 • 적은 양의 케이블을 사용해 비용 절감 가능 • 거리 제약이 심하고, 신호량이 많을 시 시간지연 초래 • 한 번에 한 장치(컴퓨터)만 전송 가능, 연결된 장치(컴퓨터)의 수에 따라 네트워크 성능이 좌우됨

"끝"

123회 3교시 3번

1. 문제

> 대규모 건축물의 지하주차장 화재 시 공간특성 및 환기설비를 이용한 연기제어 방안과 연기특성을 고려한 성능평가 시험에 대하여 설명하시오.

2. 시험지에 번호 표기

> 대규모 건축물의 지하주차장 화재(1) 시 공간특성(2) 및 환기설비를 이용한 연기제어 방안(3)과 연기특성을 고려한 성능평가 시험(4)에 대하여 설명하시오.

Tip 문제를 정독하고 답안을 유추하려면 각 단원에서 중요한 게 무엇이었는지 생각하셔야 합니다. 지하주차장의 공간특성은 ○○화재에서 무창 및 축열, 피난안전성 저해를 언급해야 하며, 지하주차장의 환기설비의 특징은 급기 – 유인팬 – 배기 순으로 이루어지는 것을 알고 있어야 합니다. 연기특성을 고려한 성능평가 시험은 Hot Smoke Test라는 것을 떠올리셨다면 문제풀이는 다 이루신 겁니다.

3. 실제 답안지에 작성해보기

문 3-3) 지하주차장 화재 시 공간특성 및 환기설비를 이용한 연기제어 방안과 연기특성을 고려한 성능평가 시험

1. 개요

① 현대 건축물의 대형화, 고층화에 따라 주차장이 지하로 심층화되는 경향이 있으며, 화재 시 지하주차장은 무창 밀폐된 구조로 상시 환기가 곤란하고 단위면적당 열축적률이 높고, 불완전연소에 따른 독성, 자극성 연기가 다량 발생

② 이러한 특징으로 인하여 지하주차장의 환기설비를 이용한 연기제어 방안이 대두되었고 이 설비의 제연능력 성능시험방법으로 Hot Smoke Test 방법이 필요하게 됨

2. 지하주차장 화재 시 공간특성

구분	내용
무창, 폐쇄공간	• 무창층 및 폐쇄공간으로 축연, 축열 발생 • 차량 등 내부 가연물이 고분자 물질로 화재 시 발생열량이 큼 • 화재발생 시 연기로 인해 피난 및 소화활동이 곤란
피난위험성	• 지하공간으로 자연채광 감소 • 연기층 하강시간이 빨라 청결층 파괴시간이 단축되어 대피가능시간 감소 • 소방대의 소방활동과 피난동선의 일치로 피난안전성 저해
건축구조	• 지하주차장은 방화구획 완화 대상 • 각 소방대상물별 지하공간이 연결되어 전체공간으로 빠르게 연기 확산
소방설비	준비작동식 스프링클러 A, B 감지기 회로 적용 : 헤드개방 시간 지연, 환기설비를 설치하기에 연기배출 제어능력 제한

3. 환기설비를 이용한 연기제어 방안

개요도	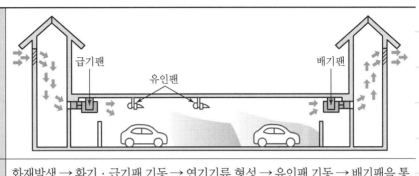
메커니즘	화재발생 → 환기 · 급기팬 기동 → 연기기류 형성 → 유인팬 기동 → 배기팬을 통해 연기 배출
특징	• 상시 : 배기가스(CO_2)를 감지하여 주차장 환기 • 화재 시 : 인위적인 기류를 형성하여 연기 배출 • 덕트 설비의 증설이 필요 없고 기존의 설비를 이용한 제연 가능

4. 연기특성을 고려한 성능평가 시험(Hot Smoke Test)

개요도	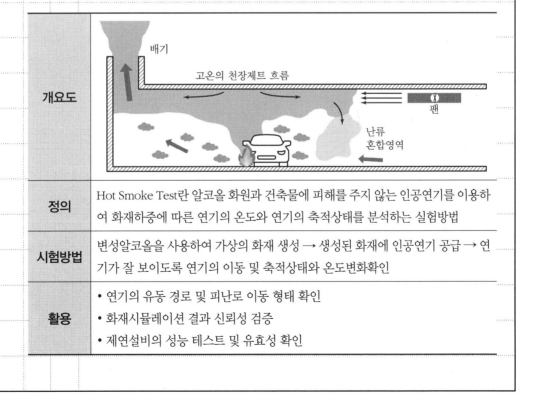
정의	Hot Smoke Test란 알코올 화원과 건축물에 피해를 주지 않는 인공연기를 이용하여 화재하중에 따른 연기의 온도와 연기의 축적상태를 분석하는 실험방법
시험방법	변성알코올을 사용하여 가상의 화재 생성 → 생성된 화재에 인공연기 공급 → 연기가 잘 보이도록 연기의 이동 및 축적상태와 온도변화확인
활용	• 연기의 유동 경로 및 피난로 이동 형태 확인 • 화재시뮬레이션 결과 신뢰성 검증 • 제연설비의 성능 테스트 및 유효성 확인

5.	소견	
	지하주차장이 내화구조이며, 불연재료로 마감 시 방화구획 완화 대상이기에 화재	
	확산에 취약하여 이에 대한 보완 규정이 필요함	
		"끝"

123회 3교시 4번

1. 문제

특수제어 모드용(CMSA : Control Mode Specific Application) 스프링클러의 개요, 특성과 장단점에 대하여 설명하고 표준형 / ESFR 스프링클러와 비교하시오.

2. 시험지에 번호 표기

특수제어 모드용(CMSA : Control Mode Specific Application) 스프링클러의 개요(1), 특성과 장단점(2)에 대하여 설명하고 표준형 / ESFR 스프링클러와 비교(3)하시오.

Tip 스프링클러는 감지특성, 방사특성에 대해서 꼭 설명해야 합니다.

3. 실제 답안지에 작성해보기

문	3-4) 특수제어 모드용 스프링클러의 개요, 특성과 장단점에 대하여 설명

1. CMSA 스프링클러 개요

1) 개발 배경

① 고강도 화재란 온도가 높은 화재를 말하며, 이는 가연물 양이 많아 막대한 방출열량의 상승기류에 의해 수평으로의 화염전파 속도가 빠른 화재 특성을 갖고 있음

② 표준형 스프링클러는 부력플럼 > 종말속도의 관계로 창고 등 고강도 화재에 적응성이 없는 문제점이 있음

2) 정의

① 기존 라지드롭 스프링클러와 특수적용 제어모드 스프링클러를 CMSA 스프링클러라고 함

② CMSA 스프링클러의 경우 K값 증가로 물방울의 크기를 증가시킨 스프링클러를 의미

2. CMSA 스프링클러의 특성 및 장단점

1) 감지특성

구분	내용	CMSA
RTI (반응시간지수)	화재에 대한 반응속도 값이 낮을수록 빨리 반응하여 방수를 하게 됨	80~350
C (전도열계수)	전도열 전달계수 값이 낮을 수록 빨리 반응하여 방수를 하게 됨	2
T_a (표시온도)	폐쇄형 스프링클러헤드에서 감열체가 작동하는 온도로서 미리 헤드에 표시한 온도	$T_a = 0.9 \times T_m - 27.3$

2) 방사특성

정의	$Q = K\sqrt{P}$ (LPM) 여기서, K : K−Factor, P : 방사압력 K−Factor로 결정되는 ADD와 RDD는 화재제어 및 진압을 위한 방사특성을 결정짓는 중요한 요소	K값 : 160
ADD > RDD		ESFR의 경우 탁월

3) 장단점

장점	단점
• 습식, 건식, 준비작동식에 사용 가능 • 큰 물방울로 고속 열기류 화재에 적용 가능 • ESFR에 비해 적용이 용이함	• 정확한 성능기준이 마련되어 있지 않음 • 설치기준이 표준형 헤드에 비해 복잡 • ESFR에 비해 화재진압 효과가 떨어짐

3. CMSA/표준형/ESFR 스프링클러의 비교

구분	CMSA	표준형	ESFR
감지특성	• RTI : 80~350 • C : 2 • 표시온도 : $T_a = 0.9 \times T_m - 27.3$	• RTI : 80~350 • C : 2 • 표시온도 : $T_a = 0.9 \times T_m - 27.3$	• RTI : 28 • C : 1 • 표시온도 : 74℃
방사특성	K값 : 160	K값 : 80	K값 : 200~360
소화성능	화재제어	화재제어	화재진압
특징	화재하중이 창고 등에 적용 가능	주택, 공동주택 등 피난 안전성 관점 화재제어	초기 연소확대가 빠르고 화재하 중이 큰 랙식 창고 등에 적용

"끝"

1. 문제

건축법령상 특별피난계단의 구조와 특별피난계단 부속실의 배연설비 구조에 대하여 설명하시오.

2. 시험지에 번호 표기

건축법령상 **특별피난계단(1)**의 **구조(2)**와 **특별피난계단 부속실의 배연설비 구조(3)**에 대하여 설명하시오.

3. 실제 답안지에 작성해보기

문 3-5) 특별피난계단의 구조와 특별피난계단 부속실의 배연설비 구조에 대하여 설명

1. 개요

① 특별피난계단은 화재 등 재난 발생 시 인명피해를 최소화하기 위한 구조와 설비로 설치되는 계단으로서 직통계단의 요건에 일정한 요건을 추가로 갖춘 계단

② 건축물의 내부에서 노대 또는 부속실을 거쳐 계단실로 이어지는 구조로 되어 있기에 부속실에 배연설비를 설치하고 유입된 연기를 배출하도록 되어 있음

2. 특별 피난계단의 구조

1) 개요

구분	내용
개념도	
설치 대상	• 11층 이상의 층(공동주택의 경우 16층 이상) • 지하 3층 이하의 층 • 건축물의 5층 이상인 층으로서 문화 및 집회시설 중 전시장 또는 동·식물원, 판매시설, 운수시설, 운동시설, 위락시설, 관광휴게시설 또는 수련시설 중 생활권 수련시설의 용도로 쓰는 층에는 직통계단 외에 그 층의 해당 용도로 쓰는 바닥면적의 합계가 2천m²를 넘는 경우에는 그 넘는 2천m² 이내마다 1개소의 피난계단 또는 특별피난계단을 설치하여야 함

2) 구조

연결, 면적	• 건축물의 내부와 계단실을 노대를 통하여 연결 혹은 면적 $1m^2$ 이상인 창문 (바닥으로부터 1m 이상 높이)이나 배연설비가 있는 부속실을 통하여 연결 • 부속실 면적은 $3m^2$ 이상일 것
구획, 마감	내화구조, 불연재료로 마감(실내에 접한 모든 부분)
조명	예비전원에 의한 조명설비
창문 등	• 건축물의 다른 부분에 설치하는 창문 등으로부터 2m 이상의 거리를 두고 설치(화재 발생 시 유독가스의 유입을 방지하기 위함) • 망이 들어 있는 유리의 붙박이창으로 면적이 각각 $1m^2$ 이하인 경우 2m 이상의 거리를 두지 않고 설치할 수 있음
출입구	• 60분, 60분＋ 방화문 설치 • 유효너비 0.9m 이상, 출입문은 피난방향으로 열 수 있는 구조
계단구조	내화구조로 하고, 피난층 또는 지상까지 직접 연결

3. 특별피난계단에 설치하는 배연설비의 구조

1) 개요

개요도	

개념	• 계단 및 승강기의 승강장은 건축물의 다른 부분과 달리 전 층이 하나로 통해져 있는 구조적 특성 • 이러한 구조적 특성은 마치 굴뚝과 같은 기능을 해서 화재로 인한 매연은 굴뚝의 연기가 상승하듯이 상층으로 급속하게 확산될 수 있음

2) 구조

재료, 연결	• 배연구 및 배연풍도는 불연재료 • 화재가 발생한 경우 원활하게 배연시킬 수 있는 규모로서 외기 또는 평상시에 사용하지 아니하는 굴뚝에 연결
배연구	• 배연구에 설치하는 수동개방장치 또는 자동개방장치는 손으로도 열고 닫을 수 있도록 할 것 • 배연구는 평상시에는 닫힌 상태를 유지하고, 연 경우에는 배연에 의한 기류로 인하여 닫히지 아니하도록 할 것
배연기	• 배연구가 외기에 접하지 아니하는 경우에는 배연기를 설치할 것 • 배연기는 배연구의 열림에 따라 자동적으로 작동하고, 충분한 공기배출 또는 가압능력이 있을 것 • 배연기에는 예비전원을 설치할 것
기타	공기유입방식을 급기가압방식 또는 급·배기방식으로 하는 경우에는 소방관계법령의 규정에 적합하게 할 것

"끝"

1. 문제

초고층 및 지하연계 복합건축물 재난관리에 관한 특별법 법령에서 규정하고 있는 다음 사항에 대하여 설명하시오.

(1) 종합재난관리체제의 구축 시 포함될 사항

(2) 재난예방 및 피해경감계획 수립, 시행 등에 포함되어야 하는 내용

(3) 관리주체가 관계인, 상시근무자 및 거주자에 대하여 각각 실시하여야 하는 교육 및 훈련에 포함되어야 할 사항

2. 시험지에 번호 표기

초고층 및 지하연계 복합건축물(1) 재난관리에 관한 특별법 법령에서 규정하고 있는 다음 사항에 대하여 설명하시오.

(1) 종합재난관리체제의 구축 시 포함될 사항(2)

(2) 재난예방 및 피해경감계획 수립, 시행 등에 포함되어야 하는 내용(3)

(3) 관리주체가 관계인, 상시근무자 및 거주자에 대하여 각각 실시하여야 하는 교육 및 훈련에 포함되어야 할 사항(4)

3. 실제 답안지에 작성해보기

문 3-6) 초고층 및 지하연계 복합건축물 재난관리에 관한 특별법 법령에서 규정하고 있는 내용에 대하여 설명

1. 개요

초고층건축물	층수가 50층 이상 또는 높이가 200m 이상인 건축물
지하연계 복합건축물	• 층수가 11층 이상이거나 1일 수용인원이 5천 명 이상인 건축물로서 지하부분이 지하역사 또는 지하도상가와 연결된 건축물 • 건축물 안에 문화 및 집회시설, 판매시설, 운수시설, 업무시설, 숙박시설, 위락(慰樂)시설 중 유원시설업(遊園施設業)의 시설 또는 대통령령으로 정하는 용도의 시설이 하나 이상 있는 건축물

초고층 및 지하연계 복합건축물과 그 주변지역의 재난관리를 위하여 재난의 예방·대비·대응 및 지원 등에 필요한 사항을 정하여 재난관리체제를 확립하고자 계획을 세우고, 교육 훈련을 하게 됨

2. 종합재난관리체제의 구축 시 포함될 사항

1) 개요

① 구축대상

초고층건축물 등의 관리주체는 관계지역 안에서 재난의 신속한 대응 및 재난정보 공유·전파를 위한 종합재난관리체제를 종합방재실에 구축·운영

② 수립시행시기

관리주체는 계획 시행 전년도 12월 31일까지 매년 수립하여 시행하여야 함

2) 구축 시 포함될 내용

재난대응체제	• 재난상황 감지 및 전파체제 • 방재의사결정 지원 및 재난 유형별 대응체제 • 피난유도 및 상호응원체제
재난, 테러 및 안전정보관리체제	• 취약지역 안전점검 및 순찰정보 관리 • 유해 · 위험물질 반출 · 반입 관리 • 소방시설 · 설비 및 방화관리 정보 • 방범 · 보안 및 테러 대비 시설관리
기타	그 밖에 관리주체가 필요로 하는 사항

3. 재난예방 및 피해경감계획 수립, 시행 등에 포함되어야 하는 내용

① 재난 유형별 대응 · 상호 응원 및 비상전파계획

② 피난시설 및 피난유도계획

③ 재난 및 테러 등 대비 교육 · 훈련계획

④ 재난 및 안전관리 조직의 구성 · 운영

⑤ 어린이 · 노인 · 장애인 등 재난에 취약한 사람의 안전관리대책

⑥ 시설물의 유지관리계획

⑦ 소방시설 설치 · 유지 및 피난계획

⑧ 전기 · 가스 · 기계 · 위험물 등 다른 법령에 따른 안전관리계획

⑨ 건축물의 기본현황 및 이용계획

⑩ 기타 대통령령이 정하는 사항

4. 교육 및 훈련에 포함되어야 할 사항

구분	교육내용
관계인 및 상시근무자	• 재난 발생 상황 보고 · 신고 및 전파에 관한 사항 • 입점자, 이용자, 거주자 등(장애인 및 노약자를 포함)의 대피 유도에 관한 사항 • 현장 통제와 재난의 대응 및 수습에 관한 사항 • 재난 발생 시 임무, 재난 유형별 대처 및 행동 요령에 관한 사항 • 2차 피해 방지 및 저감(低減)에 관한 사항 • 외부기관 출동 관련 상황 인계에 관한 사항 • 테러 예방 및 대응 활동에 관한 사항
거주자 등	• 피난안전구역의 위치에 관한 사항 • 피난층, 피난안전구역으로의 대피 요령 등에 관한 사항 • 피해 저감을 위한 사항 • 테러 예방 및 대응 활동에 관한 사항(입점자의 경우만 해당한다)

"끝"

1. 문제

> 옥내소화전설비에서 정하는 내화배선과 내열배선의 기능, 사용전선의 종류에 따른 배선 공사방법 및
> 성능검증을 위한 시험방법을 설명하고 내열배선의 성능검증방법 중 적절한 검증방법을 설명하시오.

Tip 현 추세가 아닌 문제입니다. 내열전선의 시험방법에 대해 정리를 하실 필요가 있습니다.

1. 문제

> 소방펌프 유지관리 시험 시 다음 사항에 대하여 설명하시오.
>
> (1) 체절운전(무부하 운전) 시험방법
>
> (2) NFPA 25에서 전기모터 펌프는 최소 10분 동안 구동하는 이유
>
> (3) NFPA 25에서 디젤 펌프는 최소 30분 동안 구동하는 이유

2. 시험지에 번호 표기

> **소방펌프 유지관리(1)** 시험 시 다음 사항에 대하여 설명하시오.
>
> (1) 체절운전(무부하 운전) 시험방법(2)
>
> (2) NFPA 25에서 전기모터 펌프는 최소 10분 동안 구동하는 이유(3)
>
> (3) NFPA 25에서 디젤 펌프는 최소 30분 동안 구동하는 이유(4)

3. 실제 답안지에 작성해보기

문 4-2) 소방펌프 유지관리 시험 시 체절운전 시험방법 등의 사항에 대하여 설명	

1. 개요

① 소방펌프는 전동모터, 내연기관 등 구동부를 통하여 기계적 에너지를 이용하여 소화수에 압력과 속도를 가하여 소화수를 배관을 통하여 높은 곳으로 올리거나 먼 거리로 수송하여 살수할 수 있도록 사용하는 기계장치

② 전기모터펌프 및 디젤펌프로 구분되고 각각 운전시간이 NFPA 25에 규정이 되어 있어 이를 적용하여 시험운전을 하여야 함

2. 체절운전 시험방법

정의	체절운전은 펌프의 토출 측의 관로가 닫히거나 유량의 통과가 방해될 정도로 제어밸브 등을 차단한 상태에서 운전하는 것이며, 체절압력 미만에서 릴리프밸브가 개방되어 물이 방출되는지 확인하는 시험
개요도	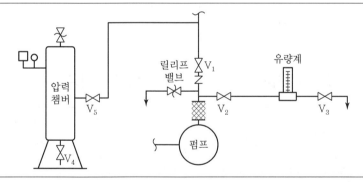
시험방법	① 토출 측 밸브 V_1, 성능시험배관상의 V_2 밸브 폐쇄 ② 릴리프밸브 상단 캡을 열고, 스패너를 이용하여 릴리프밸브의 작동압력을 최대치로 설정 ③ 동력제어반에서 주펌프 수동기동 ④ 펌프 토출 측 압력계가 급격히 상승 후 안정되었을 때의 압력을 측정 ⑤ 펌프 정지 ⑥ 스패너로 릴리프를 조절하여 체절압력 미만에서 개방되도록 조절

시험방법	⑦ 펌프를 재기동하여 릴리프밸브에서 압력수가 방출되는지 확인 ⑧ 펌프 정지 및 릴리프밸브의 상단 캡 부착
성능기준	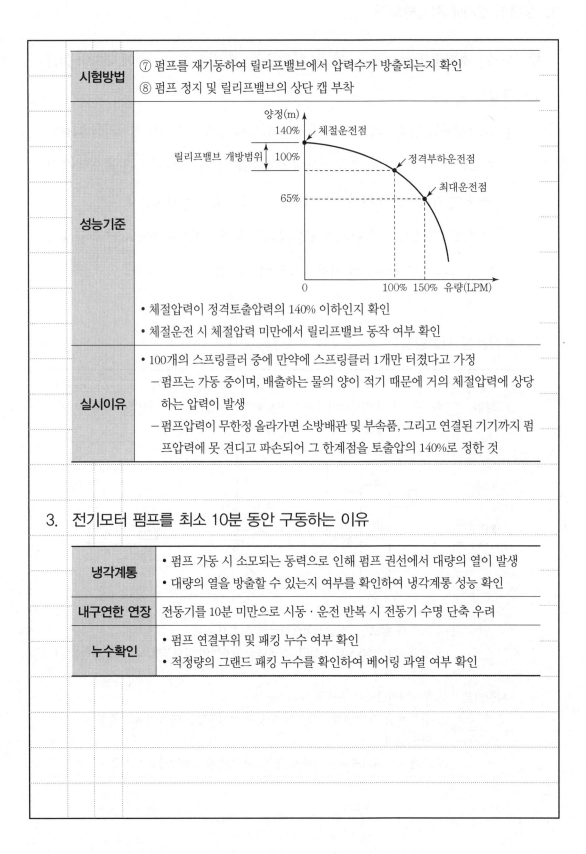 • 체절압력이 정격토출압력의 140% 이하인지 확인 • 체절운전 시 체절압력 미만에서 릴리프밸브 동작 여부 확인
실시이유	• 100개의 스프링클러 중에 만약에 스프링클러 1개만 터졌다고 가정 – 펌프는 가동 중이며, 배출하는 물의 양이 적기 때문에 거의 체절압력에 상당하는 압력이 발생 – 펌프압력이 무한정 올라가면 소방배관 및 부속품, 그리고 연결된 기기까지 펌프압력에 못 견디고 파손되어 그 한계점을 토출압의 140%로 정한 것

3. 전기모터 펌프를 최소 10분 동안 구동하는 이유

냉각계통	• 펌프 가동 시 소모되는 동력으로 인해 펌프 권선에서 대량의 열이 발생 • 대량의 열을 방출할 수 있는지 여부를 확인하여 냉각계통 성능 확인
내구연한 연장	전동기를 10분 미만으로 시동·운전 반복 시 전동기 수명 단축 우려
누수확인	• 펌프 연결부위 및 패킹 누수 여부 확인 • 적정량의 그랜드 패킹 누수를 확인하여 베어링 과열 여부 확인

4. 디젤 펌프를 최소 30분 동안 구동하는 이유

냉각계통	• 펌프 가동 시 디젤엔진에서 대량의 열이 발생 • 대량의 열을 방출할 수 있는지 여부를 확인하여 냉각계통 성능 확인
연료계통	• 30분의 구동을 통해 일정량의 연료를 소모 • 엔진 내부의 연료 정체 방지
Wet Stacking	• 습식 적재(Wet Stacking)란 낮은 부하로 디젤 엔진을 테스트할 때 완전히 연소하지 못한 연료가 엔진 및 배기계통에 축적되는 현상 • 엔진 성능 저하와 연료 소비량 증가를 유발 • 지속적 운전 시 엔진 고장 유발

"끝"

1. 문제

이산화탄소 소화설비를 전역방출방식으로 설치하려고 한다. 다음 조건을 참조하여 각 물음에 답하시오.

〈조건〉

- 기압 : 1atm
- 설계농도 : 65%
- 체적 : 400m³
- 개구부는 화재 시 자동 폐쇄된다.
- 소화약제 방출시간을 설계농도 도달시간으로 가정한다.
- 기타 다른 조건은 무시한다.
- 온도 : 10℃
- 용도 : 목재가공품 창고
- 이산화탄소 저장용기 : 45kg 고압용기

(1) 자유유출(Free Efflux) 상태에서 목재가공품 창고의 소화에 필요한 소화약제량을 구하시오.
(2) 필요한 이산화탄소 저장용기 수량과 저장하는 소화약제량을 구하시오.
(3) 소화약제 방출시간을 구하시오.

2. 시험지에 번호 표기

이산화탄소 소화설비를 전역방출방식으로 설치하려고 한다. 다음 조건을 참조하여 각 물음에 답하시오.

〈조건〉

- 기압 : 1atm
- 설계농도 : 65%
- 체적 : 400m³
- 개구부는 화재 시 자동 폐쇄된다.
- 소화약제 방출시간을 설계농도 도달시간으로 가정한다.
- 기타 다른 조건은 무시한다.
- 온도 : 10℃
- 용도 : 목재가공품 창고
- 이산화탄소 저장용기 : 45kg 고압용기

(1) 자유유출(Free Efflux) 상태에서 목재가공품 창고의 소화에 필요한 소화약제량을 구하시오.(1)
(2) 필요한 이산화탄소 저장용기 수량과 저장하는 소화약제량을 구하시오.(2)
(3) 소화약제 방출시간을 구하시오.(3)

3. 실제 답안지에 작성해보기

문 4-3) 자유유출 상태에서 목재가공품 창고의 소화에 필요한 소화 약제량을 구하시오.

1. 소화약제량

관계식	$x = 2.303 \left(\dfrac{1}{S} \right) \times \log_{10} \left(\dfrac{100}{100-C} \right) \times V$ 여기서, S : 비체적, C : 설계농도, V : 체적

계산조건	• 비체적 S
	   —0℃에서 이산화탄소 기체의 비체적
	      $\dfrac{22.4\text{m}^3}{\text{kg 분자량}} = \dfrac{22.4}{44} = 0.509$
	   —10℃(심부화재)에서 이산화탄소 기체의 비체적
	      $S = 0.509 + 0.509 \times \dfrac{10}{273} ≒ 0.52\text{m}^3/\text{kg}$
	 • 설계농도 : 65%
	 • 체적 : 400m^3

계산	$2.303 \left(\dfrac{1}{0.52} \right) \times \log_{10} \left(\dfrac{100}{100-65} \right) \times 400 = 807.7\text{kg}$
답	807.7kg

2. 저장용기 수량 및 저장 소화약제량

저장용기수	$\dfrac{807.7\text{kg}}{45\text{kg/용기}} = 17.95$
저장량	45kg/용기 × 18용기 = 810kg
답	• 저장용기수 : 18병 • 저장약제량 : 810kg

3.	**소화약제 방출시간**

기준	• 심부화재의 경우 420초 이내에 방출 • 최소방출시간 기준 : 2분 이내에 설계농도의 30%에 도달할 것
최소방출시간	• 약제량 : $2.303\left(\dfrac{1}{0.52}\right) \times \log_{10}\left(\dfrac{100}{100-30}\right) \times 400 = 274.41\text{kg}$ • 분당 방출량 : $\dfrac{274.41\text{kg}}{2\text{min}} = 137.2\text{kg/min}$ • 소화약제 방출시간 : $\dfrac{810\text{kg}}{137.2\text{kg/min}} = 5.9\text{min}$
답	5.9min

"끝"

123회 4교시 4번

1. 문제

> 단열재 설치 공사 중 경질 폴리우레탄폼 발포 시(작업 전, 중, 후) 화재예방 대책에 대하여 설명하시오.

Tip 시사성 문제로서 현 추세와는 맞지 않는 문제입니다.

123회 4교시 5번

1. 문제

> 위험물 안전관리법령상 제조소의 위치, 구조 및 설비의 기준에 대한 다음 내용에 대하여 설명하시오.
>
> (1) 건축물의 구조
> (2) 배출설비
> (3) 압력계 및 안전장치

2. 시험지에 번호 표기

> 위험물 안전관리법령상 제조소(1)의 위치, 구조 및 설비의 기준에 대한 다음 내용에 대하여 설명하시오.
>
> (1) 건축물의 구조(2)
> (2) 배출설비(3)
> (3) 압력계 및 안전장치(4)

Tip 위험물 안전관리법 별표 4, 제조소의 위치, 구조 및 설비의 기준에 관한 문제로서 이외에 안전거리, 보유공지에 대해서 완벽하게 정리할 필요가 있습니다.

3. 실제 답안지에 작성해보기

문	4-5) 제조소의 위치, 구조 및 설비의 기준에 대한 건축물의 구조 등의 내용 에 대하여 설명

1. 개요

① 위험물제조소란 위험물을 제조하는 시설로서 최초에 사용한 원료가 위험물인 가, 비위험물인가의 여부에 관계없이 여러 공정을 거쳐 제조한 최종 물품이 위 험물인 대상

② 제조하는 것이 위험물이기에 건축물의 구조 제한과 배출설비 등을 설치하고 안전장치를 설치하도록 되어 있음

2. 건축물의 구조

개요도	
지하층	지하층이 없도록 하여야 함
벽, 기둥 등	벽·기둥·바닥·보·서까래 및 계단을 불연재료로 하고, 연소의 우려가 있는 외벽 은 출입구 외의 개구부가 없는 내화구조

지붕	• 지붕은 폭발력이 위로 방출될 정도의 가벼운 불연재료로 덮어야 함 • 내화구조 적용 　－밀폐형 구조의 건축물인 경우 : 철근콘크리트조일 것, 외부화재에 90분 이상 견딜 수 있는 구조 　－제2류 위험물(분말상태의 것과 인화성 고체를 제외한다), 제4류 위험물 중 제4석유류·동식물유류 또는 제6류 위험물을 취급하는 건축물인 경우
출입구	• 출입구와 비상구에는 60분, 60＋ 혹은 30분 방화문을 설치 • 연소의 우려가 있는 외벽에 설치하는 출입구에는 수시로 열 수 있는 자동폐쇄식의 60분 혹은 60＋ 방화문을 설치
창	건축물의 창 및 출입구에 유리를 이용하는 경우에는 망입유리 사용
바닥	액체의 위험물을 취급하는 건축물의 바닥은 위험물이 스며들지 못하는 재료를 사용하고, 적당한 경사를 두어 그 최저부에 집유설비를 하여야 함

3. 배출설비

개요도	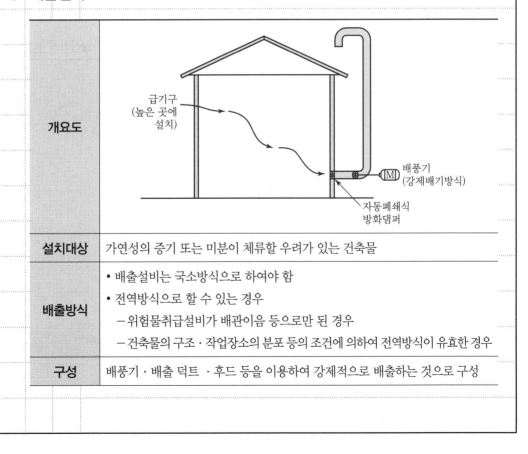
설치대상	가연성의 증기 또는 미분이 체류할 우려가 있는 건축물
배출방식	• 배출설비는 국소방식으로 하여야 함 • 전역방식으로 할 수 있는 경우 　－위험물취급설비가 배관이음 등으로만 된 경우 　－건축물의 구조·작업장소의 분포 등의 조건에 의하여 전역방식이 유효한 경우
구성	배풍기·배출 덕트 ·후드 등을 이용하여 강제적으로 배출하는 것으로 구성

배출능력	• 국소배출방식 : 1시간당 배출장소 용적의 20배 이상 • 전역방식의 경우 : 바닥면적 $1m^2$당 $18m^3$ 이상
급기구	급기구는 높은 곳에 설치하고, 가는 눈의 구리망 등으로 인화방지망을 설치
배출구	배출구는 지상 2m 이상으로서 연소의 우려가 없는 장소에 설치하고, 배출 덕트가 관통하는 벽 부분의 바로 가까이에 화재 시 자동으로 폐쇄되는 방화댐퍼를 설치
배풍기	배풍기는 강제배기방식으로 하고, 옥내 덕트의 내압이 대기압 이상이 되지 아니하는 위치에 설치

4. 압력계 및 안전장치

설치대상	위험물을 가압하는 설비 또는 그 취급하는 위험물의 압력이 상승할 우려가 있는 설비에는 압력계 및 안전장치를 설치
안전장치	• 자동적으로 압력의 상승을 정지시키는 장치 • 감압 측에 안전밸브를 부착한 감압밸브 • 안전밸브를 겸하는 경보장치 • 파괴판 : 위험물의 성질에 따라 안전밸브의 작동이 곤란한 가압설비에 한함

"끝"

1. 문제

다음 각 물음에 답하시오.

(1) 일반감지기와 아날로그 감지기의 주요 특성을 비교하시오.

(2) 인텔리전트(Intelligent) 수신기의 기능, 신뢰도, 네트워크 시스템의 Peer to Peer의 Stand Alone 기능에 대하여 설명하시오.

2. 시험지에 번호 표기

다음 각 물음에 답하시오.

(1) 일반감지기와 아날로그 감지기(1)의 주요 특성을 비교(2)하시오.

(2) 인텔리전트(Intelligent) 수신기(1)의 기능(2), 신뢰도(3), 네트워크 시스템의 Peer to Peer의 Stand Alone 기능(4)에 대하여 설명하시오.

3. 실제 답안지에 작성해보기

문 4-6) 일반감지기와 아날로그 감지기의 주요 특성과 인텔리전트 수신기의 기능에 대하여 설명

1. 개요

① 아날로그식 감지기란 주위의 온도 또는 연기의 양의 변화에 따라 각각 다른 전류치 또는 전압치 등의 출력을 발하는 방식의 감지기

② Intelligent 수신기는 아날로그 감지기로부터 수신한 환경 상황을 컴퓨터로 세밀하게 분석해서 화재 여부를 판단하는 수신기로서 비화재보를 획기적으로 줄일 수 있음

2. 일반감지기와 아날로그 감지기의 주요 특성 비교

구분	일반감지기	아날로그 감지기
종류	• 열감지기 : 차동식, 정온식 • 연기식 : 이온화식, 광전식	• 열스폿형 아날로그 감지기 • 연기식 : 이온화식, 광전식
동작특성	• ON/OFF 기능 : 화재판단기능 • 정해진 온도, 농도에 도달하면 접점 동작으로 수신반에서 즉시 경보	 온도, 농도 지속적 감시, 아날로그 신호 송출, 수신기에서 단계적 경보 발생
경계구역	• 600m²당 1경계구역 • 경계구역별 1회로, 회로수 작음	감지기 하나가 1회로 경계구역, 각각 고유번호인 주소를 부여하여 각각 수신기에 연결, 회로수가 많아짐
신호전송	각 개별전송	다중전송 방식
신뢰도	비화재보 발생, 신뢰도 낮음	자기보상, 오염도 경보 등 신뢰도 높음

3. 인텔리전트 수신기 기능 및 신뢰도

개요도	
기능	• 자기진단 및 선로 감시기능 : 선로의 단선, 지락, 단락 등의 선로 상태를 감시하고 기기의 정상 동작 여부 진단이 가능 • Peer to Peer 기능 • Stand Alone 기능 • 집중 감시 기능 : 시스템 전체의 정상 · 이상 여부 확인 가능 • Pre-alarm 기능 : 예비, 경보, 설비 연동 경보 등 • 종합 방재시스템과의 연동 기능
신뢰도	• 비화재보를 획기적으로 줄임 • 정상 상태에서 화재 발생까지 연속적 감시 기능 • 고장 상태에서 경보 가능 • 신뢰도 높음

4. Peer to Peer의 Stand Alone 기능

Peer to Peer	

	Peer to Peer	• 네트워크 수신기 상호 간에 입·출력을 제어할 수 있는 시스템 • Master – Slaver 방식과 대조되는 방식으로서 상호 간에 감시 및 제어신호를 주고받을 수 있는 시스템
	Stand Alone	• 네트워크로 연결된 수신기의 통신 이상 시에도 수신기 자체에 각 기능을 유지할 수 있는 전원 및 CPU 등을 가지고 있어 독립적으로 관할 지역의 감시 및 제어를 지속 수행이 가능한 시스템 • 홀로 설 수 있는 독립적인 시스템으로서 타 시스템이 붕괴되더라도 영향을 받지 않고 본 기기의 기능을 지속적으로 수행할 수 있는 기능 • 인텔리전트 수신기의 대표적인 기능으로 수신기의 신뢰도를 향상시킬 수 있는 기능이며, 독립적인 수행, 각 수신기의 연계 등 특징이 있음

"끝"

Chapter 02

제124회

소방기술사
기출문제풀이

124회 1교시 1번

1. 문제

> 위험물 안전관리법령에서 정하는 「수소충전설비를 설치한 주유취급소의 특례」상의 기준 중 충전설비와 압축수소의 수입설비(受入設備)에 대하여 설명하시오.

Tip 전회차에서 설명을 드린 부분입니다.

124회 1교시 2번

1. 문제

> 독성에 관한 하버(F. Harber)의 법칙에 대하여 설명하시오.

2. 시험지에 번호 표기

> 독성에 관한 하버(F. Harber)의 법칙(1)에 대하여 설명하시오.

Tip 정의 − 메커니즘 − 문제점 − 원인, 대책 4단계를 적용해서 문제를 인식하고 풀어가는 방법이 체화되어 있어야 합니다.

3. 실제 답안지에 작성해보기

문 1-2) 독성에 관한 하버(F. Harber)의 법칙에 대하여 설명

1. 정의

① 하버의 법칙이란 일하는 환경에서 중독성이 있는 해로운 물질의 농도와 그에 노출된 시간의 곱은 일정하다는 법칙

② $K = CT$

여기서, K : 유해물질지수, C : 유해물질농도, T : 노출시간

2. 메커니즘

① 중독은 유해물질농도(C)와 노출시간(T)에 따라 달라지며 중독이 발생하는 K값은 특정 물질에 대해 상수(Constant)이며, 이 상수값은 물질의 종류에 따라 달라짐

② 어떤 농도의 유해물질에 노출되었을 때 중독 현상을 나타내기 위해서는 유해물질의 농도(C)와 노출시간(T)에 따라 결정

3. 독성의 원인 및 영향인자, 대책

1) 원인 및 영향인자

구분	내용
농도	공기 중의 농도상승률보다 물질의 유해도가 더 중요
폭로시간	연속노출이 단속노출보다 피해가 큼
작업강도	산소요구량이 큰 작업이 피해가 큼
기상조건	습도가 높고, 대기가 안정된 상태가 피해가 큼

2) 대책

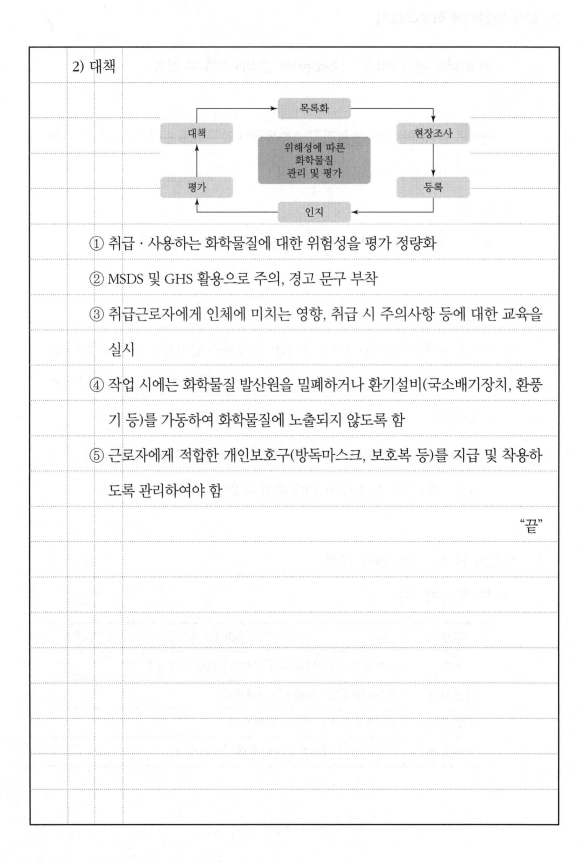

① 취급·사용하는 화학물질에 대한 위험성을 평가 정량화

② MSDS 및 GHS 활용으로 주의, 경고 문구 부착

③ 취급근로자에게 인체에 미치는 영향, 취급 시 주의사항 등에 대한 교육을 실시

④ 작업 시에는 화학물질 발산원을 밀폐하거나 환기설비(국소배기장치, 환풍기 등)를 가동하여 화학물질에 노출되지 않도록 함

⑤ 근로자에게 적합한 개인보호구(방독마스크, 보호복 등)를 지급 및 착용하도록 관리하여야 함

"끝"

1. 문제

장방형 덕트의 Aspect Ratio와 상당지름 환산식에 대하여 설명하시오.

2. 시험지에 번호 표기

장방형 덕트의 Aspect Ratio(1)와 상당지름 환산식(2)에 대하여 설명하시오.

3. 실제 답안지에 작성해보기

문 1-3) 장방형 덕트의 Aspect Ratio와 상당지름 환산식에 대하여 설명

1. 장방형 덕트의 Aspect Ratio(종횡비)

정의	• 사각덕트 등의 비원형 덕트에서의 장변과 단변의 비 • 반자의 높이 및 층고 확보를 위해 장방향 덕트로 시공
관계식	$\text{종횡비} = \dfrac{\text{장변의 길이}}{\text{단변의 길이}}$
제한이유	• 풍속 및 소음의 증가 • 마찰손실의 증가 및 정압 감소 • 풍량의 분배가 고르지 못함
제한기준	• 일반 덕트설비 : 1 : 4 이하, 최대 1 : 8 이하 • 제연설비 : 1 : 2 이하, 최대 1 : 4 이하

2. 상당지름 환산식

개요도	 여기서, a : 사각덕트 장변, b : 사각덕트 단변
개요	비원형 덕트(사각덕트 등)의 마찰손실을 계산 시 비원형 덕트를 원형 덕트의 직경으로 환산하여 이를 마찰손실식에 적용하여 계산하기 위한 개념
관계식	$D_{eq} = 1.3 \times \sqrt[8]{\dfrac{(AB)^5}{(A+B)^2}} = 1.3 \times \dfrac{(A \times B)^{0.625}}{(A+B)^{0.25}}$ 여기서, D_{eq} : 상당지름(m), A : 장방형 덕트의 가로(m) 　　　　B : 장방형 덕트의 세로(m)
소방에의 적용	• 마찰손실수두 계산 　－상당지름을 구한 후 마찰손실식에 적용 $H = \dfrac{\Delta p}{r} = f \times \dfrac{v^2}{2g} \times \dfrac{l}{d}$

"끝"

1. 문제

소화설비의 수원 및 가압송수장치 내진설계 기준에 대하여 설명하시오.

2. 시험지에 번호 표기

소화설비의 수원(1) 및 가압송수장치 내진설계 기준(2)에 대하여 설명하시오.

3. 실제 답안지에 작성해보기

문 1 - 4) 소화설비의 수원 및 가압송수장치 내진설계 기준

1. 수원의 내진설계 기준

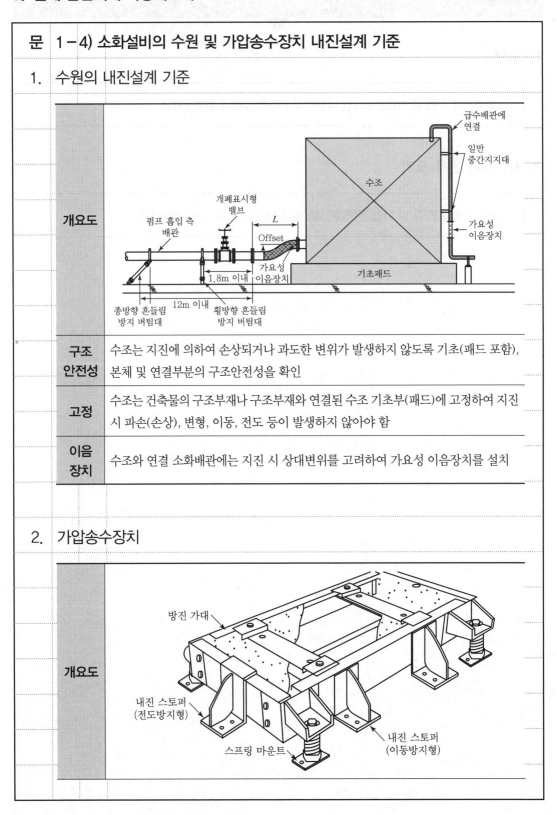

구조 안전성	수조는 지진에 의하여 손상되거나 과도한 변위가 발생하지 않도록 기초(패드 포함), 본체 및 연결부분의 구조안전성을 확인
고정	수조는 건축물의 구조부재나 구조부재와 연결된 수조 기초부(패드)에 고정하여 지진 시 파손(손상), 변형, 이동, 전도 등이 발생하지 않아야 함
이음 장치	수조와 연결 소화배관에는 지진 시 상대변위를 고려하여 가요성 이음장치를 설치

2. 가압송수장치

내진 스토퍼	• 가압송수장치에 방진장치가 있어 앵커볼트로 지지 및 고정할 수 없는 경우 　－내진 스토퍼와 본체 사이에 최소 3mm 이상 이격 　－내진 스토퍼와 본체 사이의 이격거리가 6mm를 초과한 경우에는 수평지진하중 　　의 2배 이상을 견딜 수 있는 것으로 설치 • 방진장치에 내진성능이 있는 경우는 제외
이음 장치	가압송수장치의 흡입 측 및 토출 측에는 지진 시 상대변위를 고려하여 가요성 이음장 치를 설치

"끝"

1. 문제

방염대상물품 중 얇은 포와 두꺼운 포에 대하여 아래 내용을 설명하시오.

(1) 구분 기준

(2) 방염성능 기준

2. 시험지에 번호 표기

방염대상물품 중 얇은 포와 두꺼운 포에 대하여 아래 내용을 설명하시오.

(1) 구분 기준(1)

(2) 방염성능 기준(2)

3. 실제 답안지에 작성해보기

문 1-5) 얇은 포와 두꺼운 포에 대하여 구분기준 등의 내용을 설명

1. 얇은 포, 두꺼운 포의 구분기준

구분	구분기준
얇은 포	소파 및 의자용 직물로 사용되는 섬유류 또는 합성수지의 포지로서 $1m^2$의 중량이 450그램 이하인 것
두꺼운 포	소파 및 의자용 직물로 사용되는 섬유류 또는 합성수지의 포지로서 $1m^2$의 중량이 450그램을 초과하는 것

2. 방염성능

1) 시험조건표

구분	커텐 등 섬유류, 벽지류		카펫	합판, 목재, 섬유판, 합성수지관	소파 · 의자
	얇은 포	두꺼운 포			
시험체 크기	(35×25)cm 용융하는 물품 (263×258)mm		(40×22)cm	(29×19)cm	(30×30)cm 겉감 (25×35)cm
버너 종류	마이크로	맥켈	에어믹스	맥켈	에어믹스
가열 시간	60초	120초	30초	120초	30, 120초
불꽃 길이	45mm	65mm	24mm	65mm	24mm
연료	액화석유가스(KS M 2150)				
세탁방법	세탁 5회	세탁 4회		–	
건조방법	(105 ± 2)℃, 1시간				

2) 방염성능기준

구분	얇은 포	두꺼운 포
잔염시간	3초 이내	5초 이내
잔신시간	5초 이내	20초 이내
탄화길이	20cm 이내	20cm 이내
탄화면적	30cm^2 이내	40cm^2 이내
접염회수	3회 이상	3회 이상
최대연기밀도	400 이하	400 이하

"끝"

1. 문제

미분무소화설비의 설계도서 작성 시 고려사항에 대하여 설명하시오.

2. 시험지에 번호 표기

미분무소화설비의 설계도서(1) 작성 시 고려사항(2)에 대하여 설명하시오.

3. 실제 답안지에 작성해보기

문 1-6) 미분무소화설비의 설계도서 작성 시 고려사항

1. 정의

구분	내용
설계도서	특정소방대상물의 점화원, 초기 점화되는 연료의 특성과 형태등에 따라서 발생할 수 있는 화재의 유형이 고려되어 작성된 것으로서 일반설계도서와 특별설계도서로 구분
일반설계도서	하나의 발화원을 가정하고 유사한 특별소방대상물의 화재사례 등을 이용하여 건물 용도 및 사용자 중심의 일반적인 화재를 가상하여 작성된 것
특별설계도서	일반설계도서에서 발화 장소 등을 변경하여 위험도를 높게 만들어 작성된 것

2. 설계도서 작성 시 고려사항

설계도서 의의	• 미분무소화설비는 적용장소별 성능목적을 설정하고 이를 달성할 성능을 평가 • 설계도서는 이러한 평가를 하기 위한 시나리오 • 미분무소화설비의 화재안전기준에서는 설계자가 제시하는 설계도서에 따라 소화 성능을 검증하는 방법을 제시
소화 메커니즘	
고려사항	• 점화원의 형태　• 초기 점화되는 연료 유형　• 화재 위치 • 문과 창문의 초기 상태(열림, 닫힘) 및 시간에 따른 변화 상태 • 공기조화설비, 자연형(문, 창문) 및 기계형 여부 • 시공 유형과 내장재 유형

"끝"

1. 문제

비상용 승강기 대수를 정하는 기준과 비상용 승강기를 설치하지 아니할 수 있는 건축물의 조건에 대하여 설명하시오.

2. 시험지에 번호 표기

비상용 승강기(1) 대수를 정하는 기준(2)과 비상용 승강기를 설치하지 아니할 수 있는 건축물의 조건(3)에 대하여 설명하시오.

3. 실제 답안지에 작성해보기

문 1-7) 비상용 승강기 대수를 정하는 기준

1. 정의

정의	비상용 승강기란 화재 시 소화 및 구조 활동을 목적으로 사용되는 승강기
설치대상	• 일반건축물 : 높이 31m를 초과하는 건축물 • 공동주택 : 사업계획승인 대상 시 10층 이상

2. 대수를 선정하는 기준

개요도	
1대 이상	높이 31m를 넘는 각 층의 바닥면적 중 최대 바닥면적이 1,500m² 이하인 건축물
+1대 이상	높이 31m를 넘는 각 층의 바닥면적 중 최대 바닥면적이 1,500m²를 넘는 건축물 : 1대 + 1,500m²를 넘는 3,000m² 이내마다 1대씩 더한 대수 이상

개요도 내 표기: 31m 초과 A층 바닥면적, 31m 초과 B층 바닥면적, 31m 초과 층 중 최대 바닥면적

3. 비상용 승강기 설치하지 않을 수 있는 건축물의 조건

거실 외 용도	높이 31m를 넘는 각 층을 거실 외의 용도로 쓰는 건축물
면적이 작을 때	높이 31m를 넘는 각 층의 바닥면적의 합계가 500m² 이하인 건축물
방화구획 등	높이 31m를 넘는 층수가 4개층 이하로서 당해 각 층의 바닥면적의 합계 200m², 벽 및 반자가 실내에 접하는 부분의 마감을 불연재료로 한 경우에는 500m² 이내마다 방화구획으로 구획된 건축물

"끝"

1. 문제

화재플럼(Fire Plume)의 발생 메커니즘(Mechanism)과 활용방안을 설명하시오.

2. 시험지에 번호 표기

화재플럼(Fire Plume)(1)의 발생 메커니즘(Mechanism)(2)과 활용방안(3)을 설명하시오.

3. 실제 답안지에 작성해보기

문 1-8) 화재플럼의 발생 메커니즘과 활용방안

1. 정의

Fire Plum	화재 시 발생하는 부력기둥, 화염기둥을 포함
부력기둥	유체 온도변화에 따른 밀도차에 따른 유체의 상승하는 힘에 의한 상승기류 기둥
화염기둥	간헐화염, 연속화염의 영역

2. 발생 메커니즘

개요도	
메커니즘	① $\rho = \dfrac{PM}{RT}$ 온도차에 의한 밀도차 발생 ② 밀도차, 압력차에 의하여 하층부에서 상층부로 더운 기류가 상승하고 주위의 차가운 공기가 유입 ③ 유체가 상승하고 Ceiling Jet Flow에 의하여 천장을 가로지르며, 차가운 끝부분이 아래로 내려와 다시 화염의 부력에 의해 인입되면서 와류가 형성

3. 활용방안

구획실 화재	• 감지기 작동 　－화재플럼 발생 시 발생하는 천장제트 흐름의 뜨거운 가스에 의하여 감지기 작동 • 소화시스템 　－천장제트 흐름에 의하여 스프링클러 헤드 감열체 작동, 소화수 방사
화재조사	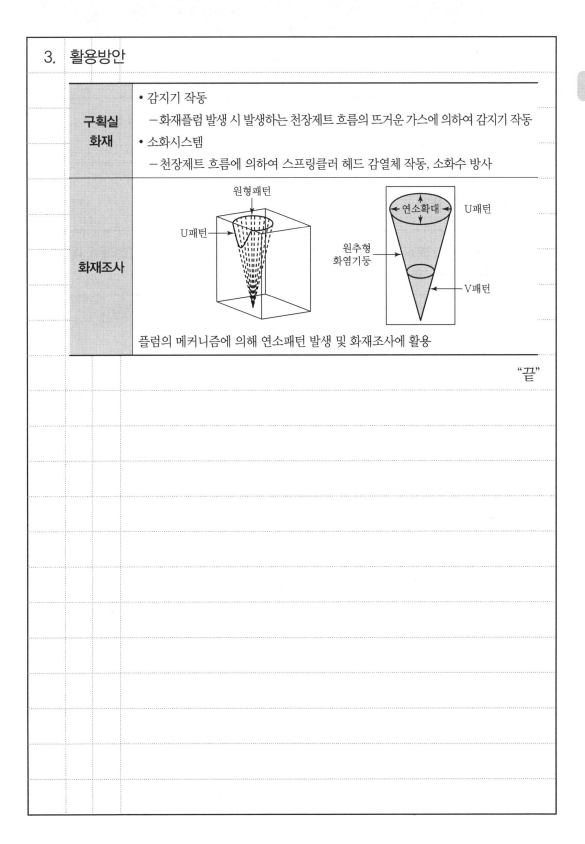 플럼의 메커니즘에 의해 연소패턴 발생 및 화재조사에 활용

"끝"

1. 문제

다중이용업소의 안전관리에 관한 특별법령에 따른 다중이용업소 화재위험평가의 정의, 대상, 화재위험유발지수에 대하여 설명하시오.

2. 시험지에 번호 표기

다중이용업소의 안전관리에 관한 특별법령에 따른 다중이용업소 화재위험평가의 정의(1), 대상(2), 화재안전등급(3)에 대하여 설명하시오.

Tip 2023년 12월에 화재위험유발지수에서 화재안전등급으로 제목이 바뀌었습니다.

3. 실제 답안지에 작성해보기

문	1 – 9) 화재위험평가의 정의, 대상, 화재안전등급

1. 정의

"화재위험평가"란 다중이용업의 영업소가 밀집한 지역 또는 건축물에 대하여 화재 발생 가능성과 화재로 인한 불특정 다수인의 생명 · 신체 · 재산상의 피해 및 주변에 미치는 영향을 예측 · 분석하고 이에 대한 대책을 마련하는 것

2. 대상

실시권자	소방청장, 소방본부장 또는 소방서장
실시사유	화재를 예방하고 화재로 인한 생명 · 신체 · 재산상의 피해를 방지하기 위하여 필요하다고 인정하는 경우
실시대상	• 2천m² 지역 안에 다중이용업소가 50개 이상 밀집하여 있는 경우 • 5층 이상인 건축물로서 다중이용업소가 10개 이상 있는 경우 • 하나의 건축물에 다중이용업소로 사용하는 영업장 바닥면적의 합계가 1천m² 이상인 경우

3. 화재안전등급

1) 정의

"평가점수"란 다중이용업소에 대하여 화재예방, 화재감지 · 경보, 피난, 소화설비, 건축방재 등의 항목별로 소방청장이 정하여 고시하는 기준을 갖추었는지에 대하여 평가한 점수

2) 화재안전 등급표

등급	평가점수
A	80 이상
B	60 이상 79 이하
C	40 이상 59 이하
D	20 이상 39 이하
E	20 미만

"끝"

1. 문제

연결송수관설비의 방수구 설치기준을 설명하시오.

2. 시험지에 번호 표기

연결송수관설비(1)의 방수구 설치기준(2)을 설명하시오.

3. 실제 답안지에 작성해보기

문	1-10) 연결송수관설비의 방수구 설치기준을 설명(NFPC 502)

1. 정의

개요도	
정의	• "연결송수관설비"란 건축물의 옥외에 설치된 송수구에 소방차로부터 가압수를 송수하고 소방관이 건축물 내에 설치된 방수구에 방수기구함에 비치된 호스를 연결하여 화재를 진압하는 소화활동설비 • "방수구"란 소화설비로부터 소화용수를 방수하기 위하여 건물내벽 또는 구조물의 외벽에 설치하는 관

2. 연결송수관설비 방수구 설치기준

설치개수	• 연결송수관설비의 방수구는 그 특정소방대상물의 층마다 설치 • 방수구는 계단 5m 이내에 설치하되, 그 방수구로부터 그 층의 각 부분까지의 거리가 다음 각 목의 기준을 초과하는 경우에는 그 기준 이하가 되도록 방수구를 추가하여 설치 　－ 지하가 또는 지하층의 바닥면적의 합계가 3,000m² 이상인 것은 수평거리 25m 　－ 기타 수평거리 50m
쌍구형	11층 이상의 부분에 설치하는 방수구는 쌍구형

호스접결구	호스접결구는 바닥으로부터 높이 0.5m 이상 1m 이하의 위치에 설치
구경	연결송수관설비의 전용방수구 또는 옥내소화전방수구로서 구경 65mm 설치
표시	방수구의 위치를 표시하는 표시등 또는 축광식 표지를 설치
유지관리	방수구는 개폐기능을 가진 것으로 설치해야 하며, 평상시 닫힌 상태를 유지

"끝"

1. 문제

소방시설공사의 분리발주 제도와 관련하여 일괄발주와 분리발주를 비교하고, 소방시설공사 분리도급의 예외규정에 대하여 설명하시오.

2. 시험지에 번호 표기

소방시설공사의 분리발주 제도와 관련하여 일괄발주와 분리발주를 비교(1)하고, 소방시설공사 분리도급의 예외규정(2)에 대하여 설명하시오.

Tip 지문이 두 개이며, 이때는 '1. 정의' 항목을 제외하고 바로 답안지를 작성합니다. 이 문제는 면접 시에도 자주 출제되는 문제입니다.

3. 실제 답안지에 작성해보기

문	1-11) 일괄발주와 분리발주를 비교하고, 소방시설공사 분리도급의 예외규정

1. 일괄발주와 분리발주 비교

개요도	• 일괄발주(개정 전) • 분리발주(개정 후)
일괄발주	• 발주자가 하나의 공사 및 용역 또는 특정 제품 등을 법령에 따라 서로 다른 공종을 하나의 업자에게 일괄적으로 발주하는 것 • 건설업체의 수익성만을 고려한 저가 하도급으로 품질저하
분리발주	• 발주자가 하나의 공사 및 용역 또는 특정 제품 등을 법령에 따라 서로 다른 둘 이상의 업자에게 분리하여 발주하는 것 • 온전한 소방시설을 위한 공사비용 사용으로 소방시설의 품질저하 방지 • 하자 발생 시 발주자와 시공업체 간 직접 소통이 가능 신속한 하자보수가 가능 • 부실시공에 대한 책임 규명 명확

2. 소방시설공사 분리도급 예외규정

긴급상황	재난의 발생으로 긴급하게 착공해야 하는 공사인 경우
기밀유지	국방 및 국가안보 등과 관련하여 기밀을 유지해야 하는 공사인 경우
착공신고 제외	착공신고 제외대상인 소방시설공사
입찰	• 국가와 지방자치단체를 당사자로 하는 대안입찰 혹은 일괄입찰 시 • 국가와 지방자치단체를 당사자로 하는 실시설계, 기본설계 기술제안입찰
공사특성	문화재 수리 및 재개발·재건축 등의 공사로서 공사의 성질상 분리하여 도급하는 것이 곤란하다고 소방청장이 인정하는 경우

"끝"

1. 문제

ERPG(Emergency Response Planning Guideline) 1, 2, 3에 대하여 설명하시오.

2. 시험지에 번호 표기

ERPG(1)(Emergency Response Planning Guideline) 1, 2, 3에 대하여 설명(2)하시오.

3. 실제 답안지에 작성해보기

문 1-12) ERPG 1, 2, 3에 대하여 설명

1. 정의

ERPG 정의	• 비상대응계획수립지침이라는 뜻, 미국산업위생학회(AIHA)에서 발표하는 기준 • 관심의 우선순위, 취급 및 저장 평가, 누출 시 확산지역의 파악과 지역사회의 비상대응계획을 수립하는 데 사용되는 지침 • "끝점(종말점)"농도란 사람이나 환경에 영향을 미칠 수 있는 독성농도 수치에 도달하는 지점
적용	• 정량적 위험성 평가 시 독성물질의 끝점은 ERPG-2 적용 **[유해화학물질별 끝점농도 기준]** 1. ERPG-2 농도기준

연번	화학물질명	CAS Number	ERPG-2
1	Formalin	50-00-0	10ppm
2	Carbon tetrachloride	56-23-5	100ppm

2. ERPG 1, 2, 3

구분	내용
적용기준	공기 중의 독성물질에 의해 1시간 동안 노출될 경우 발생될 수 있는, 신체적 손상을 가져올 수 있는 최대 농도
ERPG-1	• 거의 모든 사람이 1시간 동안 노출 시에도 오염물질 냄새가 인지되지 않고, 건강상 영향이 없는 공기 중 최대 농도 • 아주 가벼운 가역적 증상 이상을 겪지 않거나 심한 냄새를 인지하지 않고 노출될 수 있는 1시간의 최고 농도
ERPG-2	• 거의 모든 사람이 1시간까지 노출되어도 보호조치 불능의 증상을 유발하거나 회복 불가능 또는 심각한 건강상 영향이 없는 공기 중 최대 농도 • 자기 구조능력을 손상시킬 만한 비가역적 또는 심각한 건강손상이나 증상을 경험하지 않고 노출될 수 있는 1시간의 최고 농도
ERPG-3	• 거의 모든 사람이 1시간까지 노출되어도 생명의 위험을 느끼지 않는 공기 중 최대 농도 • 생명에 위험을 주는 건강손상을 겪지 않고 노출될 수 있는 1시간의 최고 농도

"끝"

1. 문제

> 상업용 주방자동소화장치의 설치기준과 소화시험 방법에 대하여 설명하시오.

2. 시험지에 번호 표기

> 상업용 주방자동소화장치의 설치기준(1)과 소화시험 방법(2)에 대하여 설명하시오.

3. 실제 답안지에 작성해보기

문	1-13) 상업용 주방자동소화장치의 설치기준과 소화시험 방법

1. 상업용 주방 자동소화장치의 설치기준(NFPC 101)

1) 설치대상

판매시설 중 「유통산업발전법」 제2조 제3호에 해당하는 3천m² 이상의 백화점, 대형마트 등에 입점해 있는 일반음식점, '식품위생법' 제2조 제12호에 따른 학교, 유치원, 병원 등의 1회 50인 이상 급식을 제공하는 집단 급식소

2) 설치기준

소화장치	조리기구의 종류별로 성능인증 받은 설계 매뉴얼에 적합하게 설치
감지부	성능인증 받은 유효높이 및 위치에 설치할 것
차단장치	차단장치(전기 또는 가스)는 상시 확인 및 점검이 가능하도록 설치할 것
분사헤드	• 후드에 설치되는 분사헤드는 후드의 가장 긴 변의 길이까지 방출될 수 있도록 소화약제의 방출 방향 및 거리를 고려하여 설치 • 덕트에 방출되는 분사헤드는 성능인증 받은 길이 이내로 설치할 것

2. 소화시험 방법

공통조건	• 소화시험은 소화약제 최소약제량 및 최소방출률의 조건으로 시험을 실시 • 소화약제의 저장용기는 21℃의 정상압력 조건으로 충전하여 시험 전 저장용기를 최저 사용온도에서 16시간 이상 방치 후 시험 • 시험 시 주위 온도 조건은 최소 5℃ 이상의 조건에서 시험을 실시 • 노즐의 배치는 설계 매뉴얼에서 정하는 제한사항의 소화시험에 가장 어려운 조건을 반영하여 노즐을 배치하고 노즐의 최대높이 및 최소높이 조건에서 모두 실시 • 조리설비의 길이와 너비는 설계 매뉴얼에서 제시하는 최대면적에 적합하게 설치
방출시험	소화시험 전 방출시험을 실시하여 적합하여야 하며, 방출시험 결과가 적합한 경우 방출시험을 실시한 조건을 적용하여 소화시험 실시

소화시험		• 1분 이내에 약제 방출을 완료하고 모든 화염은 소화되어야 함 • 튀김기, 웍, 레인지 소화시험 시 약제 방출 종료 후 20분 동안 또는 그리스 (Grease)의 온도가 소화시험 시 측정된 발화온도의 33℃ 아래로 내려갈 때까지 재연되지 않아야 함 • 튀김기, 웍, 레인지 등 조리설비 이외의 조리설비 소화시험 시에는 약제 방출 종 료 후 5분 동안 재연되지 않아야 함
기타		• 스플래시 소화시험은 고압의 약제 방출에 의한 화재의 소화 여부 및 약제 방출로 인한 그리스의 비산 여부 확인을 위한 시험 • 스플래시 액적시험은 고압 약제 방출에 의해 조리기구에서 그리스가 비산되는 정도를 조리기구별로 각각 시험한 경우 비산된 그리스의 액적(Droplet) 크기는 직경 5.0mm를 초과하지 않아야 함 • 후드, 덕트 소화시험 • 플리넘 소화시험

"끝"

1. 문제

변압기 화재, 폭발의 발생과정과 안전대책에 대하여 설명하시오.

2. 시험지에 번호 표기

변압기 화재, 폭발(1)의 발생과정(2)과 안전대책(3)에 대하여 설명하시오.

Tip 3개의 지문 외에도 화재 시 소방의 관점에서 대책을 세워 답안을 작성하셔야 합니다. 우리는 소
방기술사이기 때문입니다.

3. 실제 답안지에 작성해보기

문	**2-1) 변압기 화재, 폭발의 발생과정, 안전대책에 대하여 설명**

1. 개요

① 변압기는 차측에서 유입한 교류전력을 받아 전자유도작용에 의해서 전압 및 전류를 변성하여 차측에 공급하는 기기로 절연방식에 따라 유입, 몰드 변압기 등이 있음

② 변압기 내부의 권선, 철심의 단락, 지락 등에 의해 화재 폭발이 발생하며, 발생과정을 알고 대책을 세워 2차 피해가 생기지 않도록 해야 함

2. 변압기 화재, 폭발 메커니즘 및 문제점

구분	내용
개요도	Mdd(에폭시) — 절연물 균열, 철심 — 결함, 코일 — 절연 열화, 순간 단락, 서지 → 국부 과열 진동 부분 방전 → 사고
문제점	• 폭발사고로 주변의 정전사고, 관계인의 인명피해 발생 가능 • 화재 진압 시 소방관의 인명피해가 발생 • 복구 시 시간과 경비 소요

3. 변압기 화재, 폭발의 발생과정

순서	내용
① 고장 발생	• 열적 열화 : 과부하, 냉각불량, 주변온도 상승 • 전기적 열화 : 순간과전압, 서지전압 • 기계적 열화 : 단락 • 환경적 열화 : 수분, 산소, 먼지 등 침입

순서	내용
② 고장 진전	1차 권선 또는 2차 권선의 지락, 단선
③ 내부아크 발생	아크온도 : 2,000~5,000℃
④ 절연유 분해	• 수소, 탄소화수소 등 가연성 가스 발생 • 발생 가스에 의한 1차 부싱 지락으로 절연유 분해
⑤ 압력 상승	순간압력상승 : 0.35MPa
⑥ 분출 폭발	절연유 탱크 파손 및 화재,폭발

4. 변압기 화재, 폭발의 안전대책

안전대책	• 유입식 변압기의 안전성 확보 　－1차 측 피뢰기와 보호퓨즈 및 2차 측 괴부하 차단기와 같은 보호장치 　－전기적 스트레스와 과전류에 의한 열적 스트레스 차단 • 변압기 압력상승 방지 　－절연유 상부의 공기체적을 탱크체적의 1/3 정도로 유지 • 절연내력 시험 및 유지 관리 　－유입식 변압기의 경우 정기적인 절연유의 절연내력 시험을 통해 점검 　－열화상 카메라 등으로 온도 변화 추이 점검 및 관리자 교육 실시 • 건식, 가스절연 변압기 사용
소방대책	• 연소확대 방지 　－변압기에 물분무소화설비 설치 　－변압기 온도상승 방지 　－절연유 유출방지장치 설치 • 주요 건물 노출방호 　－건물구조 및 변압기 절연유에 따라 최소 이격거리 보유 　－콘크리트 블록 혹은 철큰콘크리트 구조의 2시간 이상의 방호벽 설치

"끝"

1. 문제

> 액체의 비등영역을 구분하고 비등곡선에 대하여 설명하시오.

2. 시험지에 번호 표기

> 액체의 비등(1)영역을 구분(2)하고 비등곡선(3)에 대하여 설명하시오.

Tip 어렵습니다. 하지만 기출문제는 언제든지 다시 출제될 수 있기 때문에 정리를 해두어야 합니다. 또한 이러한 비등이 소방에서는 어떻게 적용이 되는지를 언급해야 합니다.

3. 실제 답안지에 작성해보기

문 2-2) 액체의 비등영역을 구분하고 비등곡선에 대하여 설명

1. 개요

① 비등은 액체 상태로 존재하는 한 물질이 끓는점 이상의 온도에서 증기압력이 대기압력보다 높아져 기화하는 과정

② 자연대류영역, 핵비등영역, 천이비등영역, 막비등영역 등으로 구분되며, 비등곡선으로 설명 가능

2. 액체의 비등영역 구분

구분	내용
자연대류영역	실제 비등현상이 발생하지 않는 영역으로 주로 자연대류에 의해 열전달이 일어나는 영역
핵비등영역	• 증기핵이 생기면서, 기포가 발생하여 고체 표면에서 분리되는 영역 • 고체 표면에서 격렬한 혼합현상이 벌어져, 활발한 모멘텀 및 에너지 이동 • 적상의 수증기가 생기는 때
천이비등영역	• 증기막이 생기는 때 • 증기막이 발생되면, 증기의 열전달계수가 액체의 열전달계수보다 낮으므로 열전달능력이 감소
막비등영역	• 액체막이 고체 표면을 완전히 뒤덮게 됨 • 고체는 직접 전도에 의한 열전달보다는 대류와 복사열전달이 중요

3. 비등곡선

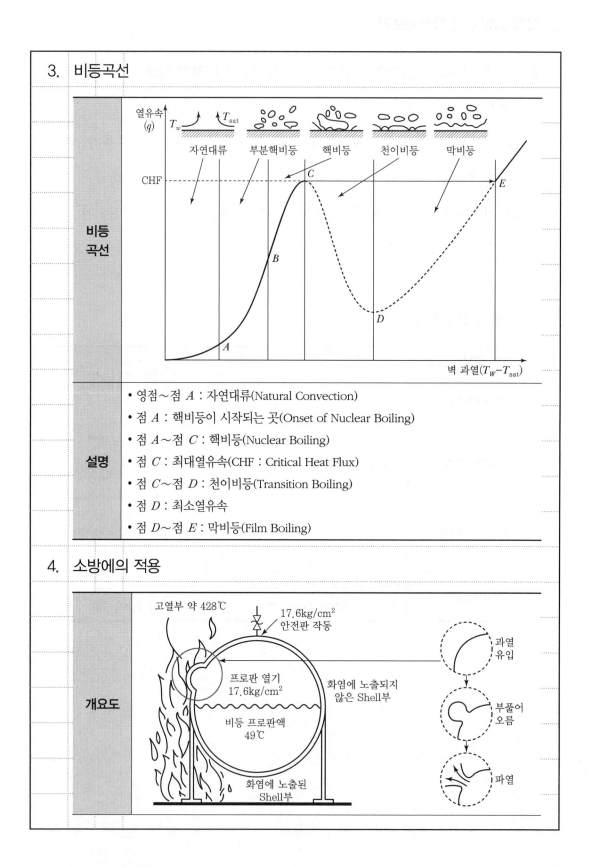

구분	내용
비등 곡선	(비등곡선 그래프)
설명	• 영점~점 A : 자연대류(Natural Convection) • 점 A : 핵비등이 시작되는 곳(Onset of Nuclear Boiling) • 점 A~점 C : 핵비등(Nuclear Boiling) • 점 C : 최대열유속(CHF : Critical Heat Flux) • 점 C~점 D : 천이비등(Transition Boiling) • 점 D : 최소열유속 • 점 D~점 E : 막비등(Film Boiling)

4. 소방에의 적용

BLEVE	• Boiling Liquid Expanding Vapor Explosion의 약자, 비등액체팽창증기폭발 • 저장탱크 내의 가연성 액체가 비등하면서 기화한 증기가 팽창한 압력에 의해 폭발하는 현상
대책	• 탱크에 냉각 살수 설비를 설치하여 화재 발생 시 작동되도록 함 • 탱크를 단열 처리하여 외부의 열이 탱크로 전달되는 것을 차단 • 탱크를 지하화하여 외부의 열을 원천봉쇄 • 탱크의 내압강도를 크게 하여 저장탱크의 파열을 방지 • 화재 발생 시 소화를 빨리 하여 BLEVE가 발생되지 않도록 함

"끝"

1. 문제

초고층 및 지하연계 복합건축물 재난관리에 관한 특별법령에 따라 재난예방 및 피해경감계획의 수립 시 고려해야 할 사항에 대하여 설명하시오.

Tip 전회차에서 풀이해 드린 내용입니다. 법에도 수험생 본인의 소견이 필요합니다.

1. 문제

위험물안전관리에 관한 세부기준 중 탱크안전성능검사에 대하여 발생할 수 있는 용접부의 구조상 결함의 종류 및 비파괴 시험방법에 대하여 설명하시오.

2. 시험지에 번호 표기

위험물안전관리에 관한 세부기준 중 **탱크안전성능검사(1)**에 대하여 발생할 수 있는 **용접부의 구조상 결함의 종류(2)** 및 **비파괴 시험방법에 대하여 설명(3)**하시오.

3. 실제 답안지에 작성해보기

> **문 2-4) 용접부의 구조상 결함의 종류 및 비파괴 시험방법에 대하여 설명**
>
> 1. 개요
>
>   ① 위험물을 저장, 취급하는 위험물 탱크는 기초지반검사, 충수, 수압검사, 용접부 검사 등 탱크의 안전성 검사를 실시
>
>   ② 용접부의 결함을 비파괴 시험법인 초음파, 자기탐상, 방사선투과 등의 방법을 사용하여 확인
>
> 2. 용접부의 구조상 결함의 종류
>
>   1) 용접 결함의 종류
>
> | 구분 | 내용 |
> |------|------|
> | 치수상 결함 | • 국부적인 온도구배에 의한 열변형 및 잔류응력에 의해 생기는 결함
• 변형, 용접부의 크기가 부적당 |
> | 성질상 결함 | • 적절한 용접법 선택에 의한 결함
• 인장강도, 항복강도, 연성의 부족 등 |
> | 구조상 결함 | • 용접불량에 의해 발생하는 결함
• 균열, 기공, 슬래그 섞임, 융합불량, 용입불량 등 |
>
>   2) 구조상 결함의 종류
>
>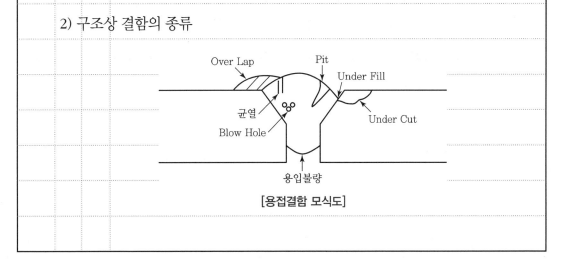
>
>   [용접결함 모식도]

구분	내용	대책
균열	• 용착금속이 냉각 후 실 모양의 균열이 형성되어 있는 상태 • 용접사 기량 부족, 용접순서 부적당	• 용접사 기량 확보 • 용접순서 재검토
Over Lap	• 용착금속이 변 끝에서 모재에 융합되지 않고 겹침부분에 응력집중이 발생 • 용접속도가 느리고, 용접전류가 낮은 경우 표면 불순물	• 용접속도 증가 • 용접전류 상향 조정 • 표면 청결
Under Fill	• 용융금속이 모재 사이에 덜 채워짐 • 용접전류가 너무 낮은 경우, 용접속도가 너무 빠르거나 용접사의 기량 부족	• 용접전류 증대 • 용접속도를 느리게 함 • 용접사의 기량 증대
용입불량	• 모재의 어느 한 부분이 융착되지 못하고 남아 있는 현상 • 용접전류가 낮은 경우, 용접속도가 지나치게 빠른 경우	• 용접전류 증대 • 용접속도 저하
Blow Hole	• 용접부에 작은 구멍이 산재되어 있는 형태 • 가스의 불순물 혼입, 용접부 급랭, 모재의 불순물 미제거 • 용접봉 선정 잘못, 가용접 불량	• 적당한 용접조건 설정, 바람 2m/sec 이상 시 방풍벽, 모재의 불순물 제거 • 적정한 용접봉 선정, 적정한 가용접
Pit	• 용융금속이 튀는 현상이 발생한 결과 용접부의 바깥면에서 나타나는 작고 오목한 구멍 • 모재에 탄소, 망간 등 합금원소가 많은 경우 • 이음부 불순물 부착	• 염기도가 높은 전극 Wire를 선택 • 이음부 불순물 제거 및 청결 작업

3. 비파괴 시험방법

구분	개요도	분류
방사선 투과법		• 방사선 투과로 용접결함 유무를 판단 • 내부결함 종류, 형상 판별 우수 • 필름 형태로 반영구적 기록 • 일반적으로 사용되는 방법 • 비용 과다소요 및 방사선 안전관리가 어려움
초음파 탐상법		• 초음파를 피사체에 투사하여 결함의 크기와 위치 탐지 • 깊숙한 내부결함 크기와 위치 결정이 용이 • 즉석에서 결과 판단 가능 • 펄스 반사법, 공진법
자기 탐상법		• 시험체에 자속을 흐르게 하여 자분을 시험체에 뿌려 자분의 모양으로 결함부 검출 • 표면 및 표면에 가까운 직선형 결함을 쉽게 찾음 • 즉석에서 결과 판단 • 비용이 저렴
침투 탐상법		• 침투액을 피사체에 도포 : 현상제 도포 • 즉석에서 판독 가능하며, 형광침투검사, 염료침투검사 • 검사가 간단하며, 비용이 저렴 • 표면이 다공성인 시험체의 검사는 곤란

"끝"

1. 문제

소방시설공사업법령에서 정한 소방시설공사 감리자 지정대상, 감리업무, 위반사항에 대한 조치에
대하여 설명하시오.

2. 시험지에 번호 표기

소방시설공사업법령에서 정한 소방시설공사 감리자 지정대상, 감리업무, 위반사항에 대한 조치(1)
에 대하여 설명하시오.

3. 실제 답안지에 작성해보기

문	2-5) 소방시설공사 감리자 지정대상, 감리업무, 위반사항에 대한 조치에 대해서 설명

1. 개요

① 소방감리는 소방시설공사가 설계도서 및 관계법령에 따라 적법하게 시공되는지의 여부를 확인하고 기술지도 등을 수행하는 것

② 감리자 지정대상은 소방시설의 신설 및 증설 시에 적용되며, 감리업무가 적법성, 적합성, 성능검사 및 기술지도 감독으로 분류되어 있음

2. 소방감리자 지정대상

[소방시설공사 착공신고/감리지정 대상물]

소방시설		신설 · 개설		증설		비고
		착공	감리	착공	감리	
소화설비	소화기구, 자동소화장치	×	×	×	×	
	옥내소화전설비	○	○	○	○	소화전 1개 증설이라도 감리지정해야 함
	옥외소화전설비	○	○	○	○	
	스프링클러설비	○	○	○	○	
	화재조기진압용 스프링클러설비	○	○	○	○	증설 : 방호구역, 방수구역을 증설할 때 단순 헤드 증설은 착공, 감리대상 아님
	간이스프링클러설비 (펌프, 상수도직결형)	○	○	○	○	
	간이스프링클러설비 (캐비닛형)	○	×	○	×	
	물분무등소화설비 (물분무 · 미분무 · 포 · 분말 · 가스계 등)	○	○	○	○	증설 : 방호구역, 방수구역을 증설할 때

소방시설		신설 · 개설		증설		비고
		착공	감리	착공	감리	
경보설비	자동화재탐지설비	○	○	○	×	경계구역 증설 시 착공대상○ 감리대상×
	시각경보장치	×	×	×	×	
	비상경보설비	○	×	○	×	
	단독경보형감지기	×	×	×	×	
	비상방송설비	○	○	○	×	
	가스누설경보기	×	×	×	×	
	누전경보기	×	×	×	×	
	자동화재속보설비	×	×	×	×	
	통합감시시설	×	○	×	×	완공필증이 필요한 경우 자진 착공신고
피난구조설비	피난기구	×	×	×	×	
	인명구조기구	×	×	×	×	
	유도등설비	×	×	×	×	
	비상조명등설비	×	○	×	×	완공필증이 필요한 경우 자진 착공신고
	휴대용비상조명등	×	×	×	×	
소화용수설비(상수도, 저수조)		○	○	○	○	
소화활동설비	제연설비	○	○	○	○	증설 : 제연구역 증설할 때
	연결송수관설비	○	○	○	×	
	연결살수설비	○	○	○	○	증설 : 송수구역 증설할 때
	비상콘센트설비	○	○	○	○	
	무선통신보조설비	○	○	○	×	
	연소방지설비	○	○	○	○	증설 : 살수구역 증설할 때

※ [수신반/소화펌프/동력(감시)제어반] 개설, 이전, 정비하는 공사
　착공신고 대상이나 긴급교체 또는 보수하는 경우에는 신고하지 않을 수 있음(감리지정×)

3. 감리업무

구분	내용
적법성	• 소방시설 등의 설치 계획표의 적법성 검토 • 피난 · 방화시설의 적법성 검토 • 실내장식물의 불연화 및 방염물품의 적법성 검토
적합성	• 소방시설 등 설계도서의 적합성, 적법성 및 기술상의 합리성 검토 • 소방시설 등 설계변경 사항의 적합성 검토 • 소방용 기계 · 기구 등의 위치 · 규격 및 사용자재에 대한 적합성 검토 • 공사업자의 소방시설 등의 시공이 설계도서 및 화재안전기준에 적합한지에 대한 지도 · 감독
성능시험	완공된 소방시설 등의 성능시험

4. 위반사항에 대한 조치

구분	내용
감리원이 위반사항 발견 시	• 즉시 관계인에게 통보 • 공사업자에게 시정, 보완 요구
공사업자 시정, 보완 미이행 시	• 3일 내 보완, 시정 않고 공사 지속 시 • 소방시설공사 위반사항 보고서를 소방서장, 소방본부장에게 제출 • 공사업자의 위반사항을 확인할 수 있는 사진 등 첨부 제출

"끝"

1. 문제

내진설계기준의 수평력(F_{pw})과 세장비(λ)를 설명하고 압력배관용 탄소강관 25A의 세장비가 300 이하일 때 버팀대 최대길이(cm)를 구하시오.(단, 25A(Sch 40)의 외경 34.0mm, 배관의 두께 3.4mm, $\lambda = \dfrac{L}{r}$를 이용하고, 여기서 r : 최소회전반경 $\left(\sqrt{\dfrac{I}{A}}\right)$, I : 버팀대 단면 2차 모멘트, A : 버팀대의 단면적)

2. 시험지에 번호 표기

내진설계기준(1)의 수평력(F_{pw})(2)과 세장비(λ)(3)를 설명하고 압력배관용 탄소강관 25A의 세장비가 300 이하일 때 버팀대 최대길이(cm)(4)를 구하시오.(단, 25A(Sch 40)의 외경 34.0mm, 배관의 두께 3.4mm, $\lambda = \dfrac{L}{r}$를 이용하고, 여기서 r : 최소회전반경 $\left(\sqrt{\dfrac{I}{A}}\right)$, I : 버팀대 단면 2차 모멘트, A : 버팀대의 단면적)

3. 실제 답안지에 작성해보기

> 문 2-6) 내진설계기준의 수평력(F_{pw})과 세장비(λ)를 설명, 버팀대 최대길이
> (cm)를 구하시오.

1. 개요

① 내진설계는 건물이 지진에 무너지는 것을 막기 위해 지진을 견딜 수 있도록 건축물을 설계하는 것

② 지진 발생 시 지진파에 의한 동적 하중을 계산하기 위해 수평력을 계산하여 적용하여야 하며, 버팀대의 길이를 제한하기 위해 세장비를 규정

2. 내진설계기준의 수평력

[배관 계통]

[저수조/펌프/제어반/저장용기]

정의	"수평지진하중(F_{pw})"이란 지진 시 흔들림 방지 버팀대에 전달되는 배관의 동적 지진하중 또는 같은 크기의 정적 지진하중으로 환산한 값으로 허용응력 설계법으로 산정한 지진하중
관계식	• 허용응력 설계법 $$F_{pw} = C_p \times W_p$$ 여기서, F_{pw} : 수평지진하중, W_p : 가동중량, C_p : 소화배관의 지진계수 • 허용응력 설계법 외의 방법으로 산정된 설계지진력에 0.7을 곱한 값을 수평지진하중(F_{pw})으로 적용

3. 세장비

개요도	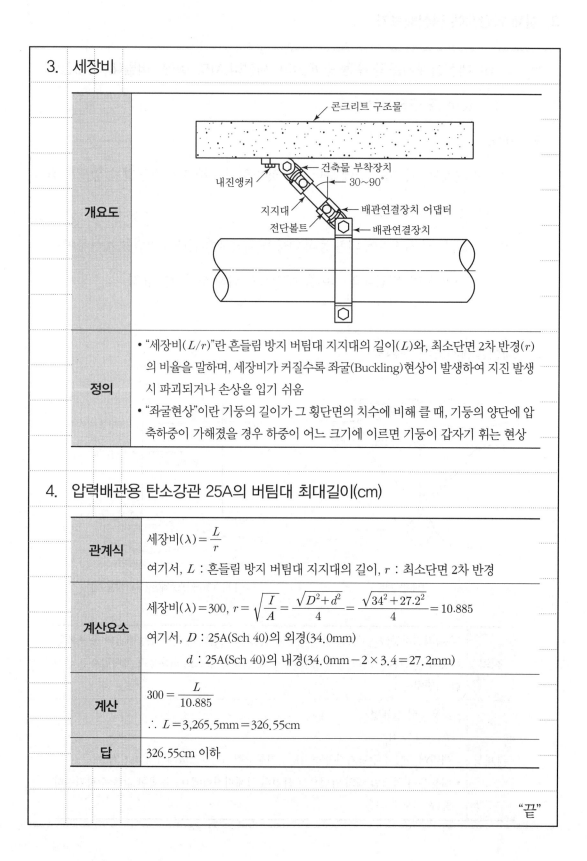
정의	• "세장비(L/r)"란 흔들림 방지 버팀대 지지대의 길이(L)와, 최소단면 2차 반경(r)의 비율을 말하며, 세장비가 커질수록 좌굴(Buckling)현상이 발생하여 지진 발생 시 파괴되거나 손상을 입기 쉬움 • "좌굴현상"이란 기둥의 길이가 그 횡단면의 치수에 비해 클 때, 기둥의 양단에 압축하중이 가해졌을 경우 하중이 어느 크기에 이르면 기둥이 갑자기 휘는 현상

4. 압력배관용 탄소강관 25A의 버팀대 최대길이(cm)

관계식	세장비(λ) = $\dfrac{L}{r}$ 여기서, L : 흔들림 방지 버팀대 지지대의 길이, r : 최소단면 2차 반경
계산요소	세장비(λ) = 300, $r = \sqrt{\dfrac{I}{A}} = \dfrac{\sqrt{D^2 + d^2}}{4} = \dfrac{\sqrt{34^2 + 27.2^2}}{4} = 10.885$ 여기서, D : 25A(Sch 40)의 외경(34.0mm) $\quad\quad\quad d$: 25A(Sch 40)의 내경(34.0mm − 2 × 3.4 = 27.2mm)
계산	$300 = \dfrac{L}{10.885}$ $\therefore L = 3,265.5\text{mm} = 326.55\text{cm}$
답	326.55cm 이하

"끝"

124회 3교시 1번

1. 문제

> 지하구의 화재안전기준이 2021년 1월 15일부터 시행되었다. 다음에 대하여 설명하시오.
>
> (1) 지하구의 화재안전기준 제정 · 개정 배경
> (2) 지하구의 화재특성
> (3) 소방시설 등의 설치기준

Tip 당시 추세에 맞는 문제입니다. 현 시점에서는 공동주택의 연기확산 및 피해방지대책을 정리하셔야 합니다.

124회 3교시 2번

1. 문제

> 액체가연물의 연소에 의한 화재패턴에 대하여 설명하시오.
>
> (1) 일반적인 특성
> (2) 종류 5가지

2. 시험지에 번호 표기

> 액체가연물의 연소에 의한 **화재패턴(1)**에 대하여 설명하시오.
>
> (1) **일반적인 특성(2)**
> (2) **종류 5가지(3)**

3. 실제 답안지에 작성해보기

> **문 3 - 2) 액체가연물의 연소에 의한 화재패턴에 대하여 설명**
>
> ### 1. 개요
>
> ① 화재패턴은 화염, 열기, 가스, 그을음 등으로 탄화, 소실, 변색, 용융 등의 형태로 물질의 손상된 형상으로서 발화 이후 화재현장에 남아 있는 가시적이고 측정 가능한 물리적 효과
>
> ② 화재조사 시 발화원 규명을 위한 유용한 도구이며, 액체가연물의 경우 중력의 법칙에 적용을 받으며, 가연물의 형상, 재질 등에 따라 포어패턴, 스플래시패턴 등으로 나타나게 됨
>
> ### 2. 액체가연물의 일반적인 특성
>
> | 구분 | 내용 |
> |------|------|
> | 중력 | 가연물이 낮은 곳으로 흐르며 고임 |
> | 냉각 | 증발하면서 증발잠열에 의한 냉각효과 |
> | 흡수, 퍼짐 | 바닥재의 재질 특성에 따라 광범위하게 퍼지거나 흡수 |
> | 스플래시 | 가연물이 쏟아지거나 끓게 되면 주변으로 방울이 튈 수 있음 |
> | 용매특성 | 가연물의 특성에 따라 고분자 물질을 침식시키거나 변형시키는 등 용매로서의 성질을 가지기도 함 |
>
> ### 3. 종류 5가지
>
> | 포어패턴 | • 퍼붓기 패턴(Pour Pattern)은 인화성 액체가연물이 바닥에 쏟아졌을 때 액체가연물이 쏟아진 부분과 쏟아지지 않은 부분의 뚜렷한 탄화경계 흔적
• 이러한 형태는 화재가 진행되면서 액체가연물이 있는 곳은 다른 곳보다 연소가 강하기 때문에 탄화 정도의 강, 약에 의해서 구분되는 패턴 |
> |------|------|

스플래시 패턴	• 스플래시패턴(Splash Pattern)은 액체가연물이 연소되면서 발생하는 열에 의해 스스로 가열되고 액면에서 끓으며 주변으로 튄 액체가 포어패턴의 미연소부분에서 점처럼 연소된 흔적 • 주변으로 튄 액체가연물에 의해 발생되기에 바람의 영향을 받고, 바람이 부는 방향 반대방향으로 멀리 생기기도 함
고스트 마크 패턴	• 고스트마크(Ghost Mark)란 타일 등의 접착제등 액체가연물과 접착제의 화합물이 화재성장 최성기에 타일의 틈새에서 더욱 강렬하게 연소하게 되고 결과적으로 타일 아래의 바닥에는 타일 등 바닥재의 틈새모양으로 변색이 되며 종종 박리되기도 하는데 이때 바닥에서 보이는 흔적 • Flash-over와 같은 강력한 화재열기 속에서 발생
틈새연소 패턴	 벽과 바닥의 틈새, 목재마루 바닥면 사이의 틈새 등에 가연성 액체가 뿌려진 경우 틈새를 따라 액체가 고임으로써 다른 곳보다 강하게 오래 연소하여 나타남
도넛패턴	 가연성 액체가 웅덩이처럼 고여 있을 경우 발생하는데 주변이나 얇은 곳에서는 화염이 바닥이나 바닥재를 연소시키는 반면, 비교적 깊은 중심부는 가연성 액체가 증발하면 기화열에 의해 냉각시키는 현상 때문에 발생

"끝"

1. 문제

화재안전기준에서 명시한 비상조명등의 조도 기준을 KS표준 및 NFPA와 비교하여 설명하시오.

2. 시험지에 번호 표기

화재안전기준에서 명시한 비상조명등의 조도(1) 기준(2)을 KS표준(3) 및 NFPA(4)와 비교하여 설명(5)하시오.

3. 실제 답안지에 작성해보기

문 3-3) 비상조명등의 조도 기준을 KS표준 및 NFPA와 비교하여 설명

1. 개요

① 조도란 단위면적당 비춰지는 빛의 밝기를 말하는 것으로 단위는 룩스(럭스)이며, lux로 읽고 lx로 표기

② 이러한 조도는 피난안전성과 관련이 있으며, 화재안전기준에서 각 시설별 기준을 달리 정하고 있으며, NFPA 규정과도 차이점이 있고, 개선할 여지가 있음

2. 화재안전기준 비상조명등 조도

구분	내용	비고
NFPC 304 (비상조명등)	• 특정소방대상물의 각 거실과 그로부터 지상에 이르는 복도·계단 및 그 밖의 통로에 설치 • 조도는 비상조명등이 설치된 장소의 각 부분의 바닥에서 1럭스 이상이 되도록 할 것	
NFPC 603 (도로터널)	• 상시 조명이 소등된 상태에서 비상조명등이 점등되는 경우 터널 안의 차도 및 보도의 바닥면의 조도는 10럭스 이상, 그 외 모든 지점의 조도는 1럭스 이상이 될 수 있도록 설치 • 비상조명등은 상용전원이 차단되는 경우 자동으로 비상전원으로 60분 이상 점등되도록 설치	• 최고 : 10럭스 • 최저 : 1럭스
NFPC 604 (고층건축물)	피난안전구역 비상조명등은 상시 조명이 소등된 상태에서 그 비상조명등이 점등되는 경우 각 부분의 바닥에서 조도는 10럭스 이상이 될 수 있도록 설치	

3. KS표준 조도 기준

구분	작업면 조명방법	조도분류	활동유형	조도범위
최고 조도	전반조명+국부조명	K	작은 물체의 매우 특별한 시작업 수행	6,000-10,000-15,000
최저 조도	공간의 전반조명	A	어두운 분위기의 시식별 작업장	3-4-6

4. NFPA 101 조도 기준

제한대상	• 비상조명등 • 피난계단 등 피난과 관련 있는 장소의 평상시 조명의 조도
평상시 조도	• 새로운 계단 : 108lx • 기타 : 10.8lx • 집회시설의 Exit Access : 2.2lx
비상조명	• 초기 : 평균 조도 10.8lx, 최소 조도 1.1lx • 90분 후 : 평균 조도 6.5lx, 최소 조도 0.65lx

5. 비교

구분	화재안전기준	KS표준	NFPA 101
최고 조도(lx)	10	3	108
최저 조도(lx)	1	150,000	0.65(90분 후)

6. 소견

① 화재안전기준의 조도 제한 기준은 KS표준에서 정하는 가장 낮은 조도 등급에 미치지 못하여 피난안전성의 저하가 우려됨

② NFPA처럼 비상시, 화재 시뿐만 아니라 평상시에도 피난계단 등 피난과 관련 있는 장소에는 효율적인 피난을 위하여 평상시 조도를 조절하여 설치하는 방향도 고려해야 한다고 사료됨

"끝"

124회 3교시 4번

1. 문제

건축물관리법령에서 정한 건축물 구조형식에 따른 화재안전성능 보강공법에 대하여 다음을 설명하시오.

(1) 필수적용 및 선택적용 항목

(2) 1층 상부 화재확산방지구조 적용공법에 대한 시공기준

2. 시험지에 번호 표기

건축물관리법령에서 정한 건축물 구조형식에 따른 **화재안전성능 보강공법(1)**에 대하여 다음을 설명하시오.

(1) 필수적용 및 선택적용 항목(2)

(2) 1층 상부 화재확산방지구조 적용공법에 대한 시공기준(3)

3. 실제 답안지에 작성해보기

문	3-4) 화재안전성능 보강공법에 대하여 필수적용 및 선택적용 항목 등에 대
	하여 설명

1. 개요

   ① 화재안전성능보강 지원사업은 피난약자이용시설 및 일부 다중이용업소 등 화

   재취약건축물의 화재안전성능보강을 위한 외장재 교체 등 공사비용 지원하는

   사업

   ② 스프링클러 설치, 화재확산 방지구조 및 옥외 피난계단설치 등의 화재안전성

   능보강 공법이 있음

2. 대상조건

구분	세부용도	대상(and 조건 만족시)			
		3층 이상	가연성 외장재	SP 미설치	1층 필로티
피난약자 이용시설	노유자시설, 의료시설	○	○	○	
다중이용업소 (1천m² 미만)	고시원, 목욕장, 학원등	○	○	○	○

3. 필수적용 및 선택적용 항목

구분			비고
필수 적용	필로티 건축물	1층 필로티 천장 보강 공법	필수
		(1층 상부) 차양식 캔틸레버 수평구조 적용 공법	택1 필수
		(1층 상부) 화재확산방지구조 적용 공법	
		(전층) 외벽 준불연재료 적용 공법	
		(전층) 화재확산방지구조 적용 공법	
		옥상 드렌처 설비 적용 공법	

구분			비고
필수 적용	일반 건축물	스프링클러 또는 간이스프링클러 설치 공법	택1 필수
		(전층) 외벽 준불연재료 적용 공법	
		(전층) 화재확산방지구조 적용 공법	
선택적용		스프링클러 또는 간이스프링클러 설치 공법	일반건축물은 필수
		옥외피난계단 설치 공법	모든 층
		방화문 설치 공법	–
		하향식 피난구 설치 공법	–

4. 1층 상부 화재확산방지구조 적용공법에 대한 시공기준

개요도	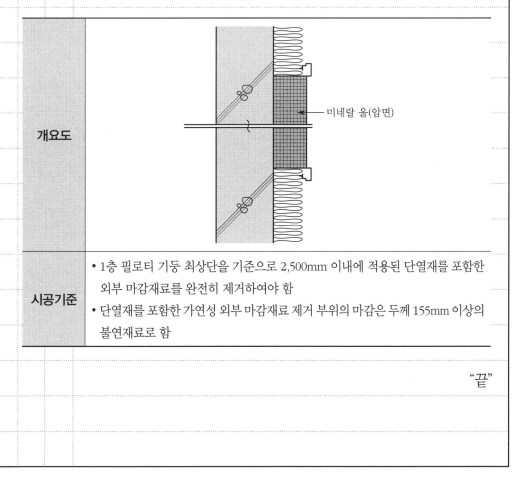
시공기준	• 1층 필로티 기둥 최상단을 기준으로 2,500mm 이내에 적용된 단열재를 포함한 외부 마감재료를 완전히 제거하여야 함 • 단열재를 포함한 가연성 외부 마감재료 제거 부위의 마감은 두께 155mm 이상의 불연재료로 함

"끝"

1. 문제

방화지구 내 건축물에 설치하는 드렌처 설비의 설치대상, 수원의 저수량, 가압송수장치, 작동방식에 대하여 설명하시오.

2. 시험지에 번호 표기

방화지구(1) 내 건축물에 설치하는 드렌처 설비의 설치대상(2), 수원의 저수량(3), 가압송수장치, 작동방식(4)에 대하여 설명하시오.

3. 실제 답안지에 작성해보기

문 3-5) 드렌처 설비의 설치대상, 수원의 저수량, 가압송수장치, 작동방식에 대하여 설명

1. 개요

　① 방화지구는 화재의 위험을 예방하기 위해 필요한 지역으로서「국토의 계획 및 이용에 관한 법률」에 의해 지정되는 용도지구의 하나이며, 주로 시장이나 도로변의 건축물 밀집 지역에 지정

　② 따라서 화재 시 인근 건축물과 지역으로 화재가 확산될 위험이 커 확산 방지를 위해 연소할 우려가 있는 부분 등에 드렌처 설비를 설치하게 됨

2. 드렌처 설비의 설치대상

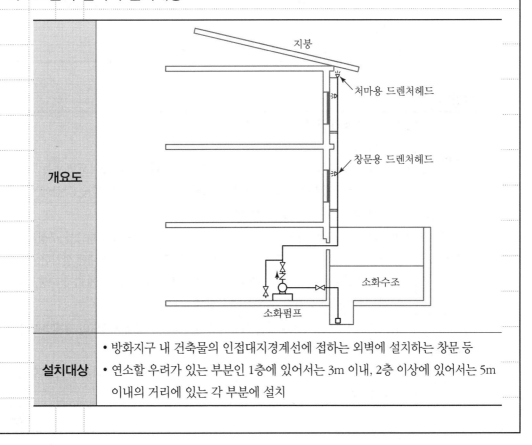

개요도	(개요도 그림)
설치대상	• 방화지구 내 건축물의 인접대지경계선에 접하는 외벽에 설치하는 창문 등 • 연소할 우려가 있는 부분인 1층에 있어서는 3m 이내, 2층 이상에 있어서는 5m 이내의 거리에 있는 각 부분에 설치

3. 수원의 저수량

관계식	$Q(\mathrm{m^3}) = N \times 1.6\mathrm{m^3}$ (30층 이상 $3.2\mathrm{m^3}$, 50층 이상 $4.8\mathrm{m^3}$) N(개) : 드렌처헤드가 가장 많이 설치된 제어밸브의 드렌처헤드 설치개수
30층 미만	드렌처헤드가 가장 많이 설치된 제어밸브의 헤드 설치개수($1.6\mathrm{m^3}$)
30층 이상	드렌처헤드가 가장 많이 설치된 제어밸브의 헤드 설치개수($3.2\mathrm{m^3}$)
50층 이상	드렌처헤드가 가장 많이 설치된 제어밸브의 헤드 설치개수($4.8\mathrm{m^3}$)

4. 가압송수장치

전용	• 펌프는 전용으로 할 것 • 드렌처헤드가 설치되는 개구부에 방화유리 등이 설치되어 있는 경우에 한하여 소화설비의 펌프와 겸용하는 경우 각 설비에 필요한 토출량 중 최대의 것 이상으로 할 수 있음
종류	• 전동기 또는 내연기관에 따른 펌프 • 고가수조에 따른 자연낙차 이용
P, Q	• 드렌처헤드가 가장 많이 설치된 제어밸브에 설치된 드렌처헤드를 동시에 사용하는 경우 • 방수압력이 0.1MPa 이상, 방수량이 80L/min 이상

5. 작동방식

자동식	• 드렌처 전용의 감지기의 작동의 연동 • 폐쇄형 스프링클러헤드의 개방의 연동 • 감지기와 폐쇄형 스프링클러헤드는 연소할 우려가 있는 창문 등의 외벽 또는 그 부분으로부터 수평거리 50cm 이내의 천장 또는 반자의 옥내에 면하는 부분에 설치
수동식	• 24시간 관리인이 근무하는 건축물 • 자동화재탐지설비 경계구역을 드렌처 설비 전용으로 별도의 회로를 구성하고 감지기를 연소할 우려가 있는 부분으로부터 수평거리 50cm 이내에 설치한 경우 • 관계인이 상시 거주하여 자동화재탐지설비 감지기의 화재경보에 따라 수동으로 드렌처 설비를 작동시킬 수 있는 건축물에 한함
폐쇄형 헤드	• 표시온도가 79℃ 미만의 것을 사용하고, 1개의 스프링클러헤드의 경계면적(창문면적)은 20m² 이하로 할 것 • 부착면의 높이는 바닥으로부터 5m 이하로 하고, 화재를 유효하게 감지할 수 있도록 할 것

"끝"

1. 문제

> 위험물안전관리법령에서 명시한 알코올류에 대하여 다음을 설명하시오.
>
> (1) 알코올류의 정의(제외기준 포함)
>
> (2) 알코올류의 종류별 분자구조식, 위험성, 저장 · 취급방법

2. 시험지에 번호 표기

> 위험물안전관리법령에서 명시한 알코올류에 대하여 다음을 설명하시오.
>
> (1) 알코올류의 정의(제외기준 포함)(1)
>
> (2) 알코올류의 종류별 분자구조식, 위험성, 저장 · 취급방법(2)

Tip 2개의 지문에 소화대책을 덧붙여 답안을 작성합니다.

3. 실제 답안지에 작성해보기

문 3 – 6) 위험물안전관리법령에서 명시한 알코올류에 대해 설명

1. 알코올류의 정의 및 제외기준

정의	"알코올류"는 1분자를 구성하는 탄소원자의 수가 1개부터 3개까지인 포화 1가 알코올을 말하는 것으로 변성알코올을 포함
제외기준	• 1분자를 구성하는 탄소원자의 수가 1개 내지 3개의 포화 1가 알코올의 함유량이 60w% 미만인 수용액 • 가연성 액체량이 60w% 미만이고 인화점 및 연소점이 에틸알코올 60w% 수용액의 인화점 및 연소점을 초과하는 것

2. 알코올류의 종류별 분자구조식, 위험성, 저장 · 취급방법

종류	분자구조식	위험성	저장, 취급방법
메틸 알코올	CH_3OH	• 무색, 투명, 휘발성이 강함 • 물에 녹고, 독성이 있음 • 알칼리금속(K, Na)과 반응하면 수소를 발생	• 점화원 관리, 화기 주의 • 누설 및 유증기 체류 방지 • 통풍이 잘되는 냉암소에 저장 • 독성에 주의, 밀폐보관
에틸 알코올	C_2H_5OH	• 물에 잘 녹으므로 수용성 • 알칼리금속(K, Na)과 반응하면 수소(H_2)를 발생 • 산화과정 : 에틸알코올 → 아세트알데히드 → 초산(아세트산)	• 점화원 관리, 화기 주의 • 누설 및 유증기 체류 방지 • 전기설비 방폭 • 통풍이 잘되는 냉암소에 저장
프로필 알코올	C_3H_7OH	• 인화점이 낮음 • 연소할 때 연소 현상이 잘 보이지 않음 • 독성은 메탈올보다 작음	• 점화원 관리, 화기 주의 • 누설 및 유증기 체류 방지 • 통풍이 잘되는 냉암소에 저장 • 독성에 주의, 밀폐보관

3. 소화대책

알코올류 특징	• 수용성으로 물에 잘 녹으며, 일반 포소화약제 방사 시 파포현상 발생 • 주수소화 시 물의 유동에 의한 화재면의 확대 우려가 있음
내알코올형 포	• 금속비누형 내알코올 포소화약제 : 단백질 가수분해 생성물 + 지방산 금속염(금속비누) + 계면활성제 • 고분자겔형 내알코올 포소화약제 : 계면활성제 + 고분자겔 생성물 • 내알코올형 수성막포 : 수성막 형성 + Gel상의 고분자 피막을 형성 • 불화단백포형 내알코올 포소화약제 : 단백질 가수분해 생성물 + 불소계 계면활성제

"끝"

1. 문제

> 「소방시설 등의 성능위주설계 방법 및 기준」에서 정하고 있는 화재 및 피난시뮬레이션의 시나리오
> 작성에 있어 인명안전 기준과 피난가능시간 기준에 대하여 설명하시오.

2. 시험지에 번호 표기

> 「소방시설 등의 **성능위주설계(1)** 방법 및 기준」에서 정하고 있는 화재 및 피난시뮬레이션의 시나리
> 오 작성에 있어 **인명안전 기준(2)**과 **피난가능시간 기준(3)**에 대하여 설명하시오.

3. 실제 답안지에 작성해보기

문 4-1) 성능위주설계 방법 및 기준에서 정하고 있는 인명안전 기준과 피난가능시간 기준에 대하여 설명

1. 개요

① 성능위주설계(PBD)는 방호 대상물의 특성에 맞는 맞춤형 설계를 수행함으로써 안전 확보와 함께 설계 및 시공의 유연성을 제공하는 설계방법

② 화재시뮬레이션에 의한 인명안전기준 도달시간, 피난시뮬레이션에 의한 피난가능시간을 산정하는 것이며, 이에 따라 기준이 마련되어 있음

2. 인명안전기준

1) 화재시뮬레이션

정의	건축물의 구조, 용도 등을 컴퓨터 시뮬레이션을 통해 열기류 및 연기의 유동을 미리 예측하기 위한 프로그램
ASET 측정	ASET은 화재시뮬레이션을 통해 인명안전기준에 도달하는 시간, 즉 거주가능시간

2) 인명안전기준

인명안전기준이란 화재발생 시 위험인 연기의 하강시간과 화재실의온도, 독성물질, 가시거리 등 인명에 영향을 주는 범위 내에 도달하는 기준

구분	성능기준	
호흡 한계선	바닥으로부터 1.8m 기준	
열에 의한 영향	60℃ 이하	
독성에 의한 영향	성분	독성기준치
	CO	1,400ppm
	CO_2	5% 이하
	O_2	15% 이상

구분		성능기준
가시거리에 의한 영향	용도	허용가시거리 한계
	기타시설	5m
	집회시설 판매시설	10m(고휘도 유도등, 바닥유도등, 축광유도표지 설치 시 7m)

3. 피난가능시간

1) 피난시뮬레이션

정의	화재 시 발생할 수 있는 모든 가상 상황들을 거주자의 피난행동특성에 반영함으로써 실제와 유사한 상황에서의 피난 안전성을 평가하기 위한 프로그램
RSET 측정	RSET은 감지시간＋지연시간＋이동시간으로 감지시간은 화재시뮬레이션, 지연시간은 W1,W2,W3, 이동시간은 피난시뮬레이션으로 구현

2) 피난가능시간

피난가능시간이란 화재 시 탈출에 필요한 시간으로서, 개개의 재실자가 화재 발생 시 소재 장소로부터 안전한 장소로 이동하는 데 소요되는 계산된 시간

용도/거주자 특성(건물특성 숙지, 수면상태 여부)	W1	W2	W3
사무실, 학교, 대학교 (건물의 특성에 익숙하고, 상시 깨어 있음)	<1	3	>4
상점, 그 밖의 문화집회시설 (건물의 특성에 익숙하지 않고, 상시 깨어 있음)	<2	3	>6
기숙사, 중/고층 주택 (건물의 특성에 익숙하고, 수면상태일 가능성 있음)	<2	4	>5
호텔, 하숙 용도 (건물의 특성에 익숙하지 않고, 수면상태일 가능성 있음)	<2	4	>6
병원, 요양소, 그 밖의 공공 숙소 (대부분의 거주자는 주변의 도움이 필요함)	<3	5	>8

124회 4교시 2번

1. 문제

소방시설 등의 전원과 관련하여 다음 사항을 설명하시오.

(1) 스프링클러설비의 상용전원회로 설치기준

(2) 소방부하 및 비상부하의 구분

(3) 자가발전설비 용량 선정방법(GP법)

2. 시험지에 번호 표기

소방시설 등의 전원과 관련하여 다음 사항을 설명하시오.

(1) 스프링클러설비의 상용전원(1)회로 설치기준(2)

(2) 소방부하 및 비상부하의 구분(3)

(3) 자가발전설비 용량 선정방법(GP법)(4)

3. 실제 답안지에 작성해보기

문 4-2) 스프링클러설비의 상용전원회로 설치기준, 소방부하 및 비상부하의 구분 및 내용을 설명하시오.

1. 개요

　① 상용전원이란 한전에서 평상시 사용하도록 수용가에 공급하는 전기를 뜻하는 것이며, 이의 정전 시 비상발전기 등 비상전원을 공급할 수 있는 설비를 설치하는 것

　② 소방부하와 비상부하를 구분하여 비상발전기 등의 용량을 선정하고 정전 시 운영방법을 정하게 되는 것

2. 스프링클러설비의 상용전원회로 설치기준(NFTC 103)

분류	전원회로 설치기준
저압수전	인입개폐기의 직후에서 분기하여 전용배선으로 하여야 하며, 전용의 전선관에 보호되도록 할 것
특, 고압수전	전력용 변압기 2차 측의 주차단기 1차 측에서 분기하여 전용배선으로 할 것
기타	• 상용전원의 상시공급에 지장이 없을 경우 : 주차단기 2차 측에서 분기하여 전용배선으로 시공 가능 • 가압송수장치의 정격입력전압이 수전전압과 같은 경우 : 저압수전방법 사용

3. 소방부하와 비상부하의 구분

의의	• 비상발전기 등 정전 시 사용하는 비상전원의 적정 용량 산정을 위해 조건별로 부하를 구분해야 함 • 소방부하는 정전 시, 화재 시 모두 용량 산정에 필요 • 화재 시 운전 중단이 가능한 '소방부하 이외의 부하'를 '비상부하'라 함

소방부하	• 소화설비 : 옥내소화전설비, 스프링클러설비 등의 소방펌프 • 소화활동설비 : 연결송수관펌프, 채수구 펌프, 비상조명등설비, 제연설비의 제연팬, 비상콘센트설비 • 기타 : 비상용 승강기, 피난용 승강기, 배연설비, 소화용수설비, 방화셔터, 지하실 배수펌프, 의료시설, 그 밖의 것
비상부하	• 급·배기팬, 급탕순환펌프, 냉동·냉장설비, 전등·전열, 급수·배수펌프, 승용 승강기, 비상겸용 승강기 • 기타 : 보안시설, 항온항습시설, 공용 전등, 동파방지시설, 기계식 주차장, 냉난방설비, 항공장애등, 정화조 동력 등

4. 자가발전설비 용량 선정방법(GP법)

개요	건축물의 소방부하, 비상부하 및 그 밖의 정전 시에 운전이 필요한 부하 등의 특성을 고려하여 산정
관계식	$GP \geq \left[\sum P + \left(\sum P_m - P_L\right) \times a + \left(P_L \times a \times c\right)\right] \times k$
계산조건	• GP : 발전기 용량(kVA) • $\sum P$: 전동기 이외 부하의 입력용량 합계(kVA) • $\sum P_m$: 전동기 부하용량 합계(kW) • P_L : 전동기 부하 중 기동용량이 가장 큰 전동기 부하용량(kW), 다만, 동시에 기동될 경우에는 이들을 더한 용량으로 함 • a : 전동기의 kW당 입력용량계수 • c : 전동기의 기동계수 • k : 발전기 허용전압강하계수

"끝"

1. 문제

> 도로터널의 화재안전기준 중 다음 소방시설의 설치기준에 대하여 설명하시오.
>
> (1) 비상경보설비와 비상조명등
>
> (2) 제연설비
>
> (3) 연결송수관 설비

2. 시험지에 번호 표기

> 도로터널(1)의 화재안전기준 중 다음 소방시설의 설치기준에 대하여 설명하시오.
>
> (1) 비상경보설비와 비상조명등(2)
>
> (2) 제연설비(3)
>
> (3) 연결송수관 설비(4)

3. 실제 답안지에 작성해보기

문 4-3) 비상경보설비와 비상조명등, 제연설비, 연결송수관 설비 설치기준에 대하여 설명	

1. 개요

① "도로터널"이란 「도로법」에 따른 도로의 일부로서 자동차의 통행을 위해 만든 지붕이 있는 구조물

② 이러한 도로터널은 일반건축물과 구조적 특성이 달라 비상경보설비, 제연설비, 연결송수관설비를 특성에 맞춰 설치하도록 규정

2. 비상경보설비와 비상조명등

1) 비상경보설비

자동화재탐지설비 등에 의해서 감지된 화재를 신속하게 소방대상물 내부에 있는 사람에게 경보하여 피난 또는 초기 소화활동을 용이하게 하기 위한 설비

구분	설치기준
발신기	• 일방통행의 경우 주행차로 한쪽 측벽에 50m 이내의 간격으로 설치 • 편도 2차선 이상의 양방향 터널이나 4차로 이상의 일방향 터널의 경우에는 양쪽의 측벽에 각각 50m 이내의 간격으로 엇갈리게 설치할 것 • 바닥면으로부터 0.8m 이상 1.5m 이하의 높이에 설치
음향 장치	• 발신기 설치위치와 동일하게 설치할 것 • 「비상방송설비의 화재안전성능기준(NFPC 202)」에 적합하게 설치된 방송설비를 비상경보설비와 연동하여 작동하도록 설치한 경우에는 비상경보설비의 지구음향장치를 설치하지 않을 수 있음 • 음량은 부착된 음향장치의 중심으로부터 1m 떨어진 위치에서 90dB 이상 • 음향장치는 터널 내부 전체에 동시에 경보를 발하도록 설치할 것
시각 경보기	• 주행차로 한쪽 측벽에 50m 이내의 간격으로 비상경보설비 상부 직근에 설치 • 전체 시각경보기는 동기방식에 의해 작동될 수 있도록 할 것

2) 비상조명등

구분	설치기준
조도	• 상시 조명이 소등된 상태에서 비상조명등이 점등되는 경우 • 터널 안의 차도 및 보도의 바닥면의 조도는 10lx 이상 • 그 외 모든 지점의 조도는 1lx 이상이 될 수 있도록 설치
비상전원	• 상용전원이 차단되는 경우 자동으로 비상전원으로 60분 이상 점등되도록 설치 • 비상조명등에 내장된 예비전원이나 축전지설비는 상용전원의 공급에 의하여 상시 충전상태를 유지할 수 있도록 설치

3. 제연설비

예비제트팬	종류환기방식 제트팬의 소손을 고려하여 예비용 제트팬을 설치하도록 할 것
배연용 팬	횡류환기방식(또는 반횡류환기방식) 및 대배기구방식의 배연용 팬은 덕트의 길이에 따라서 노출온도가 달라질 수 있으므로 수치해석 등을 통해서 내열온도 등을 검토한 후에 적용
개폐전동모터	대배기구의 개폐용 전동모터는 정전 등 전원이 차단되는 경우에도 조작상태를 유지할 수 있도록 할 것
내화성능	화재 노출이 우려되는 제연설비와 전원공급선 및 제트팬 사이의 전원공급장치 등 250℃의 온도에서 60분 이상 운전상태를 유지할 수 있도록 할 것

4. 연결송수관 설비

P, Q	• 방수압력은 0.35MPa 이상 • 방수량은 분당 400L 이상을 유지할 수 있도록 할 것
방수구	방수구는 50m 이내의 간격으로 옥내소화전함에 병설하거나 독립적으로 터널 출입구 부근과 피난연결통로에 설치할 것
방수기구함	• 50m 이내의 간격으로 옥내소화전함 안에 설치하거나 독립적으로 설치 • 하나의 방수기구함에는 65mm 방수노즐 1개와 15m 이상의 호스 3본을 설치

"끝"

1. 문제

거실제연설비의 공기유입 및 유입량 관련 화재안전기준을 NFPA 92와 비교하고 차이를 설명하시오.

2. 시험지에 번호 표기

거실제연설비(1)의 공기유입 및 유입량 관련 화재안전기준을 NFPA 92(2)와 비교하고 차이를 설명(3)하시오.

3. 실제 답안지에 작성해보기

문	4 – 4) 거실제연설비의 공기유입 및 유입량 관련 화재안전기준을 NFPA 92와 비교

1. 개요

① 거실제연설비는 소화활동설비의 일종으로 건축물의 화재 초기단계에서 발생하는 연기 등을 감지하여 화재실(거실)의 연기는 배출하고 피난경로인 복도, 계단 등에는 연기가 확산되지 않도록 함으로써 거주자를 연기로부터 보호하고 안전하게 피난할 수 있도록 함과 동시에 소방대가 소화활동을 할 수 있게 하는 설비

② 공기유입 및 유입량 관련해서 화재안전기준과 NFPA 92는 정량적인 개념의 차이가 있으며, 이를 보완해야 할 필요가 있음

2. 공기유입 및 유입량 관련 화재안전기준을 NFPA 92와 비교

1) 화재안전기준

공기유입	• 강제유입방식 : 거실에서 배출하는 양 이상을 급기송풍기에 의해 급기하는 방식 • 자연유입방식 : 창문 등 개구부를 이용하여 해당 제연구역에 급기하는 방식 • 인접구역 유입방식 : 인접한 제연구역에서 거실에 배출하는 양 이상을 급기송풍기에 의해 급기하는 방식 • 동일실 급·배기방식 : 거실에서 동시에 급·배기를 실시하는 방식

유입량	• 예상제연구역에 대한 공기유입량은 배출량 이상이 되도록 하여야 함
	• 배출량
	  －400m² 미만 소규모 거실인 경우
	  －400m² 이상 대규모 거실인 경우와 거실의 높이에 따라 배출량 산정

2) NFPA 92

제연방식	• 구역제연방식 • Pressure Sandwich 방식 : 화새실에서 배기 상하층 혹은 주변을 가압하는 방식
유입량	• 화재실로 유입되는 공기 중 각종 틈새 고려 　건물틈새＋문의 틈새＋창문틈새＋통로로 유입되는 공기＝배연량의 5∼15% • 공기유입구 설계는 강제 배기량의 85∼90%를 권장

3. 화재안전기준과 NFPA 92 비교

구분	화재안전기준	NFPA 92
유입량	유입량 ≥ 배출량 시	강제 배기량의 85∼90%를 권장
문제점	화재실이 (＋)정압상태 → 화재실 압력 상승 → 외부로 연기가 유출	유입량＜배출량 시 화재실 (－)부압 → 제연 성공

4. 소견

화재실로 유입되는 공기량은 각종 틈새를 고려하고, 샌드위치 가압방식의 채택

등을 하여야 한다고 사료됨

"끝"

1. 문제

「건축물의 피난·방화구조 등의 기준에 관한 규칙」에 의한 방화구획의 설치기준을 설명하시오.

2. 시험지에 번호 표기

「건축물의 피난·방화구조 등의 기준에 관한 규칙」에 의한 방화구획(1)의 설치기준(2)을 설명(3)하시오.

Tip 정의 – 메커니즘 – 문제점 – 원인, 대책의 순이라고 생각하면 개요에서 정의를 규정해주고, 메커니즘에서 설치기준 및 대상 등을 언급하며, 본인이 생각하는 문제점에 대해 나열하고 대책까지 내세워주면 그게 답입니다. 항상 말씀드리지만 본인만의 생각, 색깔을 지니고 답안을 작성하셔야 합니다.

3. 실제 답안지에 작성해보기

문 4-5) 방화구획의 설치기준을 설명

1. 개요

① Fire-Fighting Partition, 화염의 확산을 방지하기 위해 건축물의 특정 부분과 다른 부분을 내화구조로 된 바닥, 벽 또는 60분 혹은 60+ 방화문(자동방화셔터 포함)으로 구획하는 것

② 「건축물의 피난·방화구조 등의 기준에 관한 규칙」에서 규정하고 있으며 획일적인 층마다 혹은 바닥면적마다 구획하고 있어 PBD 개념에서의 방화구획이 필요

2. 방화구획 설치기준

1) 방화구획 대상

구분	기준(자동식 소화설비 적용 시 기준의 3배 적용)
10층 이하	10층 이하의 층은 바닥면적 1천m²
11층 이상	• 11층 이상의 층은 바닥면적 200m² • 벽 및 반자의 실내에 접하는 부분의 마감을 불연재료로 한 경우에는 바닥면적 500m²
필로티	필로티나 그 밖에 이와 비슷한 구조의 부분을 주차장으로 사용하는 경우 그 부분은 건축물의 다른 부분과 구획할 것
제외	• 층마다 방화구획이 원칙 • 지하 1층에서 지상으로 직접 연결하는 경사로 부위는 제외

2) 방화구획 설치기준

방화문	• 방화구획으로 사용하는 60+ 방화문 또는 60분 방화문 • 언제나 닫힌 상태를 유지하거나 화재로 인한 연기 또는 불꽃을 감지하여 자동적으로 닫히는 구조

틈	• 외벽과 바닥 사이에 틈이 생긴 때 • 급수관·배전관, 그 밖의 관이 방화구획으로 되어 있는 부분을 관통하는 경우 • 틈을 내화시간, 즉 내화채움성능이 인정된 구조로 메워지는 구성 부재에 적용되는 내화시간 이상 견딜 수 있는 내화채움성능이 인정된 구조로 메울 것
방화댐퍼	• 환기·난방 또는 냉방시설의 풍도가 방화구획을 관통하는 경우 댐퍼 설치 　－화재로 인한 연기 또는 불꽃을 감지하여 자동적으로 닫히는 구조로 할 것 　－비차열(非遮熱) 성능 및 방연성능 등의 기준에 적합할 것 • 면제조건 　－반도체공장건축물로서 방화구획을 관통하는 풍도의 주위에 스프링클러 헤드를 설치하는 경우
자동방화 셔터	• 피난이 가능한 60분 + 방화문 또는 60분 방화문으로부터 3m 이내에 별도로 설치하며, 전동방식이나 수동방식으로 개폐할 수 있을 것 • 불꽃감지기 또는 연기감지기 중 하나와 열감지기를 설치할 것 • 불꽃이나 연기를 감지한 경우 일부 폐쇄되는 구조일 것 • 열을 감지한 경우 완전 폐쇄되는 구조일 것

3. 방화구획의 문제점 및 대책

구분	문제점	대책
설계	• 전문설계업체 부재 및 전문가 부족 • 성능위주 설계대상이 적음	• 전문가 양성 및 교육 • 성능위주 설계대상 확대, 전문가 양성
시공	전문시공업체에 시공 부재	전문시공업체 양성 및 교육
유지관리	• 인테리어 시 방화구획이 무너짐 • 건물관리업체에 기술지식 전무	• 사후 유지관리 시행 철저 • 관리업체에 주기적인 교육 실시

"끝"

1. 문제

단열압축에 대하여 설명하고 아래 조건의 경우 단열압축하였을 때 기체의 온도(℃)를 구하시오.

〈조건〉

- 단열압축 이전의 기체 : 25℃ 1기압
- 단열압축 이후의 기체 : 20기압
- 여기서, 정적비열 $C_v = 1$[cal/g · ℃], 정압비열 $C_p = 1.4$[cal/g · ℃]이다.

2. 시험지에 번호 표기

단열압축(1)에 대하여 설명하고 아래 조건의 경우 단열압축하였을 때 기체의 온도(2)(℃)를 구하시오.

〈조건〉

- 단열압축 이전의 기체 : 25℃ 1기압
- 단열압축 이후의 기체 : 20기압
- 여기서, 정적비열 $C_v = 1$[cal/g · ℃], 정압비열 $C_p = 1.4$[cal/g · ℃]이다.

3. 실제 답안지에 작성해보기

문 4-6) 단열압축에 대하여 설명하고 단열압축하였을 때 기체의 온도를 구하

시오.

1. 단열압축

개요도	
개념	• 단열된 상태에서, 하강하는 공기의 부피가 압력의 증가로 수축하여 기체의 온도가 올라가는 현상 • 기계적인 의미의 점화원이 될 수 있음 • 밀폐 긴 공간 화재 시 폭굉 발생 화재 → 연소파 → 압축파 → 충격파 → 단열압축 → 폭굉

2. 기체의 온도

관계식	$$T_f = T_i \left(\frac{P_f}{P_i} \right)^{\frac{\gamma-1}{\gamma}}$$ 여기서, T_f : 최종절대온도, T_i : 초기절대온도 P_f : 최종절대압력, P_i : 초기절대압력 γ : C_p / C_v (정압비열/정적비열)
계산조건	• 단열압축 이전의 기체 : 25℃, 1기압 • 단열압축 이후의 기체 : 20기압 • 정적비열 $C_v = 1[\text{cal/g} \cdot ℃]$, 정압비열 $C_p = 1.4[\text{cal/g} \cdot ℃]$

계산	$\bullet\ \dfrac{T_2}{T_1} = \left(\dfrac{P_2}{P_1}\right)^{\frac{\gamma-1}{\gamma}}$
	$\bullet\ \dfrac{T_2}{298} = \left(\dfrac{20}{1}\right)^{\frac{1.4-1}{1.4}} \qquad T_2 = 298 \times \left(\dfrac{20}{1}\right)^{\frac{1.4-1}{1.4}} = 701.36\text{K}$
	$\bullet$ ℃로 환산 시 428.36℃
답	428.36℃

3. 단열압축의 문제점 및 대책

문제점	대책
• 단열압축 시 온도상승에 의해 점화원으로 작용 • 압축기의 압축에 의한 온도상승으로 발화 • 압력상승에 의한 기기 파손 • 폭굉압력에 의한 배관 접속부 등 파손으로 2차 재해 발생	• 가연성 물질의 이격, 제거 • 다단 압축기 사용으로 압축비 감소 • 온도 감지 센서 및 고온 발생부 냉각설비 설치 • 조기감지, 조기소화

"끝"

Chapter 03

제125회

소방기술사
기출문제풀이

125회 1교시 1번

1. 문제

프로판 70%, 메탄 20%, 에탄 10%로 이루어진 탄화수소 혼합기의 연소하한을 구하시오.(단, 각각의 연소하한은 프로판 2.1%, 메탄 5.0%, 에탄 3.0%이다.)

2. 시험지에 번호 표기

프로판 70%, 메탄 20%, 에탄 10%로 이루어진 탄화수소 혼합기의 연소하한(1)을 구하시오.(2)(단, 각각의 연소하한은 프로판 2.1%, 메탄 5.0%, 에탄 3.0%이다.)

3. 실제 답안지에 작성해보기

문 1 - 1) 탄화수소 혼합기의 연소하한을 구하시오.

1. 정의

개요도	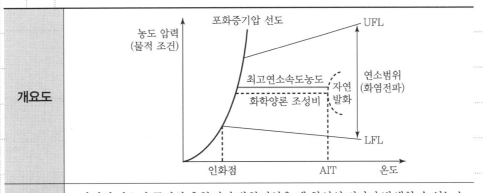
정의	• 가연성 가스가 공기와 혼합되어 발화되었을 때 화염의 전파가 발생할 수 있는 농도 범위를 연소범위라 함 • 연소범위에서 가장 낮은 값을 연소하한계(UFL)라 함

2. 연소하한

관계식	르 샤틀리에 식 $\dfrac{100}{L} = \dfrac{V_1}{L_1} + \dfrac{V_2}{L_2} + ... + \dfrac{V_n}{L_n}$ (단, $V_1 + V_2 + ... + V_n = 100$)
계산조건	• 부피조건 : 프로판 70%, 메탄 20%, 에탄 10% • 각각의 연소하한 : 프로판 2.1%, 메탄 5.0%, 에탄 3.0%
계산	$\dfrac{100}{L} = \dfrac{V_1}{L_1} + \dfrac{V_2}{L_2} + ... + \dfrac{V_n}{L_n} = \dfrac{70}{2.1} + \dfrac{20}{5} + \dfrac{10}{3} = 2.46\%$
답	• 2.46% • 2.46% 이하에서는 연소 불능

"끝"

1. 문제

감광계수와 가시거리의 관계에 대하여 설명하시오.

2. 시험지에 번호 표기

감광계수와 가시거리(1)의 관계(2)에 대하여 설명하시오.

3. 실제 답안지에 작성해보기

문 1-2) 감광계수와 가시거리의 관계에 대하여 설명

1. 정의

가시거리	눈으로 볼 수 있는 가장 먼 거리로서 시계(視界) 또는 시정(視程)
감광계수	감광계수는 연기의 농도에 따른 빛의 투과량을 정량화한 것으로서 감광계수가 클수록 빛이 감쇄가 많이 되어 빛이 적게 투과됨을 의미
Lambert-Beer 법칙	물질들이 빛의 흡수과정에서 입사광과 투과광의 강도의 비율은 그 물질의 성질에 따라 비례한다는 것

2. 감광계수와 가시거리의 관계

Lambert-Bear 법칙	감광계수(m⁻¹)	가시거리(m)	연기
$C_s = \dfrac{1}{L} \ln\left(\dfrac{I_0}{I_1}\right)$	0.1	20~30	화재 초기, 연기감지기 작동점
	0.5	4~8	불특정 다수 출입장소의 피난한계
	1.0	2~4	비발광체 사용 시 2m 정도 보임
	5~10	0.2~0.4	화재 최성기

3. 소방에의 적용

화재안전기준	• 복도, 거실통로 유도등은 보행거리 20m마다 설치 • 창고시설의 경우 피난구마다 피난유도선 설치로 피난안전성 확보
인명안전기준	• 가시거리는 집회, 판매시설 10m, 고휘도, 축광식 유도등 설치 시 7m • 기타 시설은 5m로 규정

"끝"

1. 문제

초고층 및 지하연계 복합건축물 재난관리에 관한 특별법과 관련하여 다음을 설명하시오.

(1) 피난안전구역 소방시설

(2) 피난안전구역 면적산정기준

2. 시험지에 번호 표기

초고층 및 지하연계 복합건축물 재난관리에 관한 특별법과 관련하여 다음을 설명하시오.

(1) 피난안전구역(1) 소방시설(2)

(2) 피난안전구역 면적산정기준(3)

3. 실제 답안지에 작성해보기

| 문 | 1 – 3) 피난안전구역 소방시설, 피난안전구역 면적산정기준 |

1. 정의

피난안전구역이란 피난층 또는 지상으로 통하는 직통계단과 직접 연결되는 곳으로 건축물의 피난 · 안전을 위하여 건축물 중간층에 설치하는 대피공간

2. 피난안전구역의 소방시설

소화설비	소화기구, 옥내소화전설비 및 스프링클러설비
경보설비	자동화재탐지설비
피난구조설비	방열복, 공기호흡기, 인공소생기, 피난유도선, 유도등 · 유도표지, 비상조명등 및 휴대용 비상조명등
소화활동설비	제연설비, 무선통신보조설비

3. 피난안전구역 면적산정기준

지상층	• 면적(A)＝피난안전구역 위층의 재실자 수×0.5×0.28m² • 피난안전구역 위층 재실자 수＝$\dfrac{\text{피난안전구역 사이 용도별 바닥면적}}{\text{형태별 재실자 밀도(m²/인)}}$

지하층	• 하나의 용도로 사용되는 경우
	  －면적(A)＝수용인원×0.1×0.28m²
	 • 둘 이상의 용도로 사용되는 경우
	  －피난안전구역 면적(A)＝사용형태별 수용인원 합×0.1×0.28m²
	  －형태별 수용인원＝사용형태별 면적×거주밀도(인/m²)

지하연계 복합건축물	• 16층 이상 29층 이하 지하연계복합건축물 • 지상층 거주밀도가 1.5명/m² 초과 시 －면적(A) : 해당 층의 사용면적의 합의 10% 이상

"끝"

1. 문제

펠티에 효과(Peltier Effect)와 제벡 효과(Seebeck Effect)에 대하여 각각 설명하시오.

2. 시험지에 번호 표기

펠티에 효과(Peltier Effect)(1)와 제벡 효과(Seebeck Effect)(2)에 대하여 각각 설명하시오.

3. 실제 답안지에 작성해보기

문	1 – 4) 펠티에 효과와 제벡 효과에 대하여 각각 설명

1. 펠티에 효과

개요도	
개념	이종금속 결합 → 전류 흐름 → 접합부 열 발생 또는 흡수 • 다른 종류의 도체를 결합하여 거기에 전류를 흘리면 그 접합점에서 줄(Joule)열 이외에 열의 발생 또는 흡수 현상 • $Q = \pi \times I$ 에서 비례상수 π 를 Peltier 계수라 함

2. 제벅 효과

개요도	

개념	온도차 → 전자 이동 → 전위차 → 전류 흐름 → 기전력 발생
	• 서로 다른 두 종류의 금속을 접촉하여 온도차를 주면 온도차에 의해 미소한 전류가 흐르고 이 전류의 흐름에 의해 열기전력이 발생하는 현상
	• $V_S = \alpha \times \Delta T$ 여기서, α : 제백계수, ΔT : 온도차

3. 소방에의 적용

① 제벡 효과 : 차동식 스폿형 열기전력식, 차동식 분포형 열전대식, 차동식 분포형 열반도체식

② 펠티에 효과 : 열전 냉동기, 히터

"끝"

1. 문제

형태계수와 방사율에 대하여 설명하시오.

2. 시험지에 번호 표기

형태계수와 방사율(1)에 대하여 설명하시오.

3. 실제 답안지에 작성해보기

문 1-5) 형태계수와 방사율에 대하여 설명

1. 형태계수

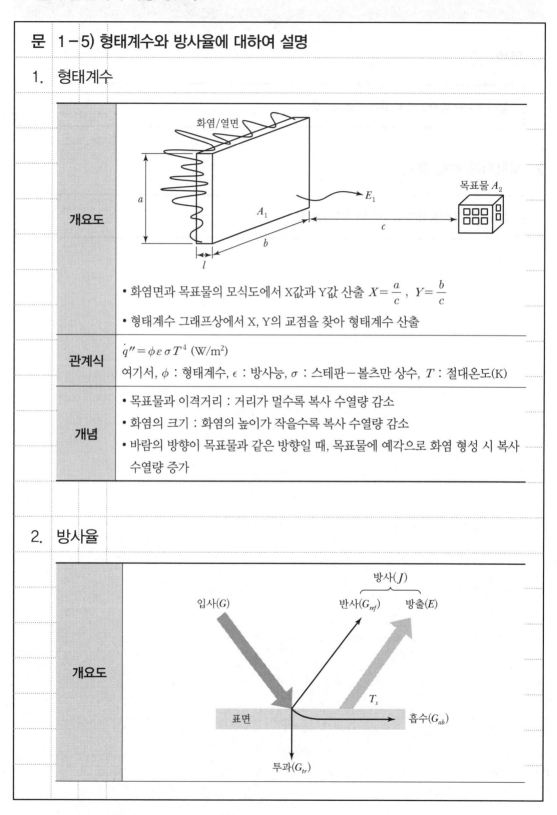

개요도	• 화염면과 목표물의 모식도에서 X값과 Y값 산출 $X = \dfrac{a}{c}$, $Y = \dfrac{b}{c}$ • 형태계수 그래프상에서 X, Y의 교점을 찾아 형태계수 산출
관계식	$\dot{q}'' = \phi \varepsilon \sigma T^4$ (W/m²) 여기서, ϕ : 형태계수, ϵ : 방사능, σ : 스테판-볼츠만 상수, T : 절대온도(K)
개념	• 목표물과 이격거리 : 거리가 멀수록 복사 수열량 감소 • 화염의 크기 : 화염의 높이가 작을수록 복사 수열량 감소 • 바람의 방향이 목표물과 같은 방향일 때, 목표물에 예각으로 화염 형성 시 복사 수열량 증가

2. 방사율

흑체, 회색체	• 흑체 $- q'' = \sigma T^4$ 　여기서, σ : 스테판-볼츠만 상수, T : 절대온도(K) -방사되는 빛의 에너지 전부를 흡수하여 재방사하는 물체 • 회색체 -복사체의 표면, 흡수효과에 의해 방출될 수 있는 복사에너지 효율이 떨어짐
방사율	• $\varepsilon = \dfrac{\text{실제 표면의 방사에너지}}{\text{흑체의 방사에너지}} = \dfrac{\dot{q}''}{\sigma T^4}$ • 실제 물질의 복사 열유속 $\dot{q}'' = \varepsilon \sigma T^4$

3. 소방대책

복사의 문제점	• F.O 발생, 국부화재에서 전실화재로의 전이 • 화재의 인근 건축물로 전파, 화재규모 확대
소방대책	• 인동거리 확보, 복사실드 사용으로 인근 건축물에의 화재전파 방지 • 초기 감지 및 조기 소화가 중요

"끝"

1. 문제

절대압력과 게이지압력의 관계에 대하여 설명하고, 진공압이 500mmHg일 때 절대압력(Pa)을 계산하시오.(단, 대기압은 760mmHg이다.)

2. 시험지에 번호 표기

절대압력과 게이지압력의 관계(1)에 대하여 설명하고, 진공압이 500mmHg일 때 절대압력(Pa)을 계산(2)하시오.(단, 대기압은 760mmHg이다.)

3. 실제 답안지에 작성해보기

문	1-6) 절대압력과 게이지압력의 관계, 진공압이 500mmHg일 때 절대압력 (Pa)을 계산

1. 절대압력과 게이지압력의 관계

관계도	
압력	• 단위면적당 수직방향으로 작용하는 힘, 압축응력 • $P = \dfrac{F}{A}$ [N/m²] $= \gamma\,H$ [kgf/cm²]
절대압력	완전진공상태(진공도 100%)를 기준으로 하여 측정한 압력
게이지압력	대기압을 기준으로 하여 측정한 압력, 즉 압력계에 나타난 압력
관계	절대압력(Absolute P) = 대기압(Atmospheric P) + 계기압력(Gauge P) = 대기압(Atmospheric P) − 진공압력(Vacuum P)

2. 절대압력의 계산

관계식	절대압력(Absolute P) = 대기압(Atmospheric P) − 진공압력(Vacuum P)
계산조건	진공압 500mmHg, 대기압 760mmHg
계산	• 760mmHg − 500mmHg = 260mmHg • 단위변환 : $260\text{mmHg} \times \dfrac{101,325\text{Pa}}{760\text{mmHg}} = 34,663.82\text{Pa}$
답	34,663.82Pa

"끝"

1. 문제

유도전동기의 원리인 아라고 원판의 개념도를 도시하고, 플레밍의 오른손법칙과 왼손법칙에 대하여 각각 설명하시오.

2. 시험지에 번호 표기

유도전동기의 원리인 **아라고 원판의 개념도를 도시(1)**하고, **플레밍의 오른손법칙과 왼손법칙(2)**에 대하여 각각 설명하시오.

3. 실제 답안지에 작성해보기

문 1-7) 아라고 원판의 개념도를 도시하고, 플레밍의 오른손법칙과 왼손법칙

　　을 설명

1. 아라고 원판의 개념도

[아라고 원판의 개념도]

① 회전 가능한 원판 위에서 자석의 N극을 시계방향으로 회전시키면 상대적으로

　　원판은 자기장 사이를 반시계방향으로 움직이는 상대적 효과가 발생

② 이때 플레밍의 오른손법칙에 따라 원판 중심으로 향하는 기전력 유도

③ 원판에 유도된 기전력에 의한 맴돌이 전류 생성

④ 플레밍의 왼손법칙에 따라 원판은 맴돌이 전류와 자기장의 영향을 받아 시계

　　방향으로 회전

---

2. 플레밍의 오른손법칙과 왼손법칙

오른손 법칙	 코일의 운동 방향 자기장 S N 기전력 • 도체 운동에 의한 유도기전력의 방향을 결정하는 법칙 　– 유도기전력의 크기는 폐회로를 관통하는 자력선의 변화 속도에 비례 　– 자기장 속에서 도선과 운동에너지가 전기에너지로 변환되는 원리 • 기전력의 크기 $E = BLV\sin\theta$[V] 　여기서, E : 기전력, B : 자속밀도, L : 도체길이 　　　　V : 도체운동속도, θ : 자계와 도선의 각도
왼손 법칙	 코일이 받는 힘의 방향 자기장 N S 전류 • 자속하에 전류도체의 회전력 방향(자기력의 방향)을 결정하는 법칙 　– 전류와 자계 간에 작용하는 힘의 방향을 결정 　– 자계 속에서 전류가 흐르는 도선이 받는 힘의 방향 • 힘의 크기 $F = BIL\sin\theta$[N] 　여기서, F : 전자력, B : 자속밀도, L : 도체길이 　　　　I : 전류의 크기, θ : 자계와 도선의 각도

3. 소방에의 적용

① 오른손법칙 : 소방용 비상발전기 등 발전기의 원리

② 왼손법칙 : 소방용 펌프 구동용 전동기 등 전동기의 원리

"끝"

1. 문제

무차원수 중 Damkohler 수(D)에 대하여 설명하고, Arrhenius 식과의 관계를 설명하시오.

2. 시험지에 번호 표기

무차원수 중 Damkohler 수(D)(1)에 대하여 설명하고, Arrhenius 식(2)과의 관계를 설명(3)하시오.

3. 실제 답안지에 작성해보기

문 1-8) Damkohler 수(D)에 대하여 설명하고, Arrhenius 식과의 관계를 설명

1. Damkohler 수

정의	• 화학공학에서 반응기(Reactor) 설계에 사용되는 무차원수 • 화학공정 입구에서의 반응속도에 대한 반응물질 유입유량의 비
관계식	$Da = \dfrac{-r_{AO}V}{F_{AO}} = \dfrac{\text{입구에서 반응속도}}{A\text{의 유입유량}} = \dfrac{\text{반응속도}}{\text{대류속도}}$ 여기서, $-r_{AO}$: 반응속도(mol/m³s), V : 반응기 체적, F_{AO} : 유입 몰유량(mol/s)
개념	• $Da < 0.1$: 연료의 유입량이 많으면 Damkohler 수는 감소, 즉 반응속도는 느려짐 • $Da > 1.0$: 연료의 유입량이 적어지면 Damkohler 수는 증가, 즉 반응속도는 빨라지며, 이때 화학양론 조성 상태 시 반응속도는 최대

2. Arrhenius 식

정의	• 반응속도에 대한 온도 의존도를 나타내는 공식 • 활성화에너지 및 분자의 충돌빈도에 따른 화학반응속도를 나타내는 식
관계식	반응속도$(K) = C \times e^{\left(-\frac{E_a}{RT}\right)}$ 여기서, C : 충돌빈도계수, E_a : 활성화에너지, R : 기체상수, T : 온도
개념	• 온도가 높으면 높을수록 화학반응속도 증가 • 충돌빈도 C값이 클수록 반응속도 증가

3. 관계

Arrhenius 식	반응속도 $K = C \times e^{\left(-\frac{E_a}{RT}\right)}$
Damkohler 수	반응속도(r_{AO})로 정리하면 $r_{AO} = \dfrac{V}{D_a E_a}$
관계	$K \fallingdotseq r_{AO}$ Damkohler 수는 활성라디칼 간의 유효 충돌빈도계수(C)에 영향을 미치며, Damkohler 수가 작을수록 유효 충돌빈도계수(C)가 커져 반응속도는 빨라짐

"끝"

1. 문제

착화파괴형 폭발과 누설착화형 폭발에 대한 예방대책에 대하여 설명하시오.

2. 시험지에 번호 표기

착화파괴형 폭발(1)과 누설착화형 폭발(2)에 대한 예방대책(3)에 대하여 설명하시오.

3. 실제 답안지에 작성해보기

문 1-9) 착화파괴형 폭발과 누설착화형 폭발에 대한 예방대책

1. 착화파괴형 폭발

개념	• 용기 내의 위험물이 착화하여 압력상승에 의해 파열되는 형태 • 밀폐공간 증기운 폭발로 VCE(Vapor Cloud Explosion)라 함
메커니즘	경질유, 중질유 저장탱크 → 가연성 혼합기 형성 → 점화원에 착화 → 폭발 ① 위험물 저장탱크 내부에 가연성 가스 증발 ② 기상부 가연성 혼합기 형성 ③ 점화원에 의한 착화 ④ 압력상승 및 파괴, 폭발(VCE)

2. 누설착화형 폭발

개요도	

인화성 액체 등 누출
[1단계]

증기가 공기와 혼합하여 증기운 형성
[2단계]

탱크 표면 균열 발생으로 화재 확산
[3단계]

증기운 생성 및 폭발
[4단계]

개념	• 대기 중에 다량의 가연성 가스 또는 액체가 유출되어 가연성 혼합기를 형성하고 점화원에 의해 착화, 폭발하는 현상 • 개방공간 증기운 폭발로 UVCE(Unconfined Vapor Cloud Explosion)라 함
메커니즘	가연성 액체, 가스 → 대기 중 누설 → 가연성 혼합기 형성 → 점화원에 점화 → 폭발 ① 가연성 액체 또는 가스가 대기 중에 누설 ② 발생 증기와 공기가 가연성 혼합기 형성 ③ 점화원에 의한 점화 ④ 개방공간 증기운 폭발(UVCE) 발생

3. 예방대책

구분	착화파괴형 폭발	누설착화형 폭발
점화원 대책	• 최소점화에너지(MIE) 미만으로 관리 • 정전기 제거, 등전위본딩 및 접지 • 전기설비 전기방폭	• 최소점화에너지(MIE) 미만으로 관리 • 정전기 제거, 등전위본딩 및 접지 • 전기설비 전기방폭
가연물 대책	• 밀폐공간 MOC 미만 불활성화 실시 • 가연성 혼합기의 조성 제어 • 가연성 물질의 재고량을 줄임	• 가연성 액체 또는 가스의 누설, 방류, 체류 방지 • Human Error 방지, 교육 훈련 실시 • 감지기 및 누설 긴급 차단밸브 설치
피해확산 방지	• 방호벽 설치 • 보유공지, 인동거리 확보	• 방호벽 설치 • 인동거리 확보

"끝"

1. 문제

이산화탄소 소화약제의 심부화재와 표면화재에 대한 선형상수 값을 각각 구하시오.

2. 시험지에 번호 표기

이산화탄소 소화약제의 심부화재와 표면화재에 대한 선형상수(1) 값을 각각(2) 구하시오.

3. 실제 답안지에 작성해보기

문 1 – 10) 심부화재와 표면화재에 대한 선형상수 값을 각각 구하시오.

1. 정의

심부화재	• 목재 또는 섬유류와 같은 고체 가연물에서 발생하는 화재 형태로서 가연물 내부에서 연소하는 화재 • 재가 남고, 연기의 발생량이 많은 화재
표면화재	• 가연성 물질의 표면에서 연소하는 화재 • 가연성 액체화재 등 재가 남지 않고 불꽃화재의 특성을 지님
선형상수	• 소화약제의 비체적 • $S = K_1 + K_2 \times T$ 여기서, $K_1 = \dfrac{22.4\,\mathrm{m}^3}{분자량}$, $K_2 = \dfrac{1}{273} \times K_1$

2. 심부화재와 표면화재의 선형상수 값

심부화재	• $S = K_1 + K_2 \times T$, 방호공간의 온도는 10℃를 기준 • $K_1 = \dfrac{22.4}{44} = 0.50909$, $K_2 T = K_1 \times \dfrac{1}{273} \times T = 0.50909 \times \dfrac{1}{273} \times 10 = 0.01865$ • $S = 0.50909 + 0.01865 = 0.528$
표면화재	• $S = K_1 + K_2 \times T$, 방호공간의 온도는 30℃를 기준 • $K_1 = \dfrac{22.4}{44} = 0.50909$, $K_2 T = K_1 \times \dfrac{1}{273} \times T = 0.50909 \times \dfrac{1}{273} \times 30 = 0.05594$ • $S = 0.50909 + 0.05594 = 0.565$
답	심부화재 0.528, 표면화재 0.565

"끝"

1. 문제

가스계 소화설비 설계프로그램의 유효성 확인을 위한 방출시험기준(방출시간, 방출압력, 방출량, 소화약제 도달 및 방출종료시간)에 대하여 설명하시오.

2. 시험지에 번호 표기

가스계 소화설비 설계프로그램의 유효성 확인(1)을 위한 방출시험기준(방출시간, 방출압력, 방출량, 소화약제 도달 및 방출종료시간)에 대하여 설명(2)하시오.

3. 실제 답안지에 작성해보기

문	1-11) 방출시간, 방출압력, 방출량, 소화약제 도달 및 방출종료시간

1. 정의

설계프로그램	가스계 소화설비를 설계하는 데 활용하는 유량계산방법 등의 프로그램
유효성 확인 시험방법	• 신청자가 제시하는 20개 이상의 분사헤드를 3개 이상 설치하여 설계한 시험 모델 중에서 임의로 선정한 5개 이상의 시험모델을 실제 설치 확인 • 시험모델의 수량은 설계프로그램 구성요건을 모두 확인할 수 있는 수량

2. 방출시험기준

	구분	방출시간 허용한계
방출시간	10초 방출방식의 설비	설계값±1초
	60초 방출방식의 설비	설계값±10초
	기타의 설비	설계값±10%
	• 방출시간의 산정은 방출 시 측정된 시간에 따른 방출헤드의 압력변화곡선에 의해 산출하며 산출된 방출시간은 상기 표의 기준에 적합할 것 • 이산화탄소 소화설비의 심부화재의 경우 420초 이내에 방출하여야 하며, 2분 이내에 설계농도 30%에 도달하는 조건을 만족할 것	
방출압력	• 소화약제 방출 시 각 분사헤드마다 측정된 방출압력은 설계값의 ±10% 이내 • 방출압력은 평균방출압력을 의미	
방출량	• 각 분사헤드의 방출량은 설계값의 ±10% 이내이어야 함 • 각 분사헤드별 설계값과 측정값의 차이의 백분율(Percentage Differences)에 대한 표준편차가 5 이내일 것	
약제도달시간	소화약제 방출 시 각각의 분사헤드에 소화약제가 도달되는 시간의 최대편차는 1초 이내	
방출종료시간	화약제의 방출이 종료되는 시간의 최대편차는 2초 이내	

"끝"

1. 문제

아래에 열거된 Fire Stop의 설치장소 및 주요 특성에 대하여 각각 설명하시오.

(1) 방화로드   (2) 방화코트   (3) 방화실란트

(4) 방화퍼트   (5) 아크릴 실란트

2. 시험지에 번호 표기

아래에 열거된 Fire Stop(1)의 설치장소 및 주요 특성에 대하여 각각 설명하시오.

(1) 방화로드   (2) 방화코트   (3) 방화실란트

(4) 방화퍼트   (5) 아크릴 실란트

3. 실제 답안지에 작성해보기

문 1-12) Fire Stop의 설치장소 및 주요 특성

1. 정의

개요도	
Fire Stop	건축물 방화구획의 수평·수직 설비관통부, 조인트 및 커튼월과 바닥 사이 등의 틈새를 통한 화재의 확산을 방지하기 위해 설치하는 재료 또는 시스템

2. Fire Stop의 설치장소 및 주요 특성(한국화재보험협회지)

품명	용도	특징
방화로드	• 커튼월 관통부 • 전기(EPS) 관통부 • 설비(AD, PD) 관통부 • 기타 Open 구간	• 제품의 규격화 및 균일한 도포면 유지 • 커튼월 구조체 변형 시 장기간 밀폐성능 • 균일하고 평탄한 도포면이 차수기능 • 끼워넣기작업 등으로 작업 간편
방화코트	• 커튼월 관통부 • 전기(EPS) 관통부 • 설비(AD, PD) 관통부	• 열팽창에 의한 탄소도막이 내열성 향상 • 진동과 충격을 흡수하여 장비설비 보호 • 빗물 및 콘크리트 침출수를 차단 • 무용재 타입의 수용성 제품 : 환경친화적
방화보드	• 커튼월 관통부 • 전기(EPS) 관통부 • 기타 Open 구간	• 탄소성분을 강화하여 우수한 밀폐효과 • 폭이 넓은 관통부를 견고하게 밀폐 • 거친 슬래브 바닥면에 밀착시공 가능

품명	용도	특징
방화폼	• 전기(EPS) 관통부 • 설비(AD, PD) 관통부	• 진동, 충격을 흡수하여 구조체 변형 안전 • 방사능을 막아주고 방진, 방습효과 우수 • 실리콘 계통의 제품으로 내열성 우수 • 개보수가 용이하고 관통부의 철거 용이
방화 실란트	• 방화벽, 간막이벽 조인트 • 전기(EPS) 관통부 • 설비(AD, PD) 관통부 • 기타 Open 구간	• 화재 시 내열성 및 우수한 밀폐효과 • 진동, 충격을 흡수하여 장비, 설비 보호 • 거친 바닥면이나 이물질 많은 장소에 적합 • 도시가스관의 부식 방지 및 절연성능 개선
아크릴 실란트	• 창틀틈새 및 벽구간 • 조인트밀폐, 균열보수 • 석고보드, 경량칸막이벽 • 조인트밀폐	• 소재에 대한 부착력이 좋아 밀폐효과 • 부피손실을 최소화하고 탄력성 향상 • 수용성 제품으로 작업성이 좋고 환경친화적
케이블 난연도료	• 급수관, 배전관 기타 • 관통부 양측으로 1m의 거리를 난연성 도료 도포	• Cable의 허용전류에 영향을 안 미침 • 외부충격에 의한 균열이나 탈락현상 없음 • 배전관절연조치 및 부식 방지에 적합
방화퍼티	• 전기(EPS) 관통부 • 설비(AD, PD) 관통부 • 기타 Open 구간	• 진동과 충격을 흡수 • 협소한 관통부를 밀폐시키는 데 적합 • 열팽창성이 있어 우수한 내열성능 발휘 • 개보수작업이 용이하고 Cable 신설 및 증설 용이

"끝"

1. 문제

화재 및 피난시뮬레이션의 시나리오 작성기준상 인명안전 기준에 대하여 설명하시오.

Tip 전회차에서도 설명을 드린 부분입니다.

1. 문제

포소화약제 공기포 혼합장치의 종류별 특징에 대하여 설명하시오.

Tip 전회차에서도 설명을 드린 부분입니다.

1. 문제

화재조기진압용 스프링클러설비에 대하여 다음 사항을 설명하시오.

(1) 화재감지특성과 방사특성
(2) 설치기준 및 설치 시 주의사항

2. 시험지에 번호 표기

화재조기진압용 스프링클러설비(1)에 대하여 다음 사항을 설명하시오.

(1) 화재감지특성과 방사특성(2)
(2) 설치기준 및 설치 시 주의사항(3)

3. 실제 답안지에 작성해보기

문 2-2) 화재조기진압용 스프링클러설비에 대하여 화재감지특성과 방사특성 등 사항을 설명

1. 개요

① 화재조기 진압용 SP

- 특정 높은 장소의 화재위험에 대하여 조기에 진화할 수 있도록 설계된 스프링클러헤드

- 표준형 헤드에 비해서 물입자의 평균직경과 방수량이 커서 화원을 뚫고 화재를 진압할 수 있고 조기감열 성능을 향상해 랙식 창고에 사용됨

② 상기와 같이 뛰어난 ESFR이라도 설치장소의 구조 및 설치상 주의사항을 숙지하여 설계 및 시공을 하여야 함

2. 화재감지특성과 방사특성

1) 화재감지특성

구분	내용
RTI	• 반응시간지수는 열기류감도 시험기와 같은 시험장치를 이용해 측정하며 가열 공기의 온도와 속도에 의해 결정 • $RTI = \tau\sqrt{U} = \dfrac{m \times C_{비열}}{h \times A} \cdot \sqrt{U}$ 여기서, C : 전도열전달계수, m : 감열체 질량 h : 대류열전달계수, A : 감열체 단면적 • RTI 값이 작을수록 감열체의 온도상승비율이 커 헤드가 조기 작동

구분	내용
C	• 전도열전달계수(C)는 스프링클러 주위로부터 흡수된 열량 중 스프링클러 배관 및 소화수 등으로 방출되는 열손실량에 대한 특성치로 그 값이 작을수록 헤드가 빨리 개방 • 조건 만족 $\sqrt{\dfrac{U_H}{U_L}} \leq 1.1$, 산출식 $C = \left(\dfrac{\Delta T_g}{\Delta T_{ea}} - 1\right) \times \sqrt{U}$ 여기서, ΔT_{ea} : 스프링클러의 액조 평균작동온도와 스프링클러 마운트 온도의 차(℃) $\qquad\quad \Delta T_g$: 열기류온도와 스프링클러 마운트 온도의 차(℃) $\qquad\quad u$: 터널시험구간에서 열기류속도(m/s)
표시온도	• 표시온도는 그 설치장소의 평상시 최고 주위온도에 따라 결정 • $T_a = 0.9\,T_m - 27.3$ 여기서, T_a : 최고주위온도(℃), T_m : 헤드표시온도(℃)

2) 방사특성

오리피스 구경	• 오리피스 구경이 클수록 소화수 입자가 커짐 • 침투력 증가로 표면냉각을 극대화
반사판 형태	반사판의 형태는 살수 패턴을 결정짓는 결정적 영향요소
반사판 크기	반사판의 크기는 살수 면적에 영향
반사판 위치	상향식, 하향식, 측벽형 등 살수 패턴을 결정
방사압력	• 방사압력은 살수 패턴과 소화수 입자의 크기를 결정 • 방사압력이 높은 경우 소화수 입자 크기가 작아 기상냉각 및 질식소화에 적용 • 방사압력이 낮은 경우 소화수 입자 크기가 커 표면냉각 소화에 적용

3) ADD > RDD

개요도	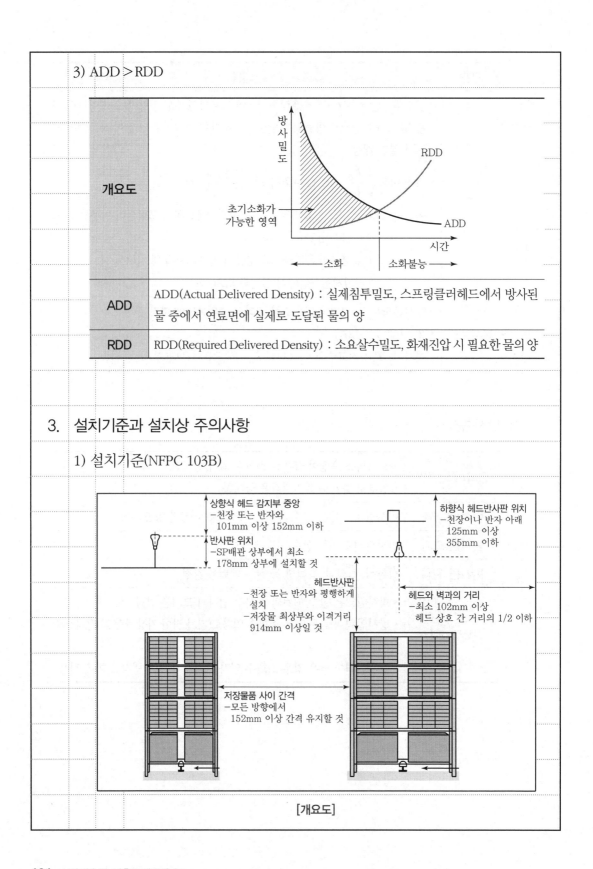
ADD	ADD(Actual Delivered Density) : 실제침투밀도, 스프링클러헤드에서 방사된 물 중에서 연료면에 실제로 도달된 물의 양
RDD	RDD(Required Delivered Density) : 소요살수밀도, 화재진압 시 필요한 물의 양

3. 설치기준과 설치상 주의사항

1) 설치기준(NFPC 103B)

[개요도]

방호면적	헤드 하나의 방호면적은 $6.0m^2$ 이상 $9.3m^2$ 이하로 할 것
헤드거리	천장의 높이가 9.1m 미만인 경우에는 2.4m 이상 3.7m 이하로, 9.1m 이상 13.7m 이하인 경우에는 3.1m 이하
반사판	• 헤드의 반사판은 천장 또는 반자와 평행하게 설치하고 저장물의 최상부와 914mm 이상 확보되도록 할 것 • 하향식 헤드의 반사판의 위치는 천장이나 반자 아래 125mm 이상 355mm 이하 • 상향식 헤드의 감지부 중앙은 천장 또는 반자와 101mm 이상 152mm 이하 • 반사판의 위치는 스프링클러배관의 윗부분에서 최소 178mm 상부에 설치
작동온도	헤드의 작동온도는 74℃ 이하일 것
차폐판	상부에 설치된 헤드의 방출수에 따라 감열부에 영향을 받을 우려가 있는 헤드에는 방출수를 차단할 수 있는 유효한 차폐판을 설치

2) 설치 시 주의사항

설치제외	• 제4류 위험물에는 설치 제외 • 타이어, 두루마리, 종이 및 섬유류, 섬유제품 등 연소 시 화염의 속도가 빠르고 방사된 물이 하부까지 도달하지 못하는 것 • 화염전파속도 > SP개방속도인 것은 적용 불가
주의사항	• Skipping 현상 : 환기설비 및 헤드 사이의 간격을 고려하여 설치 • 살수장애 : 경사도 1/167 이하, 헤드 이격거리에 주의 • 차폐판 : 헤드의 설치높이가 다른 경우 감열체 보호 • 선반의 구조 : 상부에서 방사 시 하부까지 침투할 수 있는 구조

"끝"

1. 문제

건식 유수검지장치에 대하여 다음 사항을 설명하시오.

(1) 작동원리

(2) 시간지연

(3) 시간지연을 개선하기 위한 NFPA 제한사항

2. 시험지에 번호 표기

건식 유수검지장치에 대하여 다음 사항을 설명하시오.

(1) 작동원리(1)

(2) 시간지연(2)

(3) 시간지연을 개선하기 위한 NFPA 제한사항(3)

3. 실제 답안지에 작성해보기

문 2-3) 건식 유수검지장치에 대하여 작동원리, 시간지연을 설명

1. 건식 유수검지장치의 작동원리

구조도	
작동원리	① 건식 밸브는 일반적으로 대기압 상태인 중간챔버를 사이에 두고 1차 측 수압과 2차 측 공기압에 의한 힘으로 균형을 유지 ② 1차 측의 수압이 접촉하는 클래퍼의 단면적보다 2차 측의 공기압과 접촉하는 클래퍼의 단면적을 크게 하여 낮은 공기압으로 1차 측 수압을 2차 측으로 흐르는 것을 방지 ③ 스프링클러헤드가 개방되어 2차 측 공기압력이 떨어지면 Accelerator에 의해 2차 측 공기압력이 중간챔버에 가해져 건식 밸브의 클래퍼(Clapper)를 개방

2. 시간지연

정의	• 방수지연시간=트립시간+소화수 이송시간 • 방수지연시간은 화재로부터 헤드가 감열된 시점부터 헤드로부터 물이 방수되기까지의 시간
트립시간	• 헤드 개방 후 공기가 빠져나가면서 클래퍼가 작동하기까지 시간을 말하며 밸브 작동 지연시간 • 트립시간 계산식(FMRC) $t = 0.0352 \dfrac{V_T}{A_n \sqrt{T_o}} \ln\left(\dfrac{P_{ao}}{P_a}\right)$ 여기서, t : 트립시간(sec), V_T : 2차 측 배관 체적(ft³)

트립시간	A_n : 개방된 헤드의 유동면적(ft^2), T_o : 공기의 온도(°R) P_{ao} : 2차 측 초기 공기압력, P_a : 트립공기압력 • 영향요인 　-1차 측 수압과 2차 측 공기압　　-헤드 오리피스 구경 　-건식 밸브 작동압력　　　　　　-2차 측 배관 내용적 등에 따라 영향
소화수 이송시간	• 헤드에서 규정 방사압과 방수량이 방사되기까지 배관에서의 시간지연을 소화수 이송시간 • 소화수 이송시간에 영향을 주는 요인 　-1차 측 수압과 2차 측 공기압 　-헤드 오리피스 구경 　-2차 측 배관 내용적에 따라 영향

3. 시간지연을 개선하기 위한 NFPA 제한사항

제한사항	내용
2차 측 배관 내용적	750gallons 이내
Quick Opening Device	• 배관 내용적 500gallons 이상 시 설치 • 2차 측 방사시간이 1분 이내인 경우 제외
배관방식 제한	시간지연으로 인한 그리드 배관 제외
2차 측 공기압	• 차동비 　-고압식 5.5 : 1　　　　　-저차압식 1.1 : 1 이용 • 건식 밸브 작동압력보다 20psi(1.4 bar) 높은 압력 공기 충전 • 공기 충전시간은 30분 이내

4. 소견

① 화재안전기준에 방수지연시간에 대한 정의와 이에 따른 배관 내용적 등을 규정할 필요가 있음

② 부식의 발생이 건식이 빠르기에 이에 대한 방지책으로 배관의 누기점검 주기화 등을 규정할 필요가 있다고 사료됨

"끝"

1. 문제

부속실 제연설비에 대하여 다음 사항을 설명하시오.

(1) 국내 화재안전기준(NFPC 501A)과 NFPA 92A 기준 비교

(2) 부속실 제연설비의 문제점 및 개선방안

2. 시험지에 번호 표기

부속실 제연설비(1)에 대하여 다음 사항을 설명하시오.

(1) 국내 화재안전기준(NFPC 501A)과 NFPA 92A 기준 비교(2)

(2) 부속실 제연설비의 문제점 및 개선방안(3)

3. 실제 답안지에 작성해보기

| 문 | 2-4) 부속실 제연설비에 대하여 국내 화재안전기준(NFPC 501A)과 NFPA 92A 기준을 비교하고 설명 |

1. 개요

구분	목적	방식
거실 제연	• 피난안전성 강화	급기, 배기 활용으로 청결층 확보
부속실 제연	• 소방대의 소방활동 지원	차압과 방연풍속으로 연기 제어

2. 국내 화재안전기준(NFPC 501A)과 NFPA 92A 기준

1) 제연구역의 설정

화재안전기준	NFPA
• 계단실 및 부속실 동시제연 • 부속실 단독제연 • 계단실 단독제연 • 비상용 승강기 승강장 단독제연	다음 중 하나 혹은 그 조합으로 선정 • 계단 가압 • 구역 차압 제연(Zone Smoke Control) • 엘리베이터 승강로 가압 • 부속실 가압 • 피난 구역 가압

2) 차압

구분	화재안전기준	NFPA
최소차압	• SP 설치 시 12.5Pa 이상 • SP 미설치 시 40Pa 이상	• SP 설치 시 12.5Pa 이상 • SP 미설치 시 층고, 연돌효과 고려 　－천장높이 2.7m : 25Pa 　－천장높이 4.6m : 35Pa 　－천장높이 6.4m : 45Pa
최대차압	110N 이하	133N 이하

3) 방연풍속

화재안전기준	• 계단실 및 부속실 동시제연 또는 계단실 단독제연 : 0.5m/s 이상 • 부속실 단독제연 시 부속실 또는 승강장이 면하는 옥내가 거실일 경우 : 0.7m/s 이상
NFPA	• IBD-Code에서는 Hinkely 공식을 토대로 풍속 산출(2.0m/s) • 별도의 규정은 없음

3. 부속실 제연설비의 문제점 및 개선방안

구분	문제점	개선점
제연구역	부속실만 가압하는 방식은 부속실로 연기유입 시 계단실로 연기유입 예상	NFPA 92A처럼 계단실 단독가압 및 계단실 부속실 동시 가압방법 고려
차압	최소차압 : 제연구역과 옥내 사이 40Pa 요구	풍력, 연돌효과 등을 고려하여 차압설정 필요, 층고에 따른 차압 고려
방연풍속	• 화재 초기 피난을 위해 출입문 개방 시 0.7m/s로 연기침입 방지 • 최성기 시 방연풍속 0.7m/s로 부족	IBD-Code에서는 Hinkely 공식을 토대로 풍속 산출(2.0m/s 이상)
송풍기 풍량제어	토출 측 풍량조절댐퍼로 풍량제어 효율이 나쁨	회전수제어 방식을 적용하여 효율성 고려
덕트 계통	방연풍속 보충량은 과압 형성	덕트 계통상에 플랩댐퍼를 설치하여 과압 보충량을 배출

"끝"

1. 문제

최근 자주 발생하는 물류창고의 화재에 대하여 화재확산 원인과 개선방안을 설명하시오.

Tip 추세에 맞지 않는 문제입니다. 2024년도에 물류창고 화재안전기준이 규정되었습니다.

1. 문제

다음 물음에 대하여 기술하시오.

(1) 전압강하식 $e = \dfrac{0.0356L \times I}{A}$[V]의 식을 유도하고, 단상 2선식. 단상 3선식. 3상 3선식과 비교하시오.

(2) P형 수신기와 감지기 사이의 배선회로에서 종단저항 10kΩ, 릴레이저항 85Ω, 배선회로저항 50Ω이며, 회로전압이 DC 24V일 때 다음 각 전류를 구하시오.

    ① 평상시 감시전류[mA]

    ② 감지기가 동작할 때의 전류[mA]

(3) 다음 P형 발신기 세트함의 결선도에서 ①~⑦의 명칭을 쓰고 기능을 설명하시오.

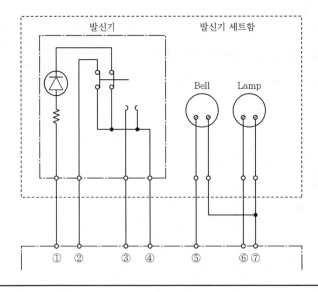

2. 시험지에 번호 표기

다음 물음에 대하여 기술하시오.

(1) 전압강하식 $e = \dfrac{0.0356 L \times I}{A}$[V]의 식을 유도하고, 단상 2선식, 단상 3선식, 3상 3선식과 비교하시오.(1)

(2) P형 수신기와 감지기 사이의 배선회로에서 종단저항 10kΩ, 릴레이저항 85Ω, 배선회로저항 50Ω 이며, 회로전압이 DC 24V일 때 다음 각 전류를 구하시오.

   ① 평상시 감시전류[mA]

   ② 감지기가 동작할 때의 전류[mA](2)

(3) 다음 P형 발신기 세트함의 결선도에서 ① ~⑦의 명칭을 쓰고 기능을 설명(3)하시오.

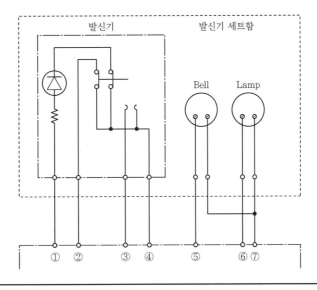

> **Tip** 지문이 길고 내용이 많으므로 개요는 건너뛰고 바로 답안을 작성하는 것이 유리합니다. 20분 안에 2.5페이지, 잊지 마세요.

3. 실제 답안지에 작성해보기

문 2-6) 전압강하식 유도 및 감시전류를 구하고 발신기 세트함의 결선도의 기능을 설명

1. 전압강하식 유도 및 비교

1) 전압강하식 유도

기본식	• 기본식 $e = V_S - V_R = I(R + jX) = I(Z\cos\theta + jZ\sin\theta)$ • 옴의 법칙 $V = IR = I \times \rho \dfrac{L}{A}$ 여기서, L : 전선의 길이(m), I : 소요전류(A), A : 전선의 단면적(mm^2)
계산조건	회로의 리액턴스를 무시하고 역률 $\cos\theta$를 1, 전선의 도전율 97%, 표준연동선의 고유저항 $\rho = \dfrac{1}{58}$ ($\Omega \cdot mm^2/m$)
유도	• $e = V_S - V_R = IR = \dfrac{1}{58} \times \dfrac{100}{97} \times \dfrac{L \times I}{A}$ • 단상 2선식의 경우 전선이 2가닥이므로 $\rho = \dfrac{1}{58} \times \dfrac{100}{97} \times 2 = 0.0178 \times 2 = 0.0356$ • 전압강하 $e(V) = \dfrac{0.0356 \times L \times I}{A}$로 유도됨

2) 비교

구분	전압강하식
단상 2선식 직류 2선식	$e = 35.6 \times \dfrac{L \times I}{1,000A}$
단상 3선식 직류 3선식	$e = 17.8 \times \dfrac{L \times I}{1,000A}$
3상 4선식	상전압강하 $e'(V) = \dfrac{17.8 \times L \times I}{1,000A}$, 선전압강하 $e(V) = \dfrac{30.8 \times L \times I}{1,000A}$
3상 3선식	$e = 30.8 \times \dfrac{L \times I}{1,000A}$

2. 감시전류, 동작전류 계산

1) 감시전류

관계식	• $V = I \times R \rightarrow I = \dfrac{V}{R}$ • R = 종단저항 + 배선저항 + Relay저항
계산조건	종단저항 : 10kΩ, 배선저항 : 50Ω, 릴레이저항 : 85Ω, 회로전압 : DC 24V
계산	$I = \dfrac{24}{10,000 + 85 + 50} = 2.37\text{mA}$
답	2.37mA

2) 화재 시 동작전류

계산식	• $V = I \times R \rightarrow I = \dfrac{V}{R}$ • R = 배선저항 + Relay저항
계산	$I = \dfrac{24}{85 + 50} = 177.78\text{mA}$
답	177.78mA

3. 결선도 ①~⑦의 명칭과 기능

번호	명칭	기능
①	응답 단자	발신기 신호가 수신기에 전달되었는가를 확인하기 위한 단자로 신호가 전달되면 LED등 점등
②	회로 단자	감지기가 동작한 화재신호를 수신기에 보내기 위한 단자
③	전화 단자	수신기와 발신기 간 상호 전화 연락을 하기 위한 단자
④	공통 단자	응답, 회로, 전화단자를 공유하는 (−)단자
⑤	벨 단자	화재발생 상황을 경종으로 경보하기 위한 단자
⑥	표시등 단자	발신기 위치를 표시하기 위한 표시등 점등 단자
⑦	공통 단자	벨, 표시등, 단자를 공유하는 (−)단자

"끝"

1. 문제

물분무소화설비와 관련하여 다음 사항에 대하여 설명하시오.

(1) 소화원리

(2) 적응 및 비적응 장소

(3) NFPC 104에 따른 수원의 저수량 기준

(4) NFTC 104에 따른 헤드와 고압기기의 이격거리

2. 시험지에 번호 표기

물분무소화설비(1)와 관련하여 다음 사항에 대하여 설명하시오.

(1) 소화원리(2)

(2) 적응 및 비적응 장소(3)

(3) NFPC 104에 따른 수원의 저수량 기준(4)

(4) NFTC 104에 따른 헤드와 고압기기의 이격거리(5)

3. 실제 답안지에 작성해보기

문 3-1) 물분무소화설비와 관련하여 소화원리, 적응 및 비적응 장소에 대하여 설명

1. 개요

① 물분무소화설비는 화재 시 분무헤드(노즐)에서 물을 미립자의 무상으로 방사하여 소화하는 설비로서 소화수의 동적 특성을 이용

② 소화원리로는 냉각작용, 질식작용, 희석작용으로 주로 가연성 액체, 전기설비 등의 화재에 유효하여 소화 및 화재의 진압 또는 연소의 방지목적으로 사용되지만 고압기기와는 이격거리를 지켜야 하는 등 비적응 장소 등이 있고 이를 고려하여 사용하여야 함

2. 소화원리

질식작용	화재 시 분사된 소화수가 화염의 가열에 의하여 수증기화되어 공기 중의 산소를 차단하고 희박하게 하여 질식
냉각작용	가연물 연소표면에서 소화수 비열에 의한 표면냉각과 증발할 때 필요한 증발잠열을 이용한 기화냉각
유화작용	유류화재 시 물이 기름 표면에 압력과 속도를 가지고 방사되어 불연성의 유화층을 형성하여 소화
희석작용	수용성 알코올의 화재 시 연소범위, 즉 조성을 변화시켜 소화하는 작용

3. 적응 및 비적응 장소

적응 장소 (NFPA 15)	• 인화성 가스 및 액체류 • 전기적 위험(유입변압기, 유입개폐기 케이블트레이, 케이블)(C급) • 일반 가연물(종이, 목재, 직물)(A급) • 물분무소화설비가 적응성 있는 특정한 위험성이 있는 고체

비적응 장소	• 물에 심하게 반응하는 물질 또는 물과 반응하여 위험한 물질을 생성하는 물질을 저장 또는 취급하는 장소 • 고온의 물질 및 증류범위가 넓어 넘치는 위험이 있는 물질을 저장 또는 취급하는 장소 • 운전 시에 표면의 온도가 260℃ 이상으로 되는 등 직접 분무를 하는 경우 그 부분에 손상을 입힐 우려가 있는 기계장치 등이 있는 장소

4. 수원의 저수량

구분	수원량 계산
특수가연물	• 특수가연물을 저장 또는 취급하는 특정소방대상물(최소바닥면적 50m²) − 바닥면적(m²) · 10L/min, m² · 20min
차고, 주차장	− 바닥면적(m²) · 20L/min, m² · 20min
유입변압기	• 절연유 봉입 변압기는 바닥부분을 제외한 표면적 − 표면적(m²) · 10L/min, m² · 20min
트레이	• 케이블트레이, 케이블덕트 등은 투영된 바닥면적 − 바닥면적(m²) · 12L/min, m² · 20min
컨베이어 벨트	• 컨베이어 벨트 등은 벨트 부분의 바닥면적 − 바닥면적(m²) · 10L/min, m² · 20min

5. 고압기기와의 이격거리

① 개념

고압의 전기기기가 있는 장소는 전기의 절연을 위하여 전기기기와 물분무헤드 사이에 전기기기의 전압(kV)에 따라 안전이격거리를 두어야 함

② 기준

전압(kV)	66 이하	77 이하	110 이하	54 이하	181 이하	220 이하	275 이하
이격거리(cm)	70 이상	80 이상	110 이상	150 이상	180 이상	210 이상	260 이상

"끝"

1. 문제

할로겐화합물 및 불활성기체소화설비 배관의 두께 계산식에 대하여 설명하시오.

2. 시험지에 번호 표기

할로겐화합물 및 불활성기체소화설비 배관(1)의 두께 계산식(2)에 대하여 설명하시오.

3. 실제 답안지에 작성해보기

문	3-2) 할로겐화합물 및 불활성기체소화설비 배관의 두께 계산식에 대하여 설명

1. 개요

① 수계 소화설비 배관의 경우 지속적인 압력을 견뎌야 하지만 가스계 소화설비의 경우 가스 방출 시를 고려하여 최대저장온도에서 최대충전밀도를 감안한 허용압력을 견뎌야 하고 허용압력 상황에서 배관의 재료나 공사방법에 따른 배관의 변형이 발생하지 않도록 최대허용응력에 견딜 수 있는 상태가 되어야 함

② 따라서 할로겐화합물 및 불활성기체소화설비의 화재안전기술기준에는 배관의 두께(mm)를 구하는 공식을 적용하고, 그 외 다른 가스계 소화설비의 화재안전기술기준에는 배관의 두께를 "스케줄 00 이상의 것"으로 하라는 기준을 적용하고 있음

2. 배관의 두께 계산식

1) 스케줄 번호(Sch Number)

관계식	$\text{Sch No} = \dfrac{1{,}000P}{S}$ 여기서, P : 사용압력(kPa), S : 허용응력(kPa) $= \dfrac{\text{인장강도}}{\text{안전율}}$

2) 배관의 두께 계산식

관계식	$t = \dfrac{PD}{2SE} + A$ 여기서, t : 관의 두께(mm), P : 최대허용압력(kPa) $\qquad D$: 배관의 바깥지름(mm) $\qquad SE$: 최대허용응력(kPa) (배관재질 인장강도의 $\dfrac{1}{4}$값과 항복점의 $\dfrac{2}{3}$ $\qquad\qquad$ 값 중 작은 값 × 배관 이음효율 × 1.2) $\qquad A$: 나사이음, 홈이음 등 허용값(mm)
P (최대허용 압력)	• 배관 내부의 최고사용압력 값 • 약제의 종류에 따라 최소 사용설계압력 이상이 되어야 함
SE (최대허용 응력)	• 배관재질에 따른 인장강도의 $\dfrac{1}{4}$값과 항복점의 $\dfrac{2}{3}$값 중 작은 값 × 배관 이음 효율 × 1.2 • 외력의 힘이 배관에 작용하는 힘(응력)을 감안한 계수
배관이음 효율	배관의 접합방법에 따라 효율 산정 <table><tr><th>배관의 종류</th><th>이음효율계수</th></tr><tr><td>이음매 없는 배관</td><td>1.0</td></tr><tr><td>전기저항 용접배관</td><td>0.85</td></tr><tr><td>가열 맞대기 용접배관</td><td>0.6</td></tr></table>
A (이음허용 값)	배관이나 관부속을 이음하는 방법에 따른 허용치로서 나사산, 절단 홈, 용접 등 의 이음방식에 따른 보정 값 <table><tr><th>이음의 종류</th><th>허용값(mm)</th></tr><tr><td>나사이음</td><td>나사높이</td></tr><tr><td>절단 홈이음</td><td>홈의 높이</td></tr><tr><td>용접이음</td><td>0</td></tr></table>

"끝"

1. 문제

$Q = 0.6597 \times d^2 \times \sqrt{P}$을 유도하고, 옥내소화전과 스프링클러설비의 K－Factor에 대하여 설명하시오.

2. 시험지에 번호 표기

$Q = 0.6597 \times d^2 \times \sqrt{P}$을 유도(1)하고, 옥내소화전과 스프링클러설비의 K－Factor(2)에 대하여 설명하시오.

3. 실제 답안지에 작성해보기

문	3-3) 옥내소화전과 스프링클러설비의 K-Factor에 대하여 설명

1. 개요

  1) 정의

    ① K-Factor란 방출계수를 칭하며, 스프링클러 헤드의 방출계수는 오리피스

      의 구경과 형태에 따르는 고유값으로서 노즐의 상수

    ② 표준형 : 80, ESFR : 360 이하

  2) 비교

K-Factor가 큰 경우	• 동일 압력에서 방수량이 커서 화재진압에 유리 • 물방울이 크고 방수량이 많아 표면냉각에 유리 • 침투성능이 우수하여 파괴주수에 의한 화재진압 가능
K-Factor가 작은 경우	• 물방울이 작아 화심침투능력이 떨어짐 • 충분한 방수량을 얻기 위하여 고압이 필요함 • 압력상승에 의한 마찰손실수두 증가에 의한 펌프용량 증가

2. $Q = 0.6597 \times d^2 \times \sqrt{P}$ 유도

연속방정식	$Q[\text{m}^3/\text{s}] = AV$ ...... ①
동압	$P_v = \dfrac{V^2}{20g}[\text{kg/cm}^2], \ V = \sqrt{20gP_v}$ ...... ②
② → ①	$Q[\text{m}^3/\text{s}] = \dfrac{\pi}{4}d^2\sqrt{20gP_v}$
단위변환	$Q[\text{m}^3/\text{s}] \to Q'[\text{LPM}], \ d[\text{m}] \to d'[\text{mm}]$로 단위변환시키면 $\dfrac{1}{1,000 \times 60}Q'[\text{LPM}] = \dfrac{\pi}{4}\dfrac{1}{1,000^2}d'^2\sqrt{20gP_v}$ $Q'[\text{LPM}] = 0.6597d^2\sqrt{P_v}$
답	$Q = 0.6597 \times d^2 \times \sqrt{P}$

3.	옥내소화전과 스프링클러설비의 K – Factor	
관계식	• 오리피스의 구경과 형태에 따라 방출률에 차이가 있으므로 방출계수 C를 적용 • $Q = 0.6597Cd^2\sqrt{P} = K\sqrt{P}[\text{LPM}]$ K – Factor $= 0.6597Cd^2$	
옥내소화전	• $C = 0.95 \sim 0.99$ 정도이고 일반적으로 0.985 적용, $d = 13$ • $K = 0.6597 \times 0.985 \times 13^2 = 109.82 = 110$	
스프링클러	• $C = 0.75$, $d = 12.7$ • $K = 0.6597 \times 0.75 \times 12.7^2 = 79.80 = 80$	
답	• 옥내소화전 : 110 • 스프링클러 : 80	

"끝"

1. 문제

수계 소화설비의 배관에서 발생할 수 있는 공동현상과 관련하여 다음 사항에 대하여 설명하시오.

(1) 공동현상의 정의
(2) 펌프 흡입관에서 공동현상 발생조건 및 영향요인
(3) 펌프 흡입 측 배관에서 공동현상 방지를 위한 화재안전기준 내용

2. 시험지에 번호 표기

수계 소화설비의 배관에서 발생할 수 있는 공동현상과 관련하여 다음 사항에 대하여 설명하시오.

(1) 공동현상의 정의(1)
(2) 펌프 흡입관에서 공동현상 발생조건 및 영향요인(2)
(3) 펌프 흡입 측 배관에서 공동현상 방지를 위한 화재안전기준 내용(3)

Tip 지문에 정의 및 메커니즘, 문제점, 대책까지 나와 있습니다. 이때 차별화를 위해서 NFPA 기준 등을 제시하고 소견을 밝히면 좀 더 좋은 점수를 받을 수 있습니다.

3. 실제 답안지에 작성해보기

문 3-4) 수계 소화설비의 배관에서 발생할 수 있는 공동현상의 정의, 발생조건

및 영향요인에 대해 설명

1. 공동현상의 정의

   ① 유체의 속도 변화에 의한 압력 변화로 인해 유체 내에 공동이 생기는 현상이

   며, 캐비테이션(Cavitation)이라고도 함

   ② 빠른 속도로 액체가 운동할 때 액체의 압력이 그 액체의 포화증기압 이하로 낮

   아져서 액체 내에 증기 기포가 발생하는 현상

2. 펌프 흡입 측에서 공동현상 발생조건 및 영향요인

   1) 발생조건

개요도	
발생한계	$NPSH_{av} < NPSH_{re}$
발생조건	• $NPSH_{av}$(유효흡입수두)가 낮을 때 　- 펌프의 설치 높이가 수조보다 높게 되었을 때, 즉 부압수조방식일 경우 　- 배관의 길이가 길고 속도가 빨라 손실수두가 클 때 • $NPSH_{re}$(필요흡입수두)가 높을 때 　- 펌프의 회전수가 높아 필요흡입수두가 클 때 　- 펌프의 유량이 많을 때

2) 영향요인

개요도	
영향요인	• 살수밀도 저하로 화재의 소화, 제어, 진압 불가 • 배관 및 펌프 자체의 소음과 진동 • 펌프성능곡선인 양정곡선과 효율곡선 저하 및 펌프 임펠러 침식

개요도 그림 설명: 구형기포 생성 → 표면에서 지속적 운동 → 기포파괴 Jet 발생 → 부식

3. 펌프 흡입 측 배관에서 공동현상 방지를 위한 화재안전기준 내용(NFPC 102)

① 공기 고임이 생기지 않는 구조로 하고 여과장치를 설치할 것

② 수조가 펌프보다 낮게 설치된 경우에는 각 펌프(충압펌프를 포함한다)마다 수조로부터 별도로 설치할 것

4. 소견

① NFPA

• 흡입수조 측에 Vortex Plate 부착

• 흡입관 구경을 토출관 구경과 동일하거나 크게 할 것

• 흡입속도와 토출속도의 제한

② 공동현상은 살수밀도를 저하시켜 소화의 불능을 초래할 수 있기에 관경을 크게, 혹은 정압수조 방식 규정을 함으로써 방지를 해야할 필요가 있다고 사료됨

"끝"

1. 문제

불꽃감지기의 종류와 원리, 설치 및 유지관리 시 고려사항에 대하여 설명하시오.

2. 시험지에 번호 표기

불꽃감지기(1)의 종류(2)와 원리(3), 설치 및 유지관리 시 고려사항(4)에 대하여 설명하시오.

3. 실제 답안지에 작성해보기

문 3-5) 불꽃감지기의 종류와 원리, 설치 및 유지관리 시 고려사항에 대하여
　　　　설명

1. 개요

　① 불꽃감지기는 화재 시 발생되는 연소 생성물 중 화염의 가시광선 이외의 자외
　　선 및 적외선을 감지하는 화재감지기

　② 불꽃감지기의 종류에는 UV, IR 감지기가 있으며, 각각 원리 및 특성이 다르기
　　에 특성에 적합하도록 설치 및 유지관리를 하여야 함

2. 불꽃감지기의 종류와 원리

　1) UV(자외선) 불꽃감지기

개요도	
정의	자외선 파장대의 $0.38\mu m$ 이하의 방사 에너지를 검출하는 감지기
광전효과	검출소자가 UV Tron의 물체에 빛이 조사될 때에 고체 내의 전자가 방출되어 감지하는 원리
광기전력 효과	검출소자가 Silicon Photo Diode(SPD), Photo Transister의 반도체에 빛이 조사되면 광기전력이 발생되는 원리 이용
광도전 효과	검출소자에 빛이 조사되면 자유전자와 정공이 증가하고 광량에 비례하여 전류의 증가, 이에 전기저항이 변화하는 전기적 특성을 이용하여 검출

2) IR(적외선) 불꽃감지기

정의	적외선 파장($0.78\sim5\,\mu m$)의 복사에너지를 감지하는 감지기
CO_2의 공명방사	화재 시 발생하는 CO_2가 열을 흡수하였다가 방사할 때 생기는 특유의 파장 중 $4.4\,\mu m$의 파장을 검출하는 감지기
다파장 검출방식	자연광이나 인공광의 의한 비화재보를 개선하기 위하여 적외선 영역의 2개 이상의 파장을 검출하는 방식, 즉 불꽃파장과 태양광의 파장을 검출하는 방식
정방사 검출방식	필터를 이용하여 $0.78\,\mu m$ 이하의 가시광선의 파장을 제거하고 적외선 영역의 파장을 검출하는 방식
플리커 단파장 검출방식	연소 화염에는 불꽃의 플리커(깜박임)가 포함되어 있으며 정방사량의 약 6%가 플리커이고 주파수는 $1\sim50Hz$ 정도, 플리커 단파장 검출방식

3) UV/IR 불꽃감지기, IR/IR 불꽃감지기

① UV/IR 불꽃감지기 : 비화재보를 줄이려고 UV와 IR이 동시 존재 시 동작하는 감지기

② IR/IR 불꽃감지기 : 화재 시 파장 분포($4.1\sim4.7\mu m$)를 검출하는 감지기

3. 설치 및 유지관리 시 고려사항

설치기준	• 공칭 감지거리, 공칭 시야각은 형식승인 내용에 따름 • 감시구역이 모두 포용될 수 있도록 설치, 모서리 또는 벽에 설치 • 수분이 많이 발생하는 곳에 방수형 설치 • 그 밖의 사항은 형식승인 내용에 따르고 없는 것은 제조사 시방기준에 따름
고려사항	• Air Shower 설치 : 오염이 심한 장소 • 장애물로 인한 미경계지역은 별도의 감지기 설치 • 장애물이 1.2m 이내일 경우 감지기 장애가 없는 것으로 간주

"끝"

1. 문제

방염에 대한 다음 사항을 설명하시오.

(1) 방염 의무 대상 장소

(2) 방염 대상 실내장식물과 물품

(3) 방염성능기준

2. 시험지에 번호 표기

방염(1)에 대한 다음 사항을 설명하시오.

(1) 방염 의무 대상 장소(2)

(2) 방염 대상 실내장식물과 물품(3)

(3) 방염성능기준(4)

3. 실제 답안지에 작성해보기

문 3-6) 방염 의무 대상 장소, 방염 대상 실내장식물과 물품, 방염성능기준 설명

1. 개요

① 방염(防炎)은 화재의 위험이 높은 유기고분자 물질에 난연 처리를 하여 불에 잘 타지 않게 하는 것으로 화재 초기 연소의 확대를 방지하거나 지연시키기 위한 것

② 다중이용업소 등 불특정 다수가 이용하는 장소 및 대상 물품을 지정하여 피난 안전성을 높이는 데 의의가 있음

2. 방염의무 대상 장소

구분	용도 및 내용
근린생활시설	의원, 조산원, 산후조리원, 체력단련장, 공연장 및 종교집회장
옥내 시설	문화 및 집회시설, 종교시설, 운동시설(수영장은 제외)
기타 시설	의료시설, 교육연구시설 중 합숙소, 노유자 시설, 숙박이 가능한 수련시설, 숙박시설, 방송통신시설 중 방송국 및 촬영소
다중이용업소	「다중이용업소의 안전관리에 관한 특별법」에 따른 다중이용업의 영업소
층수	층수가 11층 이상인 것(아파트 등은 제외한다)

3. 방염 대상 실내장식물과 물품

물품	• 창문에 설치하는 커튼류(블라인드를 포함) • 카펫 • 벽지류(두께가 2mm 미만인 종이벽지 제외) • 전시용, 무대용 합판·목재 또는 섬유판

물품	• 암막 · 무대막, 영화상영관에 설치하는 스크린, 가상체험 체육시설업에 설치하는 스크린을 포함 • 단란주점영업, 유흥주점영업 및 노래연습장업의 영업장에 설치하는 섬유류 또는 합성수지류 등을 원료로 하여 제작된 소파 · 의자
실내장식물	• 종이류(두께 2mm 이상인 것) • 합성수지류 또는 섬유류를 주원료로 한 물품 • 합판이나 목재 • 공간을 구획하기 위하여 설치하는 간이 칸막이 • 흡음재(흡음용 커튼을 포함), 방음재(방음용 커튼을 포함)

4. 방염의 성능 기준

잔염시간	버너의 불꽃을 제거한 때부터 불꽃을 올리며 연소하는 상태가 그칠 때까지 시간은 20초 이내일 것
잔신시간	버너의 불꽃을 제거한 때부터 불꽃을 올리지 않고 연소하는 상태가 그칠 때까지 시간은 30초 이내일 것
탄화면적	탄화한 면적은 50cm² 이내일 것
탄화길이	탄화한 길이는 20cm 이내일 것
접염횟수	불꽃에 의하여 완전히 녹을 때까지 불꽃의 접촉 횟수는 3회 이상일 것
연기밀도	발연량(發煙量)을 측정하는 경우 최대연기밀도는 400 이하일 것

5. 소견

① 방염대상물품 중 붙박이장, 혹은 붙박이 가구 등은 가연성 소재이며, 대상물품에서 제외

② 숙박시설 등의 커튼은 세탁횟수가 많을수록 방염성능이 떨어지는 것을 감안하여 주기적인 교체시기를 정하는 등의 규정이 필요하다고 사료됨

"끝"

1. 문제

그림은 천장열기류(Ceiling Jet)에 관한 계산 모델이다. 다음 물음에 답하시오.

(1) 천장열기류(Ceiling Jet)의 정의

(2) 화재플럼 중심축으로부터 거리 r만큼 떨어진 위치에서의 기류 온도와 속도

(3) 화재플럼 중심축에서 2.5m 떨어진 위치에 72℃ 스프링클러 헤드가 설치되어 있다고 가정할 때 감열 여부 판단(화재크기 1,000kW, 층고 4.0m, 실내온도 20℃)

2. 시험지에 번호 표기

그림은 천장열기류(Ceiling Jet)에 관한 계산 모델이다. 다음 물음에 답하시오.

(1) 천장열기류(Ceiling Jet)의 정의(1)

(2) 화재플럼 중심축으로부터 거리 r만큼 떨어진 위치에서의 기류 온도와 속도(2)

(3) 화재플럼 중심축에서 2.5m 떨어진 위치에 72℃ 스프링클러 헤드가 설치되어 있다고 가정할 때 감열 여부 판단(3)(화재크기 1,000kW, 층고 4.0m, 실내온도 20℃)

3. 실제 답안지에 작성해보기

문 4-1) 천장열기류 정의와 기류온도와 속도 그리고 감열 여부를 판단

1. 천장열기류의 정의

정의	Ceiling Jet Flow란 고온의 연소생성물이 부력에 의해 힘을 받아 천장면 아래에 얇은 층을 형성하는 비교적 빠른 속도의 가스흐름
특성	• 최고온도 지점 : 층고 H의 $0.1H$ • 두께 : 층고의 $10 \sim 20\%$
공학적 응용	• 감지기 부착위치 : 옥내에 면하는 천장과 반자에 부착 • SP헤드 : 천장으로부터 30cm 이내에 부착

2. 기류 온도와 속도

1) 개요도

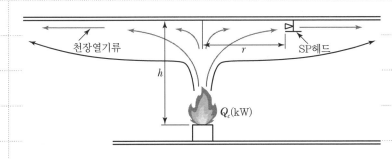

	기류의 온도		기류의 속도
$\dfrac{r}{h} \leq 0.18$	$T - T_\infty = 16.9 \dfrac{\dot{Q}^{2/3}}{h^{5/3}}$	$\dfrac{r}{h} \leq 0.15$	$U = 0.96 \left(\dfrac{\dot{Q}}{h} \right)^{1/3}$
$\dfrac{r}{h} > 0.18$	$T - T_\infty = 5.38 \dfrac{\dot{Q}^{2/3}/h^{5/3}}{(r/h)^{2/3}}$	$\dfrac{r}{h} > 0.15$	$U = 0.195 \dfrac{(\dot{Q}/h)^{1/3}}{(r/h)^{5/6}}$

3. 스프링클러 헤드 감열 동작 여부 판단

관계식	• 조건 : $\dfrac{r}{H} = \dfrac{2.5}{4} = 0.625 > 0.18$ • $T - T_\infty = 5.38 \dfrac{\dot{Q}^{2/3} / h^{5/3}}{(r/h)^{2/3}}$
계산	$T = 5.38 \dfrac{1{,}000^{2/3} / 4^{5/3}}{(2.5/4)^{2/3}} + 20 ≒ 93.02℃$
판단	표시온도는 72℃, 열기류의 온도는 93.02℃ 따라서 헤드는 동작함
답	헤드 동작함

"끝"

1. 문제

소방공사감리 업무수행 내용에 대하여 다음을 설명하시오.

(1) 감리 업무수행 내용

(2) 시방서와 설계도서가 상이할 경우 적용 우선순위

(3) 상주공사 책임감리원이 1일 이상 현장을 이탈하는 경우의 업무대행자 자격

2. 시험지에 번호 표기

소방공사감리(1) 업무수행 내용에 대하여 다음을 설명하시오.

(1) 감리 업무수행 내용(2)

(2) 시방서와 설계도서가 상이할 경우 적용 우선순위(3)

(3) 상주공사 책임감리원이 1일 이상 현장을 이탈하는 경우의 업무대행자 자격(4)

3. 실제 답안지에 작성해보기

문 4-2) 소방감리 업무수행 내용, 시방서와 설계도서가 상이할 경우 적용 우선
순위 및 업무대행자의 자격에 대해 설명

1. 개요

① 소방시설공사가 설계도서 및 관계법령에 따라 적법하게 시공되는지의 여부를
확인하고 기술지도 등을 수행하는 것을 '소방감리'라고 함

② 품질관리, 시공관리, 공정관리 등 발주자의 감독권한을 대행하는 자로서 현장
을 이탈하는 경우에도 업무를 대행할 수 있는자를 선임하여야 함

2. 감리 업무수행 내용

구분	감리 수행 내용
적법성	• 소방시설 등의 설치계획표의 적법성 검토 • 피난시설 및 방화시설의 적법성 검토 • 실내장식물의 불연화와 방염 물품의 적법성 검토
적합성	• 소방시설 등 설계도서의 적합성 검토 • 소방시설 등 설계 변경 사항의 적합성 검토 • 소방용품의 위치 · 규격 및 사용 자재의 적합성 검토 • 공사업자가 작성한 시공 상세 도면의 적합성 검토
지도, 감독	공사업자가 한 소방시설 등의 시공이 설계도서와 화재안전기준에 맞는지에 대한 지도 · 감독
성능시험	완공된 소방시설 등의 성능시험

3. 시방서와 설계도서가 상이할 경우 적용 우선순위

우선순위	① 공사시방서, ② 설계도면, ③ 전문시방서, ④ 표준시방서, ⑤ 산출내역서, ⑥ 승인된 상세시공도면, ⑦ 관계법규의 유권해석, ⑧ 감리자의 지시사항

| 고려사항 | • 설계도면 및 시방서의 어느 한쪽에 기재되어 있는 것은 그 양쪽에 기재되어 있는 사항과 완전히 동일하게 다룸
• 숫자로 나타낸 치수는 도면에서 축척으로 잰 치수보다 우선함
• 특별시방서는 해당 공사에 한정하여 일반시방서에 우선하여 적용
• 특별시방서 및 도면에 기재되지 않은 사항은 일반시방서를 따름
• 공사계약문서 상호 간에 차이와 문제가 있을 경우에는 감리원의 의견을 참조하여 발주자가 최종적으로 결정 |

4. 업무대행자의 자격

기준	• 감리원과 동급 이상의 자격자 또는 동일현장의 보조감리원으로 감리현장에 배치 • 보조감리원이 2인 이상인 경우 최상위 등급자를 말함
소방기술사	특급 또는 고급자격의 업무대행자를 감리현장에 배치할 수 있음

"끝"

1. 문제

연기의 시각적 특성 및 감지기와 관련하여 다음에 대하여 설명하시오.

(1) 감광률, 투과율, 감광계수의 정의

(2) 「자동화재탐지설비 및 시각경보장치의 화재안전기준(NFSC 203)」에서 부착높이 20m 이상에 설치되는 광전식 중 아날로그 방식의 감지기에 대해 공칭감지농도 하한값이 (감광율) 5%/m 미만 인 것으로 규정하고 있는데, 그 의미에 대하여 설명하시오.

2. 시험지에 번호 표기

연기의 시각적 특성 및 감지기(1)와 관련하여 다음에 대하여 설명하시오.

(1) 감광률, 투과율, 감광계수의 정의(2)

(2) 「자동화재탐지설비 및 시각경보장치의 화재안전기준(NFSC 203)」에서 부착높이 20m 이상에 설치되는 광전식 중 아날로그 방식의 감지기에 대해 공칭감지농도 하한값이 (감광율) 5%/m 미만 인 것으로 규정하고 있는데, 그 의미에 대하여 설명(3)하시오.

3. 실제 답안지에 작성해보기

문	4 - 3) 연기의 시각적 특성 및 감지기와 관련하여 감광률, 투과율, 감광계수의 정의에 대하여 설명

1. 개요

　① 연기(煙氣)는 물질이 타면서 만들어내는 분해부산물, 연소생성물, 인입공기의 기체와 고체입자의 혼합물

　② 특성으로는 빛을 흡수, 반사, 투과함으로써 가시거리를 낮추며, 재실자의 피난안전성을 저해하며, 감광률, 투과율, 감광계수 등으로 표현하며, 층고가 높을 경우 감지기의 공칭감지농도 하한값을 제한

2. 감광률, 투과율, 감광계수의 정의

1) 감광률

정의	• 빛은 매질이 다른 물체를 만나면 흡수, 반사, 투과의 성질을 가지며 감광률은 빛이 매질에 흡수되는 비율을 의미 • 감광률이 클수록 가시거리가 짧아짐
관계식	• Lambert−Beer 법칙 $I = I_0 \times e^{-C_s \cdot l}$ $\left(\dfrac{I}{I_0}\right) = T(투과율) = e^{-C_s \cdot l}$ • 감광률$(\phi) = 1 - e^{-C_s \cdot l}$

2) 투과율

정의	• 투과율은 빛이 매질을 투과하는 비율을 의미 • 투과율이 클수록 가시거리는 길어짐
관계식	Lambert−Beer 법칙 $I = I_0 \times e^{-C_s \cdot l}$ $\left(\dfrac{I}{I_0}\right) = T(투과율) = e^{-C_s \cdot l}$

3) 감광계수

정의	• 감광계수란 공간에서 단위면에 빛의 감쇄를 나타내는 계수 • 상대적 연기농도의 단위
관계식	• Lambert-Beer 법칙 $I = I_0 \times e^{-C_s \cdot l}$ $\dfrac{I}{I_0} = e^{-C_s \cdot l}$ 양변에 자연로그 • 감광계수 $C_s = \dfrac{1}{l} \ln\left(\dfrac{I_0}{I}\right) [\text{m}^{-1}]$

4) 감광계수와 가시거리

<table>
<tr><td rowspan="2">관계도</td><td colspan="4">

</td></tr>
<tr><td colspan="4"></td></tr>
<tr><td rowspan="6">가시거리</td><td>감광계수(C_s)</td><td>가시거리(D)</td><td colspan="2">상황</td></tr>
<tr><td>0.1/m</td><td>20~30m</td><td colspan="2">• 화재 초기발생 단계의 적은 연기농도
• 연기감지기의 작동 농도
• 미숙지자의 피난한계농도</td></tr>
<tr><td>0.3/m</td><td>5m</td><td colspan="2">건물 내 숙지자의 피난한계농도</td></tr>
<tr><td>1.0/m</td><td>1~2m</td><td colspan="2">거의 앞이 보이지 않을 정도의 농도</td></tr>
<tr><td>10/m</td><td>0.2~0.5m</td><td colspan="2">화재 최성기 때의 연기농도</td></tr>
<tr><td colspan="3">• 인명안전기준 적용 시 고휘도 유도등 적용 시 가시거리 연장
• 유도등의 한계가시거리 지정 : 30m 거리에서 문자와 색채 식별 가능</td></tr>
</table>

3. 감광률 5%/m 미만의 의미

NFPC 203	• 20m 이상 설치 감지기는 불꽃감지기, 광전식(분리형, 공기흡입형) 중 아날로그 방식 • 부착높이 20m 이상 설치되는 광전식 중 아날로그 감지기는 공칭감지농도 하한값이 감광률 5%/m 미만인 것으로 함
광전식 특징	• 광전식은 불꽃감지기보다 신뢰도가 떨어짐 • 분리형의 경우 감광률이 단위길이당 저하하게 되면 그만큼 신뢰도가 저하
연기의 특성	연기는 기체, 액체, 고체의 분자들로 구성된 작은 알갱이이며, 연기입자들은 일반공기 중에서 분산효과가 발생하여 위로 상승할수록 확산되어 연기농도는 감소
의미	• 20m 이상의 높이에 설치된 광전식 분리형 감지기는 작동이 연기농도가 감소함에 따라 느리게 작동 • 신뢰도를 보정하기 위하여 단위길이(m)당 감광률(%)을 정해놓은 것

"끝"

1. 문제

> R형 수신기와 관련하여 다음에 대하여 설명하시오.
>
> (1) 다중전송방식
> (2) 차폐선 시공방법

2. 시험지에 번호 표기

> R형 수신기(1)와 관련하여 다음에 대하여 설명하시오.
>
> (1) 다중전송방식(2)
> (2) 차폐선 시공방법(3)

3. 실제 답안지에 작성해보기

문 4-4) R형 수신기와 관련하여 다중전송방식, 차폐선 시공방법에 대하여 설명

1. 개요

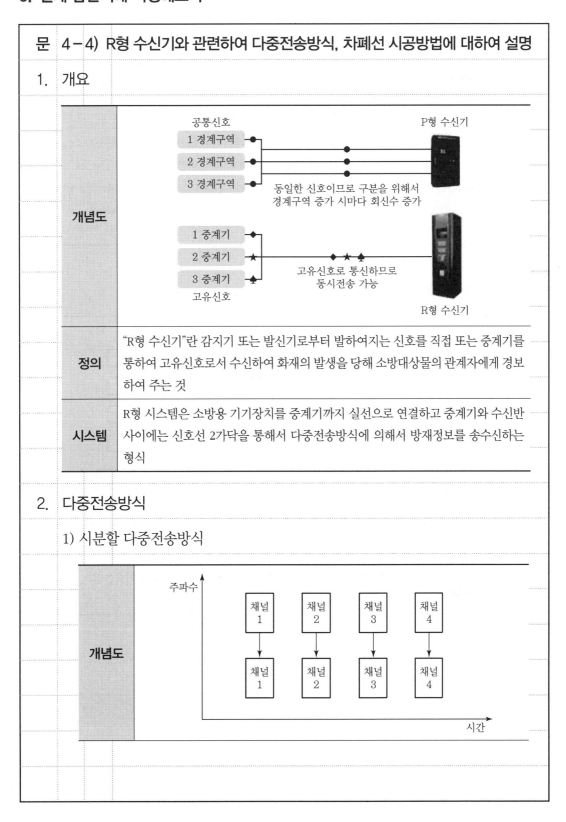

개념도	
정의	"R형 수신기"란 감지기 또는 발신기로부터 발하여지는 신호를 직접 또는 중계기를 통하여 고유신호로서 수신하여 화재의 발생을 당해 소방대상물의 관계자에게 경보하여 주는 것
시스템	R형 시스템은 소방용 기기장치를 중계기까지 실선으로 연결하고 중계기와 수신반 사이에는 신호선 2가닥을 통해서 다중전송방식에 의해서 방재정보를 송수신하는 형식

2. 다중전송방식

1) 시분할 다중전송방식

정의	• 고유 신호를 시간차를 두고 송신하는 방식으로 시간을 분할하고 이 분할한 시간 단위를 각 노드에 할당하여 데이터를 전송하게 하는 방법 • 정해진 주파수 대역을 주기적으로 일정한 시간 간격으로 나누어서 각 노드에 할당된 시간 동안 자기 신호를 전송하는 것	
특징	• 하나의 전송채널에 보낼 수 있는 총 데이터 속도가 100kbps라면 100kbps 신호에 20kbps 신호를 차례로 5개 보내고 다시 다음에 5개를 보내는 것 • 종류로는 동기식 시분할 다중화(Synchronous Time Division Multiplexing), 비동기 시분할 다중화(Asynchronous Time Division Multiplexing) • 아날로그와 디지털 모두 사용	

2) 주파수 분할 다중전송방식

개념도	
정의	• 주파수 영역대을 나누어 쓰는 방법 • 전송로가 가지는 주파수 대역폭을 전송신호 대역폭 단위, 채널로 분할하고, 각 신호를 서로 다른 채널로 전송하는 방법
특성	• 주파수 분할 다중화 방법은 시분할 다중화 방법에 비해서 비효율적 • 아날로그 방식에 적응성

3. 차폐선 시공방법

1) 차폐선

개념도	
개념	• 차폐선은 내부와 외부의 이상 신호를 차단하기 위한 전선 • 내부 노이즈는 Twist를 통해 억제하고 외부 노이즈는 접지를 통하여 외부로 배출하는 전선 • 종류 : FTP(Foil Screened Twist Pair Cable)과 STP(Shielded Twist Pair Cable)로 구분

2) 차폐선 시공방법

① 선로 중간 선간 조인을 하지 않고 말단까지 연결

② 결선은 단자대를 통해 결선을 할 것

③ 외부 이상잡음원 방지, 고압케이블 등과 충분한 이격 및 차단벽 설치 시공

④ 고정 시 고정금구를 사용하고 견고히 할 것

⑤ 접지선 연결 시 SPD를 설치하고 수신기 인근 한 점을 접지 시공할 것

"끝"

1. 문제

건축물 내화설계에 있어서 시방위주 내화설계에 대한 문제점과 성능위주 내화설계 절차에 대하여 설명하시오.

2. 시험지에 번호 표기

건축물 내화설계(1)에 있어서 시방위주 내화설계에 대한 문제점(2)과 성능위주 내화설계 절차(3)에 대하여 설명하시오.

3. 실제 답안지에 작성해보기

문 4-5) 건축물 내화설계에 있어서 시방위주 내화설계에 대한 문제점과 성능위주 내화설계 절차에 대하여 설명

1. 개요

   ① 건축물의 내화설계란 화재 시 화염에 견딜 수 있게 하중지지력, 차염성, 차열성 등을 고려하여 건축물의 주요 구조부를 설계하는 방법

   ② 기존의 시방위주 설계방법은 주요 구조부의 성능확인 절차 등이 부족하여 성능위주 설계방법이 대두

2. 시방위주 내화설계의 문제점

   1) 시방위주 내화설계 방법

절차도	
일반구조	일정한 두께 및 구조일 경우 성능확인 없이 사용하는 주요 구조부
인정구조	한국건설기술연구원의 장이 국토교통부 고시에 따라 품질 시험한 결과 성능기준에 적합한 것
내화성능	• 표준시간 가열온도곡선 $T_f = 345\log(8t+1)+20(℃)$ 가열시험 • 요구내화시간 동안 가열한 경우 하중지지력, 차염성, 차열성 등의 내화성능

2) 시방위주 설계의 문제점

개요도	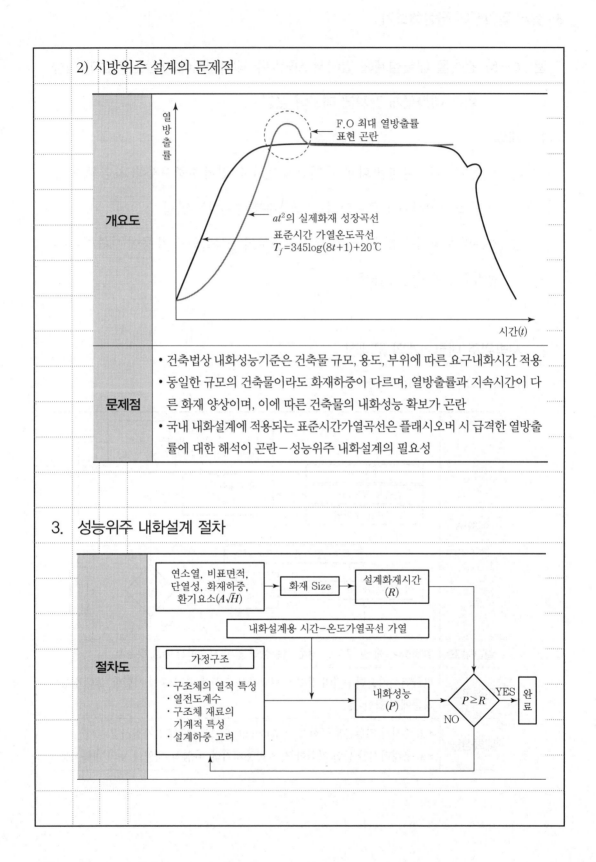
문제점	• 건축법상 내화성능기준은 건축물 규모, 용도, 부위에 따른 요구내화시간 적용 • 동일한 규모의 건축물이라도 화재하중이 다르며, 열방출률과 지속시간이 다른 화재 양상이며, 이에 따른 건축물의 내화성능 확보가 곤란 • 국내 내화설계에 적용되는 표준시간가열곡선은 플래시오버 시 급격한 열방출률에 대한 해석이 곤란 — 성능위주 내화설계의 필요성

개요도 내 그림 설명:
- 세로축: 열방출률
- 가로축: 시간(t)
- F.O 최대 열방출률 표현 곤란
- at^2의 실제화재 성장곡선
- 표준시간 가열온도곡선 $T_f = 345\log(8t+1) + 20℃$

3. 성능위주 내화설계 절차

절차도 내용:
- 연소열, 비표면적, 단열성, 화재하중, 환기요소($A\sqrt{H}$) → 화재 Size → 설계화재시간(R)
- 내화설계용 시간-온도가열곡선 가열
- 가정구조
  - 구조체의 열적 특성
  - 열전도계수
  - 구조체 재료의 기계적 특성
  - 설계하중 고려
- → 내화성능(P) → $P \geq R$ → YES → 완료 / NO

가열온도	• 구조체의 열특성, 열전도계수, 재료의 기계적 성질을 고려하여 화재 Size 결정 • 내화설계용 시간－온도가열곡선으로 가열	
설계화재 시간	재료의 열방출속도에 따라 최고온도, 최고온도 지속시간이 결정되어 설계화재 시간 결정	
내화성능	• 구조체의 열특성, 열전도계수, 재료의 기계적 성질, 설계하중을 고려하여 열응력을 구한 뒤 내화성능 결정 • 내화성능 : 하중지지력, 차염성, 차열성	
내화설계 결정	• 설계화재시간 ≤ 내화성능이 되도록 내화성능을 확보 • 가정구조의 내화성능 개선이 중요	

"끝"

1. 문제

> **피난용 승강기와 관련하여 다음 사항을 설명하시오.**
>
> (1) 피난용 승강기의 필요성 및 설치대상
>
> (2) 피난용 승강기의 설치 기준 · 구조 · 설비

Tip 전회차에서도 설명 드린 부분입니다. 비상용 승강기, 피난용 승강기, 피난계단, 특별피난계단은 꼭 정리하셔야 합니다.

Chapter 04

제126회

소방기술사
기출문제풀이

제126회 소방기술사 기출문제풀이

126회 1교시 1번

1. 문제

> 피난안전성 평가에 사용되는 RSET(Required Safety Egress Time)와 ASET(Available Safety Egress Time)에 대하여 설명하시오.

2. 시험지에 번호 표기

> 피난안전성 평가에 사용되는 RSET(Required Safety Egress Time)와 ASET(Available Safety Egress Time)에 대하여 설명하시오.

3. 실제 답안지에 작성해보기

문 1-1) RSET와 ASET에 대하여 설명

1. ASET

1) 정의

① 화재 시 거주자에게 위험을 줄 수 있는 인명안전기준까지 위험이 도달하는 시간

② 재실자의 거주가능시간으로 화재시나리오에 의해 결정

2) 인명안전기준

구분	성능기준	
호흡 한계선	바닥으로부터 1.8m 기준	
열에 의한 영향	60℃ 이하	
독성에 의한 영향	성분	독성기준치
	CO	1,400ppm
	CO_2	5% 이하
	O_2	15% 이상
가시거리에 의한 영향	용도	허용가시거리 한계
	기타 시설	5m
	집회시설 판매시설	10m 고휘도 유도등, 바닥유도등, 축광유도표지 설치 시(7m)

2. RSET

정의	• 화재 발생으로부터 거주자가 안전한 장소까지 피난하는 데 걸리는 시간 • RSET = 감지시간 + 지연시간 + 이동시간
감지시간	화재 역학에 따른 화재감지기의 작동 시간으로 산출
지연시간	재실자들이 화재에 반응하여 피난을 개시할 때까지 시간
이동시간	피난시뮬레이션 및 SFPE 핸드북으로 산정

3. ASET > RSET 대책

ASET 늘리는 대책	RSET 줄이는 대책
• 내장재의 불연화, 난연화 대상 확대	• 건축물 거주밀도 하향 조정
• 건축물 구조에 맞는 제연설비 설치	• 피난용량 증대 및 피난동선 확보
• 화재하중에 따른 방화구획	• 피난유도선, 피난안전성 확보방안 마련
• 성능위주 피난설계	• 재실자 피난교육 및 훈련 실시

"끝"

1. 문제

접지저항 저감방법을 물리적 방법과 화학적 방법으로 설명하시오.

2. 시험지에 번호 표기

접지저항(1) 저감방법을 물리적 방법(2)과 화학적 방법(3)으로 설명하시오.

3. 실제 답안지에 작성해보기

문 1 – 2) 접지저항 저감방법을 물리적 방법과 화학적 방법으로 설명

1. 정의

접지 전극과 대지와의 접속 양호성 척도로서 인체의 감전사고와 전기사고 예방을 위해 전기기기와 대지를 도선으로 연결, 등전위를 형성하는 것

2. 접지저항 저감방법

1) 물리적 저감방법

　① 개요도

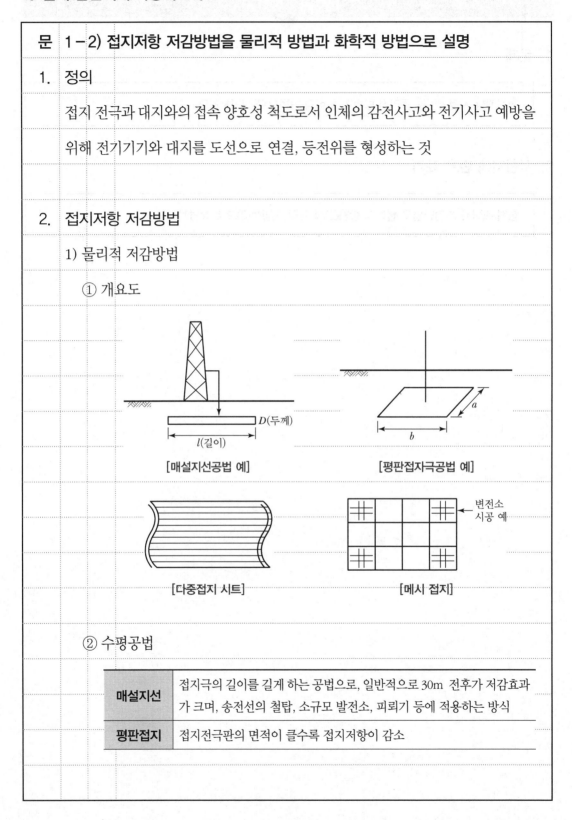

[매설지선공법 예]　　　　　　　　　[평판접자극공법 예]

[다중접지 시트]　　　　　　　[메시 접지]

　② 수평공법

매설지선	접지극의 길이를 길게 하는 공법으로, 일반적으로 30m 전후가 저감효과가 크며, 송전선의 철탑, 소규모 발전소, 피뢰기 등에 적용하는 방식
평판접지	접지전극판의 면적이 클수록 접지저항이 감소

다중접지 시트	알루미늄박과 특수유리를 3매 겹쳐서 만드는 것으로, 가볍고 유연성이 좋아서 토양에 적용하기 쉽고 접촉저항이 낮은 것이 특징	
메시접지	나동선 $50mm^2$ 이상을 그물 모양으로 한 것으로 면적이 클수록 효과가 큼	
기타	접지동봉, 접지극 병렬접속, 치수확대 등	

③ 수직공법

심타공법	땅속 깊이 내려갈수록 대지고유저항률이 낮아지는 경향이 있고 대지와 접 촉하는 면적이 증가하여 접지저항은 낮아짐
보링공법	지반을 천공하여 수직으로 접지전극을 매설하는 방법으로 접지봉의 타입 깊이가 깊을수록 접지저항은 낮아짐

2) 화학적 저감방법

조건	• 저감효과가 영구적일 것 • 접지극 부식이 없을 것 • 공해가 없고, 환경적 영향이 없을 것 • 경제적이고 공법이 용이할 것
비반응형	• 화학적 전해질 물질을 접지전극 주변의 토양에 주입, 치환하여 토양의 대지 저항을 저감하는 방법 • 염, 황산, 암모니아 분말, 벤젠 나이트 등 저감제로 공해문제를 야기하여 사 용하지 않음
반응형	• 화학적 저감제 : 화이트 아스론, 티코겔, 케미어스 등 • 도전성 저감체 : 시멘트계 저감제 　－시멘트와 도전재료, 무기재료 등을 첨가, 시멘트의 알칼리성에 의해 부식 　이 없고 시멘트에 의해 견고하게 굳어져 반영구적이며 안정적

"끝"

1. 문제

사업장 위험성 평가지침에 따른 위험성 평가절차를 5단계로 구분하여 설명하시오.

2. 시험지에 번호 표기

사업장 위험성 평가지침(1)에 따른 위험성 평가절차(2)를 5단계로 구분하여 설명하시오.

Tip 2023년 5월에 위험성 평가지침이 새로이 개정되었으며, 숙지하시고 가셔야 합니다.

3. 실제 답안지에 작성해보기

문	1 - 3) 사업장 위험성 평가지침에 따른 위험성 평가절차를 5단계로 구분

1. 정의

위험성 평가는 사업주가 근로자에게 부상이나 질병 등을 일으킬 수 있는 유해 · 위험요인이 무엇인지 사전에 찾아내어 그것이 얼마나 위험한지를 살펴보고, 위험하다면 그것을 감소시키기 위한 대책을 수립하고 실행하는 과정

2. 위험성 평가절차

① 사전준비	• 실시규정 작성 • 위험성 수준 및 판단기준 등 확정 • 안전보건정보 사전조사 및 활용
② 유해, 위험요인 파악	• 순회점검에 의한 파악 포함 • 아차사고 등 활용
③ 위험성 결정	• 위험성 수준의 판단 • 허용 가능 여부 결정
④ 위험성 감소대책의 수립 및 시행	• 위험성 결정 후 허용 불가능 시 : 위험성 감소대책 수립 및 실행
⑤ 위험성 평가 기록, 공유	• 결과의 게시 · 주지 • TBM(Tool Box Meeting)을 활용한 공유 안전점검회의 • 실시 결과를 기록, 3년간 보존

3. 고려사항

① 사업주는 안전하고 건강한 사업장을 만들기 위한 위험성평가의 주체

② 도급 사업인 경우에 도급사업주와 수급사업주는 각각 위험성 평가를 실시

③ 위험성 평가의 전체 과정에 근로자의 참여와 결과의 공유

"끝"

1. 문제

공동주택에서 소방차 소방활동 전용구역의 설치대상 및 설치방법을 설명하시오.

2. 시험지에 번호 표기

공동주택에서 소방차 소방활동 전용구역(1)의 설치대상(2) 및 설치방법(3)을 설명하시오.

3. 실제 답안지에 작성해보기

문 1-4) 소방차 소방활동 전용구역의 설치대상 및 설치방법

1. 정의

화재, 재난·재해, 그 밖에 위급한 상황이 발생했을 때 소방대가 현장에서 화재진압과 인명구조·구급 등 소방에 필요한 활동을 원활하게 수행하기 위해 공동주택에 '소방자동차 전용구역'을 설치

2. 설치대상

구분	설치대상
아파트	세대수가 100세대 이상인 아파트
기숙사	기숙사 중 3층 이상의 기숙사
제외	공동주택 중 하나의 대지에 하나의 동(棟)으로 구성되고 「도로교통법」에 의해 정차 또는 주차가 금지된 편도 2차선 이상의 도로에 직접 접해 소방자동차가 도로에서 직접 소방활동이 가능한 공동주택은 제외

3. 설치방법

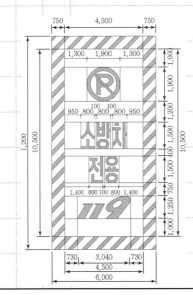

전용구역 크기	세로 6m, 가로 12m
전용구역 빗금 두께	30cm
빗금 간격	50cm
전용구역 내 금지	P, 소방차 전용
글자색	백색
전용구역 노면표지 색상	황색

위치	• 소방자동차의 전용구역은 '동별 전면 또는 후면'에 1개소 이상 설치 • 다만 하나의 전용구역에서 여러 동에 접근해 소방활동이 가능한 경우엔 동별로 설치하지 않을 수 있음	
설치시기	공동주택인 아파트의 최초 준공 전에 설치	

"끝"

1. 문제

옥내소화전 펌프 토출 측 주배관의 유속을 4m/s 이하로 제한하는 이유에 대하여 설명하시오.

2. 시험지에 번호 표기

옥내소화전 펌프 토출 측 주배관의 유속을 4m/s 이하로 제한하는 이유(1)에 대하여 설명하시오.

3. 실제 답안지에 작성해보기

문 1 – 5) 옥내소화전 펌프 토출 측 주배관의 유속을 4m/s 이하로 제한하는 이유

1. 정의

① 옥내소화전 배관의 유속을 제한하는 것은 배관의 구경을 제한하는 것이며, 난류 발생과 마찰손실을 줄이기 위한 것

② 배관의 구경은 연속방정식을 이용하며, 마찰손실은 달시 – 바이스바흐 공식을 이용하여 측정

2. 펌프 토출 측 주배관의 유속을 제한하는 이유

1) 배관의 구경

연속방정식	$Q=AV$ 여기서, A : 배관의 단면적, V : 유속
관경 계산	$D=84.13\angle Q$ 유속을 제한하고 기준 개수에 따라 유량이 증가하면 배관의 구경이 커짐
배관규정	• 가지배관 : 40mm(호스릴 25mm) 이상 • 주배관 : 수직배관의 관경 50mm(호스릴 32mm) 이상

2) 마찰손실

관계식	달시 – 바이스바흐식 $\Delta P = f\dfrac{l}{d}\dfrac{\gamma v^2}{2g}$
이유	• 유속의 자승에 비례하여 마찰손실이 증가 • 마찰손실이 커질 경우 전양정이 증가하고 모터의 용량 및 전원공급의 용량도 커져야 하기에 비경제적

3) 기타 이유

① 배관부식을 억제시켜 배관의 수명 연장

② 소음 및 배관의 침식 방지

③ 워터해머, 서징 유발 예방

"끝"

1. 문제

스프링클러설비의 배관경 설계에 적용하는 살수밀도 – 방호구역 면적 그래프에 대하여 설명하시오.

2. 시험지에 번호 표기

스프링클러설비의 배관경 설계(1)에 적용하는 살수밀도 – 방호구역 면적 그래프(2)에 대하여 설명하시오.

3. 실제 답안지에 작성해보기

문 1-6) 살수밀도-방호구역 면적 그래프에 대하여 설명

1. 정의

배관경 설계를 위한 수리계산방식은 각 배관에 필요한 압력과 유량을 Hazen-Williams식에 의해 계산하고, 공학적 해석을 통하여 실제에 가깝게 시스템을 설계하는 방식으로 살수밀도를 결정하기 위해 살수밀도 방호면적그래프를 이용

2. 설계면적-살수밀도 그래프

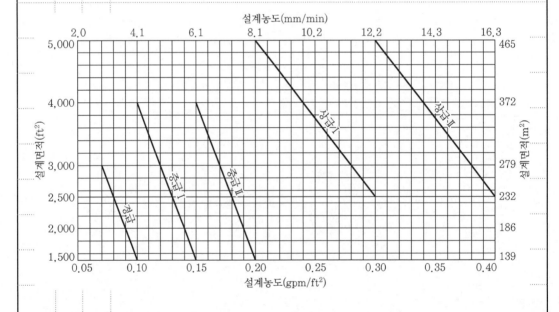

① 위험용도의 구분 : 위험성에 따라 경급, 중급Ⅰ.Ⅱ, 상급Ⅰ.Ⅱ로 구분

② 방호 대상물의 위험도에 따른 설계면적의 범위가 결정되고 설계면적에 따른 살수밀도가 결정

③ 설계면적과 살수밀도＝소화펌프의 정격 유량

---

④ 지점의 선정 방법

- 높은 살수밀도/좁은 설계면적으로 하는 경우 : 화재의 진압을 고려, 침투성
  능 증대 → 단시간에 좁은 지역에 많은 물을 방사하여 조기 진압

- 낮은 살수밀도/넓은 설계면적으로 하는 경우 : 화재 시의 피난안전성을 고
  려, 냉각성능 우선 → 넓은 지역에 적은 방수량으로 방사하여 물의 증발을
  촉진시켜 화재 지역의 온도 상승을 억제

"끝"

1. 문제

상업용 조리시설의 식용유 화재에서 발생하는 스플래시(Splash) 현상에 대하여 설명하시오.

2. 시험지에 번호 표기

상업용 조리시설의 식용유 화재에서 발생하는 스플래시(Splash) 현상(1)에 대하여 설명하시오.

Tip 정의 – 메커니즘 – 문제점(위험성) – 원인, 대책, 이 패턴을 기억하시면 됩니다.

3. 실제 답안지에 작성해보기

문 1-7) 스플래시(Splash) 현상에 대하여 설명

1. 정의

"스플래시"란 조리기구인 튀김기, 웍(Wok) 내 동·식물유에서 화재가 발생하는 경우 소화약제 방사 시 동·식물유가 바깥으로 튀겨나가는 현상으로 인근 가연물이 존재할 경우 연소확대의 원인이 됨

2. 메커니즘 및 위험성

개요도	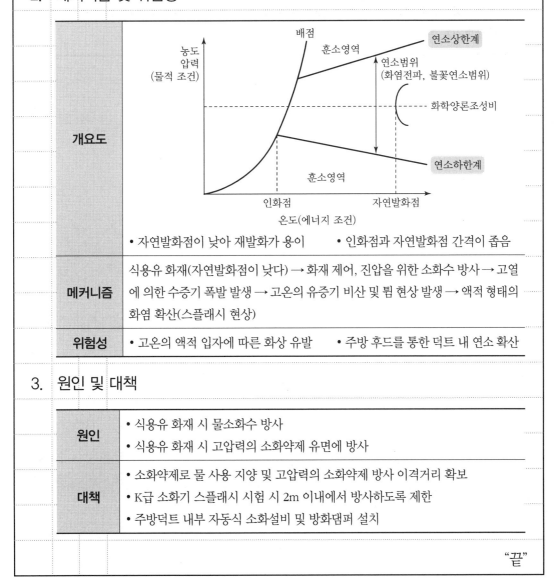
	• 자연발화점이 낮아 재발화가 용이 • 인화점과 자연발화점 간격이 좁음
메커니즘	식용유 화재(자연발화점이 낮다) → 화재 제어, 진압을 위한 소화수 방사 → 고열에 의한 수증기 폭발 발생 → 고온의 유증기 비산 및 튐 현상 발생 → 액적 형태의 화염 확산(스플래시 현상)
위험성	• 고온의 액적 입자에 따른 화상 유발 • 주방 후드를 통한 덕트 내 연소 확산

3. 원인 및 대책

원인	• 식용유 화재 시 물소화수 방사 • 식용유 화재 시 고압력의 소화약제 유면에 방사
대책	• 소화약제로 물 사용 지양 및 고압력의 소화약제 방사 이격거리 확보 • K급 소화기 스플래시 시험 시 2m 이내에서 방사하도록 제한 • 주방덕트 내부 자동식 소화설비 및 방화댐퍼 설치

"끝"

126회 소방기술사 기출문제풀이 **261**

1. 문제

가스계 소화설비에 적용하는 피스톤 릴리즈 댐퍼(PRD : Piston Release Damper)의 문제점 및 개선방안을 설명하시오.

2. 시험지에 번호 표기

가스계 소화설비에 적용하는 피스톤 릴리즈 댐퍼(1)(PRD : Piston Release Damper)의 문제점 및 개선방안(2)을 설명하시오.

3. 실제 답안지에 작성해보기

문 1-8) 피스톤 릴리즈 댐퍼의 문제점 및 개선방안을 설명

1. 정의

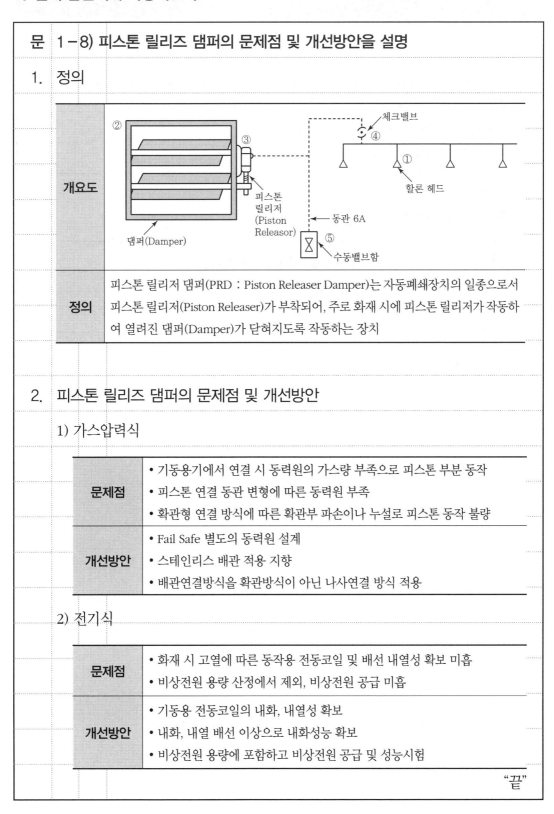

개요도	
정의	피스톤 릴리저 댐퍼(PRD : Piston Releaser Damper)는 자동폐쇄장치의 일종으로서 피스톤 릴리저(Piston Releaser)가 부착되어, 주로 화재 시에 피스톤 릴리저가 작동하여 열려진 댐퍼(Damper)가 닫혀지도록 작동하는 장치

2. 피스톤 릴리즈 댐퍼의 문제점 및 개선방안

1) 가스압력식

문제점	• 기동용기에서 연결 시 동력원의 가스량 부족으로 피스톤 부분 동작 • 피스톤 연결 동관 변형에 따른 동력원 부족 • 확관형 연결 방식에 따른 확관부 파손이나 누설로 피스톤 동작 불량
개선방안	• Fail Safe 별도의 동력원 설계 • 스테인리스 배관 적용 지향 • 배관연결방식을 확관방식이 아닌 나사연결 방식 적용

2) 전기식

문제점	• 화재 시 고열에 따른 동작용 전동코일 및 배선 내열성 확보 미흡 • 비상전원 용량 산정에서 제외, 비상전원 공급 미흡
개선방안	• 기동용 전동코일의 내화, 내열성 확보 • 내화, 내열 배선 이상으로 내화성능 확보 • 비상전원 용량에 포함하고 비상전원 공급 및 성능시험

"끝"

1. 문제

금속판으로 설치하는 제연급기풍도에서 다음을 설명하시오.

(1) 풍도단면의 긴변 또는 직경의 크기별 강판두께

(2) 풍도내부 청소를 위한 방안

2. 시험지에 번호 표기

금속판으로 설치하는 제연급기풍도(1)에서 다음을 설명하시오.

(1) 풍도단면의 긴변 또는 직경의 크기별 강판두께(2)

(2) 풍도내부 청소를 위한 방안(3)

3. 실제 답안지에 작성해보기

문 1-9)	**제연급기풍도에서 크기별 강판두께 및 풍도내부 청소**

1. 정의

제연급기풍도란 신선한 공기를 제연구역에 공급하는 풍도로 수직과 수평풍도로

구분되며, 풍도단면의 긴변, 직경의 크기에 따라 강판의 두께를 규정

2. 풍도단면의 긴변 또는 직경의 크기별 강판두께(NFPC 501A)

① 풍도는 아연도금강판 또는 이와 동등 이상의 내식성·내열성이 있는 것

② 불연재료(석면재료를 제외)인 단열재로 유효한 단열처리

③ 강판의 두께는 풍도의 크기에 따라 다음 표에 따른 기준 이상으로 할 것

풍도단면의 긴변 또는 직경의 크기	450mm 이하	450mm 초과 750mm 이하	750mm 초과 1,500mm 이하	1,500mm 초과 2,250mm 이하	2,250mm 초과
강판 두께	0.5mm	0.6mm	0.8mm	1.0mm	1.2mm

④ 풍도는 정기적으로 풍도 내부를 청소할 수 있는 구조로 할 것

3. 풍도내부 청소를 위한 방안

방안	내용
로봇 이용	• 소형 청소로봇에 뇌시경 카메라를 장착하여 카메라로 모니터링하면서 덕트 내부를 청소하는 방법 • 덕트 내부를 관찰, 진공흡입구로 청소와 동시에 이물질을 흡입·배출 • 주로 수평덕트 청소에 용이
파워브러시	• 회전형 브러시를 부착한 장치에 진공흡입구를 설치하여 브러시가 회전하면서 덕트 내 이물질을 탈착시키며 진공 흡입구에서 이물질 흡입·배출 • 수직·수평덕트에 적용 가능
압축공기	• 압축공기를 덕트 내에 분사하여 이물질을 부유시켜 진공흡입구로 흡입·배출 • 수직·수평덕트에 적용 가능하나, 고체의 경우 청소 불가능

"끝"

1. 문제

이산화탄소소화설비 가스압력식의 작동순서에 대하여 설명하시오.

2. 시험지에 번호 표기

이산화탄소소화설비 가스압력식(1)의 작동순서(2)에 대하여 설명하시오.

3. 실제 답안지에 작성해보기

문 1 - 10) 이산화탄소소화설비 가스압력식의 작동순서

1. 정의

가스압력식이란 감지기의 작동에 의하여 솔레노이드밸브의 파괴침이 작동하면

기동용기가 작동하여 가스압에 의하여 니들밸브의 니들핀이 용기 안으로 움직여

봉판을 파괴하여 약제를 방출되는 방식으로 일반적으로 주로 사용하는 방식

2. 가스압력식의 작동순서

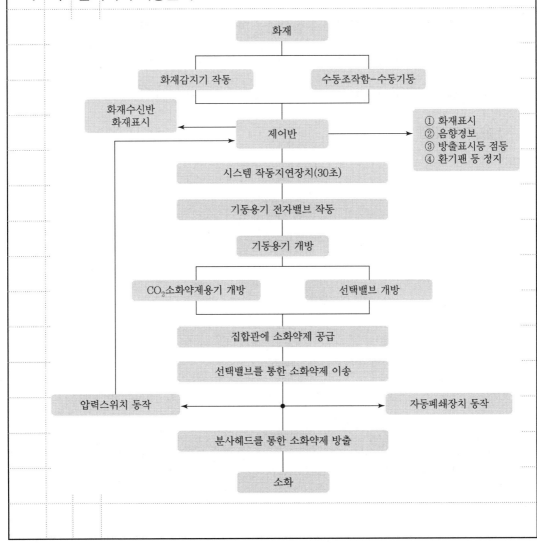

① 화재가 발생하여 교차회로방식의 감지기가 작동 혹은 수동 기동스위치 작동

② 지연장치(타이머)의 설정시간 후

③ 솔레노이드밸브가 작동

④ 기동용기의 밸브가 개방

⑤ 기동용기 내 6.0MPa 이상의 질소 등의 비활성 기체가 조작동관을 따라 방출

되어 그 압력에 의해

⑥ 해당 구역의 선택밸브 개방 및 저장용기가 개방

⑦ 저장용기 내 가스소화약제가 집합관을 따라 이동하여 선택밸브를 지나게 되면

⑧ 압력스위치가 작동하여 출입구 등의 보기 쉬운 곳에 방출표시등 점등

⑨ 분사헤드를 통해 해당 방호구역 내 가스소화약제 방사

⑩ 화재 진압

"끝"

1. 문제

유체(물)가 흐르는 배관에서 발생하는 부차적 손실(Minor Loss)에 대하여 설명하시오.

2. 시험지에 번호 표기

유체(물)가 흐르는 배관에서 발생하는 **부차적 손실(Minor Loss)에 대하여 설명(1)**하시오.

3. 실제 답안지에 작성해보기

문 1-11) 유체가 흐르는 배관에서 발생하는 부차적 손실

1. 부차적 손실

정의	직관부의 마찰손실이 아닌 와(Vortex, 渦), 단면의 변화, 흐름 방향의 변화, 만곡부에서의 2차류(Secondary Flow), 경계층(Boundary Layer)의 발달에 의해 발생하는 손실을 소손실 또는 형상 손실, 부차적 손실이라고 함
문제점	• 전양정(m)=실양정(낙차)+배관마찰손실수두+각종 저항+방사압수두 • 배관마찰수두가 증가하면 전양정이 증가하게 되어 펌프의 용량이 커짐

2. 부차적 손실 메커니즘

손실계수 (k)	• $h_L = k\dfrac{v^2}{2g} = f\dfrac{l}{d}\dfrac{v^2}{2g}$, $\quad k = f\dfrac{l}{d}$, $\quad f = \dfrac{64}{Re}$, $\quad Re = \dfrac{vd}{\nu} = \dfrac{\rho vd}{\mu}$ 여기서, μ : 점성계수(N·s/m²), ν : 동점성계수($\nu = \dfrac{\mu}{\rho}$)(m²/s) • 손실계수 k는 레이놀즈수, 장애물의 크기, 관경비, 상대조도에 비례
급확대 관로	 $\Delta h = k\dfrac{(v_1 - v_2)^2}{2g}$

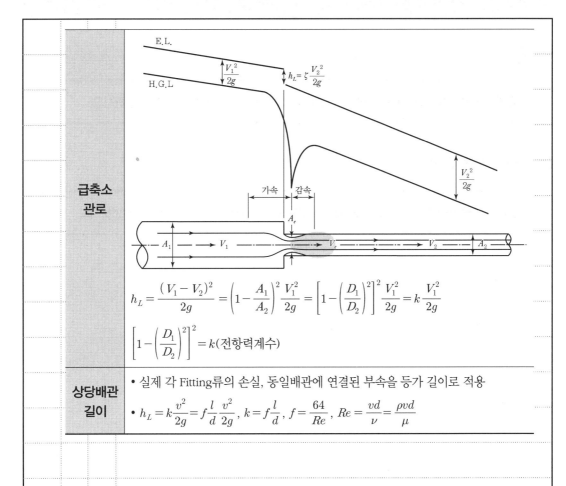

급축소 관로	$$h_L = \frac{(V_1 - V_2)^2}{2g} = \left(1 - \frac{A_1}{A_2}\right)^2 \frac{V_1^2}{2g} = \left[1 - \left(\frac{D_1}{D_2}\right)^2\right]^2 \frac{V_1^2}{2g} = k\frac{V_1^2}{2g}$$ $$\left[1 - \left(\frac{D_1}{D_2}\right)^2\right]^2 = k(\text{전항력계수})$$
상당배관 길이	• 실제 각 Fitting류의 손실, 동일배관에 연결된 부속을 등가 길이로 적용 • $h_L = k\dfrac{v^2}{2g} = f\dfrac{l}{d}\dfrac{v^2}{2g}$, $k = f\dfrac{l}{d}$, $f = \dfrac{64}{Re}$, $Re = \dfrac{vd}{\nu} = \dfrac{\rho vd}{\mu}$

3. 부차적 손실의 원인 및 대책

원인	대책
• 관로의 형태 : 변형, 급확대 · 축소, 점차 확대 등 • 유체의 유속, 밀도, 점도 등	• 급격한 관경 변경 제한 • 유속의 제한, 배관방식의 제한 등

"끝"

1. 문제

유체가 오리피스(Orifice)를 통과할 때 발생하는 Vena Contracta에 대하여 설명하시오.

2. 시험지에 번호 표기

유체가 오리피스(Orifice)를 통과할 때 발생하는 Vena Contracta(1)에 대하여 설명하시오.

3. 실제 답안지에 작성해보기

문 1 – 12) 유체가 오리피스를 통과할 때 발생하는 Vena Contracta

1. 정의

① Vena contracta란 유체가 관을 흐르는 도중 단면적 축소 변화에 따라 유량이 지나는 최소 단면적

② 이때 동압은 최대, 정압최소가 되며, 유량계의 적용 근거가 됨

2. 메커니즘

개념도	
관계식	• 베르누이 방정식 $\dfrac{p}{\gamma} + \dfrac{v^2}{2g} + z = \mathrm{const}$ – 정압$(\dfrac{p}{\gamma})$과 동압$(\dfrac{v^2}{2g})$의 반비례 원리 • Vena contracta 지점에서는 유체가 흐를 수 있는 단면적이 최소로 정압 ≈ 0, 동압 $\approx$ 전압이 됨

3. 소방에의 적용

유량계	• 오리피스, 벤투리 유량계 적용 $C = C_a \times C_v$ $\quad$ – 축류계수$(C_a) = \dfrac{\text{Vena Contracta 단면적}}{\text{Office 단면적}}$ $(0.61 \sim 0.66)$ $\quad$ – 속도계수$(C_v) = \dfrac{\text{Vena Contracta부 속도}}{\text{Office부 속도}}$ $(0.98 \sim 0.99)$
포혼합장치	• 펌프 프로포셔너, 라인 프로포셔너, 프레저 프로포셔너에 적용 • 벤투리 효과 적용
방수압측정	• 옥내소화전 방수압 측정 시 적용 $q = 0.6597\, d^2 \sqrt{p}$ $\qquad$ 이때 p는 동압 $\approx$ 전압

"끝"

1. 문제

고조파(Harmonic Frequency)의 발생원인 및 방지대책에 대하여 설명하시오.

2. 시험지에 번호 표기

고조파(1)(Harmonic Frequency)의 발생원인 및 방지대책(2)에 대하여 설명하시오.

3. 실제 답안지에 작성해보기

문 1-13) 고조파의 발생원인 및 방지대책

1. 고조파

정의	• 고조파는 기본주파수에 대해 2배, 3배, 4배와 같이 정수의 배에 해당하는 물리적 전기량을 말함 • 발생원의 내부 임피던스와 전기 설비의 임피던스가 공진 조건이 되면 고조파 전류는 증폭되어 전자 유도 장해 및 피해를 발생
문제점	• 콘덴서 및 리액터 : 고조파 전류에 대한 회로의 임피던스가 공진 현상 등으로 감소해서 과대한 전류가 흐름으로써 과열, 소손 또는 진동, 소음 발생 • 변압기 : 고조파 전류에 의한 철심의 자기적인 왜곡 현상으로 소음 발생. 철손 동손의 증가 • 유도 전동기 : 고조파 전류에 의한 진동 토크의 발생으로 회전수의 주기적 변동, 철손 및 및 동선 등의 손실 증가 • 케이블 : 3상 4선식 회로의 중성선에 고조파 전류가 흐름에 따라 중성선 과열

2. 발생 메커니즘

개요도	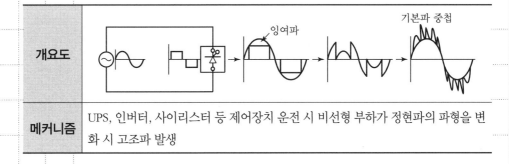
메커니즘	UPS, 인버터, 사이리스터 등 제어장치 운전 시 비선형 부하가 정현파의 파형을 변화 시 고조파 발생

3. 발생원인 및 대책

발생원인	대책
• 전력변환장치 사용 • 전력용 콘덴서 사용 • 변압기의 여자전류 • 코로나에 의한 발생 • 전기용접기/전기로에 의해 발생	• 전력변환장치 펄스수 증대 및 교류리액터 설치 • 변압기 △결선 사용 • 복도체, 다도체 사용 • 전력용 콘덴서 직렬리액터 사용 • 부하 측에 고조파 필터 설치

"끝"

1. 문제

화재 시 발생하는 연기에 대하여 다음을 설명하시오.

(1) 연기의 유해성

(2) 고온영역의 연기층 유동현상

(3) 저온영역의 연기층 유동현상

2. 시험지에 번호 표기

화재 시 발생하는 연기(1)에 대하여 다음을 설명하시오.

(1) 연기의 유해성(2)

(2) 고온영역의 연기층 유동현상(3)

(3) 저온영역의 연기층 유동현상(4)

3. 실제 답안지에 작성해보기

문	2-1) 연기의 유해성, 고온영역의 연기층, 저온영역의 연기층 유동현상을 설명
1.	**개요**
	① 연기는 가연성 물질이 연소할 때 생기는 고체, 액체 상태의 미립자로 구성되었고 높은 온도의 가연물의 분해생성물, 연소생성물, 인입된 공기를 포함하여 인체에 시각적, 생리적, 심리적 피해를 입힐 수 있음
	② 온도가 충분히 높아 부력을 가진 고온영역의 연기층과 온도가 낮아 부력을 가지지 못한 저온영역의 연기층 유동현상이 특성이 다르기에 그 특성에 맞는 대책이 필요
2.	**연기의 유해성**

1) 시각적 유해성

관계식	• Lambert-Beer 법칙 $I = I_0 \times e^{-c_s l}$ • 투과율 $\dfrac{I}{I_0} = e^{-c_s l}$, $T = e^{-c_s l}$ • 감광계수 $C_s = \dfrac{1}{L} \ln\left(\dfrac{I_0}{I_1}\right)$
유해성	• 연기층의 두께가 두꺼울수록 투과율은 현저히 저하되어 피난안전성 저해 • 가시거리 약화, 피난동선 확인, 유도표지, 유도등의 방향확인 곤란

2) 생리적 유해성

열적 손상	화재 시 발생된 열적 손상(화상)	
	화상 구분	**분류**
	1도 화상	홍반성 화상
	2도 화상	수포성 화상
	3도 화상	괴사성 화상
	4도 화상	흑색 화상

	CO₂에 의한 중독, 산소질식, 연기입자에 의한 호흡장애 등				

	일산화탄소		이산화탄소	
비열적 손상	최대허용농도(ppm)	생리적 반응	허용농도(%)	생리적 반응
	800	2~3시간 내 사망	2	불쾌함
	1,600	1시간 내 사망	4	눈의 자극, 두통
	3,200	30분 내 사망	8	호흡곤란
	6,400	15분 내 상환	10	1분 내 의식상실
	12,800	1~3분 내 사망	20	단시간 내 사망

심리적 피해	• 심리적 유해성 • 연기를 보거나 연기로 인해 극도의 불안감 및 공포심으로 Panic 유발

3. 고온영역의 연기층 유동현상

개요도	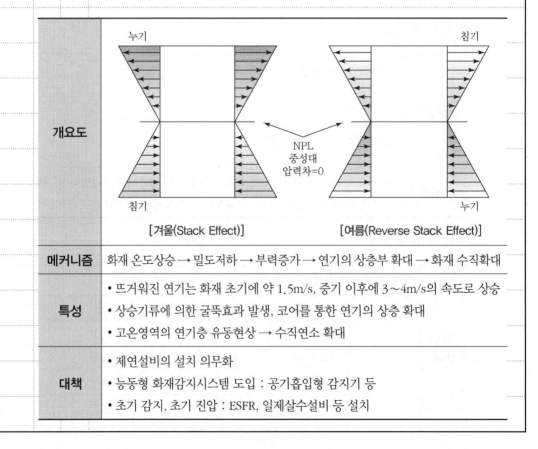
메커니즘	화재 온도상승 → 밀도저하 → 부력증가 → 연기의 상층부 확대 → 화재 수직확대
특성	• 뜨거워진 연기는 화재 초기에 약 1.5m/s, 중기 이후에 3~4m/s의 속도로 상승 • 상승기류에 의한 굴뚝효과 발생, 코어를 통한 연기의 상층 확대 • 고온영역의 연기층 유동현상 → 수직연소 확대
대책	• 제연설비의 설치 의무화 • 능동형 화재감지시스템 도입 : 공기흡입형 감지기 등 • 초기 감지, 초기 진압 : ESFR, 일제살수설비 등 설치

[겨울(Stack Effect)] [여름(Reverse Stack Effect)]

4. 저온영역의 연기층 유동현상

개요도	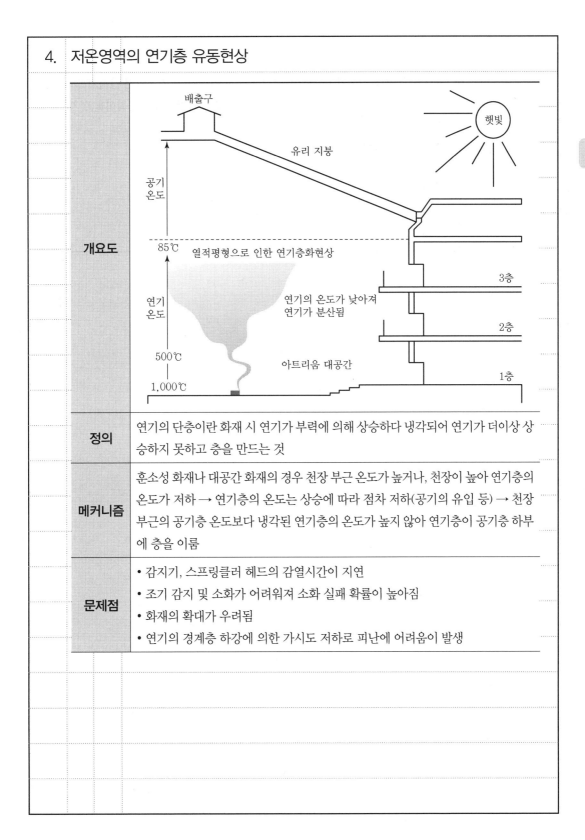
정의	연기의 단층이란 화재 시 연기가 부력에 의해 상승하다 냉각되어 연기가 더이상 상승하지 못하고 층을 만드는 것
메커니즘	훈소성 화재나 대공간 화재의 경우 천장 부근 온도가 높거나, 천장이 높아 연기층의 온도가 저하 → 연기층의 온도는 상승에 따라 점차 저하(공기의 유입 등) → 천장 부근의 공기층 온도보다 냉각된 연기층의 온도가 높지 않아 연기층이 공기층 하부에 층을 이룸
문제점	• 감지기, 스프링클러 헤드의 감열시간이 지연 • 조기 감지 및 소화가 어려워져 소화 실패 확률이 높아짐 • 화재의 확대가 우려됨 • 연기의 경계층 하강에 의한 가시도 저하로 피난에 어려움이 발생

개요도 내 라벨:
- 배출구
- 유리 지붕
- 햇빛
- 공기 온도
- 85℃ 열적평형으로 인한 연기층화현상
- 연기 온도
- 500℃
- 1,000℃
- 연기의 온도가 낮아져 연기가 분산됨
- 아트리움 대공간
- 1층, 2층, 3층

대책		• 감지기 선정 　－천장 부착형 감지기 이외에 광전식 분리형 감지기, 공기흡입형 감지기 설치 　－감지기가 작동되면, 천장의 따뜻한 공기층을 배출하도록 제연설비를 설치 • 스프링클러 선정 　－감지기 작동과 연동하는 개방형 헤드 설치, 일제살수설비 설치 　－RTI가 낮은 속동형 스프링클러 헤드 선정 • 제연대책 　－천장에 열을 배출하는 배출설비 설치 　－연기의 단층화 고려 제연경계의 세분화 등

"끝"

1. 문제

「가스계 소화설비의 설계프로그램 성능인증 및 제품검사의 기술기준」에서 요구하고 있는 설계프로그램의 구성요건에 대하여 설명하시오.

2. 시험지에 번호 표기

「가스계 소화설비의 설계프로그램(1) 성능인증 및 제품검사의 기술기준」에서 요구하고 있는 **설계프로그램의 구성요건(2)**에 대하여 설명하시오.

Tip 이 문제는 설계프로그램이 왜 필요하고, 설계프로그램 인정 절차 중에 구성요건으로는 무엇이 들어가는지, 그것을 어떻게 증명할 것인지를 묻는 문제입니다. 큰 그림 안에서 살펴야 질문자가 뭘 묻고 있는지 파악하고 답을 할 수가 있습니다. 물론 직접적인 질문을 한 구성요건을 빠짐없이 적는 것이 중요합니다.

3. 실제 답안지에 작성해보기

문 2-2) 「가스계 소화설비의 설계프로그램 성능인증 및 제품검사의 기술기준」

에서 요구하고 있는 설계프로그램의 구성요건

1. 개요

① 가스계 소화설비의 설계프로그램이란 가스계 소화설비는 압축성 유체이고 가

스이므로 일반적으로 수계 산이 어려워 프로그램으로 설계하는데, 이 프로그

램을 말함

② 성능인증 및 제품검사의 기술기준에서 설계 매뉴얼, 구성요건을 규정하고 있

어 내용적 충실함과 동시에 이의 실체적 소화시험까지 통과를 해야 인정됨

2. 가스계 소화설비 설계프로그램 인정 절차

순서	내용
① 서류 검토	설계도면 한국소방산업기술원 심사
② 설계 매뉴얼 확인 및 구성요건 확인	구성요건 15가지 확인
③ 구조검사 및 기능시험	실제 헤드가 설치된 제조사 제시 모델검사
④ 소화약제시험	형식승인 제품
⑤ 기밀, 방출, 분사헤드, 방출면전, 소화시험	각 시험 통과 시 인정

3. 설계프로그램 구성요건

배관	• 최대배관비 • 배관 내 최대/최소 유량 • 배관 및 관 부속 종류 • 각 분사헤드 연결배관 체적 • 배관수직높이 변화에 따른 제한사항

티분기	• 약제 저장용기부터 첫 번째 티분기까지 최소거리 • 티분기 방식, 분기 전/후 배관길이 제한 • 티분기 최대/최소 약제분기량
헤드	• 헤드별 분사헤드까지 약제도달시간 최대편차, 헤드별 분사헤드 약제방출 종료시간 최대편차 • 분사헤드 최소설계압력 • 분사헤드 최대 압력 편차 • 연결배관 단면적의 분사헤드 오리피스, 감압오리피스 최대/최소 단면적 • 최대/최소 방출시간
저장용기 등	• 약제저장용기 최대/최소 충전밀도 • 설비 작동온도

4. 유효성 확인

시험모델 선정	신청자가 제시하는 20개 이상 시험모델 중 5개 이상 선정 후 시험모델 설치/시험
소화약제	소화약제 형식승인 및 검정기술기준에 적합
기밀시험	저장용기~분사헤드 이전까지 배관의 양 끝단을 밀폐하고, 98kPa 압력공기로 5분 가압 시 누기 불가
방출시험	방출시간, 방출압력, 방출량, 분사헤드에 소화약제 도달시간, 방출종료시간
방출면적시험	소화약제의 방출이 종료된 후 30초 이내에 소화
소화시험	A급, B급 소화시험

"끝"

1. 문제

강관의 부식 및 방식원리에서 많이 활용하고 있는 포배 도표(Pourbaix Diagram)에 대하여 다음을 설명하시오.

(1) 철(Fe)의 pH – 전위도표 작도　　　　(2) 부식역
(3) 부동태역　　　　　　　　　　　　　(4) 불활성역

2. 시험지에 번호 표기

강관의 부식 및 방식원리에서 많이 활용하고 있는 포배 도표(1)(Pourbaix Diagram)에 대하여 다음을 설명하시오.

(1) 철(Fe)의 pH – 전위도표 작도(2)　　　　(2) 부식역
(3) 부동태역　　　　　　　　　　　　　　(4) 불활성역

Tip 포배 도표를 그리고 이해하고 소방에서의 적용까지 언급해야 하는 문제입니다.

3. 실제 답안지에 작성해보기

문 2-3) 포배 도표에 대하여 pH-전위도표 작도를 하고 부식역, 부동태역, 불활성역에 대하여 설명

1. 개요

① pH-전위도표란 수용액의 pH, 산화환원 및 용액에서 대상 금속의 자연전위를 측정하고, 전위-pH도로 금속의 부식 여부를 판별, 즉 부식은 전위-pH도로 제한 가능

② 이에 따라 부식역과 부동태역, 불활성역을 이해하고 방식의 원리를 적용하여 소방 배관의 장수명화를 꾀함

2. 철의 pH-전위도표

① 철(Fe)의 pH-전위도표란 물질의 전위와 산도(pH)의 조건을 통해 부식역, 부동태역, 불활성역을 표현한 도표를 의미

② 평형상태에서 발생되는 반응과 반응결과로 생성된 생성물의 특성을 표현

3. 부식역, 부동태역, 불활성역

부식역	• 철이 산화되어 이온상태로 존재하는 영역 • 전위차가 약 -0.7 이상이고 pH 4 이하 영역에서는 항상 부식이 발생 • Fe 이온상태가 안정한 영역이며 철의 부식이 계속됨
부동태역	• 부동태역(Passive Region)은 Fe 산화물의 안정영역이며, 철의 부식이 억제됨 • 금속 산화물, 수산화물 등 안정한 부식생성물 등이 철 표면에서 부동태 피막을 형성 • pH값 9.4~12.5 사이에서는 $Fe(OH)_2$의 부동태 피막 생성으로 부식 억제
불활성역	• 금속이 안정한 상태로서 부식이 발생하지 않는 영역 • 화학반응이 안정적이므로 부식이 발생하지 않는 영역 • 전위가 약 -0.7 이하 시 불활성역 유지

4. 소방에의 적용(방식)

방식 원리	
방식 방법	• 양극방식(Anodic Protection) : 피방식체를 양극으로 해서 방식이 이루어지는 방식법 • 음극방식(Cathodic Protection) : 피방식체를 음극으로 해서 방식이 이루어지는 방식법 • 부동태화제법 : 수용액 중에 부동태화제를 첨가하여 방식하는 것

"끝"

1. 문제

> 건축물관리법의 화재안전성능보강과 관련하여 다음 사항을 설명하시오.
>
> (1) 기존 건축물의 화재안전성능보강 대상 건축물
> (2) 「국토교통부 2022년 화재안전성능보강 지원사업 가이드라인」 중 보조사업

Tip 1번 지문은 설명드렸던 부분이며, 2번 지문은 수험생이 고르기 쉽지 않습니다.

1. 문제

> 건설현장에서 소방감리원의 자재검수를 현장반입검수와 공장검수로 구분하여 설명하시오.

2. 시험지에 번호 표기

> 건설현장에서 소방감리원의 자재검수(1)를 현장반입검수(2)와 공장검수(3)로 구분하여 설명하시오.

3. 실제 답안지에 작성해보기

문 2-5) 소방감리원의 자재검수를 현장반입검수와 공장검수로 구분하여 설명
1. 개요
① 소방감리원은 발주자를 대행하여 소방시설공사업자가 제출한 자재승인요청서의 승인을 하고 자재가 현장에 반입되면 공사업자로부터 송장사본을 접수함과 동시에 반입된 기자재를 검수하여야 함
② 검수하는 방법은 현장반입검수와 공장검수로 나누어지며, 공장검수의 경우 제연팬, 펌프 등의 성능시험을 공장에서 실시하여 성능을 검증
2. 감리실무 절차

개요도	설계 검토 → 감리지정신고, 착공신고 → 자재승인 및 검수 → 시공검측 → 성능시험 → 준공검사 → 서류제출 및 완공 필증
현장검수 절차	자재검수요청서 제출 → 자재검수요청서 확인 → 자재 현장 도착 → 자재검수

3. 현장반입검수와 공장검수
1) 현장반입검수
① 검수사항
• 반입자재의 규격 등은 도면, 시방서, 자재승인서와 일치 여부
• 자재의 규격별 수량
• 자재의 외관상 변형 탈락 등 상태
• 도장, 용접 등의 균일성 여부
• 자재의 작동 상태

- 부품의 누락 여부

- 성능확인서 및 형식승인, 성능인증, KFI 인정, KS(품) 여부

2) 공장검수

공급승인 전	자재승인요청 → 요청된 자재 적합여부 확인 → 당 현장에 적합한 자재 생산 능력 확인(공장) → 복수 자재 승인
공급승인 후	당 현장 자재용 원자재 상태 확인 → 자재 생산 상태 확인 → 자재 생산 시 품질 상태 확인 → 자재승인서에 준한 성능확인
검수사항	• 생산능력 확인(납품실적 확인) • 자재의 생산 공정 및 품질 확인 • 원자재 상태 확인 : 배관의 절단상태, 함석판 두께 등 • 소화펌프, 제연 송풍기 등의 성능확인 • 발주 도면과 생산 자재의 일치 여부 확인 • 형식승인, 성능인증, KFI 인정 획득 여부 서류 확인

"끝"

1. 문제

정전기(Static Electricuty)에 대하여 다음을 설명하시오.

(1) 정전기의 대전현상
(2) 정전기의 위험성
(3) 정전기 방지대책

2. 시험지에 번호 표기

정전기(Static Electricuty)(1)에 대하여 다음을 설명하시오.

(1) 정전기의 대전현상(2)
(2) 정전기의 위험성(3)
(3) 정전기 방지대책(4)

3. 실제 답안지에 작성해보기

문 2-6) 정전기의 대전현상, 정전기의 위험성, 정전기 방지대책에 대해서 설명

1. 개요

① 정전기란 전하의 공간적 이동이 적어 이 전류에 의한 자계 효과가 전계 효과에
   비해 무시할 정도로 아주 작은 정지된 전기

② 정전기 발생 시 화재, 폭발 시의 점화원 및 인체전격, 산업 생산성 저하의 문제
   점이 발생하기에 방지해야 함

2. 정전기 대전현상

1) 메커니즘

(a) 접촉 전   (b) 전기이중층   (c) 이중층의 분리   (d) 전하의 소멸

2) 대전현상

구분	개념도	특징
마찰대전		물체 마찰 시 전하 분리가 일어나 정전기 발생
박리대전		접촉되어 있는 물체가 벗겨질 때 전하 분리 발생

구분	개념도	특징
유도대전	대전물체 절연된 도체 유도 대전	대전물체 부근에 절연도체가 있을 때 정전유도를 받아 대전물체와 반대 극성 전하가 나타나는 현상
비말대전	액체낙	공간에 분출한 액체류가 비산해서 비말을 생성하며 분리되고 많은 물방울이 될 때 새로운 표면을 형성하기 때문에 정전기 발생
적하대전		고체 표면에 부착된 액체가 성장하여 액적 상태인 방울모양이 되어 떨어질 때 전하 분리가 일어나 정전기 발생
충돌대전	액체, 분체	액체, 분체가 서로 충돌할 때 빠르게 접촉, 분리가 일어나기 때문에 정전기 발생

3. 정전기의 위험성

전격재해	• 대전된 인체에서 접지체로, 대전된 물체에서 인체로 방전 시 전류가 흘러 전격재해가 발생 • 쇼크에 의한 추락, 넘어짐 등의 2차적인 재해에 의한 피해 발생 • 스트레스 및 불쾌감

점화원	• 정전기 방전이 착화원이 되어 가연성 물질이 연소되어 화재, 폭발 발생 • 코로나 방전, 스트리머 방전, 연면 방전, 불꽃 방전 등 점화원 작용 • 정전기에 의한 화재, 폭발조건 　－가연성 물질이 폭발한계 이내일 것 　－정전기의 방전에너지가 가연성 물질의 최소 착화에너지보다 클 것 　－방전하기에 충분한 전위로 대전되어 있을 것
생산장해	• 정전기에 의한 생산 물품의 품질 저하, 생산성 저하, 기기의 오동작, 생산품의 오염 등의 현상 • 역학현상 　－쿨롱의 법칙에 따른 전기력에 의해 대전물체 가까이에 있는 먼지, 종이, 섬유, 분체 등을 흡입, 반발 　－분진 막힘, 실의 엉킴, 인쇄 얼룩, 제품 오염 • 방전현상 　－정전기가 공기의 절연파괴강도(DC 30kV/cm)에 달한 경우 축적된 에너지를 외부로 방출하는 것 　－방전전류 : 반도체 소자 등의 전자부품 파괴 　－전자파 : 전자기기 오동작, 잡음(노이즈) 　－발광 : 사진, 필름 등 발광

4. 정전기 방지대책

1) 대전 방지대책

도체대전 방지	• 정전기가 축적될 수 있는 장소의 도전성 부위를 접지, 본딩 • 접지, 본딩선의 최소 굵기는 기계적 강도에 의해 결정 • 정전기에 관련된 도체, 부도체 구분

저항률(Ω/m)	10^6 이하	$10^6 \sim 10^9$	10^9 이상
도전성	도체	중간도체	절연체
접지 가능성	접지 가능	불완전하지만 접지 가능	접지 불가능

부도체	• 금속 도전성 재료 사용 : 생산설비, 작업대, 작업장 바닥 등 • 가습 : 습도 60~70% 유지 • 이온화법 제전기 종류 : 전압인가식, 자기방전식, 방사선식

인체대전 방지	• 인체 정전기 방지대책의 개념은 접촉되는 것(의류, 신발 등)을 도체화 • 양손에 리스트 스트랩 착용 시 접지를 통한 역서지 방지를 위해 1MΩ의 저항 삽입	
마찰감소	• 매끄러운 배관이나 돌기 등이 없도록 하여 정전기 발생량 감소 • 마찰되는 두 물질의 대전서열이 가까운 것을 사용	

2) 방전 방지대책

① 대전물체의 전위가 상승하지 않게 금속 도전성 물질로 덮는 차폐

- 접지된 도체를 대전물체를 덮거나 둘러싸서 외부로 정전기의 영향이 나타나지 않도록 함

- 금속망, 금속판, 전선 도체 실드층 사용, 도전성 Tape, 도전성 Film Sheet 등 사용

"끝"

1. 문제

> 방화구획과 관련하여 다음 사항을 설명하시오.
>
> (1) 소방법령 및 건축법령에서 각각 방화구획하는 장소
> (2) "복합건축물의 피난시설 등"의 대상 및 시설기준

2. 시험지에 번호 표기

> 방화구획(1)과 관련하여 다음 사항을 설명하시오.
>
> (1) 소방법령 및 건축법령에서 각각 방화구획하는 장소(2)
> (2) "복합건축물의 피난시설 등"의 대상 및 시설기준(3)

3. 실제 답안지에 작성해보기

문 3-1) 소방법령 및 건축법령에서 각각 방화구획하는 장소, "복합건축물의 피난시설 등"의 대상 및 시설기준

1. 개요

① 건축물에 화재가 발생했을 경우 화재가 건축물 전체에 번지지 않도록 내화구조의 바닥 벽 및 방화문 또는 방화셔터 등으로 만들어지는 구획

② 건축법에서는 설치기준과 용도별로, 소방법에서는 용도별로 방확구획대상을 정하고 설치하도록 규정

2. 소방법령 및 건축법령에서 각각 방화구획하는 장소

1) 소방법령상 방화구획 장소

의의	화재 시에도 소방설비의 소화효과를 지속하기 위해 방화구획을 적용
장소	• 전원의 지속 　－비상전원(내연기관의 기동 및 제어용 축전기 제외)의 설치장소 　－비상전원수전설비 설치장소 • 설비의 지속 　－가압수조 및 가압원 설치장소 　－감시제어반 설치장소 　－부속실 제연설비의 방화구획이 되는 전용실에 급기송풍기

2) 건축법령상 방화구획 장소

대상	• 주요 구조부가 내화구조, 불연재료 건축물로 연면적 1천m² 이상 • 자동식 소화설비 적용 시 3배 면적 적용 • 층마다 구획, 10층 이하의 층은 바닥면적 1천m² • 11층 이상의 층은 바닥면적 200m², 실내 마감을 불연재료로 한 경우에는 바닥면적 500m² 적용 • 필로티나 그 밖에 이와 비슷한 구조의 부분을 주차장으로 사용하는 경우

용도	• 공동주택 중 아파트로서 4층 이상인 층의 각 세대의 대피공간 • 건축물의 내부, 바깥쪽에 설치하는 피난계단 • 특별피난계단의 계단실, 노대, 부속실, 경사지붕 아래에 설치하는 대피공간 • 피난용 승강기 승강장, 승강로, 기계실, 비상용 승강기 승강장 • 종합방재실, 피난안전구역, 오피스텔의 경우에는 난방구획

3. 복합건축물의 피난시설 등의 대상 및 시설기준

용도의 제한	• 방화에 장애가 되는 용도의 제한 • 의료시설, 노유자시설 중 아동관련시설 및 노인복지시설, 공동주택, 장례시설 또는 제1종 근린생활시설 중 산후조리원과 위락시설, 위험물저장 및 처리시설, 공장 또는 자동차 관련 시설 중 정비공장은 같은 건축물에 함께 설치할 수 없음 • 예외규정 　－공동주택 중 기숙사와 공장이 같은 건축물에 있는 경우 　－중심상업지역 · 일반상업지역 또는 근린상업지역에서 「도시 및 주거환경정비법」에 따른 재개발사업을 시행하는 경우 　－공동주택과 위락시설이 같은 초고층건축물에 있는 경우 　－지식산업센터와 직장어린이집이 같은 건축물에 있는 경우
대상	같은 건축물 안에 공동주택 · 의료시설 · 아동관련시설 또는 노인복지시설 중 하나 이상과 위락시설 · 위험물저장 및 처리시설 · 공장 또는 자동차정비공장 중 하나 이상을 함께 설치하고자 하는 경우
설치기준	• 공동주택 등의 출입구와 위락시설 등의 출입구는 서로 그 보행거리가 30m 이상이 되도록 설치할 것 • 공동주택 등과 위락시설 등은 내화구조로된 바닥 및 벽으로 구획하여 서로 차단 • 공동주택 등과 위락시설 등은 서로 이웃하지 아니하도록 배치 • 건축물의 주요 구조부를 내화구조로 할 것 • 거실 벽 및 반자가 실내에 면하는 부분의 마감은 불연 · 준불연 또는 난연재료 • 그 거실로부터 지상으로 통하는 주된 복도 · 계단 그밖에 통로의 벽 및 반자가 실내에 면하는 부분의 마감은 불연재료 또는 준불연재료로 할 것

"끝"

1. 문제

소방설비에서 적용하고 있는 TAB(Testing, Adjusting, Balancing)에 대하여 다음 사항을 설명하시오.

(1) 적용 대상

(2) 절차 및 내용(제연설비 중심)

(3) 기대효과

2. 시험지에 번호 표기

소방설비에서 적용하고 있는 TAB(Testing, Adjusting, Balancing)(1)에 대하여 다음 사항을 설명하시오.

(1) 적용 대상(2)

(2) 절차 및 내용(제연설비 중심)(3)

(3) 기대효과(4)

3. 실제 답안지에 작성해보기

문 3-2) TAB에 대하여 적용 대상, 절차 및 내용(제연설비 중심), 기대효과 등을 설명

1. 개요

① TAB란 시스템의 시험(Testing), 조정(Adjusting), 균형(Balancing)을 말하며 설계목적에 부합되도록 시스템을 검토하고 조정하는 과정

② 화재안전기준에서는 특별피난계단 및 비상용, 피난용 승강기의 부속실 제연설비의 TAB 과정을 규정하고 있으며, 펌프의 성능시험기준을 규정하고 있기에 전체 설비에 대한 TAB를 규정하고 있다고 판단됨

2. TAB 적용 대상

구분	적용 대상
특별피난계단	• 건축물의 11층(공동주택 16층) 이상인 층 • 지하 3층 이하인 층 • 바닥면적이 400m² 미만인 층은 제외
비상용 승강기 승강장	• 높이 31m 이상 건축물 • 공동주택 : 10층 이상
피난용 승강기 승강장	• 고층 건축물(30층 이상 건축물) 승강기 중 하나 이상

3. TAB 절차 및 내용

1) 절차

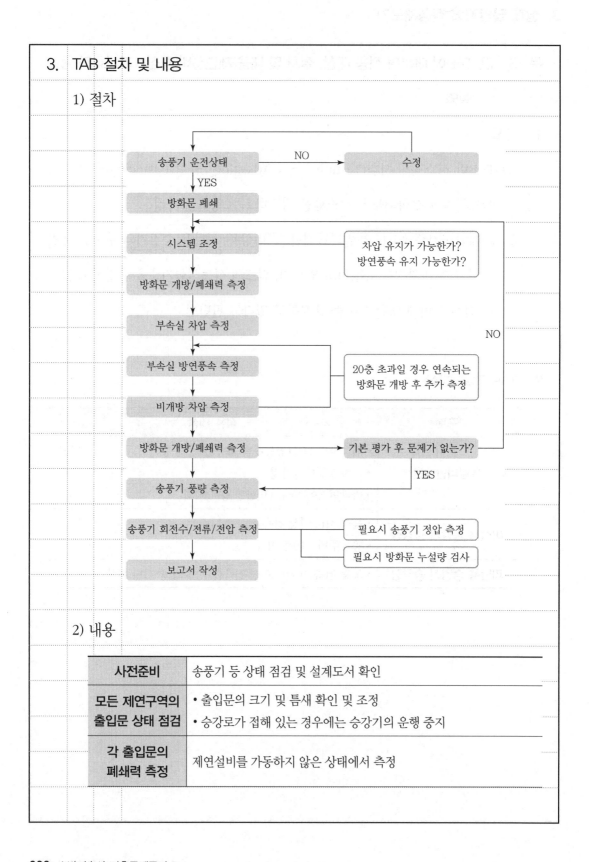

2) 내용

사전준비	송풍기 등 상태 점검 및 설계도서 확인
모든 제연구역의 출입문 상태 점검	• 출입문의 크기 및 틈새 확인 및 조정 • 승강로가 접해 있는 경우에는 승강기의 운행 중지
각 출입문의 폐쇄력 측정	제연설비를 가동하지 않은 상태에서 측정

화재감지기 또는 수동기동장치를 동작	제연설비 작동 여부의 확인	

부속실 차압 측정	• 옥내와 부속실 간의 차압을 측정 • 각 층마다 차압을 측정하고 각 층별 편차를 확인 • 판정기준 　－최소차압 : 40Pa(SP가 설치된 경우 12.5Pa) 이상 　－최대차압 : 출입문 개방력이 110N 이하 되는 차압 • 차압 측정결과 부적합한 경우 　－자동복합댐퍼의 정상작동 여부 확인 및 조정 　－송풍기 측의 풍량조절댐퍼(VD) 조정 　－플랩댐퍼의 조정(설치된 경우) 　－송풍기의 풀리비율 조정 : 송풍기의 회전수(rpm) 조정

방연풍속 측정

• 송풍기에서 가장 먼 층을 기준으로 1개층, 20층 초과 시 연속되는 2개층
• 측정하는 층의 유입공기배출장치(설치된 경우)를 작동
• 측정하는 층의 제연구역과 면하는 옥내 출입문과 계단실 출입문을 동시에 개방한 상태에서 제연구역으로부터 옥내로 유입되는 풍속을 측정
• 판정기준

제연구역		방연풍속
계단실 및 그 부속실을 동시에 제연하는 것 또는 계단실만 단독으로 제연하는 것		0.5m/s 이상
부속실만 단독으로 제연하는 것 또는 비상용 승강기의 승강장만 단독으로 제연하는 것	부속실 또는 승강장이 면하는 옥내가 거실인 경우	0.7m/s 이상
	부속실 또는 승강장이 면하는 옥내가 복도로 그 구조가 방화구조(내화시간이 30분 이상인 구조 포함)인 것	0.5m/s 이상

비개방층 차압 측정	"방연풍속 측정"의 시험상태에서 출입문을 개방하지 아니한 직상층 및 직하층의 차압을 측정하여 정상 최소차압(40Pa 이상)의 70% 이상이 되는지 확인하고 필요시 조정

126회

출입문의 개방력 측정	• 제연설비 가동상태에서 측정 • 제연구역의 모든 출입문이 닫힌 상태에서 측정 • 출입문 개방력이 110N 이하가 되는지 확인
출입문의 자동폐쇄상태 확인	제연설비의 가동(급기가압) 상태에서 제연구역의 일시 개방되었던 출입문이 자동으로 완전히 닫히는지 여부와 닫힌 상태를 계속 유지할 수 있는지를 확인하고 필요시 조정

4. TAB 수행 시 기대효과

신뢰성 확보	• 제연계통의 풍량 분배에 시스템 검토 • 제연설비의 설계도면 부합 여부, 현장설치 상태 확인 • 송풍기, 배출기 성능확인 및 자동제어 작동상태 확인
소방활동	• 소방대의 소방활동 지원 • 재해약자 및 피난약자의 피난안전성 확보

"끝"

1. 문제

> 가스계 소화설비 설치장소의 누출부에 대한 방호구역 밀폐도(기밀성) 시험에 대하여 다음 사항을 설명하시오.
>
> (1) 기본원리
>
> (2) 시험절차
>
> (3) 기대효과

Tip 전회차에서도 설명을 드렸던 부분이며, 면접에서도 출제가 되는 문제이기에 충분히 숙지하셔야 합니다.

1. 문제

> 유해화학물질의 물질안전보건자료(MSDS) 구성항목과 작성 시 확인사항에 대하여 설명하시오.

2. 시험지에 번호 표기

> 유해화학물질의 **물질안전보건자료(MSDS)(1) 구성항목(2)**과 **작성 시 확인사항(3)**에 대하여 설명하시오.

3. 실제 답안지에 작성해보기

문	3-4) 유해화학물질의 물질안전보건자료(MSDS) 구성항목과 작성 시 확인 사항에 대하여 설명

1. 개요

정의	물질안전보건자료(MSDS : Material Safety Data Sheets)란 화학물질의 유해성 · 위험성, 응급조치요령, 취급방법 등을 설명한 자료
목적	사업주는 MSDS상의 유해성 · 위험성 정보, 취급 · 저장방법, 응급조치요령, 독성 등의 정보를 통해 사업장에서 취급하는 화학물질에 대해 관리하고, 근로자는 직업병이나 사고로부터 스스로를 보호할 수 있게 됨

2. MSDS 경고표지

개념도	
내용	• 제품명(경유) • 그림문자(인화성 물질 등) • 신호어(위험) • 유해, 위험문구 • 예방, 대응, 저장, 폐기방법 등 • 공급자 정보

3. 구성항목 및 작성 시 확인사항

화학제품과 회사에 관한 정보	• 제품명 • 제품의 권고 용도와 사용상의 제한 • 공급자 정보 회사명, 주소, 긴급전화번호

유해성·위험성	• 유해성·위험성 분류
	• 예방조치 문구를 포함한 경고 표지 항목
	  그림문자, 신호어, 유해·위험 문구, 예방조치문구
	• 유해성·위험성 분류기준에 포함되지 않는 기타 유해성·위험성
	  (예 : 분진폭발 위험성)

구성성분의 명칭 및 함유량	화학물질명 관용명 및 이명, CAS 번호 또는 식별번호, 함유량(%)
응급조치 요령	• 눈에 들어갔을 때 • 피부에 접촉했을 때 • 기타 의사의 주의사항
폭발·화재 시 대처방법	• 적절한(및 부적절한) 소화제 • 화학물질로부터 생기는 특정 유해성 • 화재 진압 시 착용할 보호구 및 예방조치
누출 사고 시 대처방법	• 인체를 보호하기 위해 필요한 조치사항 및 보호구 • 환경을 보호하기 위해 필요한 조치사항, 정화 제거 방법
취급 및 저장방법	안전취급요령, 안전한 저장 방법
노출방지 및 개인보호구	• 화학물질의 노출기준, 생물학적 노출기준 등 • 개인 보호구 호흡기 보호, 눈 보호, 손 보호, 신체 보호
물리화학적 특성	• 외관(물리적 상태, 색 등), 냄새, pH • 녹는점/어는점, 초기 끓는점과 끓는점 범위 • 인화성(고체, 기체), 인화 또는 폭발 범위의 상한/하한
안정성 및 반응성	• 화학적 안정성 및 유해 반응의 가능성 • 피해야 할 조건(정전기 방전, 충격, 진동 등), 물질
독성에 관한 정보	• 가능성이 높은 노출 경로에 관한 정보 • 건강 유해성 정보

환경에 미치는 영향	• 생태독성, 잔류성 및 분해성 • 생물 농축성, 토양 이동성, 기타 유해 영향
폐기 시 주의사항	폐기방법, 폐기 시 주의사항
운송에 필요한 정보	• 유엔 번호, 선적명, 운송에서의 위험성 등급 • 사용자가 운송 또는 운송 수단에 관련해 알 필요가 있거나 필요한 특별한 안전 대책
법적 규제현황	• 산업안전보건법, 화학물질관리법, 위험물안전관리법 • 기타 국내 및 외국법에 의한 규제
그 밖의 참고사항	• 자료의 출처 • 최초 작성일자, 개정 횟수 및 최종 개정일자

"끝"

1. 문제

소방공사 계약에서 물가변동에 따른 계약금액 조정(Escalation)에서 품목조정률과 지수조정률을 설명하시오.

2. 시험지에 번호 표기

소방공사 계약에서 물가변동에 따른 계약금액 조정(1)(Escalation)에서 품목조정률(2)과 지수조정률(3)을 설명하시오.

Tip 최근에는 소방기술사의 업무인 감리 및 성능위주설계가 자주 출제되고 있습니다. 꼭 정리하셔야 합니다.

3. 실제 답안지에 작성해보기

문 3-5) 품목조정률과 지수조정률을 설명

1. 물가변동으로 인한 계약금액 조정제도

정의	도급계약 체결 후 계약 금액을 구성하는 각종 품목 또는 비목의 가격이 상승 또는 하락된 경우 그에 따라 계약 금액을 계약 당사자 일방의 불공평한 부담을 경감시켜줌으로써 원활한 계약이행을 도모코자 하는 것
목적	• 내역서상의 비목의 가격상승 반영 계약금액 조정으로 불공평한 부담 경감 • 원활한 계약이행 도모　　　• 계약당사자 간의 클레임 사전조정 역할 • 하도급업체의 증가비용 절감　　　• 계약당사자 간의 상생협력 의지 표명

2. 물가변동 조정요건

기간요건	• 입찰일 후 90일 이상 경과 • 입찰일을 기준으로 함 • 2차 이후의 물가변동은 전 조정기준일로부터 90일 이상 경과
등락요건	품목조정률, 지수조정률이 3% 이상 증감 시 적용
청구요건	절대요건인 기간요건, 등락요건이 충족되면 상대자의 청구에 의해 조정

3. 품목조정률

정의	계약금액의 산출내역을 구성하는 각 품목 또는 비목의 가격변동으로 계약금액의 3% 이상 증감 시 계약금액을 조정
산출식	• 품목조정률 $$= \frac{\text{각 품목 또는 비목의 수량에 등락폭을 곱하여 산출한 금액의 합계}}{\text{계약금액}}$$ • 등락폭 = 계약단가 × 등락률 • 등락률 = $\dfrac{\text{물가변동 당시가격} - \text{입찰당시가격}}{\text{입찰당시가격}}$
내용	• 품목 또는 비목 및 계약금액 등은 조정기준일 후에 이행될 부분을 대상 • 계약단가 : 품목 또는 비목의 계약단가 • 물가변동 당시 가격 : 물가변동 당시 산정한 각 품목 또는 비목의 가격 • 입찰 당시 가격 : 입찰서 제출 마감일 당시 산정한 각 품목 또는 비목의 가격

4. 지수조정률

정의	계약금액의 산출내역을 구성하는 비목군 및 지수 등의 변동으로 계약금액의 3% 이상 증감 시 계약금액을 조정
적용지수	• 한국은행이 조사, 공표하는 생산자물가기본분류지수 또는 수입물가지수 • 정부, 지방자치단체 또는 공공기관의 운영에 관한 법률에 따른 공공기관이 결정, 허가 또는 인가하는 노임, 가격 또는 요금의 평균지수 • 국가를 당사자로 하는 계약에 관한 법률 시행규칙 제7조제1항제1호의 규정에 의하여 조사, 공표된 가격의 평균지수 • 기획재정부장관이 정하는 지수
적용	• 계약금액 중 조정기준일 이후에 이행되는 부분의 대가에 품목조정률 또는 지수조정률을 곱하여 산출 • 계약상 조정기준일 이전에 이행이 완료되어야 할 부분은 적용대상에서 제외 • 발주처의 책임 있는 사유, 또는 천재지변 등 불가항력의 사유로 이행이 지연된 경우는 물가변동 적용 대가에 포함 • 발주자는 계약금액을 증액하여 조정 시 계약상대자로부터 계약금액의 조정을 청구받은 날부터 30일 이내에 계약금액을 조정

5. 비교

구분	품목조정률	지수조정률
적용대상	거래실례가격, 원가계산에 의한 예정가격을 기준으로 체결한 계약	원가계산에 의한 예정가격을 기준으로 체결한 계약
용도	• 계약금액의 비목이 적고 조정횟수가 많지 않을 경우 적합 • 단기, 소규모, 단순 공종공사 등	• 계약금액의 구성비목이 많고 조정횟수가 많을 경우 적합 • 장기, 대규모, 복합 공종공사 등

"끝"

1. 문제

무선통신보조설비에 대하여 다음 사항을 설명하시오.

(1) 전압정재파비

(2) 그레이딩(Grading)

(3) 무반사 종단저항

2. 시험지에 번호 표기

무선통신보조설비(1)에 대하여 다음 사항을 설명하시오.

(1) 전압정재파비(2)

(2) 그레이딩(Grading)(3)

(3) 무반사 종단저항(4)

3. 실제 답안지에 작성해보기

문 3-6) 전압정재파비, 그레이딩, 무반사 종단저항에 대해 설명

1. 개요

① 무선통신 보조설비는 지하 등 실내 공간에서 안테나의 공간파가 약화되어 통신불능 상태가 되는 현상을 개선함으로써, 실내 소방 구조활동 시 소방대 상호 간의 무선통신을 원활하게 해주는 설비

② 건물의 구석까지 신호를 균등하고 손실 없게 보내기 위해 정재파비를 제한하고 그레이딩을 실시하고 무반사 종단저항을 선로의 말단에 설치

2. 전압정재파비

개요도	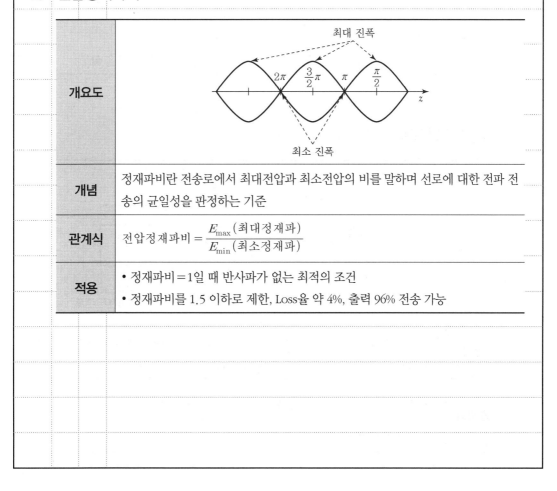
개념	정재파비란 전송로에서 최대전압과 최소전압의 비를 말하며 선로에 대한 전파 전송의 균일성을 판정하는 기준
관계식	전압정재파비 $= \dfrac{E_{\max}\,(최대정재파)}{E_{\min}\,(최소정재파)}$
적용	• 정재파비 =1일 때 반사파가 없는 최적의 조건 • 정재파비를 1.5 이하로 제한, Loss율 약 4%, 출력 96% 전송 가능

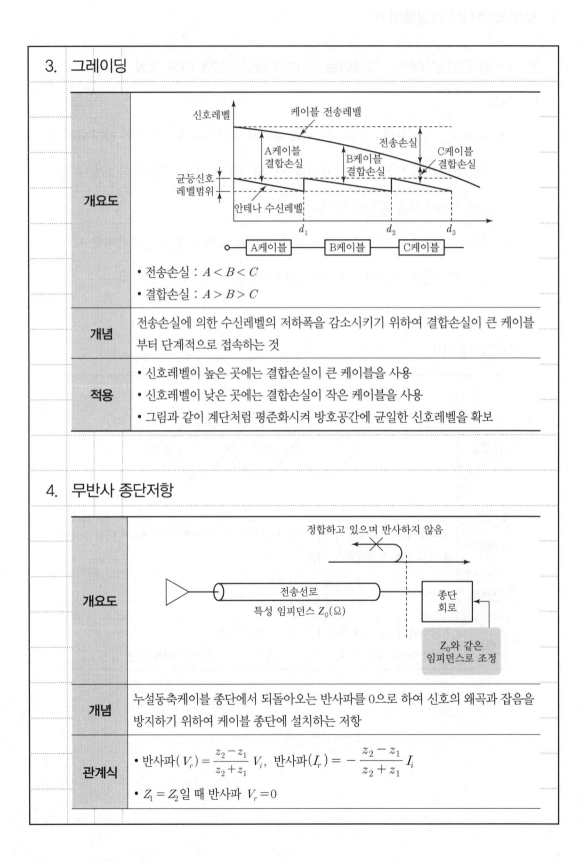

3. 그레이딩

개요도	

- 전송손실 : $A < B < C$
- 결합손실 : $A > B > C$

개념	전송손실에 의한 수신레벨의 저하폭을 감소시키기 위하여 결합손실이 큰 케이블부터 단계적으로 접속하는 것
적용	• 신호레벨이 높은 곳에는 결합손실이 큰 케이블을 사용 • 신호레벨이 낮은 곳에는 결합손실이 작은 케이블을 사용 • 그림과 같이 계단처럼 평준화시켜 방호공간에 균일한 신호레벨을 확보

4. 무반사 종단저항

개요도	
개념	누설동축케이블 종단에서 되돌아오는 반사파를 0으로 하여 신호의 왜곡과 잡음을 방지하기 위하여 케이블 종단에 설치하는 저항
관계식	• 반사파$(V_r) = \dfrac{z_2 - z_1}{z_2 + z_1} V_i$, 반사파$(I_r) = -\dfrac{z_2 - z_1}{z_2 + z_1} I_i$ • $Z_1 = Z_2$일 때 반사파 $V_r = 0$

적용	• 회로 임피던스와 무반사 종단저항의 임피던스를 50Ω으로 임피던스정합 • 무반사 종단저항 내에서 줄열(H) = I^2Rt(J) 이용 열로 소멸 • 반사파 억제 → 잡음 제거 → 균등신호 전송 • 무반사 종단저항 특징 −허용전력 : 1W (연속) −전압정재파비 : 1.5 이하 −임피던스 : 50Ω	

"끝"

1. 문제

소화설비(옥내소화전, 스프링클러, 물분무 등)의 배관 및 가압송수장치, 제어반에 적용되고 있는 내진설계기준에 대하여 설명하시오.

2. 시험지에 번호 표기

소화설비(옥내소화전, 스프링클러, 물분무 등)의 배관(2) 및 가압송수장치(3), 제어반(4)에 적용되고 있는 내진설계기준(1)에 대하여 설명하시오.

> **Tip** 소방시설의 내진설계기준에 의하면 배관 내진설계기준은 설치기준, 수평지진하중, 이격거리의 경우 적용까지 3항으로 구성되어 답이 길고 내용이 많습니다. 이 항목을 어떻게 줄여 55줄 안에 배열을 할 것인지 고려하고 답안을 미리 작성해 보셔야 합니다. 그래서 모의고사 평가가 중요한 것입니다.

3. 실제 답안지에 작성해보기

문	**4-1) 소화설비의 배관 및 가압송수장치, 제어반에 적용되고 있는 내진설계 기준 설명**

1. 개요

① 소방시설의 내진설계는 면진, 제진을 포함한 지진으로부터 소방시설의 피해를 줄일 수 있는 구조를 의미하는 포괄적인 개념

② 배관에 이격거리 및 지진분리장치 등의 설치 등을 규정하고, 가압송수장치는 방진장치와 스토퍼에 대해서 규정하고 있으며, 아울러 제어반은 지진 발생 시에도 기능을 잃지 않도록 설치

2. 배관의 내진설계기준

1) 설치기준

구분	설치기준
배관응력 최소화	• 건물 구조부재 간의 상대변위에 의한 배관의 응력 고려 • 지진분리이음, 지진분리장치, 이격거리 유지
지진분리 장치	• 건축물 지진분리이음 설치 위치 • 지상노출 배관이 건축물로 인입되는 위치의 배관에는 구경과 관계없이 설치
흔들림 방지 버팀대	• 천장과 일체 거동을 하는 부분에 배관이 지지되어 있을 경우 • 배관의 흔들림을 방지하기 위하여 흔들림 방지 버팀대를 사용 • 흔들림 방지 버팀대와 그 고정장치는 소화설비의 동작 및 살수를 방해 금지

2) 수평지진하중

배관중량	배관의 중량은 가동중량(W_p)으로 산정
산정식	• 허용응력설계법 $$F_{pw} = C_p \times W_p$$ 여기서, F_{pw} : 수평지진하중, C_p : 소화배관의 지진계수, W_p : 가동중량 • 허용응력설계법 외의 방법으로 산정된 설계지진력에 0.7을 곱한 값을 적용

적용	• 배관의 횡방향과 종방향에 각각 적용 • 소방시설의 배관과 연결된 타 설비배관을 포함한 수평지진하중은 산정식의 기준에 따라 결정

3) 이격거리

호칭구경	• 배관, 관통구 25mm 이상 100mm 미만 : 배관의 호칭구경보다 50mm 이상 • 배관의 호칭구경이 100mm 이상인 경우 : 배관의 호칭구경보다 100mm 이상
틈새	방화구획을 관통하는 배관의 틈새는 내화채움성능이 인정된 구조 중 신축성 이 있는 것으로 메워야 함

3. 가압송수장치 내진설계기준

개요도	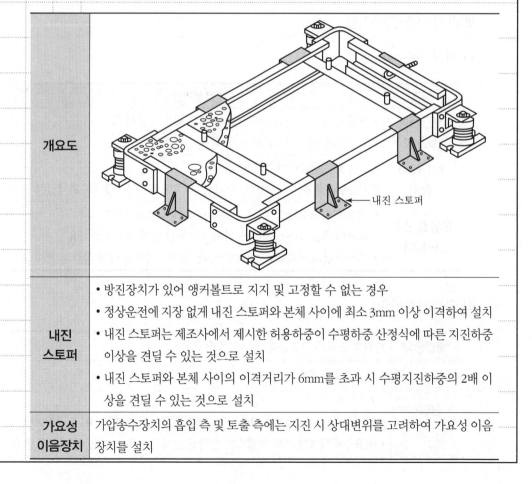

내진
스토퍼
	• 방진장치가 있어 앵커볼트로 지지 및 고정할 수 없는 경우
	• 정상운전에 지장 없게 내진 스토퍼와 본체 사이에 최소 3mm 이상 이격하여 설치
	• 내진 스토퍼는 제조사에서 제시한 허용하중이 수평하중 산정식에 따른 지진하중
	  이상을 견딜 수 있는 것으로 설치
	• 내진 스토퍼와 본체 사이의 이격거리가 6mm를 초과 시 수평지진하중의 2배 이
	  상을 견딜 수 있는 것으로 설치

가요성 이음장치	가압송수장치의 흡입 측 및 토출 측에는 지진 시 상대변위를 고려하여 가요성 이음 장치를 설치

내진 스토퍼

4. 제어반의 내진설계 기준

개요도	
기기 중심
설계지진력
인단력
(정착부의 부재력) < (정착부의 허용 내력)
전단력   앵커볼트
정착부
• 설계지진력 : 지진운동으로 인하여 기기의 중심에 작용하는 작용력 |
| 앵커볼트 | • 제어반 등의 지진하중은 수평하중 산정식에 따라 계산하며 앵커볼트는 공통적 용사항에 따라 설치
• 제어반 등의 하중이 450N 이하이고 내력벽 또는 기둥에 설치하는 경우 직경 8mm 이상의 고정용 볼트 4개 이상으로 고정할 수 있음 |
| 고정, 기능 | • 건축물의 구조부재인 내력벽 · 바닥 또는 기둥 등에 고정
• 바닥에 설치하는 경우 지진하중에 의해 전도가 발생하지 않도록 설치
• 제어반 등은 지진 발생 시 기능이 유지될 것 |

"끝"

1. 문제

NFPA 25 수계 소화설비의 점검, 시험 및 유지관리에서 대상 설비별로 다음 사항을 설명하시오.

(1) 시험 및 검사 종류   (2) 주기

(3) 목적   (4) 시험방법

2. 시험지에 번호 표기

NFPA 25 수계 소화설비의 점검, 시험 및 유지관리(1)에서 대상 설비별로 다음 사항을 설명하시오.

(1) 시험 및 검사 종류   (2) 주기

(3) 목적   (4) 시험방법(2)

Tip 화재보험협회 방재정보지에 수록된 내용을 출제한 것으로 판단되며, 수험생이 고르기에는 쉽지 않습니다. 그렇지만 출제가 되었기에 기본문제가 되어서 정리해야 하며, 답안은 단순히 NFPA 규정만을 언급하기보다는 소견으로 혹은 답안 내용으로 국내의 보완점을 언급해야 답의 완성도가 올라갑니다.

3. 실제 답안지에 작성해보기

문 4-2) NFPA 25 수계 소화설비의 점검, 시험 및 유지관리에서 시험 및 검사

종류, 주기, 목적, 시험방법

1. 개요

① 국내에서는 건축물에 설치된 소방기계에 대하여 유지관리 및 점검을 위해 작

동기능점검과 종합정밀점검으로 구분하여 실시

② NFPA 25에서는 시험 및 검사종류 및 주기, 목적까지 규정하고 있기에 좀 더 구

체적이며, 국내에는 규정되지 않은 내용들이 있음

2. 수계 소화설비 대상설비별 점검, 시험 및 유지관리

1) 옥외소화전

[개요도]

유량시험	• 주기 : 5년 • 목적 : 배관 내부상태 확인 • 시험방법 : 정압 및 잔압 측정용 소화전과 피토압력 측정용 소화전을 선택하여 방사 전 정압 측정을 하고, 방사 후 잔압 및 피토압력(동압)을 측정한 후 지난 시험과 결과를 비교하여 배관의 상태를 진단

배수시험	• 주기 : 매년 • 목적 : 배관, 소화전 내 이물질 제거 및 배수의 적정성 확인 • 시험방법 　－각 소화전은 완전히 개방하여 모든 이물질이 완전히 제거될 때까지 유수해야 하며, 1분 이상 개방 　－소화전 가동 후, 건식 소화전은 배럴로부터 배수가 적절히 이루어지는지 관찰 　－완전 배수는 60분 이상 이루어져서는 안 됨	
국내와 비교	• 피토 게이지를 사용하여 각 조건의 방수압 측정 • 옥외소화전 동시 사용(최대 2개) 시 방수압 및 방수량의 화재안전기준(방수압 : 0.25~0.7MPa, 방수량 : 350LPM 이상) 적합 여부 확인 • 옥외소화전 개별 방수압력의 화재안전기준(0.25~0.7MPa) 적합 여부 확인	

2) 옥내소화전

유량시험	• 주기 : 5년 • 목적 : 설계기준 만족여부 확인 • 시험방법 : 정압 및 잔압 측정용 소화전과 피토압력 측정용 소화전을 선택하여 방사 전 정압 측정을 하고, 방사 후 잔압 및 피토압력(동압)을 측정한 후 지난 시험과 결과를 비교하여 배관의 상태를 진단	
국내와 비교	• 피토 게이지를 사용하여 각 조건의 방수압 측정 • 옥외소화전 동시 사용(최대 2개) 시 방수압 및 방수량의 화재안전기준(방수압 : 0.17~0.7MPa, 방수량 : 130LPM 이상) 적합 여부 확인 • 옥내소화전 개별 방수압력의 화재안전기준(0.17~0.7MPa) 적합 여부 확인	

3) 스프링클러 설비

샘플링 시험	• 주기 : 설치 후 5년, 10년, 20년, 50년, 75년 이후 매 5년 또는 10년 • 목적 : 경년변화에 따른 스프링클러 정상작동 여부 확인 • 시험방법 : 각 스프링클러 종류별로 해당되는 주기마다 하나 또는 그 이상의 지역의 대표샘플을 공인된 시험기관에 시험을 의뢰	

	장애물 검사	• 주기 : 5년
		• 목적 : 설비의 상태 감시 및 이물질 제거
		• 시험방법
		  – 배관 내 물을 배수한 후 설비를 분해하고 내부 이물질 및 스케일을 제거하며 필요시 부품을 교체
		  – 배관과 가지배관 상태의 검사는 매 5년마다 주배관 끝에 있는 배수 배관 개방과 외부의 유기화합물과 무기질의 존재를 검사하기 위해 가지배관의 끝에 있는 하나의 스프링클러를 제거하여 수행되어야 함
		  – 대안으로 비파괴시험이 인정되며, 배관 내 점액이 발견되면 미생물에 의한 부식의 징후를 시험해야 함

	국내와 비교	샘플링 시험 및 장애물 검사 도입이 필요하다고 사료됨

4) 밸브 및 부속류

	내부검사	• 주기 : 5년
		• 목적 : 설비의 상태 감시 및 이물질 제거
		• 시험방법
		  – 배관 내 물을 배수한 후 설비를 분해하고 내부 이물질 및 스케일을 제거하며 필요시 부품을 교체
		  – 배관과 가지배관 상태의 검사는 매 5년마다 주배관 끝에 있는 배수 배관 개방과 외부의 유기화합물과 무기질의 존재를 검사하기 위해 가지배관의 끝에 있는 하나의 스프링클러를 제거하여 수행되어야 함
		  – 대안으로 비파괴시험이 인정되며, 배관 내 점액이 발견되면 미생물에 의한 부식의 징후를 시험해야 함

	주배수검사	• 주기 : 1년
		• 목적 : 급수배관과 제어밸브의 상태 감시
		• 시험방법
		  – 유수검지장치의 1차 측 압력을 확인하고 기록
		  – 주배수배관을 천천히 개방하여 깨끗한 물이 방수될 때까지 물을 배수
		  – 1차 측 압력계의 바늘이 안정화될 때까지 기다린 후 잔압을 기록한 후 주배수배관을 천천히 폐쇄

	국내와 비교	내부검사 및 주배수검사 도입이 필요하다고 사료됨

5) 수조

내부검사	• 주기 : 3년(방식 처리되지 않는 스틸 탱크), 5년(그 외) • 목적 : 탱크 내부의 부식, 파손 등 확인 • 시험방법 　－탱크 내부 물을 배수한 후 육안검사를 통해 부식, 균열, 내부코팅 탈락 등 여부를 확인 　－탱크 내부 물을 제거할 수 없는 경우 자격이 있는 다이버 또는 관할기관의 허가를 받은 비디오 장치를 통해 대체 가능
국내와 비교	• 국내의 경우 상하수도법에서 저수조의 상·하반기 청소를 규정 • 소방법에서는 규정이 없기에 도입이 필요하다고 사료됨

"끝"

1. 문제

본질안전 방폭구조에서 Zener Barrier 및 Isolated Barrier 방식에 대하여 그림을 그리고 설명하시오.

2. 시험지에 번호 표기

본질안전 방폭구조(1)에서 Zener Barrier(2) 및 Isolated Barrier(3) 방식에 대하여 그림을 그리고 설명하시오.

3. 실제 답안지에 작성해보기

문 4-3) 본질안전 방폭구조에서 Zener Barrier 및 Isolated Barrier 방식에 대하여 설명

1. 개요

정의	• 본질안전 방폭구조는 방폭지역에서 전기기기와 권선 등에 의한 스파크, 접점단락 등에서 발생되는 전기적 에너지를 제한하여 전기적 점화원 발생을 억제하고 만약 점화원이 발생하더라도 위험물질을 점화할 수 없다는 것이 시험을 통하여 확인할 수 있는 구조 • Barrier 방식에 따라 Zener Barrier 및 Isolated Barrier 방식으로 구분
최소점화 전류비	• 본질안전 방폭구조의 폭발등급은 최소점화전류비에 의한 분류를 따름 • 최소점화전류비(CH_4)에 의한 분류(IEC)

폭발등급	A Group	B Group	C Group
최소점화전류비	0.8 초과	0.45 이상 0.8 이하	0.45 미만
방폭기기 분류	IIA	IIB	IIC
위험성	낮음	중간	높음

2. Zener Barrier 방식

개요도	
개념	안전지역에서 위험지역으로 흘러들어가는 비정상 전압, 전류를 제너다이오드 저항, 퓨즈로 제한하거나 차단하는 방식
특징	• 제너다이오드-정전압 유지, 저항-전류 제한, 퓨즈-과전압 차단 • 구조가 간단하고 저렴하며, 제어기기 및 주변기기에 접지 및 본딩이 필요 • 퓨즈 단선 시 재사용이 불가

3. Isolated Barrier 방식

개요도	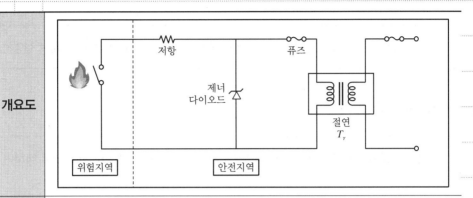
개념	안전지역에서 위험지역으로 흘러들어가는 비정상 전압, 전류를 변압기, 광전소자, 릴레이를 통해 전기에너지를 차단하는 방식

특징	• 원리
	  −변압기 : 고전압 → 저전압으로 전압 변환
	  −광전소자 : 발광 LED로 빛 발생 및 트랜지스터 스위칭 회로 구성
	  −릴레이 : 저전압으로 접점 형성
	• 구조가 복잡하고 고가이나 Zener Barrier 방식에 비해 접지 및 본딩이 필요치 않는 방식

4. Zener Barrier 방식과 Isolated Barrier 방식 비교

구분	Zener Barrier 방식	Isolated Barrier 방식
전류의 제한	제너다이오드, 저항, 퓨즈	변압기, 광전소자, 릴레이
접지설비	필요함	불필요함
신뢰도	낮음	높음

"끝"

1. 문제

한국산업표준(KS A 0503 배관계의 식별표시)에 의한 소화배관 표시방법에 대하여 설명하시오.

2. 시험지에 번호 표기

한국산업표준(KS A 0503 배관계의 식별표시)(1)에 의한 소화배관 표시방법(2)에 대하여 설명하시오.

> **Tip** 생소한 내용입니다. 2020년 12월 31일 배관계의 식별표시가 개정됨에 따라 출제가 된 것으로 보입니다. 모든 기출문제가 그렇듯이 한번 출제된 것은 기본문제가 되기에 숙지하셔야 합니다.

3. 실제 답안지에 작성해보기

문 4-4) KS A 0503 배관계의 식별표시에 의한 소화배관 표시방법에 대하여 설명

1. 개요

목적	배관계에 설치한 밸브의 잘못된 조작을 방지하는 등의 안전을 도모하거나 배관계 취급의 적정화를 도모
대상	공장 · 광산 · 학교 · 극장 · 선박 · 차량 · 항공 보안시설 등

2. 소화배관 표시방법

1) 물질의 종류와 식별색

물질의 종류	식별색
물	파란색
공기	하얀색

2) 관 내 물질의 종류 식별 및 명칭 표시

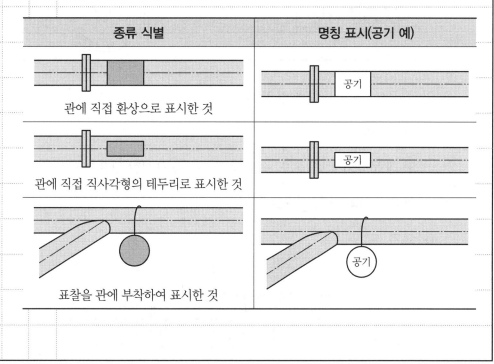

종류 식별	명칭 표시(공기 예)
관에 직접 환상으로 표시한 것	공기
관에 직접 직사각형의 테두리로 표시한 것	공기
표찰을 관에 부착하여 표시한 것	공기

3) 흐름상태 표시

① 표기방법

- 화살표는 하양 또는 검정을 사용하여 표시

- 표시하는 장소는 식별색이 관에 직접적으로 환상 또는 직사각형의 테두리 안에 표시되어 있는 경우에는 그 부근

- 관에 부착한 표찰에 식별색이 칠해져 있는 경우에는 그 표찰에 화살표를 기입

② 표기

환상표시 등의 경우	표찰 등의 경우
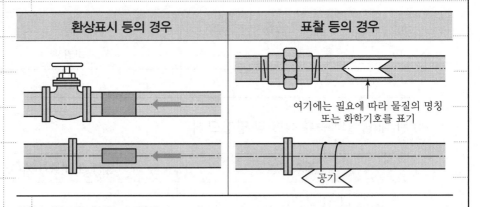	

여기에는 필요에 따라 물질의 명칭 또는 화학기호를 표기

4) 압력, 온도, 속도 등의 특성 표시

① 표기방법

관 내 물질의 압력, 온도, 속도 등의 특성을 표시할 필요가 있는 경우에는 그 양을 수치와 단위 기호로 표시

② 표기

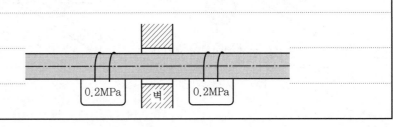

5) 소화 표시

① 표기방법

빨간색의 양쪽에 흰색 테두리를 붙임

② 표기

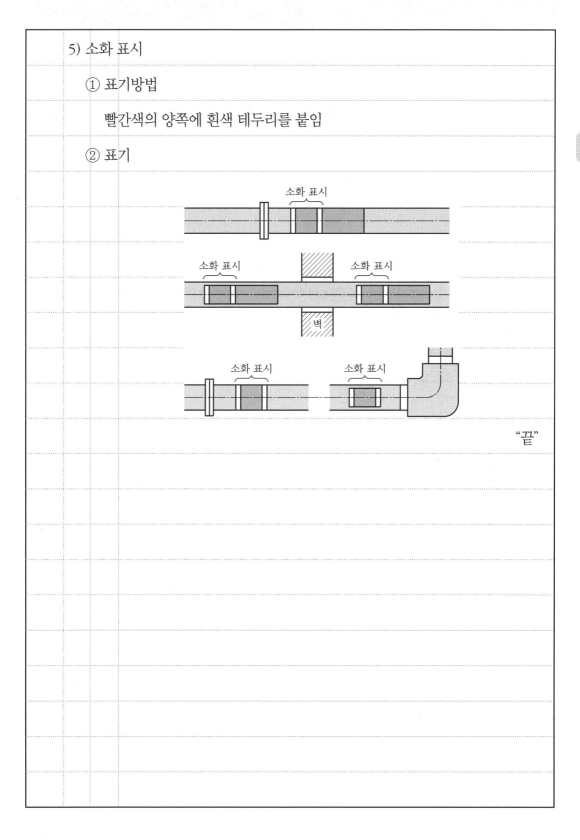

"끝"

1. 문제

유도등의 광원으로 사용되고 있는 LED(Light Emitting Diode)에 대하여 다음 사항을 설명하시오.

(1) P형 반도체와 N형 반도체의 개념

(2) 빛 발생원리(그림 포함)

(3) LED 특징

2. 시험지에 번호 표기

유도등의 광원으로 사용되고 있는 LED(Light Emitting Diode)(1)에 대하여 다음 사항을 설명하시오.

(1) P형 반도체와 N형 반도체의 개념(2)

(2) 빛 발생원리(그림 포함)(3)

(3) LED 특징(4)

3. 실제 답안지에 작성해보기

문 4-5) P형 반도체와 N형 반도체의 개념, 빛 발생원리(그림포함), LED 특징에
대하여 설명

1. 개요

① LED(Light Emitting Diode)는 전류를 가하면 빛을 방출하는 반도체인 발광다
이오드의 약자

② 다이오드는 P형, N형 반도체를 접합시켜 전기를 한쪽 방향으로 흐르게 만든
반도체 소자

2. P형 반도체와 N형 반도체의 개념

1) P형 반도체

개념도	
개념	• P형 반도체란, 전하를 옮기는 캐리어로 정공(홀)이 사용되는 반도체 • 양의 전하를 가지는 정공이 캐리어로서 이동해서 전류가 생김 • 실리콘과 동일한 4가 원소의 진성 반도체에 미량의 3가 원소(붕소, 알루미늄 등)를 불순물로 첨가해서 만들어짐 • 양(Positive)의 전하를 가지는 정공이 다수 캐리어인 것으로부터, Positive의 머리글자를 취해서 P형 반도체로 불림

2) N형 반도체

개념도	 여분인 • 전자 −1
개념	• N형 반도체란, 전하를 옮기는 캐리어로 자유전자가 사용되는 반도체 • 실리콘과 동일한 4가 원소의 진성 반도체에 미량의 5가 원소(인, 비소 등)를 불순물로 첨가해서 만들어짐 • N형 반도체를 만들기 위한 불순물을 도너라고 하며, 이 불순물에 의해서 형성된 준위를 도너 준위라고 함 • 음(Negative)의 전하를 가지는 자유전자가 다수 캐리어인 것으로부터, Negative의 머리글자를 취해서 N형 반도체로 불림

3. 빛의 발생원리

개념도	 빛 P형 반도체　　　N형 반도체
원리	• LED는 여분의 전자(마이너스 성질)가 많은 N형(− : Negative) 반도체와 정공(플러스 성질)이 많은 P형(＋ : Positive) 반도체를 접합한 것 • 이 반도체에 순방향 전압을 인가하면, 전자와 정공이 이동하여 접합부에서 재결합하고, 이러한 재결합 에너지가 빛이 되어 방출 • 발광다이오드의 색은 사용되는 재료에 따라서 다르며 자외선 영역에서 가시광선, 적외선 영역까지 발광하는 것을 제조할 수 있음

4. LED 특징

광원 특징	• 고효율의 광원, 심플한 외형, 저소비전력(2~5W), 긴 수명 • 초기 투자비용이 많고, 전기적 노이즈에 발광의 영향을 받음
소방 적용	• 고휘도 유도등으로 빛의 강도 및 선명도가 높음 • 피난안전성 증대 • 인명안전기준 가시거리 10m → 7m 완화

"끝"

1. 문제

> 「위험물안전관리법」상 인화성 액체에 대하여 다음 사항을 설명하시오.
>
> (1) 품명
> (2) 지정수량
> (3) 저장 및 취급방법

2. 시험지에 번호 표기

> 「위험물안전관리법」상 인화성 액체(1)에 대하여 다음 사항을 설명하시오.
>
> (1) 품명(2)
> (2) 지정수량(2)
> (3) 저장 및 취급방법(3)

Tip 지문 외에 소화방법 등 대책에 대해서 언급하여야 합니다.

3. 실제 답안지에 작성해보기

| 문 | 4-6) 인화성 액체에 대하여 품명, 지정수량, 저장 및 취급방법에 대하여 설명 |

1. 개요

① 인화성 액체란 표준압력(101.3kPa)하에서 인화점이 60℃ 이하이거나 고온·고압의 공정운전조건으로 인하여 화재·폭발위험이 있는 상태에서 취급되는 가연성 물질

② 위험물 안전관리법에서는 제4류 위험물로 구분되고, 품명, 지정수량 저장 취급 방법에 대하여 잘 알고 소화대책을 세워야 함

2. 품명 및 지정수량

위험등급	품명		지정수량(L)
I	특수인화물		50
II	제1석유류	비수용성	200
		수용성	400
III	알코올류		400
	제2석유류	비수용성	1,000
		수용성	2,000
	제3석유류	비수용성	2,000
		수용성	4,000
	제4석유류		6,000
	동식물유류		10,000

3. 저장 및 취급방법

성상	• 가연성 액체로 인화하기 쉽고 증기는 공기보다 무거움 • 액체는 물보다 가벼움(단, 증유는 제외) • 물에는 불용이며 주수소화 시에는 물의 유동에 의해 화재면이 확대가 될 우려
저장취급 방법	• 용기는 밀전 밀봉하고, 액체나 증기의 누출을 방지 • 인화점 이상이 되지 않도록 할 것 • 발생된 증기는 폭발범위 이하로 유지하여야 하며 통풍에 유의 • 화기 및 그 밖의 점화원과 접촉을 피해야 함 • 전기 설비는 모두 접지해야 함

4. 소화대책

포소화설비	• 물과 포 원액을 이용한 포소화설비로 냉각 및 질식소화 • 수용성 위험물 : 내알코올형 포소화약제를 사용
질식소화	산소 차단에 의한 질식소화는 건조사, 이산화탄소, 분말소화설비 이용
수계 소화설비	• 물분무 및 미세 물분무 소화설비 • 유화작용(에멀션 현상)을 활용하여 증발 및 질식소화에 의한 화재 소화

"끝"

Chapter 05

제127회

소방기술사
기출문제풀이

127회 1교시 1번

---

1. 문제

> 건축물의 무창층, 피난층 및 지하층에 대하여 설명하시오.

2. 시험지에 번호 표기

> 건축물의 **무창층(1)**, **피난층(2)** 및 **지하층(3)**에 대하여 설명하시오.

3. 실제 답안지에 작성해보기

문	1 - 1) 건축물의 무창층, 피난층 및 지하층

1. 무창층

정의	무창층이란 지상층 중 다음 모든 요건을 갖춘 개구부 면적의 합계가 해당 층의 바닥면적 1/30 이하가 되는 층
개구부 요건	• 크기 : 지름 50cm 이상의 원이 내접할 수 있는 크기 • 높이 : 해당 층의 바닥면으로부터 개구부 밑부분까지의 높이가 1.2m 이내 • 방향 : 도로 또는 차량이 진입할 수 있는 빈터를 향할 것 • 피난의 용이 : 화재 시 건축물로부터 쉽게 피난할 수 있도록 창살이나 그 밖의 장애물이 설치되지 아니하고, 내부, 외부에서 쉽게 부수거나 열 수 있을 것
소방에의 적용	• 무창층은 열축적 및 연기축적 용이 • 조기에 Flsash Over에 도달 • 조기반응형 헤드 설치 및 제연설비의 설치 필요

2. 건축물의 피난층

정의	피난층이란 곧바로 지상으로 갈 수 있는 출입구가 있는 층
소방에의 적용	• 피난층은 화재 및 재난 시 안전장소로 이동하기 위한 층 • 초고층 및 지하연계복합 건축물 등에는 피난안전구역을 설치하도록 명시 • 소방대의 활동을 위한 비상용 승강기, 피난을 위한 피난용 승강기 설치

3. 지하층

정의	지하층이란 건축물의 바닥이 지표면 아래에 있는 층으로서 바닥에서 지표면까지 평균높이가 해당 층 높이의 2분의 1 이상인 것을 말함
소방에의 적용	• 지하층은 화재 시 축열효과 용이, 연기의 축적으로 피난안전성 약화 • 화재의 조기감지, 조기반응형 헤드의 설치 및 제연설비 설치 필요 • 소방대와 재실자의 피난동선의 일치 • 양방향 피난동선의 확보 및 피난용량 증대가 필요

"끝"

1. 문제

건축물의 방화구획 및 방연구획에 대하여 다음 사항을 설명하시오.

(1) 정의

(2) 목적 및 효과

(3) 구성요소

2. 시험지에 번호 표기

건축물의 방화구획 및 방연구획에 대하여 다음 사항을 설명하시오.

(1) 정의(1)

(2) 목적 및 효과(2)

(3) 구성요소(3)

3. 실제 답안지에 작성해보기

문	1 - 2) 방화구획 및 방연구획의 정의, 목적 및 효과, 구성요소

1. 정의

방화구획	화염의 확산을 방지하기 위한 구획으로 Post Flash Over까지 화재를 한정하기 위해 하중지지력, 차염성, 차열성을 갖춘 구조로 용도, 규모, 부위별로 이루어진 구획
방연구획	연기제어의 기본으로 연기확산방지, 감지기 작동, 배연을 유효하게 하기 위해 불연재료로 이루어진 구획

2. 목적 및 효과

방화구획	• 수평, 수직 화재확산 방지 • 재산 및 인명보호	• 건물의 강도, 성능을 일정시간 유지 • 소방대의 소화활동 보장
방연구획	• 연기유동 및 확산억제 • 감지기 작동 신뢰성 확보	• Rset 증가로 피난 안전성 확보 • 급·배기 제연효과 증대

3. 구성요소

방화구획	• 내화구조의 벽, 바닥 • 방화문 : 60 + 방화문 또는 60분 방화문 • 관통부 : 내화채움성능 인정된 구조 방화댐퍼 • 자동방화셔터 : 내화구조의 벽을 설치할 수 없는 경우 하향식 피난구
방연구획	• 보, 제연경계벽 및 벽 등의 기밀성 있는 불연재료로 구획 • 방연문, 방연댐퍼

"끝"

1. 문제

위험물의 옥외 취급시설에 적용되는 고정식 포소화설비의 포모니터노즐(Foam Monitor Nozzle) 방식으로 적용할 경우 다음 사항을 설명하시오.

(1) 포모니터노즐의 정의

(2) 설치기준

(3) 수원의 수량

2. 시험지에 번호 표기

위험물의 옥외 취급시설에 적용되는 고정식 포소화설비의 포모니터노즐(Foam Monitor Nozzle) 방식으로 적용할 경우 다음 사항을 설명하시오.

(1) 포모니터노즐의 정의(1)

(2) 설치기준(2)

(3) 수원의 수량(3)

3. 실제 답안지에 작성해보기

문	1 - 3) 포모니터노즐의 정의, 설치기준, 수원의 수량

1. 정의

위치가 고정된 노즐의 방사각도를 수동 또는 자동으로 조준하여 포를 방사하는 설비

2. 설치기준

위치	• 옥외저장탱크 또는 이송취급소의 펌프설비 등이 안벽, 부두, 해상구조물, 그밖의 이와 유사한 장소에 설치되어 있는 경우에 당해 장소의 끝선으로부터 수평거리 15m 이내의 해면 및 주입구 등 위험물취급설비의 모든 부분이 수평방사거리 내에 있도록 설치할 것 • 이 경우에 그 설치개수가 1개인 경우에는 2개로 할 것
고정	포모니터노즐은 소화활동상 지장이 없는 위치에서 기동 및 조작이 가능하도록 고정하여 설치
방사량	• 모든 노즐을 동시에 사용할 경우에 각 노즐선단의 방사량이 1,900L/min 이상 • 수평방사거리가 30m 이상이 되도록 설치

3. 수원의 수량

약제량	$Q = N \times 57,000L \times S$ 여기서, Q : 필요 약제량(L), N : 포모니터노즐 수(최소 2개 이상) $\qquad S$: 포소화약제의 사용농도(%) 위의 식에서 수치 57,000L는 포모니터노즐 방사량 1,900L/min×30min의 개념
수원	$Q = N \times 57,000L$

"끝"

1. 문제

전기적인 원인에 의한 화재 또는 폭발 등 재해방지를 위한 정치시간(Rset Time)과 차폐(Shield)에 대하여 설명하시오.

2. 시험지에 번호 표기

전기적인 원인에 의한 화재 또는 폭발 등 재해방지를 위한 정치시간(Rset Time)(1)과 차폐(Shield)(2)에 대하여 설명하시오.

3. 실제 답안지에 작성해보기

문 1-4) 정치시간과 차폐에 대하여 설명

1. 정치시간

정의	• 대전체가 접지된 상태에서 정전기 발생이 종료된 후 다음 정전기 발생이 시작될 때까지의 시간 • 정치시간의 목적은 대전된 정전기가 대지로 누설되도록 하기 위함
관계식	$Q = Q_0 e^{(-\frac{t}{RC})}$ 여기서, Q : t초 후의 잔류전하, Q_0 : 초기대전전하 　　　　R : 전하가 완화되는 경로의 저항, C : 물질 정전용량

[일반위험물 정치시간 일람표]

종류	정치시간
탱크로리	5분
탱크차	15분
500kL 미만의 탱크	30분
500kL 이상의 탱크	60분
1,000kL 미만의 탱크	30분
1,000~5,000kL 미만의 탱크	60분
5,000kL 이상의 탱크	120분

(일람표)

2. 차폐

개요도	
정의	대전물체의 표면을 금속 또는 도전성 물질로 덮어 접지하는 방법
효과	• 정전차폐를 실시하면 전기적 작용억제에 의한 대전방지 • 대전물체의 전위상승, 역학현상이 억제되며, 방전현상 방지 • 차폐제로는 금속제 또는 도전성의 테이프가 사용

"끝"

1. 문제

마스킹 효과(Masking Effect)에 대하여 설명하시오.

2. 시험지에 번호 표기

마스킹 효과(Masking Effect)에 대하여 설명(1)하시오.

3. 실제 답안지에 작성해보기

문 1-5)	**마스킹 효과(Masking Effect)에 대하여 설명**

1. 정의

두 가지 소리가 동시에 울릴 경우 어떤 소리에 의해 다른 소리가 파묻혀 버려 들리지 않게 되는 현상

2. 메커니즘

개요도	
메커니즘	• 마스커(Masker) : 강한 큰 소리 (방해음) • 마스키(Maskee) : 파묻혀 버리는 작은 소리 (목적음) • 방해음 때문에 목적음의 최소 가청 한계가 높아지게 됨. 즉, 한계 이하가 되어서 안 들리게 되는 결과 초래

개요도 내 표기:
- 음압레벨 (세로축), 주파수 (가로축)
- 마스커 존재 시 지각된 음
- 최소가청 한계선
- 마스킹 한계선(가변)

3. 문제점 및 대책

문제점	• 비상방송설비의 화재안전기준의 확성기 음성입력은 3W (실내는 1W), 수평거리 25m 이하 배치 • 화재 발생 시 자동화재탐지설비의 경종과 비상방송설비의 확성기가 동시에 동작하는 경우 비상방송설비의 기능이 크게 저하 • 경종과 확성기가 같이 동작하는 경우 확성기의 소리가 묻히는 Masking Effect 효과로 비상방송설비의 가청도 및 음성명료도 감소되어 비상방송설비로서의 역할을 기대하기 어려움
대책	• 창고시설의 경우 3W 용량 확대, 기타 시설의 경우에도 용량 확대 필요 • 수평거리 25m의 배치기준은 건축물의 구조 및 형상과는 무관하여 비상방송 효과가 떨어짐 • 건축물 내부 공간의 배치를 고려하여 배치토록 하는 것이 필요하다고 사료됨

"끝"

1. 문제

제연풍도가 방화구획을 통과할 경우 고려할 사항에 대하여 설명하시오.

2. 시험지에 번호 표기

제연풍도가 방화구획을 통과(1)할 경우 고려할 사항(2)에 대하여 설명하시오.

3. 실제 답안지에 작성해보기

문 1 - 6) 제연풍도가 방화구획을 통과할 경우 고려할 사항

1. 정의

① 제연풍도가 방화구획을 통과할 경우 관통부는 방화구획의 훼손이 발생하므로 방화구획 이상의 내화성능의 확보가 필요함

② 설계, 시공, 유지관리에 필요사항들을 숙지하고 적용할 필요가 있음

2. 방화구획 통과 시 고려할 사항

설계 시	• 건축물의 피난 방화구조 등의 기준에 관한 규칙에 환기, 냉난방시설의 풍도가 방화구획을 관통할 경우 댐퍼를 설치토록 규정 • 제연풍도가 방화구획 관통 시는 법으로 규정하지 않아 댐퍼의 설계를 누락하는 경우가 발생 • 댐퍼 작동용 감지기의 설치위치 및 감지기 동작 시 해당 방화댐퍼만 동작 고려
시공 시	• 댐퍼 설치 과정에서 벽 또는 바닥에서 이격 설치 여부 • 내화구조 벽체와 덕트 관통부의 틈은 열, 연기, 화염 등의 이면 확산우려 발생 • 내화채움성능을 인정받은 구조로 정확한 충전을 통해 내화 성능 확보
유지관리 시	• 향후 유지관리를 고려해 위치를 선정하고 점검이 가능한 구조로 설치 • 점검구 위치 등 도면에 명확한 표기 및 도면관리 철저 • 점검주기 확립 및 시행

3. 소견

개요도	
방화 댐퍼	• 방화댐퍼는 환기, 난방 또는 냉방시설의 풍도가 방화구획을 관통하는 경우 댐퍼를 설치하도록 규정 • 제연풍도가 방화구획을 관통 시 방화댐퍼를 적용해야 함이 타당하다고 사료됨

"끝"

1. 문제

방화댐퍼의 성능시험기준 및 내화시험조건에 대하여 설명하시오.

2. 시험지에 번호 표기

방화댐퍼의 성능시험기준(1) 및 내화시험조건(2)에 대하여 설명하시오.

3. 실제 답안지에 작성해보기

문 1-7) 방화댐퍼의 성능시험기준 및 내화시험조건

1. 방화댐퍼의 성능시험기준

성능	• 내화성능시험 결과 비차열 1시간 이상의 성능 • KS F 2822(방화 댐퍼의 방연 시험 방법)에서 규정한 방연성능	
성능시험 기준	시험체	• 시험체는 날개, 프레임, 각종 부속품 등을 포함하여 실제의 것과 동일한 구성·재료 및 크기의 것 • 3m×3m의 가열로의 크기보다 큰 경우에는 시험체 크기를 가열로에 설치할 수 있는 최대크기
	시험횟수	• 내화시험 및 방연시험은 시험체 양면에 각 1회씩 실시 • 수평부재에 설치되는 방화댐퍼의 경우 내화시험은 화재노출면에 대해 2회 실시
	크기	• 내화성능 시험체는 가장 큰 크기로 제작 • 방연성능 시험체는 가장 작은 크기로 제작

2. 내화시험조건

가열곡선	표준시간-가열온도곡선 $T_t = 345 \log(8t+1) + T_n(20℃)$ 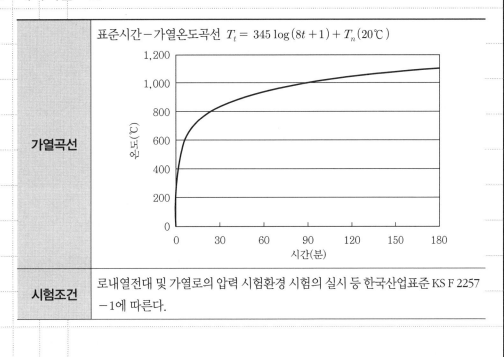
시험조건	로내열전대 및 가열로의 압력 시험환경 시험의 실시 등 한국산업표준 KS F 2257-1에 따른다.

내화시험	① 시험 전 주위온도에서 댐퍼의 작동장치를 사용하여 10번 개폐 후 이상여부 확인 ② 방화댐퍼를 폐쇄 후 KS F2257－1 표준시간－가열온도곡선으로 가열 ③ 차염성 측정
판정기준	• 균열게이지시험 : 6mm 균열 게이지 관통 후 150mm를 이동되지 않거나, 25mm 균열 게이지 관통되지 않을 것 • 화염시험 : 이면에 10초 이상 지속되는 화염 발생이 없을 것 • 면패드는 적용하지 않음

"끝"

1. 문제

화재패턴의 생성 메커니즘과 Spalling에 대하여 설명하시오.

2. 시험지에 번호 표기

화재패턴의 생성 메커니즘(1)과 Spalling(2)에 대하여 설명하시오.

3. 실제 답안지에 작성해보기

문 1-8) 화재패턴의 생성 메커니즘과 Spalling에 대하여 설명

1. 화재패턴 생성 메커니즘

정의	화재패턴이란 화재 후에 남아있는 것으로 눈으로 볼 수 있으며 측정할 수 있는 물리적 효과로 화재진행과정이 현장에 기록된 것을 말함
개념도	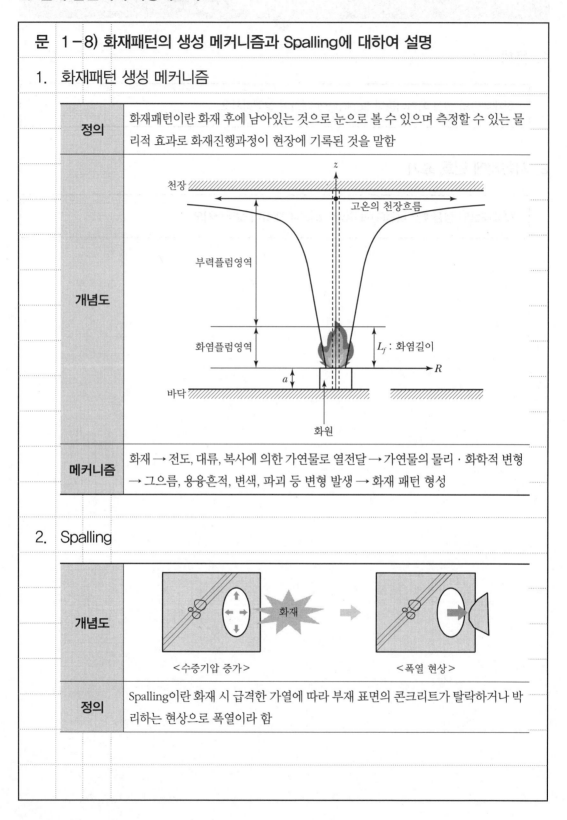
메커니즘	화재 → 전도, 대류, 복사에 의한 가연물로 열전달 → 가연물의 물리·화학적 변형 → 그으름, 용융흔적, 변색, 파괴 등 변형 발생 → 화재 패턴 형성

2. Spalling

개념도	<수증기압 증가>　　　　　<폭열 현상>
정의	Spalling이란 화재 시 급격한 가열에 따라 부재 표면의 콘크리트가 탈락하거나 박리하는 현상으로 폭열이라 함

메커니즘	• 수증기압력 > 콘크리트 내부 인장강도 • 화재 발생 → 콘크리트 고온에 노출되어 열전이 발생 → 열응력 발생 → 콘크리트 내 인장응력 발생 → 인장응력 < 열응력 → 폭열 • 중성화에 따른 철근 부식 → 부식에 따른 약 4~10배 이상 부피 팽창 → 철콘크리트 박리 및 폭열 발생
방지대책	• 시방위주 대책 　– 내부 수증기 압력을 낮추는 대책(섬유강화 콘크리트 사용, 다공질 경량골재 사용) 　– 콘크리트 인장강도를 높이는 대책(규산염 등 인장강도가 큰 골재사용, 메시와 이어 사용과 충분한 양생시간 확보) • 성능위주대책 : 설계화재시간 < 내화성능을 만족하게 설계할 것

"끝"

1. 문제

> 「위험물안전관리법」에서 정하는 제3류 위험물에 대하여 다음을 설명하시오.
>
> (1) 성질
> (2) 위험성
> (3) 소화방법

2. 시험지에 번호 표기

> 「위험물안전관리법」에서 정하는 제3류 위험물에 대하여 다음을 설명하시오.
>
> (1) 성질(1)
> (2) 위험성(2)
> (3) 소화방법(3)

3. 실제 답안지에 작성해보기

문 1-9) 제3류 위험물의 성질, 위험성, 소화방법에 대하여 설명

1. 제3류 위험물의 성질

자연발화성	공기와 접촉 시 발화, 가연성 가스를 발생
금수성	물과 접촉 시 발열 발응
가연성	칼륨, 나트륨, 황린 등(대부분 금수성, 불연성임)

2. 위험성

자연발화성	• 열축적 용이 및 공기 중 자연발화 • 저장용기 누설 중 연소 시 독성가스 주의 및 소화활동 시 보호장비 착용 • 황린은 물속에 저장하며, 공기와의 접촉금지
금수성	• 물(수분)과 반응 • 반응식 $H_2O + 2e \rightarrow \dfrac{1}{2}O_2 + H\uparrow$, $Na + H_2O \rightarrow NaO + H_2\uparrow$ • 수증기폭발 및 수소발생으로 화재 확대

3. 소화방법

질식소화	• 마른모래, 팽창질석, 팽창진주암 등 피복소화 • 분말소화기 이용 질식소화
황린소화	물 또는 포소화약제 사용
금속소화약제	Na-X, MET-L-X, G-1, TMB, TEC 사용

"끝"

1. 문제

건축물에 설치된 통신용 배관 샤프트(TPS)와 전기용 배관 샤프트(EPS)의 화재 특성을 설명하고, 적합한 소화설비를 설명하시오.

2. 시험지에 번호 표기

건축물에 설치된 **통신용 배관 샤프트(TPS)와 전기용 배관 샤프트(EPS)(1)의 화재 특성(2)**을 설명하고, **적합한 소화설비(3)**를 설명하시오.

3. 실제 답안지에 작성해보기

문 1 – 10) 통신용, 전기용 배관 샤프트의 화재 특성, 적합한 소화설비

1. 정의

① TPS : Telecommunication Piping Shaft의 약자로 통신용 케이블이 TPS를 통하여 수직 또는 수평으로 다니는 Shaft를 의미

② EPS : Electrica Piping Shaft의 약자로 건축물을 건설할 경우 전기공사의 간선이 통로를 통하여 수직 또는 수평으로 다니는 Shaft를 의미

2. 화재특성

구분	특성
공간특성	• 무창폐쇄 공간 : 열축적 및 연기축적 용이 • 방호구획 관통부 내화채움성능의 구조로 채움 : 경년변화, 성능 불안정 시 화재확산 • 전선피복 등 다량의 가연물 존재
연소특성	• 점화원 : 단락, 지락, 과부하 등 • 연소가능성 : 전선피복 등 다량의 중합재료 산재 • 연소확대 가능성 : 방화구획관통부를 통한 화재확대 • 전기 및 통신 공급차단으로 인한 2차재해 유발

3. 적합한 소화설비

SP 설비	• 소화원리 : 표면냉각 + 질식소화 • 표면냉각 : 화재 시 현열을 이용 인화점 이하로 냉각 • 질식소화 : 소화수의 부피 팽창으로 산소농도를 15% 이내로 제어
소공간 자동소화장치	• 분말자동소화장치 : 제1인산암모늄($NH_4H_2PO_4$) • 가스식 자동소화장치 : HFC – 23, HFC – 125 등 • 고체에어로졸 자동소화장치 : 고체에어로졸(K_2CO_3)화합물

"끝"

127회

1. 문제

물분무소화설비의 적용 장소와 소화원리에 대하여 설명하시오.

2. 시험지에 번호 표기

물분무소화설비의 적용 장소(1)와 소화원리(2)에 대하여 설명하시오.

3. 실제 답안지에 작성해보기

문 1 – 11) 물분무소화설비의 적용 장소와 소화원리

1. 물분무소화설비의 적용 장소

적용 장소	토출량
특수가연물저장, 취급 소방대상물	바닥면적(m^2)(최대 50m^2) $10L/min \cdot m^2$
차고, 주차장	바닥면적(m^2)(최대 50m^2) $10L/min \cdot m^2$
절연유봉입 변압기 설치부분	표면적(바닥면적제외)(m^2) $10L/min \cdot m^2$
케이블트레이, 덕트 등 설치부분	투영된 바닥면적(m^2) $12L/min \cdot m^2$
위험물저장탱크 설치부분	원주둘레길이(m) $37L/min \cdot m^2$
컨베이어밸트 설치부분	바닥면적(m^2) $10L/min \cdot m^2$

2. 소화원리

개요도	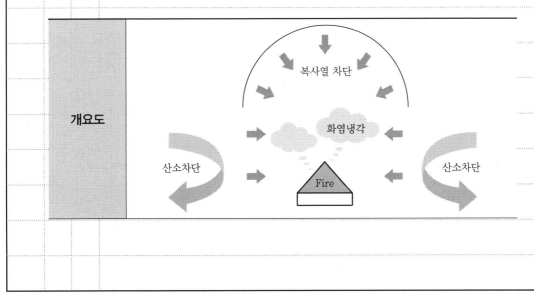

질식효과	• 소화수의 부피팽창, 산소농도를 15% 이하로 제어 • 0℃, H_2O, 1mol = 22.4L, 분자량 = $\dfrac{18g}{mol}$ $$V_{250} = 22.4 \times \dfrac{(100+273)}{273} = 30.60\,L$$ $$\dfrac{30.60}{0.018} = 1,700배\ 부피팽창$$
기상냉각	• 물의 잠열 이용 : 상변화를 통해 인화점 이하로 냉각 • 물 1kg이 100℃ 수증기로 변화할 때 538kcal/kg의 열량 흡수
유화소화	• 소화수의 압력과 속도 올려 물의 유동성 증가 시 유류의 상부 유화층 형성 • 중질유화재 → 유화층 형성 → 가연성 증기 증발억제
희석소화	• 수용성, 가연성 액체의 농도를 연소하한계 미만으로 희석 • 가연성 가스의 농도를 연소하한계 미만으로 희석

"끝"

1. 문제

소방용 배관을 옥외지중 매립 시공 시 고려사항에 대하여 설명하시오.

2. 시험지에 번호 표기

소방용 배관을 옥외지중 매립 시공 시 고려사항(1)에 대하여 설명하시오.

3. 실제 답안지에 작성해보기

문 1-12) 소방용 배관을 옥외지중 매립 시공 시 고려사항

1. 개요

건축물의 대형화 및 공동주택의 대단지 건립으로 인하여 소방배관의 옥외지중 매립시공이 증가할 수밖에 없기에 지중배관의 부식, 매설하중, 동결심도를 고려해야 배관의 누수 및 파손을 피할 수 있음

2. 옥외지중 매립 시공 시 고려사항

1) 부식

개념도	
정의	금속이 주위환경과 산화 반응하면서 금속 자체가 소모되어 가는 현상으로 전자를 잃거나 산소나 수산기와 결합하여 나타나는 화학적 현상
관계식	• 양극부 $Fe \rightarrow Fe^{++} - 2e^-$ • 음극부 $H_2O + \frac{1}{2}O_2 + 2e \rightarrow 2OH^-$ • $Fe + H_2O + \frac{1}{2}O_2 \rightarrow Fe^{++} + 2OH^- \rightarrow Fe(OH)_2$
대책	• 적정재료 선정 : 스테인리스, CPVC 배관 사용 • 부식환경 차단 : 아연도금, 에폭시 수지도장 • 부식환경 제어 : 제습, 부식억제제 첨가 • 전기화학 제어 : 희생양극법, 외부전원법

2) 매설하중

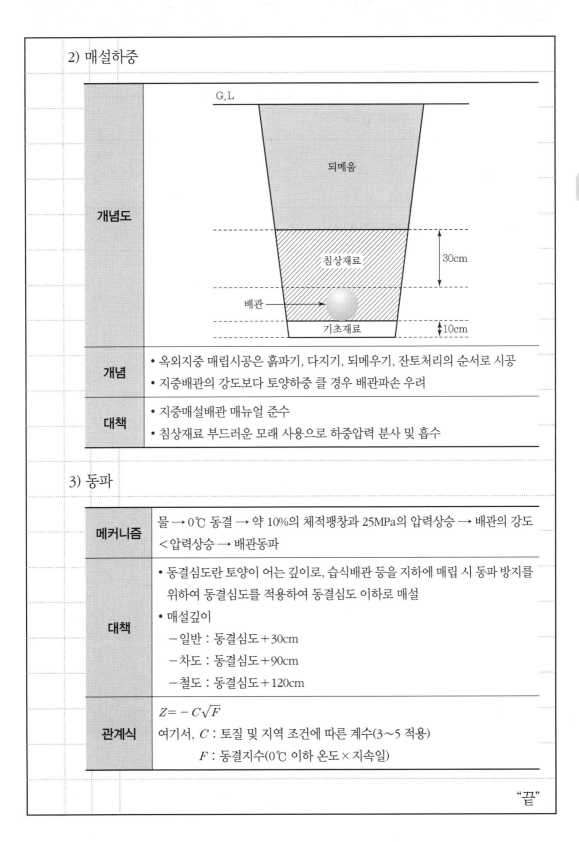

개념도	
개념	• 옥외지중 매립시공은 흙파기, 다지기, 되메우기, 잔토처리의 순서로 시공 • 지중배관의 강도보다 토양하중 클 경우 배관파손 우려
대책	• 지중매설배관 매뉴얼 준수 • 침상재료 부드러운 모래 사용으로 하중압력 분사 및 흡수

개념도 내 라벨: G.L, 되메움, 침상재료, 배관, 기초재료, 30cm, 10cm

3) 동파

메커니즘	물 → 0℃ 동결 → 약 10%의 체적팽창과 25MPa의 압력상승 → 배관의 강도 ＜압력상승 → 배관동파
대책	• 동결심도란 토양이 어는 깊이로, 습식배관 등을 지하에 매립 시 동파 방지를 위하여 동결심도를 적용하여 동결심도 이하로 매설 • 매설깊이 – 일반 : 동결심도＋30cm – 차도 : 동결심도＋90cm – 철도 : 동결심도＋120cm
관계식	$Z = -C\sqrt{F}$ 여기서, C : 토질 및 지역 조건에 따른 계수(3～5 적용) F : 동결지수(0℃ 이하 온도 × 지속일)

"끝"

1. 문제

Fail – Safe와 Single – Risk를 설명하시오.

2. 시험지에 번호 표기

Fail – Safe(1)와 Single – Risk(2)를 설명하시오.

3. 실제 답안지에 작성해보기

문 1 – 13) Fail – Safe와 Single – Risk를 설명

1. Fail – Safe

정의	• 시스템이나 기계장치에 이상이 있는 경우 이를 대체할 다른 수단을 강구하는 것, 즉 이중 안전장치 시스템 • Fail – Safe란 실패하여도 안전하다는 것을 의미	
소방에의 적용	Passive	• 주출입구와 비상구 등 양방향 피난동선 • 방화구획 및 방연구획 • 직통계단 2개소 혹은 피난안전구역 설치 • 비상용 승강기, 피난용 승강기
	Active	• 준비작동식 SP의 Double Interlock System • 50층 이상 시 수직배관의 이중화, 배선의 이중화 • 수원의 공급을 위한 옥상수조 및 격자형 배관방식 채택 • 상용전원과 비상전원 설치 • 소방펌프의 예비펌프 설치

2. Single – Risk

정의	• 한 장소에서는 하나의 위험만 존재한다(Single Risk in Single Area). • 5층 건물이든 50층 건물이든 하나의 방화구획에서 화재가 발생하고 다른 방화구획으로는 화재가 전파되지 않는다는 것을 전제로 화재에 대응
소방에의 적용	• 옥내소화전 설비의 수원의 겸용의 경우 수원의 저수량은 고정식 살수설비가 설치되어 있는 경우 필요한 저수량 중 최대의 것 이상으로 할 수 있음 • 옥상수조 설치면제의 경우 고장과 정전을 대비한 펌프를 설치할 경우 설치 면제 • 2개 이상의 소방대상물이 있는 경우 배관을 연결하여 각 대상물에 옥상수원을 공급할 수 있는 경우 가장 높은 층의 옥상수조 1개만 설치

3. Fail – Safe와 Single – Risk의 관계

① 소방의 기본은 한 장소에서는 하나의 위험만 존재한다(Single Risk in Single Area)는 것

② 이는 Fail-Safe의 개념을 적용하여 하나의 설비 실패를 보완하고 완벽을 기

할 수 있기에 추구할 수 있는 개념이므로 서로 보완하며 상존할 수 있음

"끝"

1. 문제

철근콘크리트 구조물의 화재피해조사를 위해 콘크리트 중성화 깊이측정을 실시하였다. 다음 사항을 설명하시오.

(1) 깊이측정 시험법의 원리

(2) 시험방법

(3) 주의사항

2. 시험지에 번호 표기

철근콘크리트 구조물의 화재피해조사를 위해 **콘크리트 중성화(1)** 깊이측정을 실시하였다. 다음 사항을 설명하시오.

(1) 깊이측정 시험법의 원리(2)

(2) 시험방법(3)

(3) 주의사항(4)

3. 실제 답안지에 작성해보기

문 2-1) 콘크리트 중성화 깊이측정 시험법의 원리, 시험방법, 주의사항을 설명

1. 개요

정의	중성화란 대기 중의 이산화탄소(CO_2) 등 산성물질이 작용해 알칼리성인 콘크리트를 pH(산도) 8.5~10의 중성으로 변화시키는 것
메커니즘	$Ca(OH)_2 + CO_2 \rightarrow CaCO_3 + H_2O$(pH : 13~14 → 8~10으로 중성화)
문제점	• 중성화에 따른 철근 부식 → 부식에 따른 약 4~10배 이상 부피 팽창 → 철근콘크리트 박리 및 폭열 발생 • 콘크리트의 구조적 안전성 저하

2. 깊이측정 시험법의 원리

시험명칭	• 페놀프탈레인법(지시약법) 시험 • 현장에서 가장 많이 사용										
페놀프탈레인 색변화	변색범위(pH)	4	5	6	7	8	9	10	11	12	13
	페놀프탈레인 1% 용액	백색(무변화)					적색변화				
원리	• 페놀프탈레인 1% 용액을 분무하면 콘크리트에 분무된 용액의 색깔이 변화 • pH 9 이하 무색, pH 10 이상 시 적색으로 변화										

3. 시험방법

시약제조	① 페놀프탈레인 1% 용액 사용 ② 페놀프탈레인 1g을 95% 에틸알코올 90mL로 용해, 증류수 10mL 첨가하여 100mL로 함
시험방법	① 콘크리트 측정부위를 드릴 천공, 모서리 국부파손, 이용 시험체 확보 ② 압축공기, 솔, 물청소 등 표면 청소 ③ 스프레이로 시약을 측정 면에 분무 ④ 착색 후 퇴색되는 영역도 중성화 깊이 영역에 포함 ⑤ 조사 위치마다 3군데 이상 측정하여 평균값을 mm단위로 사사오입, 깊이 조사

- 측정된 중성화 깊이와 철근피복과 비교하여 철근부식의 위험성 여부를 판단
- 관계식

$$t = \frac{0.3(1.15+3x)}{R^2(x-0.25)^2}C^2 \quad (x \geq 0.6), \ t = \frac{(7.2)}{R^2(4.6x-1.76)^2}C^2 \quad (x \leq 0.6)$$

여기서, t : C까지 중성화되는 기간(년), x : 강도상의 물-시멘트 비

C : 중성화 깊이(cm), R : 중성화비율(표1)

[표1. 콘크리트의 종류별 중성화비율 $R^{1)}$]

골재의 종류 표면활성제별 시멘트의 종류	강모래 · 강자갈			강모래 · 화산골재			화산골재		
	플레인	AE제	AE감수제	플레인	AE제	AE감수제	플레인	AE제	AE감수제
보통 포클랜드시멘트	1.0	0.6	0.4	1.2	0.8	0.5	2.9	1.8	1.1
조강 포클랜드시멘트	0.6	0.4	0.2	0.7	0.4	0.3	1.8	1.0	0.7
고로 시멘트 (슬래그 30~40%)	1.4	0.8	0.6	1.7	1.0	0.7	4.1	2.4	1.6
고로 시멘트 (슬래그 60% 전후)	2.2	1.3	0.9	2.6	1.6	1.1	6.4	3.8	2.6
실리카 시멘트	1.7	1.0	0.7	2.0	1.2	0.8	4.9	3.0	2.0
플라이애시시멘트 (플라이애시 20%)	1.9	1.1	0.8	2.3	1.4	0.9	5.5	3.3	2.2

1) 경량콘크리트(1종 및 2종)의 R은 강모래 · 강자갈콘크리트와 강모래 · 화산자갈콘크리트의 중간 정도임

(위 내용의 좌측 셀: **평가방법**)

4. 주의사항

시약제조	페놀프탈레인과 에틸알코올의 배합 용량에 주의
시험체확보	시험체 확보 천공 시 철근 등에 손상이 가지 않도록 주의
청소상태	시험체의 표면 청소상태에 유의
시약분무시점	시약 분무 시점은 표면청소 직후 또는 물청소의 경우 표면을 완전 건조 후 실시

5. 중성화 방지대책

콘크리트재료	• 골재 알칼리 잠재 반응성 시험결과 무해한 골재 사용 • 경량골재는 천연산에 비해 자체 기공이 많고 투수성이 커 중량화 속도가 빠름
배합	• 적당량의 공기량 도입 • 혼화제인 감수제, 유동화재를 첨가하면 물과 시멘트의 비가 낮아지게 되어 밀실한 콘크리트 생산으로 중성화 억제 • 플라이애시, 슬래그미분말 사용으로 단위 시멘트양 최소
시공	충분한 다짐으로 밀실한 콘크리트 시공
양생후 대책	• 외부로 부터의 습기 혹은 물의 침입을 방지 • 해수 혹은 해풍의 영향을 받는 곳에서는 실외부재에 방수성 마감

"끝"

1. 문제

소화수 가압송수장치로 적용되는 원심펌프(Centrifugal Pump)의 일반적인 성능곡선도(Performance Curve)를 ① 유량 : 토출양정(m), ② 유량 : 펌프효율(%), ③ 유량 : 소요동력(kW)으로 구분하여 그래프를 작성하고, 다음 항목을 설명하시오.

(1) 체절운전점/정격운전점/150% 유량 운전점

(2) 유량 : 펌프효율(%) 곡선의 특성

(3) 유량 : 소요동력(kW) 곡선의 특성

(4) 최소유량(Minimum Flow)

2. 시험지에 번호 표기

소화수 가압송수장치로 적용되는 원심펌프(Centrifugal Pump)의 일반적인 성능곡선도(Performance Curve)를 ① 유량 : 토출양정(m), ② 유량 : 펌프효율(%), ③ 유량 : 소요동력(kW)으로 구분하여 그래프를 작성(1)하고, 다음 항목을 설명하시오.

(1) 체절운전점/정격운전점/150% 유량 운전점(2)

(2) 유량 : 펌프효율(%) 곡선의 특성(3)

(3) 유량 : 소요동력(kW) 곡선의 특성(4)

(4) 최소유량(Minimum Flow)(5)

3. 실제 답안지에 작성해보기

문 2-2) 체절운전점/정격운전점/150% 유량 운전점, 유량 : 펌프효율곡선의

특성, 유량 : 소요동력(kW) 곡선의 특성, 최소유량

1. 유량 : 토출양정(m), 유량 : 펌프효율(%), 유량 : 소요동력(kW) 그래프

그래프	
설명	• 양정 : 체절압력일 때, 즉 유량이 적을수록 높아짐 • 동력 : 유량이 증가할수록 증가 • 효율 : 최고효율점을 지나면 유량이 증가하더라도 효율은 감소

2. 체절운전점/정격운전점/150% 유량 운전점

그래프	

체절운전점	• 펌프의 토출유량이 0인 상태의 운전으로 성능시험 시 측정 • 체절압력이 정격토출압력의 140% 이하의 압력에서 운전
정격운전점	• 설계점이라고 하며, 유량계의 유량이 정격유량상태(100%)일 때 운전점 • 정격토출압력(100%) 이상에서 운전
150% 운전점	• 유량이 정격토출량의 150%가 되었을 때 정격토출압력의 65% 이상에서 운전 • 소화펌프는 체절운전점부터 150% 유량 운전점까지 운전점이 다양

3. 유량 : 펌프효율(%) 곡선의 특성

그래프	
특성	• 정격유량(100%)에서 최대효율(100%) 나타냄 • 정격유량에서 유량 증가 시 효율을 완만히 감소함

4. 유량 : 소요동력(kW) 곡선의 특성

그래프	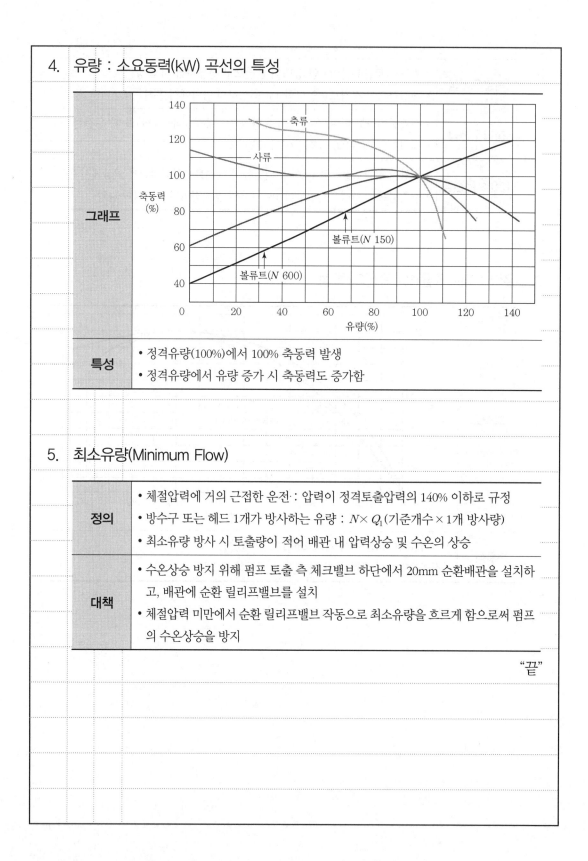
특성	• 정격유량(100%)에서 100% 축동력 발생 • 정격유량에서 유량 증가 시 축동력도 증가함

5. 최소유량(Minimum Flow)

정의	• 체절압력에 거의 근접한 운전 : 압력이 정격토출압력의 140% 이하로 규정 • 방수구 또는 헤드 1개가 방사하는 유량 : $N \times Q_1$(기준개수 × 1개 방사량) • 최소유량 방사 시 토출량이 적어 배관 내 압력상승 및 수온의 상승
대책	• 수온상승 방지 위해 펌프 토출 측 체크밸브 하단에서 20mm 순환배관을 설치하고, 배관에 순환 릴리프밸브를 설치 • 체절압력 미만에서 순환 릴리프밸브 작동으로 최소유량을 흐르게 함으로써 펌프의 수온상승을 방지

"끝"

1. 문제

화재실에서 발생한 연기가 거실에서 특별피난계단 부속실로 유입되는 것을 방지하기 위하여 부속실에 55Pa의 압력을 가하려고 한다. 다음 조건을 참고하여 설명하시오.

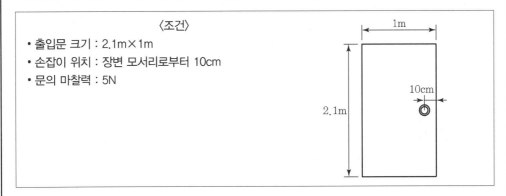

〈조건〉
- 출입문 크기 : 2.1m×1m
- 손잡이 위치 : 장변 모서리로부터 10cm
- 문의 마찰력 : 5N

(1) 국내 화재안전기준을 적용하여 부속실과 거실 사이 출입문의 자동폐쇄장치가 허용하는 힘(N)
(2) 동일조건에서 자동폐쇄장치의 폐쇄력이 45N인 제품을 사용할 경우 부속실의 압력 한계(Pa)

2. 시험지에 번호 표기

화재실에서 발생한 연기가 거실에서 **특별피난계단 부속실(1)**로 유입되는 것을 방지하기 위하여 부속실에 55Pa의 압력을 가하려고 한다. 다음 조건을 참고하여 설명하시오.

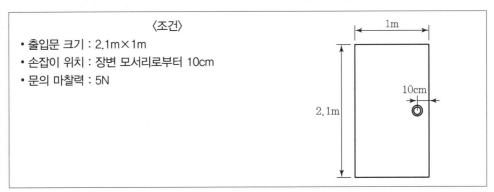

〈조건〉
- 출입문 크기 : 2.1m×1m
- 손잡이 위치 : 장변 모서리로부터 10cm
- 문의 마찰력 : 5N

(1) 국내 화재안전기준을 적용하여 부속실과 거실 사이 출입문의 자동폐쇄장치가 허용하는 힘(N)(2)
(2) 동일조건에서 자동폐쇄장치의 폐쇄력이 45N인 제품을 사용할 경우 부속실의 압력 한계(Pa)(3)

Tip 계산문제입니다. 1번 지문은 단위가 N이며, 2번 지문은 단위가 Pa이므로 주의 깊게 보셔야 합니다. 계산과정과 단위까지 맞아야 답안이 완성됩니다.

3. 실제 답안지에 작성해보기

문 2-3) 연기가 거실에서 특별피난계단 부속실로 유입되는 것을 방지하기 위하여 부속실에 55Pa의 압력을 가하려고 할 때 다음을 구하시오.

1. 개요

정의	소방설비 중 피난을 원활하게 하는 것으로서 화재에 의하여 발생하는 연기가 피난을 방해하지 않도록 방호구역 내에 가두어 그 연기를 제어·배출하거나, 피난통로로 연기의 침입을 방지시켜 연기로부터 피난을 안전하게 할 수 있도록 확보하는 설비
설치대상	• 부속실 제연설비 설치대상 　-지하 3층 이하, 11층(공동주택 16층) 이상 건축물의 특별피난계단 부속실 　-31m(공동주택 10층) 이상 건축물의 비상용 승강기 승강장
제연방식	• 차압 　-최소차압 : 40Pa 이상, SP설치 시 : 12.5Pa 이상 　-화재층 출입문 개방 시 미개방 제연구역과 옥내와 차압 : 최소차압의 70% 이상 　-계단실과 부속실 동시제연 시 : 부속실 기압＝계단실 기압 　　계단실 기압보다 낮을 경우 부속실과 계단실의 압력차 5Pa 이하 • 방연풍속 　-부속실이 거실과 면할 시 : 0.7m/s, 기타 : 0.5m/s

2. 부속실과 거실 사이 출입문의 자동폐쇄장치가 허용하는 힘(N)

관계식	$F=F_1+F_2+F_3,\ F_1\times(W-d)=P\times A\times\dfrac{W}{2}$ 여기서, F : 출입문개방에 필요한 힘(N), F_1 : 차압에 필요한 힘 　　　F_2 : 도어클로저에 필요한 힘, F_3 : 경첩에 필요한 힘 　　　W : 문의 폭(m), d : 손잡이에서 문 끝단까지 거리 　　　P : 차압(Pa), A : 출입문 면적(m^2)
계산조건	F : 110N, F_2 : ?, F_3 : 5N, W : 1m, d : 0.1m, P : 55Pa, A : 2.1×1＝$2m^2$
계산	$F_1\times(1-0.1)=55\times2.1\times\dfrac{1}{2},\ F_1=64.167\,\text{N}$ $110=64.167+F_2+5,\ F_2=40.833\,\text{N}$
답	40.83N

3. 자동폐쇄장치의 폐쇄력이 45N인 제품을 사용할 경우 부속실의 압력 한계(Pa)

계산조건	$F : 110\text{N},\ F_2 : 45\text{N},\ F_3 : 5\text{N},\ W : 1\text{m},\ d : 0.1\text{m},\ P : ?,\ A : 2.1 \times 1 = 2\text{m}^2$
계산	$110 = F_1 + 45 + 5,\quad F_1 = 60\,\text{N}$ $60 \times (1 - 0.1) = P \times 2.1 \times \dfrac{1}{2},\ P = 51.428\text{Pa}$
답	51.43Pa

"끝"

1. 문제

전기저장시설의 화재안전기준(NFPC 607)에서 규정하고 있는 소방시설 등의 종류와 설치기준에 대하여 설명하시오.

2. 시험지에 번호 표기

전기저장시설(1)의 화재안전기준(NFPC 607)에서 규정하고 있는 소방시설 등의 종류와 설치기준 (2)에 대하여 설명하시오.

3. 실제 답안지에 작성해보기

문 2-4) 전기저장시설의 화재안전기준(NFPC 607)에서 규정하고 있는 소방시설 등의 종류와 설치기준에 대하여 설명

1. 개요

정의	"전기저장장치"란 생산된 전기를 전력 계통에 저장했다가 전기가 가장 필요한 시기에 공급해 에너지 효율을 높이는 것으로 배터리, 배터리 관리 시스템, 전력변환장치 및 에너지 관리 시스템 등으로 구성되어 발전·송배전·일반 건축물에서 목적에 따라 단계별 저장이 가능한 장치를 말함
개요도	
문제점	• 다양한 원인에 의한 셀의 온도상승으로 인한 열폭주 발생 • 열폭주 발생되면 인근 셀에도 전이되어 급격한 화재확산

2. 소방시설의 종류와 설치기준

1) 소화기

소화기는 부속용도별로 소화기의 능력단위를 고려하여 구획된 실마다 추가하여 설치

2) 스프링클러 설비

작동방식	• 습식 스프링클러설비 또는 준비작동식 스프링클러설비로 설치 • 신속한 작동을 위해 '더블인터락' 방식은 제외
수원	• 전기저장장치가 설치된 실의 바닥면적 $1m^2$에 분당 12.2L 이상의 수량을 균일하게 30분 이상 방수할 수 있도록 할 것 • 바닥면적이 $230m^2$ 이상인 경우에는 $230m^2$

헤드 간 거리	• 스프링클러헤드 사이의 간격을 1.8m 이상 유지 • 헤드 사이의 최대 간격은 스프링클러설비의 소화성능에 영향을 미치지 않는 간격 이내로 해야 함
감지기	화재감지기는 공기흡입형 감지기, 아날로그식 연기감지기 또는 중앙소방기술심의위원회의 심의를 통해 전기저장장치의 화재에 적응성이 있다고 인정된 감지기를 설치
비상전원	스프링클러설비를 유효하게 일정 시간 이상 작동할 수 있는 비상전원 갖출 것
수동기동장치	준비작동식 스프링클러설비의 경우 전기저장장치의 출입구 부근에 설치
송수구	소방자동차로부터 전기저장장치 설비에 송수할 수 있는 송수구를 「스프링클러설비의 화재안전성능기준(NFPC 103)」 제11조에 따라 설치

3) 배터리용 소화장치

성능	소방기술심의위원회의 심의를 거쳐 소방청장이 인정하는 시험방법으로 시험기관에서 전기저장장치에 대한 소화성능을 인정받은 배터리용 소화장치를 설치
조건	• 옥외형 전기저장장치 설비가 컨테이너 내부에 설치된 경우 • 옥외형 전기저장장치 설비가 다른 건축물, 주차장, 공용도로, 적재된 가연물 위험물 등으로부터 30m 이상 떨어진 지역에 설치된 경우

4) 자동화재탐지설비

준용	자동화재탐지설비는 「자동화재탐지설비 및 시각경보장치의 화재안전성능기준(NFPC 203)」에 따라 설치
감지기	화재감지기는 공기흡입형 감지기, 아날로그식 연기감지기 또는 중앙소방기술심의위원회의 심의를 통해 전기저장장치의 화재에 적응성이 있다고 인정된 감지기를 설치

5) 기타설비

자동화재 속보설비	자동화재속보설비는 「자동화재속보설비의 화재안전성능기준(NFPC 204)」에 따라 설치
배출설비	배출설비는 화재감지기의 감지에 따라 작동하고, 바닥면적 $1m^2$에 시간당 $18m^3$ 이상의 용량을 배출할 수 있는 용량의 것으로 설치

"끝"

1. 문제

성능위주설계 절차와 사전재난영향성 검토 절차를 기술하고, 초고층건축물에서 특별히 고려해야 할 사항에 대하여 설명하시오.

2. 시험지에 번호 표기

성능위주설계 절차(1)와 사전재난영향성 검토 절차(2)를 기술하고, 초고층건축물에서 특별히 고려해야 할 사항(3)에 대하여 설명하시오.

3. 실제 답안지에 작성해보기

문 2-5) 성능위주설계 절차와 사전재난영향성 검토 절차, 초고층건축물에서 특별히 고려해야 할 사항

1. 성능위주설계 절차

정의	"성능위주설계"란 건축물 등의 재료, 공간, 이용자, 화재 특성 등을 종합적으로 고려하여 공학적 방법으로 화재 위험성을 평가하고 그 결과에 따라 화재안전성능이 확보될 수 있도록 특정소방대상물을 설계하는 것을 말함
절차도	
1차 사전 검토	관계인 건축위원회심의 신청 → 성능위주설계 사전검토 신청 → 관할서 성능위주설계 대상 및 자격여부 확인 → 소방본부장 보고 → 성능위주설계 확인 평가단 구성·운영 → 심의결과 신청인 및 소방서장에게 통보/시·도·군·구청 건축위원회 상정 → 건축심의
2차 심의 결정	성능위주설계 신고 → 관할서 대상여부 확인 → 소방본부장 보고 → 성능위주설계 확인·평가단 회의 개최 → 심의·의결 → 심의결과 교부 → 건축허가서신청 → 건축허가동의 회람 → 건축허가동의서 발급 → 착공 → 공사완료 → 건축 사용승인 신청 → 검사 → 사용승인서 교부 → 건축물 사용[성능위주설계 심의결과 → 건축허가 동의 갈음]

2. 사전재난영향성 검토 절차

정의	시·도지사 또는 시장·군수·구청장은 초고층건축물 등의 설치에 대한 허가·승인·인가·협의·계획수립 등을 하고자 하는 경우에는 허가 등을 하기 전에 「재난 및 안전관리 기본법」에 따른 시·도재난안전대책본부장에게 재난영향성 검토에 관한 사전협의를 요청하여야 함
절차	초고층건축물 등의 설치에 대한 허가·승인·인가·협의·계획 등 신청 → 시·도·군·구청장신청서 접수 후 시·도 재난안전대책본부장에게 「사전재난영향성 검토협의」요청 → 시·도 재난안전대책본부장 사전재난영향성 검토위원회 구성·운영 → 심의·의결 → 검토의견 통보

3. 초고층건축물에서 특별히 고려해야 할 사항

1) 초고층건축물 정의와 건축물 특성

정의	• 건축법 시행령 : 층수 50층 이상이거나 높이가 200m 이상인 건축물 • IBC CODE : 128m 이상인 건축물
건축물 특성	• 다수의 재실자 거주 및 일시피난의 경우 피난한계 용량 초과 • 다량의 가연물로 인한 높은 화재하중과 화재가혹도 • E/V, 전기, 공조 배관등의 수직연결공간인 CORE를 통한 연돌효과로 빠른 화재확산 및 배연효율 저감 • 고층부의 바람의 효과로 계단실의 틈새바람효과로 방화문의 개폐 어려움 • 소방대의 화재층 진입 및 소화활동의 곤란

2) 고려사항

연돌효과	• 계절에 따른 연돌효과와 풍압고려 설계 • 동절기 비상시 피난층 및 로비문 개방에 따른 특별피난계단과 피난용 및 비상용 승강기 운용지장 여부 확인 • 제연설비의 TAB 실시

피난용 승강기	• 피난용 승강기 운용에 대한 철저한 검토 및 설치 후 피난훈련을 통한 숙지 • 피난안전구역에서의 일시적 농성 및 부분 피난방식 고려 • 피난용량고려를 위한 설치 및 배치
수원수리계산	• 낙차에 따른 과압에 따른 조기 수원 고갈 고려 설계 • 수리계산을 통한 소화수원 확보 및 적절한 배관 구경 확보
제연설비	• 제연설비 설계 시 공조설비와 분리하여 단독 설계 고려 • 겸용 시 최초 TAB 후 주기적인 TAB 실시로 신뢰성 확보
시뮬레이션	• 피난안전성 평가로 피난시뮬레이션 실행 • 화재시뮬레이션을 통한 ASET과 피난시뮬레이션을 통한 RSET 비교 • ASET > RSET이 되도록 성능위주 피난 설계

"끝"

1. 문제

가스저장탱크의 물분무설비(Water Spray System)에 적용되는 시설기준은 소방관계법령상의 연결살수설비와 고압가스안전관리법상의 온도상승방지설비로 규정되어 있다. 상기 기준에서 소방안전상 요구되는 다음 항목을 설명하시오.

(1) 적용대상
(2) 연결살수설비의 헤드설치기준
(3) 온도상승방지설비의 고정식 분무장치 살수밀도

Tip 수험생이 선택하기에 쉽지 않은 문제입니다.

1. 문제

소방청에서 「성능위주설계표준 가이드라인(2021.10)」을 제시하고 있다. 이와 관련하여 다음 사항을 설명하시오.

(1) 특별피난계단 피난안전성 확보
(2) 비상용 승강기, 승강장 안전성능 확보

2. 시험지에 번호 표기

소방청에서 「성능위주설계표준 가이드라인(2021.10)」을 제시하고 있다. 이와 관련하여 다음 사항을 설명하시오.

(1) 특별피난계단 피난안전성 확보(1)
(2) 비상용 승강기, 승강장 안전성능 확보(2)

3. 실제 답안지에 작성해보기

문 3-1) 특별피난계단 피난안전성 확보, 비상용 승강기, 승강장 안전성능 확보에 대하여 설명

1. 개요

① 성능위주설계는 법규 위주설계 시 화재 안전성능을 확보하기 곤란한 고층건축물 등 특수한 건축물에 적합한 최적의 소방대책을 구축하기 위한 공학적 기법을 이용하여 설계하는 것을 말함

② 특별피난계단과 비상용 승강기 승강장 안전성능확보를 위한 패닉바 설치 등을 「성능위주설계 표준 가이드라인」에서 규정하고 있음

2. 특별피난계단 피난안전성 확보

1) 목적

지상1층 또는 피난층으로 연결된 피난시설로서 계단의 배치, 출입문의 구조 등 설치기준을 명확히 하여 재실자의 피난안전을 확보하고자 함

2) 피난안전성 확보 방안

패닉바 설치	패닉바	특별피난계단 출입문에는 가급적 개방이 쉬운 패닉바 설치 권고(공동주택(아파트) 및 그 사용 형태가 유사한 주거용 오피스텔 제외)
화재 위험성	• 특별피난계단 계단실에는 화재 위험성이 있는 시설물 설치 금지 • 도시가스배관, 전기배선용 케이블 등 기타 이와 유사한 시설물	

피난용도 표시		• 특별피난계단 계단실 출입문에는 피난 용도로 사용되는 것임을 표시할 것 • 백화점, 대형 판매시설, 숙박시설 등 불특정다수인이 이용하는 시설에 설치되는 특별피난계단에 피난용도로 사용되는 표시를 할 경우 픽토그램(그림문자)으로 적용할 것
연결구조		 • 특별피난계단은 옥상광장(헬리포트, 인명구조공간)까지 연결되도록 할 것 • 계단실은 승강기 권상기실 등 다른 용도의 실로 직접 연결되지 않도록 할 것
면적등		• 특별피난계단 부속실은 4m² 이상의 유효면적으로 계획할 것 • 특별피난계단(피난계단) 출입문(매립형)에는 고리형 손잡이 설치 금지

3. 비상용 승강기 승강장 안전성능 확보

1) 목적

비상용(피난용) 승강장 크기기준 확대 및 화재 시 운영 방안을 마련하여 원활한

소방활동과 신속한 재실자 피난이 가능하게 하고자 함

2) 안전성 확보 방안

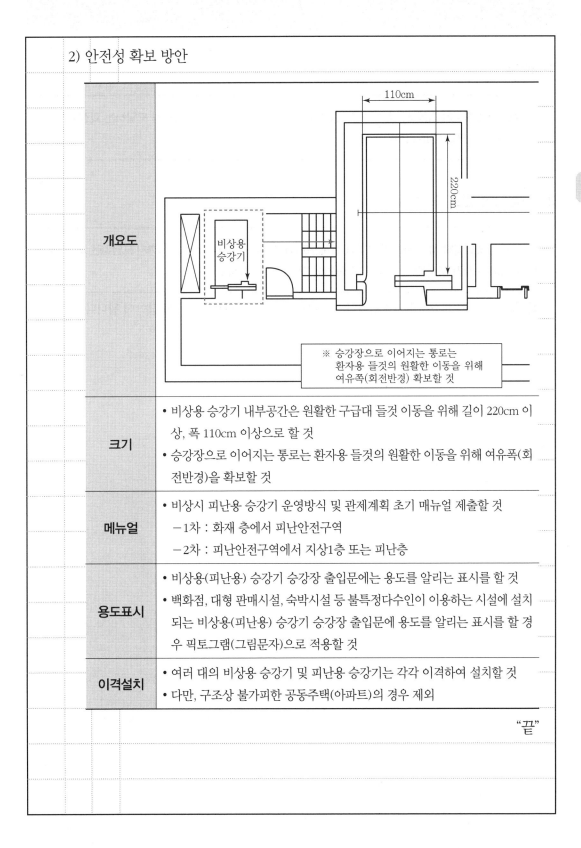

개요도	(개요도) 110cm, 220cm, 비상용 승강기 ※ 승강장으로 이어지는 통로는 환자용 들것의 원활한 이동을 위해 여유쪽(회전반경) 확보할 것
크기	• 비상용 승강기 내부공간은 원활한 구급대 들것 이동을 위해 길이 220cm 이상, 폭 110cm 이상으로 할 것 • 승강장으로 이어지는 통로는 환자용 들것의 원활한 이동을 위해 여유폭(회전반경)을 확보할 것
메뉴얼	• 비상시 피난용 승강기 운영방식 및 관제계획 초기 매뉴얼 제출할 것 −1차 : 화재 층에서 피난안전구역 −2차 : 피난안전구역에서 지상1층 또는 피난층
용도표시	• 비상용(피난용) 승강기 승강장 출입문에는 용도를 알리는 표시를 할 것 • 백화점, 대형 판매시설, 숙박시설 등 불특정다수인이 이용하는 시설에 설치되는 비상용(피난용) 승강기 승강장 출입문에 용도를 알리는 표시를 할 경우 픽토그램(그림문자)으로 적용할 것
이격설치	• 여러 대의 비상용 승강기 및 피난용 승강기는 각각 이격하여 설치할 것 • 다만, 구조상 불가피한 공동주택(아파트)의 경우 제외

"끝"

1. 문제

가스계 소화설비 작동 시 방호구역이 설계농도(Design Concentration)까지 도달하는 과정에서 발생되는 시간지연(Time Delay) 요소에 대하여 설명하시오.

2. 시험지에 번호 표기

가스계 소화설비 작동 시 방호구역이 설계농도(1) (Design Concentration)까지 도달하는 과정에서 발생되는 시간지연(Time Delay) 요소(2)에 대하여 설명하시오.

Tip 시간지연 요소는 문제점입니다. 따라서 대책까지 제시해야 완벽한 답안이 됩니다.

3. 실제 답안지에 작성해보기

문 3-2) 가스계 소화설비 작동 시 방호구역이 설계농도까지 도달하는 과정에서 발생되는 시간지연 요소 설명

1. 개요

개요도	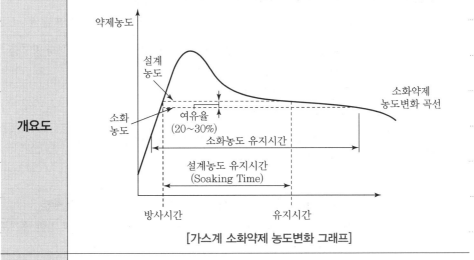
	[가스계 소화약제 농도변화 그래프]
설계농도	• 설계방호체적을 방호하는 데 필요한 소화약제 등의 양을 산출하기 위한 밀도(농도)로서 소화밀도(농도)에 안전계수(안전계수는 1.3을 적용한다)를 곱하여 산출한 값 －이산화탄소 표면화재 최소설계농도 34% －할로겐화합물 및 불활성 기체 소화설비 최소설계농도 소화농도×1.2(A, C급 화재), 소화농도×1.3(B급 화재)

2. 설계농도 도달시간 지연 요소

개요도	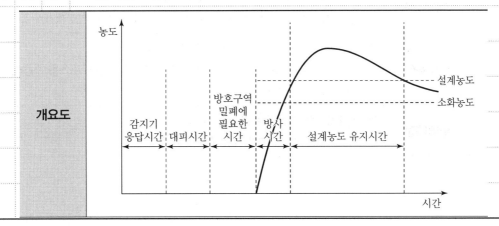

감지시간	• 화재발생 후 일정시간 지나면 감지기 동작 • 오동작으로 인한 피해를 줄이기 위해서는 교차회로방식 사용 • 2개 회로 모두 동작해야 가스계 소화설비 동작하므로 시간지연 발생	
대피시간	• 수신기에서 화재신호를 수신하면 가스계 소화설비 제어반으로 송신 • 방호구역 재실자 대피를 위한 시간지연 설정(20~30초) • 2개 회로 모두 동작해야 가스계 소화설비 동작하므로 시간지연 발생	
방사시간	• 최소설계농도에 도달하는 데 필요한 약제량의 95%를 노즐로부터 방사를 개시한 시점부터 방출하는 데 필요한 시간 • 화재안전기준의 방사시간기준 　－할론, 할로겐 화합물 : 10초 　－CO_2 소화약제 : 표면화재(1분 이내), 심부화재(7분 이내) 　－불활성 가스 : 1분 이내 • 분사헤드 소화약제 도달시간 　－저장용기로부터 분사헤드에 소화약제가 도달하는 데 시간 지연 　－배관의 길이가 길어질 경우 배관 내에서 소화약제의 기화로 인한 증기로 인한 지연시간 발생	
밀폐시간	• 소화약제가 정상적으로 방출된다 하더라도 개구부 밀폐시간이 지연되거나, 밀폐실패 발생 시 설계농도 도달시간 지연 발생 • 밀폐실패 시 개구부를 통한 누설량이 발생되면 설계농도 유지시간의 확보가 불가능하여 소화실패 발생	

3. 설계농도 도달시간 단축 방안

감지시간	• 신뢰도 높은 특수감지기 적용으로 교차회로 방식 지양 • 불꽃감지기, 정온식 감지선형 감지기, 복합식 감지기, 아날로그 감지기 등	
대피시간	• 성능위주피난설계 적용으로 피난시뮬레이션 실시 • 피난시뮬레이션에 의한 재실자의 대피시간 설정으로 기동용 가스용기 솔레노이드 밸브동작의 시간지연 설정	
밀폐시간	• 자동폐쇄장치의 평상시 유지관리 철저 • PRD 지양하고 전기식 모터 자동폐쇄장치 설치 지향	

방출시간		• 성능위주설계를 통한 화재시뮬레이션 실시
		• 화재시뮬레이션을 통한 화재성장과 열방출률 고려 방출시간 설정
		• 분사헤드 소화약제 도달시간 최소화
		  − 저장용기실을 방호구역과 가깝게 배치
		  − 배관 내 약제비인 배관비를 고려하여 배관의 길이 최적화

"끝"

1. 문제

소방시설용 비상발전기의 기동불량에 대하여 자주 언급되고 있다. 평상시 점검에는 정상 작동되고 있으나, 정전 시에는 작동되지 않는 경우 이에 대한 작동불능의 원인과 해결방법을 설명하시오.

2. 시험지에 번호 표기

소방시설용 비상발전기(1)의 기동불량에 대하여 자주 언급되고 있다. 평상시 점검에는 정상 작동되고 있으나, 정전 시에는 작동되지 않는 경우 이에 대한 작동불능의 원인(2)과 해결방법(3)을 설명하시오.

3. 실제 답안지에 작성해보기

문 3-3) 소방시설용 비상발전기 작동불능의 원인과 해결방법을 설명

1. 개요

정의	비상발전기는 상용전원이 정전되었을 때 비상전원 또는 예비전원으로 전기를 공급하기 위해 설치하는 비상발전기와 부대설비를 말함
부하의 구분	• 소방부하 : 소방법에 의한 소방시설 및 건축법에 의한 방화시설을 포함 • 비상부하 : 급배수, 통신, 공조 등 건출물의 기능을 유지하기 위한 부하
종류	• 소방부하전용 발전기 : 소방부하 전용 • 소방부하겸용 발전기 : 소방부하 + 비상부하 • 소방전원보존형 발전기 : 부하량에 따라 순차적 혹은 일시적으로 비상부하 제어

2. 정전 시 비상발전기 작동불능 원인

1) UVR 계전기

개요도	
UVR위치	• UVR 계전기는 변압기 1차 측 진공차단기에 설치되거나 저압 측 차단기인 ACB에 설치되어 정전에 따른 저전압 시 그 신호에 의해 발전기 기동
UVR불량	• 저압 측 차단기에서 차단될 시 동작하지 않아 작동불능 • UVR 계전기의 고장으로 정전이 발생했는데도 신호를 받지 못하여 발전기 작동불능

대책	• UVR 계전기는 저압 측 차단기에 설치하여 상용전원 정전 및 차단기 불량 시 동작 • UVR 계전기 사전 점검 및 유지관리 철저	

2) 비상발전기 정격출력용량 부족

원인	• 비상전원 정격출력용량 부족에 의한 과부하 발생으로 미동작 • 소방부하겸용 발전기 　−고의 과실로 인한 비상부하용량 산정 부적용 　−정격출력용량 부족으로 인한 과부하 • 소방전원보존형 발전기 　−비공인 성능인정 제어반의 설치 　−제어라인 및 제어장치 유지관리 미흡
대책	• 소방부하 겸용 발전기 　−비상발전기 용량계산서와 단선결선도 및 부하일람표 철저 확인 　−소방전원보존형 발전기 적용 및 지향 • 소방전원보존형 발전기 　−소방시설 완공 시 제어장치 및 시험성적서 내용 철저 확인 　−비영리기관에 의한 제어장치 성능시험성적서 확인사항 　−소방전원보존형 발전기 제어장치 명칭 기재 　−소방부하 및 비상부하에 비상전원이 동시 공급되고 표시 　−전기시설에 대한 소방시설 점검자 정기적 교육 실시

3) 무부하 시험 및 유지관리 소홀

원인	• ATS(자동절환스위치), 차단기 등 스위치계통 이상 • 대부분의 현장에서는 무부하 상태에서 비상발전기 성능 시험 　−무부하 상태 시험에서는 ATS 등의 계통 상태 확인 불가 • 비상발전기 시동용 축전지 방전
대책	• 부하시험 실시 규정 마련과 감독 철저 • 전기설비에 대한 소방시설 점검자의 정기적 교육 실시 및 훈련

"끝"

1. 문제

불꽃감지기에 대한 내용으로 다음 사항에 대하여 설명하시오.

(1) 작동원리 및 종류

(2) 설치 현장에서 동작시험 방법

(3) 설치기준

2. 시험지에 번호 표기

불꽃감지기(1)에 대한 내용으로 다음 사항에 대하여 설명하시오.

(1) 작동원리 및 종류(2)

(2) 설치 현장에서 동작시험 방법(3)

(3) 설치기준(4)

3. 실제 답안지에 작성해보기

> 문 3-4) 불꽃감지기 작동원리 및 종류, 설치 현장에서 동작시험 방법, 설치기준
> 에 대해 설명

1. 개요

   ① 화재에 의해 발생되는 불꽃을 이용하여 자동적으로 화재발생을 감지하여 수
   신기에 발신하는 감지기를 말함

   ② 작동원리에 따라 적외선, 자외선, 영상분석식 등의 종류가 있으며, 현장에서
   는 라이터, 토치램프 등으로 동작시험을 함

2. 작동원리 및 종류

   1) 작동원리

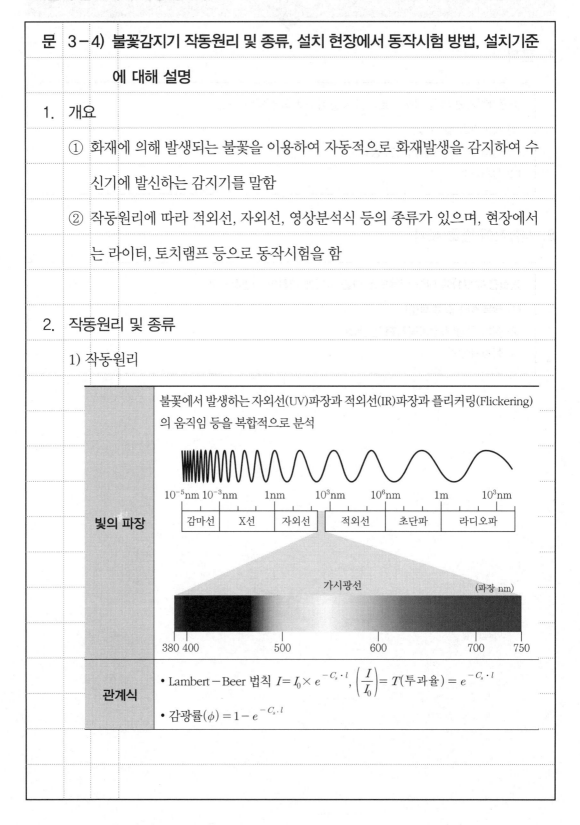

빛의 파장	불꽃에서 발생하는 자외선(UV)파장과 적외선(IR)파장과 플리커링(Flickering)의 움직임 등을 복합적으로 분석
관계식	• Lambert − Beer 법칙 $I = I_0 \times e^{-C_s \cdot l}$, $\left(\dfrac{I}{I_0}\right) = T(투과율) = e^{-C_s \cdot l}$ • 감광률$(\phi) = 1 - e^{-C_s \cdot l}$

동작원리	• 자외선 불꽃 감지기
	  −빛의 파장 ≤ 연기입자 → 투과율 감소
	  −자외선 파장검출
	• 적외선 불꽃 감지기
	  −빛의 파장 > 연기입자 → 투과율 증가
	  −적외선 파장검출
	• 불꽃 영상 분석식
	  −화재발생 → 적외선카메라 영상촬영 → 판별부 온도측정 분석 → 화재경
	    보, 관계인 문자발송 및 방재센터 전송

2) 종류

자외선 불꽃감지기	• 불꽃에서 방사되는 자외선의 변화가 일정량 이상 되었을 때 작동 • 광전 효과, 광기전력 효과, 광도전 효과 이용
적외선 불꽃감지기	• 불꽃에서 방사되는 적외선의 변화가 일정량 이상 되었을 때 작동 • CO_2의 공명방사, 다파장 검출방식, 정방사 검출방식
플리커 검출방식	• 연소 화염에는 불꽃의 플리커(깜박임)가 포함 • 플리커의 단파장 검출방식
기타	• 적외선 영상 분석식 • IR/IR, UV/IR 방식 등

3. 설치현장에서 동작시험 방법

라이터 이용	• 거리 1~3m 정도의 거리에서 간단히 작동여부 판단 시험 • 감지기의 설정된 감도에 따라 시험할 수 있는 거리가 영향이 있음
토치램프 이용	• 거리 5~10m 정도의 거리에서 작동여부 판단 시험 • 가장 일반적인 시험방법으로 적정수준 이상의 화염을 만들어야 감지 가능
연소대 이용	• 공칭감지거리 이내 33cm × 33cm × 5cm 정도의 불판 사용 • 라이터나 토치램프로 시험을 하기에 부적합한 거리의 경우에 사용하는 시험방법

127회 소방기술사 기출문제풀이 **401**

테스터기 이용	• 실질적인 불을 사용할 수 없는 장소에서 실화재와 비슷한 파장대의 UV와 IR을 방사해 불꽃감지기의 화재 인식을 시험할 수 있는 제품 • 테스터기 램프를 감지기 방향으로 고정 및 감지기 작동 확인

4. 설치기준

공칭감시거리	공칭감시거리, 공칭시야각은 형식승인 내용에 따름
감시구역	공칭감시거리, 공칭시야각 기준, 감시구역이 모두 포용될 수 있도록 설치
설치위치	• 모서리 또는 벽에 설치 • 천장에 설치할 경우는 바닥을 향하여 설치
방수형	수분이 많이 발생하는 곳에 방수형 설치
기타	그 밖의 사항은 형식승인 내용에 따르고 없는 것은 제조사 시방기준에 따름

"끝"

1. 문제

고층건축물 화재 시 발생한 연기 또는 유해가스 등 연소생성물이 건축물 내부에서 확산하는 영향 요인에 대하여 설명하시오.

2. 시험지에 번호 표기

고층건축물 화재 시 발생한 **연기 또는 유해가스 등 연소생성물이 건축물 내부에서 확산(1)**하는 **영향 요인(2)**에 대하여 설명하시오.

3. 실제 답안지에 작성해보기

문 3-5) 연기 또는 유해가스 등 연소생성물이 건축물 내부에서 확산하는 영향

요인에 대하여 설명

1. 개요

문제점	연소 시 발생하는 기상의 생성물 중 고상, 액상의 작은 입자가 포함되어 있고, 이러한 연기입자와 가스 성분이 온도가 높은 상태로 건축물 내부로 확산되며, 연기의 확산으로 인하여 화재확대 및 인명손상의 일으킴
연기제어	• 목적 : 피난안전성 확보 및 소방활동 지원 • 연기의 제어 개념 : 구획화, 가압 및 차압, 축연, 연기의 강하방지 및 배연, 희석

2. 고층건축물의 연소생성물의 확산 영향 요인

구분	내용
굴뚝효과	• $\triangle P = 3,460 H \left(\dfrac{1}{T_o} - \dfrac{1}{T_i} \right)$ • 건물 내외부의 온도차, 압력차, 밀도차가 발생하여 상승기류 형성에 의한 Stack Effect가 발생하여 연기의 상층으로 확대 • 화재 시 내부공기의 온도상승 → 외부와의 밀도차 발생 → 외부의 공기가 하부로 인입 → 중성대 상부에서 내부압력이 증가 → 외부로 방출되는 압력이 상승
부력	• $\rho = \dfrac{PM}{RT}$ 여기서, ρ : 밀도, P : 압력, M : 물질의 분자량, R : 기체상수, T : 온도 • 온도차, 밀도차, 압력차에 의하여 상승기류인 부력이 발생하며, 하층부에서 상층부로 연기의 확산이 발생함
가스팽창	• 보일-샤를의 법칙 $- P_1 V_1 / T_1 = P_2 V_2 / T_2$ -온도 상승 시 부피는 증가 • 화재 시 열에 의하여 주변의 공기가 팽창되어 연기가 확산됨

구분	내용
바람의 효과	• $P_w = \dfrac{1}{2}\, C_w \rho_0\, V^2$ 여기서, C_w : 압력계수($-0.8 \sim 0.8$) ρ_0 : 외부공기밀도($\mathrm{kg/m^3}$) V : 풍속($\mathrm{m/s}$) • 바람에 의한 풍압효과는 건물의 누설특성과 크게 관련이 있고 풍속의 자승에 비례함 • 바람이 불어오는 쪽의 벽면을 내부로의 압력으로 작용하고, 나가는 쪽의 바람은 외부로의 바람으로 작용하여 연기가 확산됨
공조시스템	• 건물 내에 냉·난방용 공조시스템, 환기용 공조덕트 시스템이 건물 내 기류를 순환시킬 때에 연기를 확산 • 공조설비와 제연설비를 겸용할 경우 화재 시 순환댐퍼의 개도율이 0%가 되고, 급기 및 배기댐퍼가 100%의 개도율로 공기를 변화시켜야 하지만 개도율이 0%가 안 되기에 연기의 확산 통로가 됨
피스톤효과	 • 엘리베이터 이동에 따른 상하 압력분포 • 엘리베이터 상승 시 Car 진행방향 과압상태로 승강기 문 등 개구부를 통하여 압력 배출 • 엘리베이터 하강 시 Car 진행방향 과압상태로 승강기 문 등 개구부를 통하여 압력 배출

3. 연기의 확산 방지 대책

대책	내용
건축적 대책	• 계단실, 엘리베이터 등 Core의 기밀도 향상 • 외부 공기의 유입방지 : 구조상 기밀도 향상 및 창의 내화성능 향상 • 층간 관통부 구획을 내화채움성능이 있는 구조로 밀폐 • 자연 배출방식이 아닌 급기가압 등 제연설비 설치
설비적 대책	• 공조설비를 제연설비와 단독으로 설치 지향 • 공조설비의 단일층 Unit화
소방적 대책	• 계단실 급기 가압 실시 • 제연설비의 샌드위치 가압방식 채택 • 화재초기 감지 및 진압 • 층간 방화구획을 화재하중에 따른 구획 지향

"끝"

1. 문제

화재 · 폭발의 위험성이 존재하는 작업장에서의 공정 위험성평가에 대하여 설명하시오.

2. 시험지에 번호 표기

화재 · 폭발의 위험성이 존재하는 작업장에서의 **공정 위험성평가(1)**에 대하여 설명하시오.

Tip 정의 및 목적 – 절차 – 평가내용 – 평가서 작성 및 제출 순으로 작성합니다.

3. 실제 답안지에 작성해보기

문 3-6) 작업장에서의 공정 위험성평가에 대하여 설명

1. 개요

정의	위험성평가는 위험요소를 찾아내어 크기와 영향을 분석하고, 위험도 표현, 대책 등 일련의 안전성 확보를 위한 과정
목적	평가대상이 되는 공정(작업)에 있어 위험기계 또는 위험물질에 대한 유해·위험 요인을 찾아내고 그 유해·위험요인이 사고로 발전할 수 있는 가능성을 최소화하기 위한 대책을 수립

2. 위험성평가

1) 절차

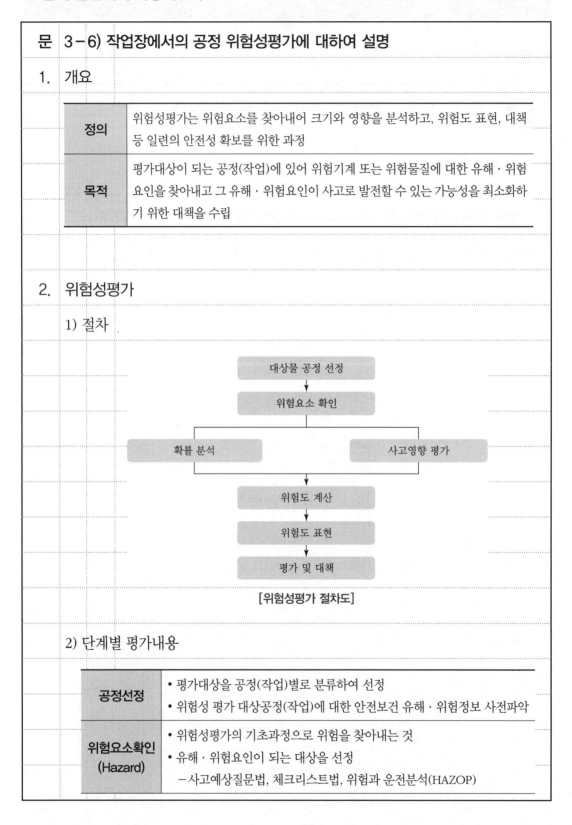

[위험성평가 절차도]

2) 단계별 평가내용

공정선정	• 평가대상을 공정(작업)별로 분류하여 선정 • 위험성 평가 대상공정(작업)에 대한 안전보건 유해·위험정보 사전파악
위험요소확인 **(Hazard)**	• 위험성평가의 기초과정으로 위험을 찾아내는 것 • 유해·위험요인이 되는 대상을 선정 −사고예상질문법, 체크리스트법, 위험과 운전분석(HAZOP)

확률분석	• 사고발생 데이터를 기초로 사고발생확률 계산 • 정량적 위험성 평가 기법 이용 　－ 결함수 분석법(FTA), 사건수분석법(ETA)
사고영향 평가	• 위험이 사고로 전이될 경우 손실이 얼마인가를 예측하는 것으로 위험의 크기와 영향을 분석하는 것 • 누출원 모델링, 분산모델링, 화재모델링, 폭발모델링, 사고영향분석기법 등
위험도 계산표현	• 사회적 위험과 개인적 위험을 표현 위험도 = 사고의 빈도 × 사고의 강도 · 부상 및 건강장애정도 · 재산손실 크기 · 위험이 사고로 발전될 확률 · 폭로 빈도와 시간 • 위험도 Matrix, F－N커브, 위험 등고선으로 위험 표현
평가 및 대책	• 위험성평가는 개인적, 사회적 위험을 통하여 위험을 평가하고 위험을 낮 추거나 배제하기 위한 대책을 세우는 과정 • 비상조치, 방화조치 등을 통하여 실질적인 계획을 통한 대책을 수립

3. 공정위험성 평가서 작성(필수사항)

① 위험성평가 목적

② 공정위험 특성

③ 위험성평가 결과에 따른 잠재위험의 종류

④ 위험성평가 결과에 따른 사고빈도 최소화 및 사고 시 피해 최소화 대책

⑤ 기법을 이용한 위험성 평가 보고서

⑥ 위험성 평가 수행자 등

"끝"

1. 문제

화재발생 시 초기대응 및 인명구조 골든타임을 확보하기 위한 조건으로 소방자동차 출동 진입로 확보 및 주변 장애요소의 개선방안에 대하여 설명하시오.

2. 시험지에 번호 표기

화재발생 시 초기대응 및 인명구조 골든타임을 확보하기 위한 조건으로 소방자동차 출동 진입로 확보(1) 및 주변 장애요소의 개선방안(2)에 대하여 설명하시오.

Tip 「성능위주설계 평가운영 표준가이드라인」 소방활동 접근성 분야에서 출제된 문제입니다. 꼭 나머지 내용들도 정리를 하셔야 합니다.

3. 실제 답안지에 작성해보기

문 4-1)	소방자동차 출동 진입로 확보 및 주변 장애요소의 개선방안에 대하여 설명

1. 목적

화재 발생 등 각종 재난·재해 그 밖의 위급한 상황에서 소방자동차 출동진입로 (통로) 확보 및 주변 장애 요소를 제거하여 원활한 소방활동 환경을 마련하기 위함

2. 소방자동차 진입(통로) 동선 확보 및 주변 장애 요소의 개선방안

구분	내용
개요도	 3m 이상 확보 5m 이상 APARTMENT
진입로	• 진입로 다중화 • 동별 최소 2개 면에 소방자동차 접근이 가능한 진입(통로)로 설치할 것 　- 소방자동차 진입로에는 경계석 등 장애물 설치를 금지하고, 구조상 불가 　　피하여 경계석 등을 설치할 경우에는 경사로로 설치하거나 그 높이를 최 　　소화할 것 　- 진입로 회전반경은 차량 중심에서 최소 10m 이상 고려하여 회차 가능
공동주택도로	• 단지 내 폭 1.5m 이상의 보도를 포함 • 폭 7m 이상의 도로를 설치
주차차단기	• 주차차단기 등을 설치할 경우 • 소방자동차 진입로는 최소 3m 이상 확보할 것
문주, 필로티	진입로에 설치되는 문주(門柱) 및 필로티 유효높이는 5m 이상 확보

동번호표시	• 공동주택의 경우 외벽 양쪽 측면 상단과 하단에 동 번호 표시 • 외부에서 주 · 야간에 식별이 가능하도록 동 번호 크기, 색상 구성할 것

진입로각도	• 진입로가 경사 구간의 경우
	   －시작 각도는 3° 이하
	   －최대 각도는 10° 이하로 권장

3. 소방자동차 소방활동 전용구역 확보 및 주변 장애 요소의 개선 방안

개요도	

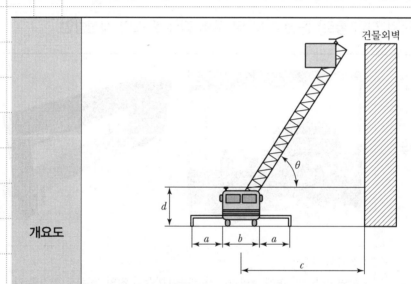

범례(70m 굴절차)		
a	아웃리거 전개	2.7m
b	소방차 폭	2.5m
c	건물과 이격거리	6～15m
d	소방차 높이	4.0m
e	사다리각도	0～80°

전용구역 확보	• 특수소방자동차 전용 구역은 동별 전면 또는 후면에 1개소 이상 확보할 것 – 건축물 외벽으로부터 차량 턴테이블 중심까지 6~15m 이내 구간 – 폭 30cm 이상의 선을 황색 반사도료로 칠하고 주차구역 표기 – 동별 소방관진입창 또는 피난시설(대피공간 등)이 설치된 장소와 동선이 일치 – 문화 및 집회시설, 판매시설 등 다중이용시설의 경우 동별 출입로에 구급차 전용 구역 확보하고 위치를 확인할 수 있는 번호 표지판을 부착할 것
구역바닥 구조	• 소방자동차 전용 구역(활동공간)의 바닥 • 시·도별 보유한 특수소방자동차의 중량을 고려하여 견딜 수 있는 구조로 할 것
구역경사도	• 특수소방자동차 전용 구역 경사도 • 아웃트리거 조정각도 고려하여 5° 이하로 할 것
장애, 중첩	• 소방자동차 전용 구역은 조경 및 볼라드 설치로 인해 장애가 발생하지 않도록 할 것 • 소방자동차 전용 구역은 공기안전매트 전개 장소와 중첩되지 않도록 할 것

"끝"

1. 문제

다음과 같은 조건의 소방대상물에 고팽창포소화설비를 설치하고자 한다. 전체 포생성률(Total Generator Capacity, m³/분)을 계산하고, 전역방출방식의 고발포용 고정포방출구 국내 설치기준을 설명하시오.

〈조건〉

① 건물특성 : 폭 30m, 길이 60m, 높이 8m, 경량강재구조(Light Steel), 적절한 환기, 모든 개구부의 폐쇄 가능한 벽돌벽체

② 소방설비 : 스프링클러(습식)방호, 3m×3m 간격, 10.2LPM/m² 살수밀도, 50개 스프링클러헤드 개방

③ 가연물질 : 적재높이 6m, 띠없는 종이롤(Unbanded Rolled Paper Kraft)

④ 기타사항 : 침수시간(Submergence Time) 5분

　　　　　　 단위 포파손율(Foam Breakdown) 0.078m³/min · L/min

　　　　　　 일반적인 포수축 보상, CN = 1.15

　　　　　　 포누설 보상, CL = 1.2 (닫힌 문 및 배수구 등에 의한 포손실)

2. 시험지에 번호 표기

다음과 같은 조건의 소방대상물에 고팽창포소화설비(1)를 설치하고자 한다. 전체 포생성률(Total Generator Capacity, m³/분)을 계산(2)하고, 전역방출방식의 고발포용 고정포방출구 국내 설치기준(3)을 설명하시오.

〈조건〉

① 건물특성 : 폭 30m, 길이 60m, 높이 8m, 경량강재구조(Light Steel) 적절한 환기, 모든 개구부의 폐쇄 가능한 벽돌벽체

② 소방설비 : 스프링클러(습식)방호, 3m×3m 간격, 10.2LPM/m² 살수밀도, 50개, 스프링클러헤드 개방

③ 가연물질 : 적재높이 6m, 띠없는 종이롤(Unbanded Rolled Paper Kraft)

④ 기타사항 : 침수시간(Submergence Time) 5분

　　　　　　 단위 포파손율(Foam Breakdown) 0.078m³/min · L/min

　　　　　　 일반적인 포수축 보상, CN = 1.15

　　　　　　 포누설 보상, CL = 1.2 (닫힌 문 및 배수구 등에 의한 포손실)

3. 실제 답안지에 작성해보기

| 문 | 4-2) 전체 포생성률(m³/분)을 계산하고, 전역방출방식의 고발포용 고정포 방출구 국내 설치기준을 설명 |

1. 개요

① 포소화설비는 포소화약제를 화학적 또는 기계적으로 발포시켜서 화점을 거품으로 덮어 질식 소화하는 설비임

② 방출구에 따라 분류하면 고정포 방출구, 포소화전, 포호스릴, 포헤드 방식 등이 있음

2. 전체 포생성률(m³/분)

관계식	$R = \left(\dfrac{V}{T} + R_s\right) \times C_n \times C_l$ 여기서, R : 포의 최소방출률(m³/min), V : 관포체적(m³), T : 관포시간(min) $\quad R_s$: 스프링클러헤드에서 포파괴율(m³/min] $\quad C_n$: 통상적인 포 수축에 대한 보정계수(1.15) $\quad C_l$: 누설보정계수(누설 없는 경우 : 1.0, 일반적 누설 : 1.2)
계산조건	V(관포체적) $-$ $V = 30\text{m} \times 60\text{m} \times (6\text{m} \times 1.1\text{배}) = 11,800\text{m}^3$ T(관포시간) : 5분 $R_s = S \times Q$ 여기서, S : 스프링클러 방출에 따른 포파괴율(m³/min · LPM) $\quad\quad = 0.0748\text{m}^3/\text{min} \cdot \text{LPM}$ $\quad Q$: 작동될 것으로 예상되는 최대 헤드 수로부터의 계산된 방출유량(LPM) $R_s = S \times Q = 0.0748\text{m}^3/\text{min} \cdot \text{LPM} \times [50\text{개} \times (3\text{m} \times 3\text{m}) \times 10.2\text{LPM/m}^2]$ $\quad\quad = 343.33\text{m}^3/\text{min}$ C_n(포수축 보상) : 1.15, C_l(포누설 보상) : 1.2
계산	$R = \left(\dfrac{V}{T} + R_s\right) \times C_n \times C_l = \left(\dfrac{11,800}{5} + 343.33\right) \times 1.15 \times 1.2$ $= 3,752.68\text{m}^3/\text{min}$
답	$3,752.68\text{m}^3/\text{min}$

3. 전역방출방식의 고발포용 고정포방출구 설치기준

자동폐쇄 장치	• 개구부에 설치 • 제외 : 누설량이상의 포수용액을 방출하는 설비
방출구 개수	바닥면적 500m²마다
방출구 위치	• 방호대상물보다 위에 설치 • 제외 : 소화약제 밀어올리기 가능할 경우

분당 방출량 관포체적 1m³에 대한 분당 포수용액 방출량

소방대상물	포의 팽창비	1m³에 대한 분당 포수용액 방출량(L)
항공기 격납고	팽창비 80 이상 250 미만의 것	2.00
	팽창비 250 이상 500 미만의 것	0.5
	팽창비 500 이상 1,000 미만의 것	0.29
차고 또는 주차장	팽창비 80 이상 250 미만의 것	1.11
	팽창비 250 이상 500 미만의 것	0.28
	팽창비 500 이상 1,000 미만의 것	0.16
특수가연물 저장 또는 취급하는 소방대상물	팽창비 80 이상 250 미만의 것	1.25
	팽창비 250 이상 500 미만의 것	0.31
	팽창비 500 이상 1,000 미만의 것	0.18

4. 국내기준과 NFPA 기준 비교

구분	국내	NFPA
포	• 전역방출방식 　－소방대상물 높이＋0.5m • 국소방출방식 　－소방대상물 높이의 3배 연장	• 전역방출방식 　－소방대상물 높이 1.1배 　－최소 0.6m 이상 • 국소방출방식 　－최소 0.6m 이상
관포시간	규정없음	가연물 종류, 구조 SP유무(2~8분)

구분	국내	NFPA
방출량	• 전역방출방식 　－소방대상물/팽창비에 따라 결정 • 국소방출방식 　－방호면적	• 전역방출방식 　－SP, 관포시간, 누설량에 따라 결정 • 국소방출방식 　－2분 이내 관포체적/2 이상 방출
누설여부	고려 없음	고려
예비용량	고려 없음	포소화약제 × 2
수원	10분	15분 이상

"끝"

1. 문제

> 도로터널에 설치하는 무선통신 보조설비의 누설동축케이블 방식에는 최말단 길이가 1km가 넘는 경
> 우 전송손실이 발생한다. 이에 따른 손실의 종류와 측정 및 보완방법을 설명하시오.

2. 시험지에 번호 표기

> 도로터널에 설치하는 무선통신 보조설비의 누설동축케이블 방식에는 최말단 길이가 1km가 넘는 경
> 우 **전송손실(1)**이 발생한다. 이에 따른 **손실의 종류(2)**와 **측정(3)** 및 **보완방법(4)**을 설명하시오.

3. 실제 답안지에 작성해보기

문 4-3) 전송손실의 종류와 측정 및 보완방법을 설명

1. 개요

① 무선통신보조설비는 소방관들이 사용하는 소화활동설비이며, 다이폴안테나를 이용하여 신호레벨을 측정하고 Grading에 의한 보상을 함

② 손실의 종류로는 전송손실과 결합손실이 있음

2. 손실의 종류

개요도	 도체 절연체 외부도체 슬롯
손실종류	• 전송손실 　− 전송손실은 케이블의 주손실로 도체 내 임피던스로 인해 발생 　− 케이블의 길이 및 주파수가 증가할수록 전송손실 증가 　− 전송손실 = 도체손실 + 절연체손실 + 복사손실 　− 전송손실 요인 : 표피효과, 근접효과, 와류손실 • 결합손실 　− 회로에 기기 혹은 물질을 추가로 삽입했을 때 이것으로 인한 손실 　− 기후, 온도, 슬롯의 크기와 각도에 의해 영향

3. 손실의 측정

측정방법	① 누설동축케이블에서 1.5m 떨어진 거리에 다이폴안테나를 설치하여 측정 ② 누설동축케이블에 인가된 전압, 전력과 다이폴안테나에서 수신한 전압, 전력의 비율을 계산하여 측정
관계식	$L_c = -10\log_{10}\dfrac{V_S}{V_R} = -10\log_{10}\dfrac{P_S}{P_R}$ 여기서, V_S, P_S : 누설동축케이블에 인가된 전압, 전력 　　　　V_R, P_R : 다이폴안테나에서 수신한 전압, 전력

4. 손실의 보완방법

개념도	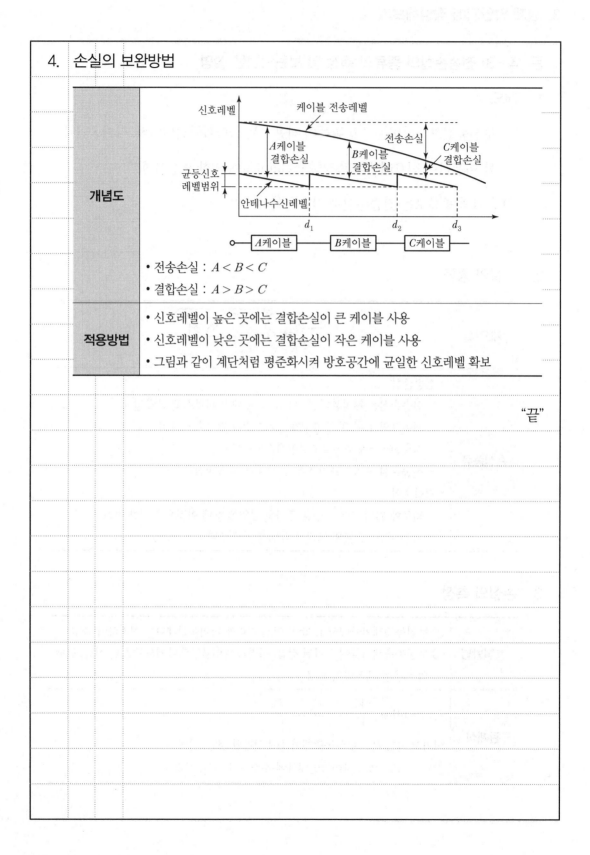 • 전송손실 : $A < B < C$ • 결합손실 : $A > B > C$
적용방법	• 신호레벨이 높은 곳에는 결합손실이 큰 케이블 사용 • 신호레벨이 낮은 곳에는 결합손실이 작은 케이블 사용 • 그림과 같이 계단처럼 평준화시켜 방호공간에 균일한 신호레벨 확보

"끝"

1. 문제

가스누설경보기를 설치하여야 하는 특정소방대상물과 구성요소인 탐지부에 대한 감지방식에 대하여 설명하시오.

2. 시험지에 번호 표기

가스누설경보기(1)를 설치하여야 하는 특정소방대상물(2)과 구성요소인 탐지부에 대한 감지방식(3)에 대하여 설명하시오.

3. 실제 답안지에 작성해보기

문 4-4) 가스누설경보기 설치대상 및 구성요소인 탐지부에 대한 감지방식에 대하여 설명

1. 개요

① 가스누설경보기는 가연성 가스의 누설이나 체류를 탐지하여 화재 및 폭발을 예방하고 중독사고 방지하기 위한 경보장치

② 탐지부의 감지방식에 따라 반도체식, 접촉연소식, 기체열전도식 등으로 구분함

2. 가스누설경보기를 설치하여야 하는 특정소방대상물

조건	용도＋가스시설이 설치된 경우
설치대상	• 판매시설, 운수시설, 노유자시설, 숙박시설, 창고시설 중 물류터미널 • 문화 및 집회시설, 종교시설, 의료시설, 수련시설, 운동시설, 장례시설

3. 탐지부에 대한 감지방식

1) 기본원리

개념도	
특성	• 휘트스톤 브리지 • 평상시 $R_1 \times R_4 = R_2 \times R_3$ • 가스누설 시 $R_1 \times R_4 \neq R_2 \times R_3$

2) 반도체식

개념도	
특성	• 산화석(SnO_2), 산화철(FeO)의 반도체를 히터로 가열($350℃$) • 반도체에 가스가 접촉하면 전기저항이 감소하는 특성을 이용 • 전기 전도도를 측정하면 해당가스의 농도를 알 수 있음

3) 접촉연소식

개념도	
특성	• 코일상태로 감은 백금선의 주위에 알루미나를 소결시켜 만든 산화촉매를 부착하고 약 $500℃$로 가열 • 검지부에 가연성 가스가 접촉하면 접촉연소 반응이 일어나고 반응열에 의하여 검지소자의 온도가 상승하며 전기저항이 증대 • 이 전기저항 변화를 휘스톤 브리지의 불평형 전압으로서 전류변화를 측정

4) 기체 열전도식

개념도	
특성	• 코일상으로 감겨진 백금선에 반도체를 도포하고 이를 항상 가열하고, 공기와 가스의 열전도도가 차이가 있기에 백금선의 온도변화 및 저항변화가 발생 • 기체의 열전율의 차이를 검지, 150~200℃로 가열

4. 특성비교

구분	장점	단점
반도체식	• 고감도 특성 • 시간지연이 없음	• 주변 환경에 민감 • 오작동 우려
접촉연소식	환경의 영량이 적어 가장 많이 사용	• 고농도 가스검출 어렵고, 수명이 짧음 • 출력이 약해 증폭기 사용
기체열전도식	고감도 특성	• 출력이 약해 증폭기 사용 • 구조 복잡, 고가

"끝"

1. 문제

내화배선의 공사방법에 대하여 설명하시오.

2. 시험지에 번호 표기

내화배선(1)의 공사방법(2)에 대하여 설명하시오.

3. 실제 답안지에 작성해보기

문	4 – 5) 내화배선의 공사방법에 대하여 설명

1. 개요

① 배선이란 전선의 종류 및 공사방법까지 총칭하는 말로 내화전선의 성능 및 시험기준에 적합한 제품은 케이블공사방법에 따라 노출 시공함

② 그외 제품의 경우에는 내화성능을 갖추기 위하여 매설 혹은 배선전용실에 설치함

2. 내화전선

1) 내화성능 시험

시험기준	KS C IEC 60331 – 1,2
시험방법	• 케이블에 전압을 가한 상태 －가열 : 830℃에서 가열시간 120분 －기계적 충격 : 5분마다 타격시험
성능기준	• 케이블과 연결된 회로의 전압유지 퓨즈용융, 차단기 OFF 없음 • 케이블 도체 과열 없음 : 회로에 연결된 램프가 켜져있는 상태 유지

2) 난연성능 시험

시험기준	KS C IEC 60332 – 3 – 24
시험방법	불꽃을 인가 20분 경과 후 케이블 탄화길이 측정
성능기준	탄화길이 2.5cm 이하

3. 내화배선 공사 방법

1) 내화전선의 성능 및 난연성능 시험기준에 적합한 제품인 경우

① 제품 : FR-8

② 공사방법 : 케이블 공사방법에 따라 설치

2) 내화전선의 성능 및 난연성능 시험기준에 적합한 제품인 아닌 경우

127회

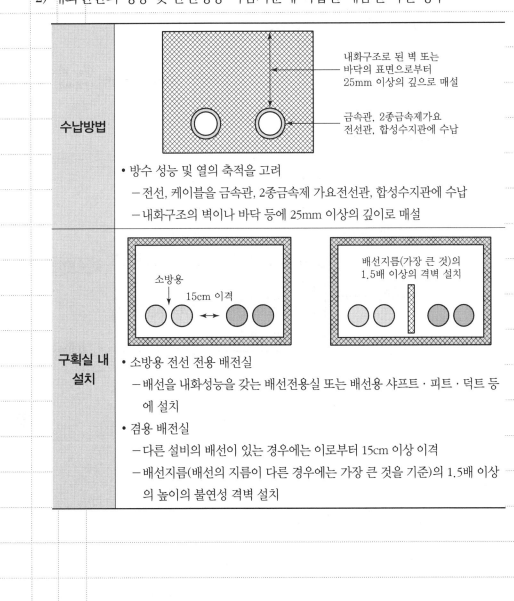

수납방법	**내화구조로 된 벽 또는 바닥의 표면으로부터 25mm 이상의 깊으로 매설** **금속관, 2종금속제가요 전선관, 합성수지관에 수납** • 방수 성능 및 열의 축적을 고려 　－전선, 케이블을 금속관, 2종금속제 가요전선관, 합성수지관에 수납 　－내화구조의 벽이나 바닥 등에 25mm 이상의 깊이로 매설
구획실 내 설치	소방용 / 15cm 이격 / 배선지름(가장 큰 것)의 1.5배 이상의 격벽 설치 • 소방용 전선 전용 배전실 　－배선을 내화성능을 갖는 배선전용실 또는 배선용 샤프트·피트·덕트 등에 설치 • 겸용 배전실 　－다른 설비의 배선이 있는 경우에는 이로부터 15cm 이상 이격 　－배선지름(배선의 지름이 다른 경우에는 가장 큰 것을 기준)의 1.5배 이상의 높이의 불연성 격벽 설치

4. 내화배선의 적용

① 옥내소화전

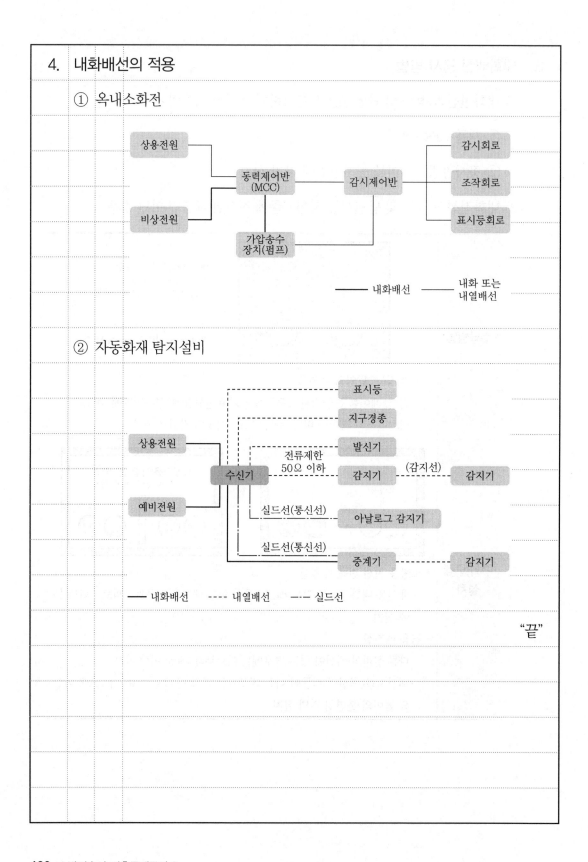

② 자동화재 탐지설비

"끝"

1. 문제

기계 설비인 송풍기와 관련된 내용으로 다음 사항을 설명하시오.

(1) 원심송풍기와 축류송풍기의 종류

(2) 송풍기 효율의 종류

2. 시험지에 번호 표기

기계 설비인 송풍기(1)와 관련된 내용으로 다음 사항을 설명하시오.

(1) 원심송풍기와 축류송풍기의 종류(2)

(2) 송풍기 효율의 종류(3)

3. 실제 답안지에 작성해보기

문	4-6) 원심송풍기와 축류송풍기의 종류, 송풍기 효율의 종류에 대하여 설명

1. 개요

① 송풍기는 기계적인 에너지를 기체에 공급하여 기체의 압력 및 속도에너지를 변환시켜 주는 장치

② 원심 및 축류 송풍기가 있는데 각각의 특성 및 장단점에 알맞은 용도를 선정하여 사용할 필요가 있음

2. 원심송풍기와 축류송풍기의 종류

1) 원심송풍기의 종류

구분	임펠러형태	성능곡선	특징
다익 송풍기			• 풍량과 동력변화가 큼 • 풍량을 줄이면 서징 발생 • 저속덕트 공조용
익형 송풍기			• 풍량변화가 적음 • 고속운전이 가능 • 고속덕트 공조용
터보 송풍기			• 풍량변화가 비교적 큼 • 고가 • 고속덕트 공조용

구분	임펠러형태	성능곡선	특징
레이디얼	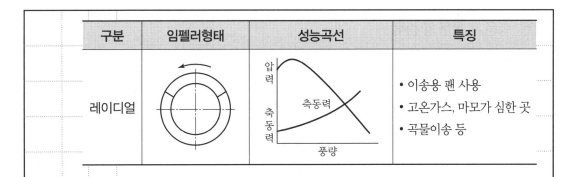		• 이송용 팬 사용 • 고온가스, 마모가 심한 곳 • 곡물이송 등

2) 축류송풍기의 종류

구분	임펠러형태	성능곡선	특징
프로펠러형			• 압력상승이 적음 • 압력변화 우하향곡선 • 환기, 배기팬
튜브형			• 풍량, 동력변화가 적음 • 동압이 큼 • 환기, 공조용
베인형			• 풍량, 동력변화가 적음 • 고효율 • 고속덕트, 터널환기용

3. 송풍기 효율의 종류

1) 송풍기 효율

공기동력	공기동력 $= \dfrac{Q \times P_t}{120}$ [kW]
축동력	L_b(축동력) $= \dfrac{Q \times P_t}{120\eta}$ [kW]
송풍기효율	η(효율) $= \dfrac{Q \times P_t}{120 \times L_b}$

2) 송풍기효율의 종류

전압효율	• 일반적인 송풍기 효율 • 공기동력 계산 시 압력을 송풍기 전압(P_t)으로 적용한 효율 • 송풍기 전압 : 송풍기 토출구와 흡입구의 전압(P_t) 차이 • 전압효율은 축동력에 대한 이론공기동력의 비 L_b(축동력) $= \dfrac{Q \times P_t}{102 \times 60\eta}$ [kW], η(효율) $= \dfrac{Q \times P_t}{6,120 \times L_b}$
정압효율	• 정압은 유체의 유동에 따른 압력손실을 감당하는 에너지 • 송풍기 정압(P_s) : 송풍기 전압에서 송풍기 토출구 동압을 제한 값

"끝"

Chapter 06

제128회

소방기술사
기출문제풀이

128회 1교시 1번

1. 문제

> 건축물의 구조안전 확인대상과 적용기준을 설명하시오.

Tip 112회차에서 설명드린 부분입니다. 기출은 공부해야 할 방향을 잡아주고 어떤 내용을 공부해야 하는지 알려주는 나침반입니다.

128회 1교시 2번

1. 문제

> 건축법령에 따라 건축물의 외벽에 설치하는 창호(窓戸)가 방화에 지장이 없도록 하기 위해 규정하고 있는 방화유리창 대상건축물 및 적용기준에 대하여 설명하시오.

2. 시험지에 번호 표기

> 건축법령에 따라 건축물의 외벽에 설치하는 창호(窓戸)가 방화에 지장이 없도록 하기 위해 규정하고 있는 방화유리창 대상건축물(1) 및 적용기준(2)에 대하여 설명하시오.

3. 실제 답안지에 작성해보기

문 1-2) 방화유리창 대상건축물 및 적용기준

1. 방화유리창 대상 건축물

구분	대상
상업지역	• 근린상업지역은 제외 • 제1종 근린생활시설, 제2종 근린생활시설, 문화 및 집회시설, 종교, 판매, 운동시설 및 위락시설의 용도로 쓰는 건축물로서 그 용도로 쓰는 바닥면적의 합계가 2,000m² 이상인 건축물 • 공장의 용도로 쓰는 건축물로부터 6m 이내에 위치한 건축물
층, 높이	3층 이상 또는 높이 9m 이상인 건축물
용도	• 의료시설, 교육연구시설, 노유자시설 및 수련시설의 용도로 쓰는 건축물 • 공장, 창고시설, 위험물 저장 및 처리 시설, 자동차 관련 시설의 용도

2. 적용기준

조건	건축물의 인접대지경계선에 접하는 외벽에 설치하는 창호와 인접대지경계선 간의 거리가 1.5m 이내인 경우
내화성능	• 시험방법 : 한국산업표준 KS F 2845(유리구획 부분의 내화 시험방법) • 내화성능 : 비차열 20분 이상의 성능이 있는 것으로 한정
제외	스프링클러 또는 간이 스프링클러의 헤드가 창호로부터 60cm 이내에 설치

3. 소견

관계식	$\dot{q}'' = \varepsilon \sigma T^4 \, [\text{kW/m}^2]$
문제점	• 방화유리는 복사열 차단 불가능 • 인접건물로 화재 확산우려
대책	• Passive : 자동방화셔터 및 방호벽, 인동거리 확보 • Active : 창문 외벽에 드렌처 설비, 창문형 SP헤드 설치

"끝"

1. 문제

FREM(Fire Risk Evaluation Model)의 화재위험성 산정 개념과 평가항목에 대하여 설명하시오.

2. 시험지에 번호 표기

FREM(Fire Risk Evaluation Model)(1)의 화재위험성 산정 개념(2)과 평가항목(3)에 대하여 설명하시오.

3. 실제 답안지에 작성해보기

문 1 - 3) FREM의 화재위험성 산정 개념과 평가항목

1. 정의

① FREM 건축물의 화재위험성 평가모델

② 다중이용시설로 많은 인명피해가 예상되는 건물, 공장 및 상업용 건물 등에 적용

2. 화재위험성 산정 개념

관계식	위험도$(R) = \dfrac{화재위험}{방호대책} = \dfrac{잠재위험(P) \times 활성위험(A)}{기본대책(N) \times 특별대책(S) \times 내화대책(F)}$				
개념	• 건축물의 잠재위험과 활성위험을 통해 화재위험 산저 • 방호대책으로 내화, 특별 및 기본대책으로 구분				
등급	R	<1.2	≤1.4	≤3	≤5	>5
	등급	낮은 위험	보통 위험	약간 높은	높은 위험	매우 높은

3. 평가항목

1) 화재위험 평가항묵

관계식	화재위험＝잠재위험×활성위험
잠재위험	화재하중, 연소속도, 연기위험, 부식위험, 건물형태 등의 이용하여 결정
활성위험	건물 내의 발화위험, 정리정돈, 훈련 및 건물의 복잡성 등

2) 방호대책 평가항목

관계식	방호대책＝기본대책×특별대책×내화대책
내화대책	주요 구조부 내화도, 방화구획, 외벽 등에 의해 결정
특별대책	자동화재탐지설비, 경보전달, 소방대 능력, 자동식 소화설비, 배연구에 의해 결정
기본대책	소화기, 소화전, 소화수, 방화교육에 의해 결정

"끝"

1. 문제

> NFPA 72의 감지기 배선방식(Class A, Class B)을 설명하시오.

2. 시험지에 번호 표기

> NFPA 72(1)의 감지기 배선방식(Class A(2), Class B(3))을 설명하시오.

Tip 출제자의 의도를 파악해야 합니다. NFPA 72 배선방식만을 물어본 게 아니라 국내에서는 어떤가라고 물어보는 겁니다. 문제가 간단하면 한번 더 생각합니다.

3. 실제 답안지에 작성해보기

문 1-4) NFPA 72의 감지기 배선방식 설명

1. 정의

NFPA 72는 화재경보 및 신호처리 기준으로 입력장치회로, 통보장치회로, 신호선로회로로 구성되고, 배선방식은 Class A, Class B로 구분됨

2. Class A

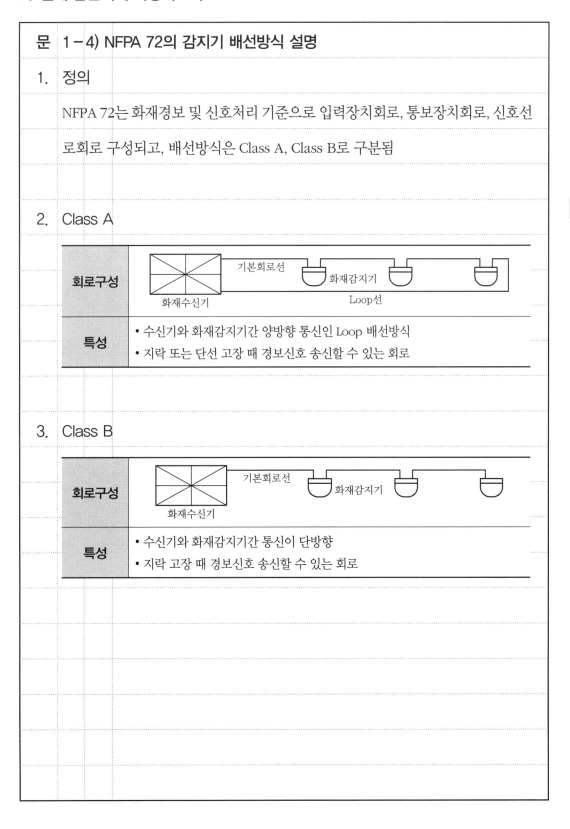

회로구성	화재수신기 / 기본회로선 / 화재감지기 / Loop선
특성	• 수신기와 화재감지기간 양방향 통신인 Loop 배선방식 • 지락 또는 단선 고장 때 경보신호 송신할 수 있는 회로

3. Class B

회로구성	화재수신기 / 기본회로선 / 화재감지기
특성	• 수신기와 화재감지기간 통신이 단방향 • 지락 고장 때 경보신호 송신할 수 있는 회로

4. 국내기준

NFPC 604	• 50층 이상인 건축물의 수신기, 중계기 및 감지기 사이의 통신·신호배선 • 이중배선을 설치하도록 하고 단선 시에도 고장표시가 되며 정상 작동할 수 있는 성능을 갖도록 설비
NFTC 604	• 통신·신호배선은 이중배선을 설치 　-수신기와 수신기 사이의 통신배선 　-수신기와 중계기 사이의 신호배선 　-수신기와 감지기 사이의 신호배선

국내기준에도 50층 이상일 경우 Class A 개념을 적용하고 있으며, 건축물의 사용자의 수에 따라 확대할 필요가 있다고 사료됨

"끝"

1. 문제

소방펌프 설치 시 펌프의 방진장치 설치에 따른 내진용 스토퍼 설치방법을 설명하시오.

2. 시험지에 번호 표기

소방펌프 설치 시 펌프의 방진장치 설치에 따른 내진용 스토퍼(1) 설치방법(2)을 설명하시오.

3. 실제 답안지에 작성해보기

문	1 - 5) 펌프의 방진장치 설치에 따른 내진용 스토퍼 설치방법

1. 정의

① 내진 스토퍼는 펌프에 수평지진력이 작용될 경우 전동, 이동 등을 방지

② 이동방지용, 전도방지용 스토퍼로 구분됨

2. 내진용 스토퍼 설치방법

개념도	
설치방법	• 내진용 스토퍼는 본체와 정상운전 중에 접촉하지 않는 간격이 되도록 설치 • 본체와의 간격은 최소한 3mm 이상 이격 • 6mm 초과 이격 시 　－제조사가 제시한 허용하중 ≥ 지진하중 × 2배

방진 가대

내진 스토퍼
(전도방지형)

스프링 마운트

내진 스토퍼
(이동방지형)

3. 설치 시 고려사항

1) 구조계산

① 가압송수장치에 작용되는 수평가속도와 가동중량, 방진장치의 특성을 고

　려한 구조계산을 수행하여 내진 스토퍼 등의 규격 및 고정방법을 결정하여

　야 함

2) 사용확인 검토

　　① 내진제품의 사용확인 검토

　　② 특수한 구조 등으로 조사·연구에 의한 설계된 내진제품 등의 사용확인 검

　　　토를 받아 설치

3) 앵커볼트

　　① 앵커볼트의 최대허용하중 ≥ 수평지진하중

　　② 건축물의 부착형태에 따른 프라잉효과 및 편심을 고려한 수평지진하중의

　　　작용하중 계산

"끝"

1. 문제

개방형 격자천장의 스프링클러헤드 설치방법을 설명하시오.

2. 시험지에 번호 표기

개방형 격자천장의 스프링클러헤드 설치방법(1)을 설명하시오.

Tip 2021년 3월 16일 소방청 업무처리지침의 내용입니다.

3. 실제 답안지에 작성해보기

문 1-6) 개방형 격자천장의 스프링클러헤드 설치방법

1. 화재안전기준의 문제점

개념도	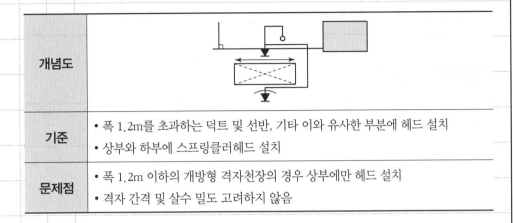
기준	• 폭 1.2m를 초과하는 덕트 및 선반, 기타 이와 유사한 부분에 헤드 설치 • 상부와 하부에 스프링클러헤드 설치
문제점	• 폭 1.2m 이하의 개방형 격자천장의 경우 상부에만 헤드 설치 • 격자 간격 및 살수 밀도 고려하지 않음

2. 개방형 격자의 스프링클러헤드 설치방법

개념도	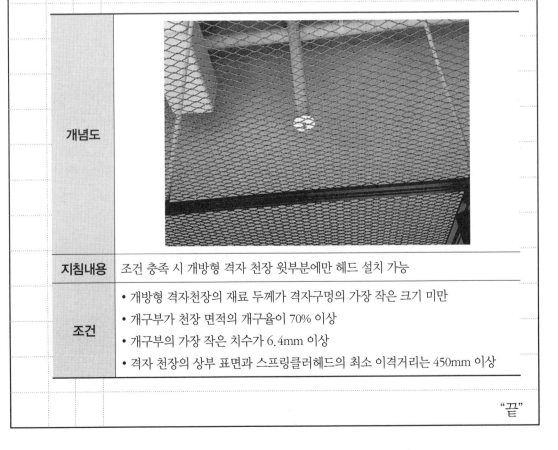
지침내용	조건 충족 시 개방형 격자 천장 윗부분에만 헤드 설치 가능
조건	• 개방형 격자천장의 재료 두께가 격자구멍의 가장 작은 크기 미만 • 개구부가 천장 면적의 개구율이 70% 이상 • 개구부의 가장 작은 치수가 6.4mm 이상 • 격자 천장의 상부 표면과 스프링클러헤드의 최소 이격거리는 450mm 이상

"끝"

1. 문제

유체흐름을 나타내는 방법 중 라그랑제(Lagrange)방법에 대하여 설명하시오.

2. 시험지에 번호 표기

유체흐름을 나타내는 방법 중 라그랑제(Lagrange)방법(1)에 대하여 설명하시오.

3. 실제 답안지에 작성해보기

문 1-7) 라그랑제(Lagrange)방법에 대하여 설명

1. 정의

① 라그랑제의 유체흐름을 나타내는 기법은 유체입자 하나하나를 추적이동하며
분석하는 방법

② 소방에서는 액체유체의 해석에 적당한 오일러 방법을 많이 사용함

2. 라그랑제 방법

개념도	
서술방법	• $t_1 \sim t_5$ 입자의 궤적을 추적하며 해석 • 입자 하나하나에 초점을 맞추고 각각의 입자를 따라가면서 그 입자의 물리량인 위치, 속도, 가속도 등을 나타내는 기법
한계점	• 유체의 흐름 중에서 입자 하나하나의 움직임을 분석하는 것은 어려움 • 입자의 출발과 종료점을 알아야 하며, 각각의 지점, 즉 질점에서 모든 시간 위치, 속도, 성분을 알아야 하기에 복잡하고 시간이 길게 소요됨
소방에의 적용	• 연기의 유동 해석의 기본 • 소화수 이동 시 그 특성을 해석 • 가스계 소화약제 이동에 따른 특성을 해석

"끝"

1. 문제

확성기의 매칭트랜스에 대하여 설명하시오.

2. 시험지에 번호 표기

확성기(1)의 매칭트랜스(2)에 대하여 설명하시오.

3. 실제 답안지에 작성해보기

문 1-8) 확성기의 매칭트랜스에 대하여 설명

1. 정의

   확성기란 소리를 크게 하여 멀리까지 전달될 수 있도록 하는 장치로서 일명 스피커를 말하며, 입력단과 출력단의 임피던스가 같은, 즉 정합되어야 손실없이 멀리 소리를 전송할 수 있음

2. 매칭트랜스

개념도	
정의	앰프와 확성기 사이에서 임피던스 매칭이 될 수 있도록 하는 것
원리	• 전력의 경우 멀리 떨어진 곳에 전기를 보낼 때 전선이 가지고 있는 저항에 의한 전압손실을 막기 위하여 고압으로 승압하여 전기를 보냄 • 전력을 사용하는 곳에서는 감압하여 사용 • 앰프의 경우 고임피던스의 출력으로 멀리 있는 확성기까지 송신해서 보내면 확성기의 경우 저임피던스로 입력을 변환해야 손상이 없는데, 이 역할을 하는 것이 매칭트랜스
특성	• 임피던스의 매칭 용이, 광대역 주파수에 적응성 우수 • 고임피던스의 확성기는 확성기 내부에 매칭트랜스를 설치하며, 이 경우 경년변화로 인한 누설전류 및 과전류로 매칭트랜스 화재위험이 있음 • 한국산업표준에 적합한 확성기를 사용하고 유지관리가 중요함

"끝"

1. 문제

히스테리시스 곡선(Hysteresis Loop)에 대하여 설명하시오.

2. 시험지에 번호 표기

히스테리시스 곡선(1)(Hysteresis Loop)에 대하여 설명하시오.

3. 실제 답안지에 작성해보기

문 1-9) 히스테리시스 곡선(Hysteresis Loop)에 대하여 설명

1. 정의

① 철심을 구성하는 강자성체에 가해지는 자계의 세기가 주기적으로 변하면 철심 내 자속밀도도 주기적으로 변화하고, 이때 자계변화에 대한 자속밀도 변화를 그래프로 표현한 것이 히스테리곡선

② 히스테리시스 손실은 무부하 손실로서 철손의 대부분을 차지함

2. 히스테리시스 곡선

그래프	
설명	• 0의 지점에서 자계의 세기를 증가하여 자속밀도가 ⓐ지점에 이르면 철심이 최대자속밀도, 즉 포화됨 • 0-ⓑ점은 자화력 H가 0이 되어도 ⓑ만큼의 잔류자속밀도(자기)를 가짐 • 역방향으로 H가 증가하면 자속밀도가 ⓒ점으로 이동하면서 자속이 0이 되면 이를 보자력이라 함 • 이처럼 자성체에 가해지는 자계의 세기에 따라 자속밀도가 변하면서 대칭형태의 히스테리시스의 루프를 그리게 됨

3. 히스테리시스 곡선을 통한 확인

손실량	• 히스테리시스 루프의 면적 • 체적당 에너지 밀도
관계식	$P_h = K_h \cdot f \cdot B_m$ 여기서, K_h : 중량, 체적 등에 의해 정해지는 상수, 스타인메츠정수 f : 주파수, B_m : 최대자속밀도

"끝"

1. 문제

부차적 손실(Minor Loss)의 정량적 표현방법 3가지를 설명하시오.

2. 시험지에 번호 표기

부차적 손실(1)(Minor Loss)의 정량적 표현방법 3가지(2)를 설명하시오.

3. 실제 답안지에 작성해보기

문 1 - 10) 부차적 손실(Minor Loss)의 정량적 표현방법 3가지

1. 정의

관수로에서 마찰에 의한 손실이 아닌 와류, 단면의 변화, 흐름 방향의 변화, 경계층(Boundary Layer)의 발달에 의해 발생하는 손실을 소손실 또는 형상 손실, 부차적 손실이라고 함

2. 부차적 손실의 정량적 표현방법

종류	설명
상당길이 방식	• 각종 밸브, 피팅류 등을 표를 활용해 동일한 마찰손실이 발생하는 직관길이로 환산한 값 • 관의 직관길이와 상당길이를 합산하여 절체 마찰손실 계산 • 관계식 $$h_L = k\frac{v^2}{2g} = f\frac{l}{d}\frac{v^2}{2g}, \quad k = f\frac{l}{d}, \quad f = \frac{64}{Re}, \quad Re = \frac{vd}{\nu} = \frac{\rho vd}{\mu}$$ 여기서, l : 상당길이(m)
저항계수법	• 급확대, 급축소 관로 등의 저항계수를 이용하여 마찰손실을 계산하는 방법 • 관계식 : $h_L = k\frac{v^2}{2g}$ • 저항계수 k값 이용 **급확대 관로** $$h_L = \frac{(V_c - V_2)^2}{2g}, \quad V_c = \frac{V_2}{C_c},$$ $$h_L = \left(\frac{1}{C_c} - 1\right)^2 \frac{V_2^2}{2g} = k\frac{V_2^2}{2g}$$ **급축소 관로** $$h_L = \frac{(V_1 - V_2)^2}{2g} = \left(1 - \frac{A_1}{A_2}\right)^2 \frac{V_1^2}{2g}$$ $$= \left[1 - \left(\frac{D_1}{D_2}\right)^2\right]^2 \frac{V_1^2}{2g} = k\frac{V_1^2}{2g}$$
유량계수법	• 관부속의 유량계수(c)를 이용하여 마찰손실을 계산하는 방법 • 관계식 $Q = c\angle h = c\angle (p/r)$ 여기서, p : 압력손실 • 관부속의 유량계수는 제조사 제시

"끝"

1. 문제

할로겐화합물 소화약제 소화설비에서 방사시간을 제한하는 주된 이유와 방사시간 결정요인을 설명하시오.

2. 시험지에 번호 표기

할로겐화합물 소화약제 소화설비에서 방사시간(1)을 제한하는 주된 이유(2)와 방사시간 결정요인(3)을 설명하시오.

3. 실제 답안지에 작성해보기

문 1 - 11) 방사시간을 제한하는 주된 이유와 방사시간 결정요인

1. 정의

① 20℃에서 최소설계농도의 95%에 도달하는 데 필요한 약제량을 노즐로부터 방사하는 데 걸리는 시간

② 할로겐화합물의 방사시간 : 전역방식, 국소방출방식 모두 10초

2. 방사시간을 제한하는 주된 이유

열분해생성물 (주된 이유)	• 500℃에서 HF, HCL, HBr 열분해 생성물 발생 • HF의 유해성 : 불화수소 　－NFPA704 : 유독성＝4, 가연성＝0, 반응성＝1로 분류 　－미국직업안전위생관리국(OSHA) : TWA＝3ppm, Ceiling＝6ppm 　－10분 노출농도 : ERPG 1＝2ppm, ERPG 2＝50ppm, ERPG 3＝170ppm
유속확보	• 방호 공간의 균일한 혼합 • 노즐을 통과하는 유속 증가 시 방호구역에서 소화약제가 공기와 잘 혼합
배관 내 기/액분리방지	• 방사시간 증가 시 주변의 입열을 통한 배관 내 액체상태인 소화약제가 기체가 되어 상분리 발생 • 기액분리가 되면 각 노즐마다 흐름률이 달라 균일한 설계농도 확보에 불리
과압방지	• 급격한 방사는 방호구역 내의 구획실의 과압을 초래 • 과압방지를 위해서는 최소방시시간을 제한할 필요가 있으며 과압배출구를 설치할 필요가 있음

3. 방사시간 결정요인

① 약제저장온도 : 온도에 따라 약제 증기압이 변화하기에 방사시간이 달라짐

② 설계농도 : 설계농도, 충전압력에 따라 방사시간 달라짐

③ 가압원 : 축압, 가압방식의 적용여부에 따라 방사시간 변화

④ 배관구성 : 배관 길이가 짧고, 배관구경이 크면 방사시간은 짧아짐

⑤ 노즐구경 : 노즐구경이 크게 되면 방사시간은 짧아짐

⑥ 화재특성 : 화재확산 속도가 빠른 인화성 액체 등의 화재 시 방사시간을 짧게 함

⑦ 개구부 : 개구부의 크기, 형태, 위치에 따라 방사시간을 결정

"끝"

1. 문제

물소화약제를 미립자로 방사하는 경우 사용목적과 적용대상을 설명하시오.

2. 시험지에 번호 표기

물소화약제를 미립자로 방사(1)하는 경우 사용목적(2)과 적용대상(3)을 설명하시오.

3. 실제 답안지에 작성해보기

문	1 – 12) 물소화약제를 미립자로 방사 사용목적과 적용대상

1. 정의

NFPC	• 미분무란 물만을 사용하여 소화하는 방식으로 최소설계압력에서 헤드로부터 방출되는 물입자 중 99 %의 누적체적분포가 $400 \mu m$ 이하로 분무되고 A, B, C급 화재에 적응성을 갖는 것 • $Dv \leq 400 \mu m$ (C급 화재 적응성을 높이기 위함)
NFPA	$Dv \leq 1,000 \mu m$

2. 미립자로 방사하는 경우 사용목적

① 화재소화 : 소화 후 재발화되지 않는 완전소화

② 화재진압 : 열방출속도를 급격히 감소시키고 화재의 성장 제한

③ 화재제어 : 열방출속도, 화재성장속도, 복사열 등 감소 재실자의 피난안전성 관련

④ 온도제어 : 화재실의 온도를 낮추기 위하여 화염의 화열 억제

⑤ 노출부분 방호 : 위험물 저장탱크 등 복사열에 의한 노출부분 방호

3. 적용대상

① A, B, C급

  • A급 화재 : 물에 민감한 장소 박물관, 도서관, 지하저장실

  • B급 화재 : 가연성 액체 저장실 및 탱크

  • C급 화재 ; 전기설비, 통신실, 컴퓨터실 등

② 물류이송 시스템 : 선박, 항공기, 차량

③ 불활성화 : 폭발억제 설비 등

"끝"

1. 문제

자연발화가 일어나기 쉬운 조건을 설명하시오.

2. 시험지에 번호 표기

자연발화(1)가 일어나기 쉬운 조건(2)을 설명하시오.

3. 실제 답안지에 작성해보기

문 1 - 13) 자연발화가 일어나기 쉬운 조건

1. 자연발화

정의	외부에서 점화에너지의 공급 없이 상온에서 물질이 공기 중 화학변화를 일으켜 열이 축적되어 발화하는 현상
메커니즘	 열축적 → 내부온도 상승 → 산화반응 촉진 → 산화열 증가에 따른 온도 상승 → 발화온도 이상 시 → 발화

2. 자연발화가 일어나기 쉬운 조건

주변온도습도	화학반응속도는 온도에 비례하고, 수분은 촉매로 작용하고 물과 반응하는 물질이 있기 때문에 고온다습한 경우
축열조건	• 환기가 되지 않는 장소, 단열재 내부 등 열이 축적되기 쉬운 곳 • 발열 > 방열 : 자연발화
표면적	• 산소와의 접촉 표면적이 클수록 자연발화 발생가능성 높아짐 • 분말, 목재 등 다공성 재질
산소	• 산화반응속도는 산소의 양에 비례 • 산소함유 물질 등은 자연발화 쉬움
반응물질량	반응을 지속할 수 있는 충분한 양이 있어야 지속적 산화반응으로 발화점 도달

3. 대책

주변환경	• 온도 및 습도를 낮게 유지 • 직사광선이 들지 않는 응달에 반응물질 보관
열축적 방지	• 통풍, 환기가 잘 되게 함 • 발열 < 방열 : 자연발화 불가능
유지관리	동, 식물류 등의 유지류가 산소와 결합할 수 있는 표면적이 넓은 다공성 재질인 섬유류 등에 스며들지 않게 관리

"끝"

1. 문제

> 「건축자재 등 품질인정 및 관리기준(국토교통부고시 제2022 – 84호)」에 따른 복합자재 및 외벽 마감재료의 불연재료 성능기준과 실물모형시험기준에 대하여 설명하시오.

2. 시험지에 번호 표기

> 「건축자재 등 품질인정 및 관리기준(국토교통부고시 제2022 – 84호)」에 따른 **복합자재 및 외벽 마감재료(1)**의 **불연재료 성능기준(2)**과 **실물모형시험기준(3)**에 대하여 설명하시오.

3. 실제 답안지에 작성해보기

문	2-1) 복합자재 및 외벽 마감재료의 불연재료 성능기준과 실물모형 시험기준에 대하여 설명

1. 개요

① 복합자재는 불연재료인 철판, 석재, 콘크리트 또는 이와 유사한 재료와 심재로 구성된 건축물 내외부 마감재료를 말함

② 기존의 복합자재는 가연성 심재로 많이 사용되어 화재에 취약하여 복합자재의 불연재료 성능기준 강화하고 실물모형시험으로 내화성능을 검증하도록 하고 있음

2. 불연재료의 성능기준

1) 불연성 시험

시험방법	한국산업표준 KS F ISO 1182 건축재료의 불연성 시험방법
시험	• 일정한 온도 750℃±5℃에서 20분간 가열 • 시험체 : 총 3개, 각각의 시험체에 1회씩 실시 • 복합자재 　－강판을 제거한 심재를 대상으로 시험 　－심재가 둘 이상의 재료로 구성 시 각 재료에 대해서 시험 • 액상재료 　－지름 45mm, 두께 1mm 이하의 강판에 사용두께만큼 도장 후 적층하여 높이 50±3mm가 되도록 시험체를 제작 시험
성능기준	• 최고온도＜최종평형온도＋20K • 가열종료 후 시험체의 질량 감소율이 30% 이하

2) 연소가스 유해성 시험

시험방법	한국산업표준 KS F 2271 건축물의 내장재료 및 구조의 난연성 시험방법
시험	• 가열시간 6분(프로판가스 3분, 전기히터의 복사열 3분) • 내부마감재료 : 실내에 접하는 면에 2회 실시 • 외부마감재료 : 외기에 접하는 면에 2회 실시 • 복합재료 　−강판 제거한 심재를 대상으로 시험 　−심재가 둘 이상의 재료로 구성 시 각 재료에 대해서 시행
성능기준	실험용 쥐의 평균행동정지 시간이 9분 이상

3) 강판과 심재로 이루어진 복합자재

기준	강판과 심재 전체를 하나로 보아 실물모형시험 실시하여 국토교통부장관이 고시하는 기준을 충족
강판의 조건	• 도금 이후 도장(塗裝) 전 두께는 0.5mm 이상 : 도장은 2회 이상 • 한국산업표준 도금종류에 따른 도금 부착량 　−용융 아연 도금 강판 : 180g/m² 이상 　−용융 아연 알루미늄 마그네슘 합금 도금 강판 : 90g/m² 이상 　−용융 55% 알루미늄 아연 마그네슘 합금 도금 강판 : 90g/m² 이상 　−용융 55% 알루미늄 아연 합금 도금 강판 : 90g/m² 이상
심재의 조건	• 한국산업표준에 따른 그라스울 보온판 또는 미네랄울 보온판 • 불연재료 또는 준불연재료

4) 외벽마감재료 또는 단열재가 둘 이상의 재료로 제작된 경우

① 실물모형시험 : 마감재료 전체를 하나로 보아 실물모형시험을 실시하여 국토교통부장관이 정하여 고시하는 기준을 충족

② 난연성능시험 : 마감재료를 구성하는 각각의 재료에 대하여 난연성능을 시험한 결과 국토교통부장관이 정하여 고시하는 기준을 충족

3. 실물모형 시험기준

1) 복합자재의 실물모형시험

시험체	
시험방법	• KS F ISO 13784 – 1(건축용 샌드위치패널 내장 마감재에 대한 실모형 연소 시험) • 시험체의 구성 형태는 실제 사용되는 시공법(골조형 구조, 자립형 구조) 및 재료를 반영하여 규격에 맞춰 제작하여 사용
성능요건	• 시험체 개구부 외 결합부 등에서 외부로 불꽃이 발생하지 않을 것 • 시험체 상부 천정의 평균 온도가 650℃를 초과하지 않을 것 • 시험체 바닥에 복사 열량계의 열량이 25kW/m²를 초과하지 않을 것 • 시험체 바닥의 신문지 뭉치가 발화하지 않을 것 • 화재 성장 단계에서 개구부로 화염이 분출되지 않을 것

2) 외벽 복합 마감재료 실물모형시험

시험 개요도	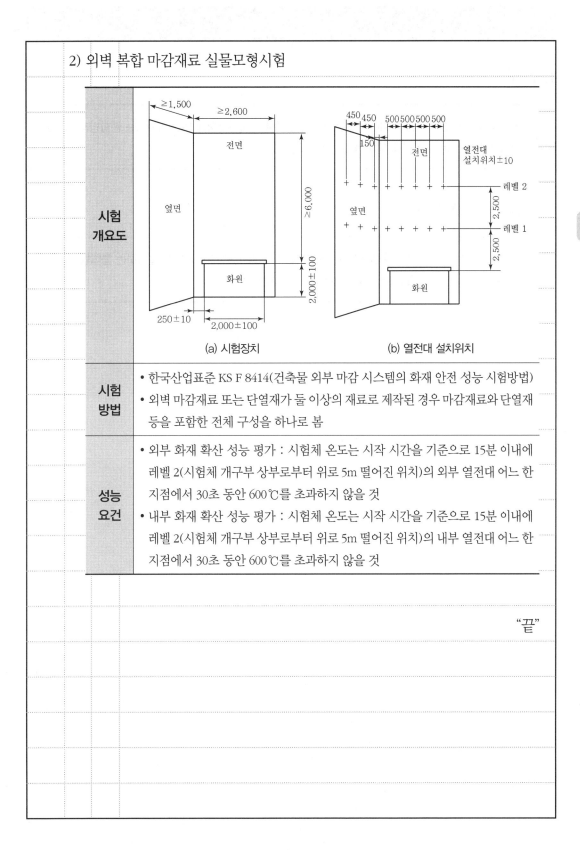

(a) 시험장치   (b) 열전대 설치위치

시험 방법	• 한국산업표준 KS F 8414(건축물 외부 마감 시스템의 화재 안전 성능 시험방법) • 외벽 마감재료 또는 단열재가 둘 이상의 재료로 제작된 경우 마감재료와 단열재 등을 포함한 전체 구성을 하나로 봄
성능 요건	• 외부 화재 확산 성능 평가 : 시험체 온도는 시작 시간을 기준으로 15분 이내에 레벨 2(시험체 개구부 상부로부터 위로 5m 떨어진 위치)의 외부 열전대 어느 한 지점에서 30초 동안 600℃를 초과하지 않을 것 • 내부 화재 확산 성능 평가 : 시험체 온도는 시작 시간을 기준으로 15분 이내에 레벨 2(시험체 개구부 상부로부터 위로 5m 떨어진 위치)의 내부 열전대 어느 한 지점에서 30초 동안 600℃를 초과하지 않을 것

"끝"

1. 문제

초고층 및 지하연계 복합건축물 재난관리에 관한 특별법 시행규칙에 의해 설치하는 종합방재실의 설치위치, 면적, 구조, 설비에 대하여 설명하시오.

2. 시험지에 번호 표기

초고층 및 지하연계 복합건축물 재난관리에 관한 특별법 시행규칙에 의해 설치하는 종합방재실(1)의 설치위치(2), 면적, 구조(3), 설비(4)에 대하여 설명하시오.

3. 실제 답안지에 작성해보기

문	2-2) 종합방재실의 설치위치, 면적, 구조, 설비에 대하여 설명
1.	**개요**
	① 종합방재실은 초고층건축물의 재난 및 안전관리 종합, 방재와 관련된 설비의 제어, 작동상황 집중 감시 등 설비의 유기적인 관리 및 방재상 관리운영의 일원화로 재난, 피해를 최소화하는 역할을 수행함
	② 「초고층 및 지하연계 복합건축물 재난관리에 관한 특별법」에서는 종합방재실의 설치위치, 면적, 구조, 설비 등에 관해서 구체적으로 규정하고 있음
2.	**종합방재실의 위치**

접근성	• 1층 또는 피난층 • 특별피난계단 출입구로부터 5m 이내에 설치하는 경우 2층 또는 지하 1층 • 공동주택의 경우에는 관리사무소 내에 설치 가능함
이동관점	비상용 승강장, 피난 전용 승강장 및 특별피난계단으로 이동하기 쉬운 곳
관제관점	• 재난정보 수집 및 제공, 방재 활동의 거점 역할을 할 수 있는 곳 • 소방대가 쉽게 도달할 수 있는 곳
기능유지	화재 및 침수 등으로 인하여 피해를 입을 우려가 적은 곳

3. 종합방재실의 면적 및 구조

면적	• 면적은 20m² 이상으로 할 것 • 재난 및 안전관리, 방범 및 보안, 테러 예방을 위하여 필요한 시설·장비의 설치와 근무 인력의 재난 및 안전관리 활동, 재난 발생 시 소방대원의 지휘 활동에 지장이 없도록 설치할 것
방화구획	• 다른 부분과 방화구획으로 설치할 것 • 다른 제어실 등의 감시를 위하여 두께 7mm 이상의 망입유리로 된 4m² 미만의 붙박이창 설치 가능함

부속실	인력의 대기 및 휴식 등을 위하여 종합방재실과 방화구획 된 부속실 설치
출입, 통제	출입문에는 출입 제한 및 통제 장치를 갖출 것

4. 종합방재실의 설비

① 조명설비(예비전원 포함) 및 급수 · 배수설비

② 상용전원과 예비전원의 공급을 자동 또는 수동으로 전환하는 설비

③ 급기 · 배기설비 및 냉방 · 난방 설비

④ 전력 공급 상황 확인 시스템

⑤ 공기조화 · 냉난방 · 소방 · 승강기 설비의 감시 및 제어시스템

⑥ 자료 저장 시스템

⑦ 지진계 및 풍향 · 풍속계(초고층건축물)

⑧ 소화 장비 보관함 및 무정전 전원공급장치

⑨ 피난안전구역, 피난용 승강기 승강장 및 테러 등의 감시와 방범 · 보안을 위한

폐쇄회로 텔레비전(CCTV)

5. 소견

① 종합방재실에는 재난 피해 최소화 및 안전관리에 필요한 장비 및 관리 요원의

3명 이상 상주 및 대기하여야 하므로 면적 확대가 필요함

② 종합방재실의 기능이 정상적으로 작동될 수 있도록 평상시 시설, 장비 등을 수

시점검, 유지할 수 있도록 교육 및 훈련이 필요하다고 사료됨

"끝"

1. 문제

스프링클러헤드에서 방출속도와 화재플럼(Fire Plume) 상승속도의 관계를 설명하시오.

2. 시험지에 번호 표기

스프링클러(1)헤드에서 방출속도(2)와 화재플럼(Fire Plume) 상승속도(3)의 관계를 설명하시오.

3. 실제 답안지에 작성해보기

문 2-3)	스프링클러헤드에서 방출속도와 화재플럼 상승속도의 관계

1. 개요

① 스프링클러설비는 소방대상물의 화재를 자동으로 감지하여 소화작업을 실시하는 자동식 물소화설비의 일종으로 물방울의 크기 및 방출속도가 화재 소화에 영향을 미침

② 고강도 화재 시 화재플럼 상승속도가 매우 커 물방울의 종말속도가 화재플럼의 상승속도를 초과하지 못할 경우 Skipping 현상 등 소화 불능현상이 발생할 수 있음

2. 스프링클러헤드에서의 방출속도

개요도	
정의	스프링클러헤드에서 방출속도(종말속도)란 물체가 속력에 비례하는 저항력을 받고 움직이다가 일정 속도에 도달하면 더 이상 가속되지 않고 일정한 속도로 낙하할 때의 속도를 말함[F_g(중력) = F_b(부력) + F_d(항력)]
관계식	$$v_{종말} = \frac{d^2 g (\rho_w - \rho_a)}{18\mu}$$ 여기서, d : 물방울의 직경(cm), g : 중력가속도(980cm/sec²) ρ_w : 물방울의 밀도(1g/cm³), ρ_a : 정지 유체(공기)의 밀도(0.00012g/cm³) μ : 유체(공기)의 점성계수(0.0179g/cm·sec)
특성	• 방출속도(종말속도)는 물방울의 크기에 비례하고, 공기의 밀도에 반비례함 • 물방울의 크기가 클수록 스프링클러헤드에서 방출속도(종말속도)는 증가 • 따라서 화재특성에 따라 물방울의 크기가 중요

3. 화재플럼의 상승속도

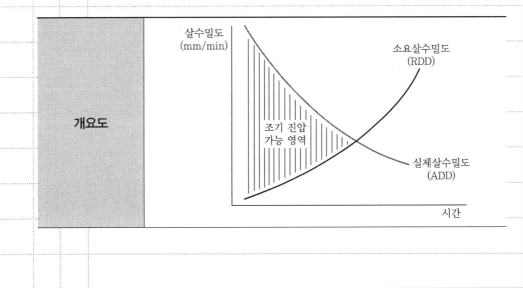

개요도	(그림)

도식 설명 텍스트:
- 부력플럼
- V
- 플럼가스의 단위체적 (밀도 ρ, 온도 T)
- 공기의 단위체적 (밀도 ρ_a, 온도 T_a)
- H
- D

관계식	$$v_{plume} = \sqrt{2\,g\,H\,\frac{\rho_a - \rho_f}{\rho_f}}$$ 여기서, g : 중력가속도(m/s^2), H : 화염에서 측정위치까지 높이(m) ρ_a : 공기밀도(kg$_m$/m^3), ρ_f : 플럼밀도(kg$_m$/m^3)
특성	• 화재플럼 상승속도는 공기의 밀도와 화재플럼의 밀도에 의해 결정 • 화재 초기 낮은 온도에서는 화재플럼 상승속도가 작고, 최성기에서는 높은 온도에 따른 화재플럼 상승속도가 최대에 달함 • 실의 높이가 높을수록 화재플럼 상승속도는 증가

4. 스프링클러헤드에서 방출속도와 화재플럼(Fire Plume) 상승속도의 관계

개요도	(그래프)

그래프 설명 텍스트:
- 살수밀도 (mm/min)
- 소요살수밀도 (RDD)
- 조기 진압 가능 영역
- 실제살수밀도 (ADD)
- 시간

물방울 방출속도 >화재플럼의 상승속도인 경우	• ADD > RDD • 충분한 양과 크기의 물방울이 화심에 침투 열방출률 급감 • 화재 진압 가능
물방울 방출속도 <화재플럼의 상승속도인 경우	• ADD < RDD • 물방울의 비산 가능성 높아짐 : Skipping 발생 • 물방울이 화심에 도달하지 못하기에 화재제어, 소화 실패

5. 소견

화재가혹도=최고온도×지속시간=화재강도×화재하중
=(연소열, 비표면적, 공기공급, 단열성)×가연물의 양

③

화재
가혹도

① 화재진압을 통한 소화대책
② 화재제어를 통한 소화대책
③ Passive대책-방화구획

②
①

F.O   화재하중 소실   시간

① 화재초기에 진압이 가능하도록 특수감지기, ESFR헤드의 설치 지향

② 소화실패를 고려하여 Passive 대책과 병행을 고려한 성능위주설계가 필요하

다고 사료됨

"끝"

1. 문제

정적 독성지수와 동적 독성지수에 대하여 설명하시오.

2. 시험지에 번호 표기

정적 독성지수(1)와 동적 독성지수(2)에 대하여 설명하시오.

3. 실제 답안지에 작성해보기

문 2-4) 정적 독성지수와 동적 독성지수에 대하여 설명하시오.

1. 개요

① 유해가스의 위험성 평가방법으로 정적 독성지수, 동적 독성지수를 사용함

② 정적 독성지수를 발전시키고, 재료의 발열속도나 발연속도의 개념에 대응하는 동적인 개념으로 동적 독성지수를 사용함

2. 정적 독성지수

개념	• 재료의 단위중량당 발생하는 유해가스양 • 연소 시 발생된 연소생성물을 일정한 챔버 내에 가두어 그 독성을 측정하는 방법 • 재료의 발열량이나 발연계수와 대응하는 정적인 개념
관계식	• 분위기 독성 $t = C/C_f$ • 정적 독성지수 $T = t(V/\omega) = (C/C_f) \cdot (V/\omega) = (V/C_f) \cdot (C/\omega)$ 여기서, T : 독성지수, t : 분위기의 독성, C : 유해가스의 농도, $\qquad C_f$: 30분간 노출 시 치명적인 농도, V : 용적, ω : 재료의 중량 • 혼합가스의 경우 $T(독성지수) = \sum T_i$

3. 동적 독성지수

개념	• 정적 독성지수를 발전시킨 개념 • 재료의 발열속도나 발연속도에 대응하는 동적인 개념 • 유해가스의 위험성을 속도개념으로 표현
관계식	• 동적 독성지수 $T_d = V/(A \times C_f) = (V/C_f) \cdot (1/A)$ 여기서, T_d : 단위시간 및 단위면적당 생성되는 유해가스 독성($\mathrm{L/cm^2 \cdot min}$) $\qquad V$: 유해가스 부피의 발생속도, A : 재료의 면적 • 단위시간, 단위면적당 생성되는 유해가스의 독성을 나타냄

4. 국내 독성시험

시험방법	• 건축물 마감재료의 가스유해성 시험방법 • KS F 2271 연소가스의 유해성 시험
시험절차	• 6분간의 가열시간 동안 10LPM의 연소생성물을 배출시키면서 시험용 쥐의 행동 상태를 확인(동적 독성특성) • 가열시간 이후 9분까지는 연소생성물 배출구를 폐쇄한 상태에서 시험용 쥐의 행동 상태를 관찰(정적 독성특성)
개념	• 초기 가연시간 동안은 동적 독성지수를 적용 • 이후 연소생성물 차단 후는 정적 독성지수를 적용 • 정적 독성지수 시험과 동적 독성지수 시험을 한번에 통합적으로 적용하고 있음

"끝"

1. 문제

상업용 조리시설의 화재특성 및 손실저감 대책에 대하여 설명하시오.

2. 시험지에 번호 표기

상업용 조리시설의 화재(1)특성(2) 및 손실저감 대책(3)에 대하여 설명하시오.

3. 실제 답안지에 작성해보기

문 2-5) 상업용 조리시설의 화재특성 및 손실저감 대책에 대하여 설명

1. 개요

① 상업용 조리시설의 화재는 K급 화재로서 동·식물류의 기름을 취급하는 조리 기구에서 발생하는 화재임

② 손실저감을 위해서는 불꽃소화와 발화점 온도인 유류의 냉각으로 냉각소화 방법이 병행되어야 함

2. 상업용 조리시설의 화재특성

1) 가연물 특성

개요도	
특성	• 인화점과 발화점의 온도차가 매우 적고 끓는점이 발화점보다 높음 • 발화온도 범위 : 288~385℃ • 스플래시현상 　－식용유의 물리적 특성에 따라 화재 시 물을 뿌리면 식용유가 비산하고, 폭발적으로 연소가 확대되어 피해가 커지고 3종 분말 소화기로는 표면 상의 불꽃을 제거해도 재발화우려가 높음

2) 공간적 특성

후드덕트	• 상부에 후드와 덕트가 설치 • 화재 시 발생되는 열이 환기구(후드, 덕트)를 통해 배출되고, 자동식 소화 장치와 스프링클러가 조리대와 떨어진 위치에 설치될 경우 화재를 조기에 감지하기 곤란
덕트 내 기름찌거기	• 조리 시 발생된 기름증기가 덕트 내 흡착 반고형물 형태로 잔존 • 화재발생 시 기름찌거기를 통한 화재확대 발생 • 덕트 내의 화재확산으로 소화, 진압이 곤란
주방환경	조리기구 근처 가연물로 복사열에 의한 화재발생 가능성 높음

3. 손실저감 대책

대책	내용
자동소화장치 법적 의무화	• 설치대상의 확대 • 주거용, 상업용 조리시설 모두 적용 지향
K급 소화기 제도 보완	• 현행법상 1개 이상의 K급 소화기를 설치 • NFPA 경우 9m 이내에 K급 소화기를 배치 • 주방의 크기 및 화기의 사용량에 따른 배치 필요 • 국내 K급 소화기의 최저용량 사용목적에 부합되게 규정
음식점 주방설비 점검 강화	• 소방기본법에 음식점 주방설비는 불을 사용하는 설비 • 관리기준에 따라 유지관리 의무 관계인에게 교육
유지관리기준 법적 의무화	• NFPA 17A에서는 6개월마다 유지관리 요구 • 후드와 필터 청소와 주방자동소화장치의 점검 의무화

"끝"

1. 문제

LED용 SMPS(Switching Mode Power Supply)와 관련하여 다음을 설명하시오.

(1) 구조 및 동작원리   (2) 소손패턴

2. 시험지에 번호 표기

LED용 SMPS(1)(Switching Mode Power Supply)와 관련하여 다음을 설명하시오.

(1) 구조 및 동작원리(2)   (2) 소손패턴(3)

3. 실제 답안지에 작성해보기

문	2-6) LED용 SMPS 구조 및 동작원리와 소손패턴 관련하여 설명
1.	개요
	① SMPS는 입력인 교류를 직류출력으로 변환하여 전자기기에 공급하는 장치로서 일정한 출력으로 양질의 전력을 전자기기에 공급하여 동작을 원활하게 함
	② LED용 SMPS는 LED의 수명을 길게 하고 밝기를 균일하게 유지하는 기능적 요소
2.	SMPS 구조 및 동작원리
	1) 구조

구조도	
구조	• 노이즈필터 : AC입력 전원의 노이즈 제거, EMI Component • 돌입전류 방지회로 : 전원투입 시 돌입전류 억제 • 입력정류 평활회로 : AC → DC, DC의 파형을 평활하게 함 • DC-DC 컨버터 : DC를 원하는 크기의 DC로 변환 • 출력정류 평활회로 : DC의 파형을 평활하게 함 • 궤환제어회로 : 출력전압의 안정화 • 보호회로 : 과전류, 과전압으로부터 보호

2) 동작원리

메커니즘	AC전원입력 → 정류회로(DC전환) → DC전력 공급 → 출력정류기 필터로 노이즈 제거 → 부하에 정격 DC전압 공급
동작원리	• 교류입력을 정류회로를 통한 직류변환 • 직류를 FET 혹은 IGBT를 통해 PWM을 제어하여 신호 변환 • PWM에 의한 신호를 원하는 크기의 직류로 변환 및 공급

3. 소손패턴

① 경년열화 : 사용기간의 증가로 경년열화가 진행되며 소손가능성 증가

② 과부하 : 사용용도 불일치에 의한 소손으로 과부하에 따른 내부 정류기 소손

③ 입, 출력

- 입력과전압은 PCB 내부 회로 소손

- LED선과 SMPS 출력선 간 결선불량으로 접촉저항 증가 및 발열

④ 방수형 : 비방수형 SMPS의 결로현상으로 수분에 의한 절연파괴

⑤ 외부 서지 : 낙뢰, Surge, 외란에 의한 콘덴서, 정류기, Fuse, Filter, 마이크로
릴레이 등 소손

4. 대책

① 경년변화에 따른 유지관리 및 설치 시 방수형의 설치 등으로 소손 방지

② 사용용도에 맞는 SMPS 설치로 과부하 방지 및 SPD 설치로 외란의 침입을 방
지하고 성능인증을 받은 제품을 사용하는 것이 중요함

"끝"

1. 문제

건축물의 지하층 구조 및 지하층에 설치하는 비상탈출구의 기준에 대하여 설명하시오.

Tip 127회에서 설명했으며, 꾸준히 출제되는 문제입니다.

1. 문제

화학공장의 정량적 위험도 평가(Quantitative Risk Assessment) 7단계에 대하여 설명하시오.

2. 시험지에 번호 표기

화학공장의 정량적 위험도 평가(1)(Quantitative Risk Assessment) 7단계(2)에 대하여 설명하시오.

3. 실제 답안지에 작성해보기

문 3-2) 화학공장의 정량적 위험도 평가 7단계에 대하여 설명

정의	위험성평가란 위험의 유무를 확인하고 정량화하여 위험의 평가 및 대책을 세우는 일련의 과정을 말함
주요 절차도	
목적	• 위험감소수단 범위의 평가 　　• 안전투자의 우선 순위결정 • 재정위험의 평가 　　　　　　• 주민에 대한 위험성평가 • 법적 또는 규정 요건준수 및 비상대응계획에 대한 지원

주요 절차도 흐름: 대상물 공정 선정 → 위험요소 확인 → (확률 분석 / 사고영향 평가) → 위험도 계산 → 위험도 표현 → 평가 및 대책

2. 정량적 위험도 평가 7단계

단계	구분	내용
1단계	위험평가 목표정의 (대상물의 공정 확인)	• 공장의 용도 및 면적, 위험물 및 가연물 등의 종류 확인 • 위험분석의 목적 확립 및 결정 　-인명의 사상과 건강상의 위험의 방지 　-재산손실과 생산차질 방지 　-환경오염방지 및 법적인 규정 적합여부 • 상대적 혹은 절대적 위험 평가 결정 • 허용할 수 있는 위험수준의 결정
2단계	위험성(요소) 확인	• 건물에 영향을 미칠 수 있는 중대사고의 확인 및 요소확인 • 공장의 생산공정 파악 및 취약점 확인 • 위험성 평가기법(HAZOP 등) 이용 위험성 확인

128회 소방기술사 기출문제풀이 485

단계	구분	내용
3단계	예상시나리오 작성(확률분석)	• 잠재적인 결과의 모델링 • 사고는 어떻게 발단되고 진행과정은 어떻게 될 것인가? • 누출모델링 → 액상, 기상, 2상누출여부
4단계	사고결과 예측평가	• 사고로 인한 인명, 재산, 사업중단 등 손실여부 • 사고영향 공장외부로 확산될 가능성 • 확산범위의 추정 등
5단계	사고발생가능성 평가(위험도 계산)	• 정량적 위험성 평가 • 4단계에서의 예측결과 중대사고의 FTA, ETA 등 사고확률 추정
6단계	위험성 제시	• 재산손실, 사업중단 손실 등 제시 • 손실＝화재. 사고빈도손실의 발생확률 • 인명피해＝화재, 사고빈도, 사상자발생확률, 사고현장에 사람이 있을 확률 • 이상의 검토결과 위험이 허용범위 이내일 때 종료
7단계	위험감소, 대책마련	• 위험감소방안 분석 • 설계, 시험, 유지보수 등 설비고장 가능성 감소 • 훈련 및 교육 등 Human Error 방지

"끝"

1. 문제

가스계 소화설비에서 설계농도 유지시간(Soaking Time)에 영향을 주는 요소 및 방호구역 밀폐시험에 대하여 설명하시오.

2. 시험지에 번호 표기

가스계 소화설비에서 **설계농도 유지시간(1)**(Soaking Time)에 **영향을 주는 요소(2)** 및 **방호구역 밀폐시험(3)**에 대하여 설명하시오.

3. 실제 답안지에 작성해보기

문 3-3) 설계농도 유지시간에 영향을 주는 요소 및 방호구역 밀폐시험에 대하여 설명

1. 개요

정의	• 설계농도 유지시간이란 소화약제 방사 후 설계농도에 도달하여 재발화가 일어나지 않는 완전소화 달성에 필요한 시간 • Soaking Time
개요도	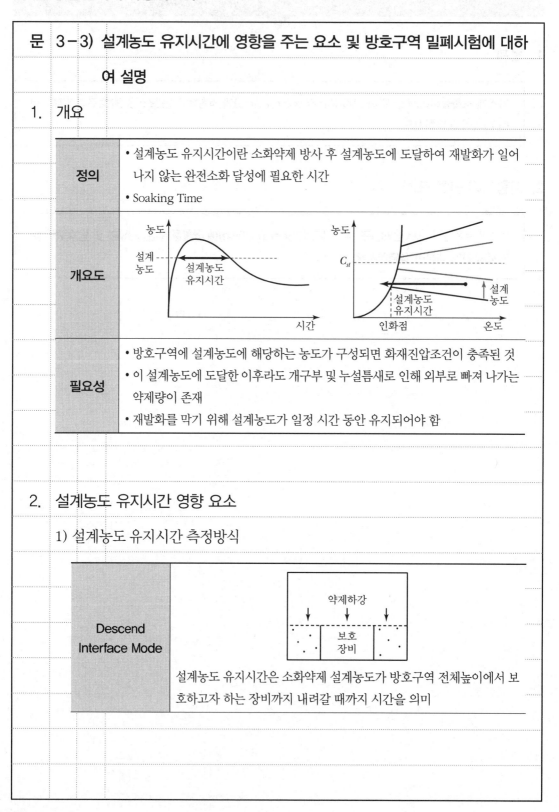
필요성	• 방호구역에 설계농도에 해당하는 농도가 구성되면 화재진압조건이 충족된 것 • 이 설계농도에 도달한 이후라도 개구부 및 누설틈새로 인해 외부로 빠져 나가는 약제량이 존재 • 재발화를 막기 위해 설계농도가 일정 시간 동안 유지되어야 함

2. 설계농도 유지시간 영향 요소

1) 설계농도 유지시간 측정방식

Descend Interface Mode	설계농도 유지시간은 소화약제 설계농도가 방호구역 전체높이에서 보호하고자 하는 장비까지 내려갈 때까지 시간을 의미

Mixing Mode	
	설계농도 유지시간은 소화약제 최대농도에서 설계농도까지 내려갈 때까지 시간을 말함

2) 설계농도 유지시간 영향 요소

Descend Interface Mode	Mixing Mode
• 장비높이 • 방호구역 면적 • 혼합물 농도 • 개구부 크기	• 방호공간체적 • 혼합물 농도 • 개구부 크기

3) 설비별 설계농도 유지방식

이산화탄소, 할론소화약제	할로겐화합물, 불활성 기체	NFPA
• 방호구역밀폐 • 자동폐쇄장치 • 개구부 가산량 적용	• 방호구역밀폐 • 자동폐쇄장치	• 방호구역밀폐 • 자동폐쇄장치 • Extended Discharge • 인접구역 확장 방호

3. 방호구역 밀폐시험(Door Fan Test)

개념	• 가스계 소화설비에 의해 방호되는 방호공간 내 보이지 않는 누설 틈새로 누설되는 누설량을 측정하기 위한 시험 • 방호공간의 균일한 설계농도는 개구부와 밀접한 관계가 있음
목적	• 방호공간의 보이지 않는 누설 틈새에 대한 누설풍량 확인 • 설계시간 유지를 위한 추가 약제량 산출 • Soaking Time 유지를 위한 추가 약제량, 방사시간 산출 • 방호공간의 과압여부 확인

절차도	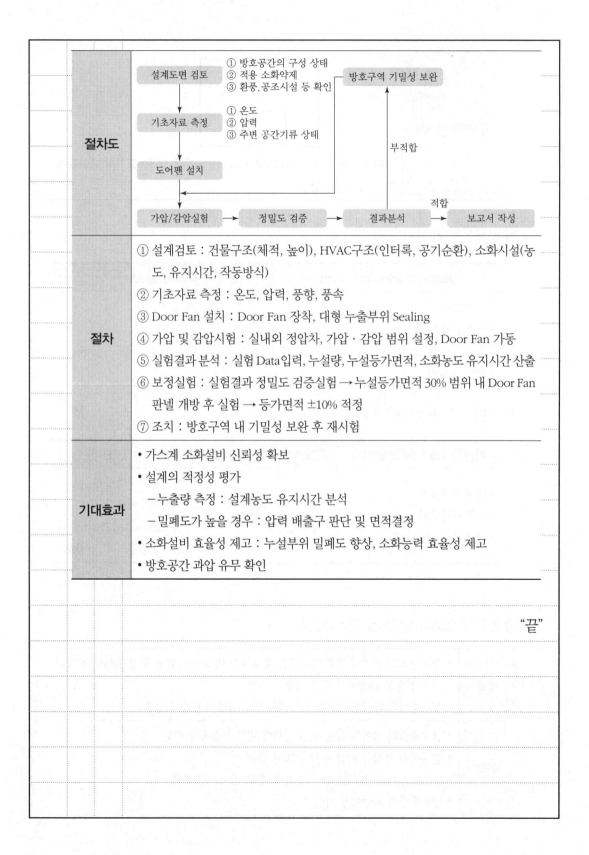
절차	① 설계검토 : 건물구조(체적, 높이), HVAC구조(인터록, 공기순환), 소화시설(농도, 유지시간, 작동방식) ② 기초자료 측정 : 온도, 압력, 풍향, 풍속 ③ Door Fan 설치 : Door Fan 장착, 대형 누출부위 Sealing ④ 가압 및 감압시험 : 실내외 정압차, 가압ㆍ감압 범위 설정, Door Fan 가동 ⑤ 실험결과 분석 : 실험 Data입력, 누설량, 누설등가면적, 소화농도 유지시간 산출 ⑥ 보정실험 : 실험결과 정밀도 검증실험 → 누설등가면적 30% 범위 내 Door Fan 판넬 개방 후 실험 → 등가면적 ±10% 적정 ⑦ 조치 : 방호구역 내 기밀성 보완 후 재시험
기대효과	• 가스계 소화설비 신뢰성 확보 • 설계의 적정성 평가 　－누출량 측정 : 설계농도 유지시간 분석 　－밀폐도가 높을 경우 : 압력 배출구 판단 및 면적결정 • 소화설비 효율성 제고 : 누설부위 밀폐도 향상, 소화능력 효율성 제고 • 방호공간 과압 유무 확인

"끝"

1. 문제

복사 실드(Shield)와 관련하여 다음을 설명하시오.

(1) 복사 실드(Shield)의 개념

(2) 복사 실드(Shield) 수에 따른 열유속 변화

2. 시험지에 번호 표기

복사 실드(Shield)와 관련하여 다음을 설명하시오.

(1) 복사 실드(Shield)의 개념(1)

(2) 복사 실드(Shield) 수에 따른 열유속 변화(2)

3. 실제 답안지에 작성해보기

문 3 – 4) 복사 실드(Shield)의 개념, 복사 실드(Shield) 수에 따른 열유속 변화에 대해 설명하시오.

1. 복사 실드의 개념

① 복사 실드란 표면 간의 복사 열전달을 줄이기 위해 표면 사이에 설치하는 반사율이 크거나 방사율이 낮은 재료를 말함

② 가스터빈 엔진의 배기관이나 고온부를 감싸는 데 사용되는 절연피복 속에 설치되어 있는 알루미늄판 등을 말함

2. 복사 실드 수에 따른 열유속의 변화

개념도	
관계식	• 방사율 ε_1, ε_2, 온도 T_1, T_2의 온도로 유지되는 평판 사이의 열전달 $$Q_{12} = \frac{A\sigma(T_1^4 - T_2^4)}{\dfrac{1}{\varepsilon_1} + \dfrac{1}{\varepsilon_2} - 1}$$ • 직렬로 연결된 저항의 복사열 전달 $$\dot{Q}_{12.oneshield} = \frac{E_{b1} - E_{b2}}{\dfrac{1-\varepsilon_1}{A_1\varepsilon_1} + \dfrac{1}{A_1F_{1.2}} + \dfrac{1-\varepsilon_{3.1}}{A_3\varepsilon_{3.1}} + \dfrac{1-\varepsilon_{3.2}}{A_3\varepsilon_{3.2}} + \dfrac{1}{A_3F_{3.2}} + \dfrac{1-\varepsilon_2}{A_2\varepsilon_2}}$$

관계식	• 평행평판의 성질은 동일하며 이에 따라 단순화 $$\dot{Q}_{12.oneshield} = \frac{A\sigma(T_1^4 - T_2^4)}{(\frac{1}{\varepsilon_1} + \frac{1}{\varepsilon_2} - 1) + (\frac{1}{\varepsilon_{3.1}} + \frac{1}{\varepsilon_{3.2}} - 1)}$$ • 표면의 방사율이 같은 N개의 복사차폐막을 설치하여 복사열 계산 $$\dot{Q}_{12.N-shield} = \frac{A\sigma(T_1^4 - T_2^4)}{(N+1)(\frac{1}{\varepsilon_1} + \frac{1}{\varepsilon_2} - 1)} = \frac{1}{N+1}\dot{Q}_{12}$$

복사 열유속 계산	방사율이 모두 같은 복사 실드 수에 따른 열유속의 변화

차폐막 수	차폐효과	열유속 변화
1	50%	50%로 감소
5	83%	17%로 감소
10	90%	10%로 감소

3. 소견

① 복사 실드 수가 증가할수록 차폐효과도 증가하며, 차폐효과 증가로 인한 복사

  열유속은 감소함

② 방화지구 내 연소 우려가 있는 곳의 인접구역에 인동거리를 확보하고, 복사 실

  드를 설치하는 등 조치가 필요하다고 사료됨

"끝"

1. 문제

> 원심펌프 운전 시 발생할 수 있는 공동현상, 수격작용, 맥동현상, Air Binding에 대하여 각각의 문제
> 점과 방지대책을 설명하시오.

2. 시험지에 번호 표기

> 원심펌프 운전 시 발생할 수 있는 공동현상(1), 수격작용(2), 맥동현상(3), Air Binding(4)에 대하여
> 각각의 문제점과 방지대책을 설명하시오.

Tip 지문이 많은 경우 개요를 쓰면 양이 많아지기에 바로 답으로 들어가는 것이 좋습니다. 이때 시
간을 안배하여 한 지문당 20줄을 넘기지 않도록 합니다.

3. 실제 답안지에 작성해보기

문 3-5) 공동현상, 수격작용, 맥동현상, Air Binding에 대하여 각각의 문제점과 방지대책을 설명

1. 공동현상

정의	펌프 흡입 측에서 소화수의 온도가 높거나 압력이 포화 증기압 이하가 되면 흡입 측 물의 일부가 증발하여 기포가 발생되는 현상
개요도	
문제점	• 살수밀도 저하 : 규정 방사압과 방수량 부족으로 소화실패 • 부압흡입방식일 때 흡입량 저하 또는 흡입곤란 • 소음과 진동 : 캐비테이션으로 인해 생긴 기포가 파괴될 때 심한 충격, 소음과 진동 발생 • 펌프 성능저하, 깃에 대한 침식
방지대책	• $NPSH_{av}$를 높이는 방법 : $NPSH_{av} =$ 대기압 ± 낙차 − 마찰손실 − 증기압 　− 펌프 설치위치를 낮춰 흡입양정 작게 　− 흡입관의 마찰손실을 작게 ($\triangle H = \lambda \dfrac{L}{D} \dfrac{V^2}{2g}$) 　− 수온을 낮추고, 수직 샤프트 터빈펌프 사용 • $NPSH_{re}$를 낮추는 방법 　− 양흡입 펌프 사용 　− 정압흡입방식 사용 　− 정격유량 범위 내에서 운전

2. 수격작용

정의	갑작스러운 속도변화가 압력의 차를 발생시키고 이에 따른 힘의 차로 펌프 및 주변 시스템에 순간 큰 힘이 작용되어 배관 변형 또는 파손의 원인이 됨
개요도	1. 밸브 폐쇄된 상태 : 유체 정지상태 2. 밸브 개방 : 유동 중인 유체 3. 밸브 폐쇄 : 수격 발생
문제점	• 헤드에서의 살수밀도 저하 • 배관의 진동 충격음 발생 • 펌프 및 배관 등 기기 파손

방지대책	• 부압방지법
	   − 관 내 유속을 낮게
	   − 펌프에 Fly Wheel 부착
	   − 공기밸브 설치, Surge Tank 설치
	 • 압력상승 방지법 : 릴리프밸브나 Hammerless Check Valve 설치
	 • 수격압력 흡수장치 : Water Hammering 방지기 설치

3. 맥동현상

정의	원심식 유체기계를 저유량 영역에서 운전할 때 유량과 압력이 주기적으로 변하여 불안정한 운전이 지속되는 현상
개요도	양정 / 서징영역 / 펌프의 특성곡선 / 유량

문제점	• 균일한 살수밀도 확보곤란 → 소화실패
	• 송출압력 및 송출유량 사이에 주기적인 변동 발생
	• 큰 압력변동, 소음, 진동으로 배관 및 연결부위 파손
방지대책	• 원심 펌프
	−H−Q곡선이 우하향구배 특성을 가진 펌프를 적용 및 By pass 배관을 사용
	−배관 중에 수조 또는 기체상태의 부분이 존재하지 않도록 함
	−유량조절밸브의 위치를 펌프 토출 측 직후로 함
	• 원심식 송풍기
	−방풍−By pass 배관으로 여분의 풍량을 대기로 방출
	−흡입댐퍼 또는 Vane을 조여 흡입풍량을 조정 필요풍량만 송풍

4. 에어바인딩

정의	원심식 펌프에서 펌프 내에 공기가 차 있어 소화수가 토출되지 않는 현상
개요도	
문제점	• 공회전에 따른 펌프 과열 유발
	• 케비테이션에 따른 임펠러 훼손
	• 소화수 방사불가로 살수밀도 및 방사압력 기준 미달
	• 유효흡입수두 부족으로 소화수 흡입 불가
방지대책	• 자동에어 벤트 설치
	• 정압형식 수조설치 및 압입상태 흡입 유지
	• 펌프 내 누설 방지
	• 후트밸브 누설 방지

"끝"

1. 문제

물질의 발열량과 관련하여 다음을 설명하시오.

(1) 발열량의 종류   (2) 발열량 측정방법

2. 시험지에 번호 표기

물질의 발열량(1)과 관련하여 다음을 설명하시오.

(1) **발열량의 종류(2)**   (2) **발열량 측정방법(3)**

3. 실제 답안지에 작성해보기

문 3-6) 발열량의 종류, 발열량 측정방법을 설명	

1. 개요

① 발열량이란 산소와 반응하여 연료의 단위량이 완전 연소할 때 발생하는 방출 열량을 말함

② 저위, 고위발열량이 있으며, Bomb 열량계로 열량을 측정함

2. 발열량의 종류

1) 고위발열량

개념	• 연료의 수분 및 연소에 의해 생성된 수분의 응축열을 포함한 열량으로 열량계로 측정한 열량 값 • 연료가 연소한 후 연소가스의 온도를 최초 온도까지 내릴 때 분리하는 열량으로 발생한 물이 액체상태로 존재
관계식	H_H(고위발열량) $= H_L$(저위발열량) $+ H_S$(539 kcal/kg = 응축잠열)
적용	발전기, 보일러, 응축기 포함 열량 측정

2) 저위발열량

개념	• 고위발열량에서 수증기의 응축잠열을 뺀 열량 값 • 액체상태에서 기체상태로 상변화를 시키기 위해서는 수분의 증발열이 필요하게 되며, 수분의 증발열을 뺀 실제로 효용되는 연료의 발열량을 저위발열량이라고 함
관계식	$H_L = H_H - H_S$(539kcal/kg)

128회 소방기술사 기출문제풀이 **499**

3) 비교

구분	고위발열량	저위발열량
개념	연료의 수분 및 연소에 의해 생성된 수분의 응축열 포함한 열량	고위발열량에서 수증기의 증발잠열을 뺀 열량
관계식	$H_H = H_L + H_S$ $H_S(539\,\text{kcal/kg} = 응축잠열)$	$H_L = H_H - H_S$

3. 발열량 측정방법(Bomb 열량계)

구조도	
적용	• 고체 및 액체의 고위발열량 측정에 사용 • 연소 시 발생한 모든 열량은 물이 흡수한다고 가정
측정절차	① 시험준비 : 약 1g의 시료를 용기에 투입 ② 점화(순수산소 20~35atm 상태), 연소 ③ 시료의 연소에 의하여 발생된 열이 봄베를 둘러싼 물로 가열 ④ 물의 온도상승을 연속측정 ⑤ 발열량 계산

"끝"

1. 문제

소방시설공사업법령에서 감리업자가 수행해야 할 업무와 공사감리 결과를 통보 시 감리결과보고서에 첨부서류 및 완공검사의 문제점에 대하여 설명하시오.

2. 시험지에 번호 표기

소방시설공사업법령에서 감리업자가 수행해야 할 업무(1)와 공사감리 결과를 통보 시 감리결과보고서에 첨부서류(2) 및 완공검사의 문제점(3)에 대하여 설명하시오.

3. 실제 답안지에 작성해보기

문	4 - 1) 감리업자가 수행해야 할 업무와 공사감리 결과를 통보 시 감리결과보
	고서에 첨부서류 및 완공검사의 문제점

1. 감리업자가 수행하여야 할 업무

적법성 검토	• 소방시설 등의 설치계획표의 적법성 검토 • 피난시설 및 방화시설의 적법성 검토 • 실내장식물의 불연화(不燃化)와 방염 물품의 적법성 검토
적합성 검토	• 소방시설 등 설계도서의 적합성 • 소방시설 등 설계 변경사항의 적합성 검토 • 소방용품의 위치 · 규격 및 사용 자재의 적합성 검토 • 공사업자가 작성한 시공 상세 도면의 적합성 검토
지도감독	공사업자가 한 소방시설 등의 시공이 설계도서와 화재안전기준에 맞는지에 대한 지도 · 감독
성능시험	완공된 소방시설 등의 성능시험

2. 감리결과보고서 첨부서류

① 소방시설 성능시험조사표 1부

② 착공신고 후 변경된 소방시설 설계도면 1부

③ 소방공사 감리일지 1부

④ 특정소방대상물 사용승인 신청서 등 사용승인 신청을 증빙할 수 있는 서류 1부

3. 완공검사의 문제점

소방감리원 수	• 20만m² 기준으로 인원배치 　- 20만m² 초과 시 10만m²마다 보조감리원 1명 추가 　- 20만m² 미만 시 소방감리원 1명이 모든 시설 완공검사, 감리 　- 감리원 수 부족

건축시설의 감리	• 건축법 관련시설의 감리 – 소방법 적용을 받지 않는 시설인 경우 소방감리자 감리 어려움 – 주요구조부 등은 한번 시공되면 변경할 수 없음
관할소방서 현장미확인	• 건축 : 사용승인 신청 시 특검제도를 통한 점검 실시 • 소방 : 관할소방서의 완공 담당의 인원 부족 및 업무과다로 인한 현장 미확인
감리원 배치기간	• 사용승인일을 만족하기 위한 소방시설공사업체의 무리한 공사 • 사용승인일 인근 인테리어 집중, 소방시설이 마무리되지 않은 상태에 서 완공신청

4. 개선안

소방감리원 수	• 연면적 기준을 지양하고 소방시설 종류 및 수에 따라 감리원 배치 • 종류, 시설별 감리원 배치로 신뢰도 향상
건축설계 시 소방감리원 참여	건축허가 전 기본설계 단계에서 소방감리가 설계에 참여하여 건축법 과 소방법 간 상이한 부분을 확인 및 설계변경
전문업체 현장점검	• 건축의 특검제도 도입 • 전문 점검업체와 소방담당자 간 현장점검 실시
배치기간 사용승인일까지	• 감리자 배치기간을 사용승인일까지 연장 • 건축물 사용승인 후 소방서에 감리자 배치 철수 보고 제도 마련

"끝"

1. 문제

거실제연설비 제연댐퍼 제어방식을 일반적으로 4선식(전원2, 동작1, 확인1)으로 설계하는데 4선식의 문제점 및 해결 방안을 설명하시오.

2. 시험지에 번호 표기

거실제연설비 제연댐퍼 제어방식(1)을 일반적으로 4선식(전원2, 동작1, 확인1)(2)으로 설계하는데 4선식의 문제점(3) 및 해결 방안(4)을 설명하시오.

3. 실제 답안지에 작성해보기

문	4 - 2) 4선식(전원2, 동작1, 확인1)의 문제점 및 해결 방안을 설명

1. 개요

① 거실제연설비란 화재 시 예상제연구역의 연기를 외부로 배출하는 연기제어 설비를 말하는 것으로 송풍기와 덕트, 댐퍼로 구성됨

② 현재의 4선식 제어방식은 수동조작 및 댐퍼의 완전개방여부의 확인이 안 되는 문제점이 있음

2. 거실제연설비 제연댐퍼 4선식 결선

회로도	
동작원리	• 수신기 및 중계기로부터 전원을 연결하고 기동, 기동확인선을 연결 • 화재실의 화재감지기 동작 시 　－화재실의 배출댐퍼 개방과 동시에 급기댐퍼 폐쇄 　－인접구역 배출댐퍼 폐쇄와 동시에 급기댐퍼 개방

3. 4선식의 문제점

공통선	전원, 기동, 확인을 1개의 공통선 사용으로 공통선 단선 시 댐퍼 기동 불가
확인	• 기동 신호와 댐퍼 개방 신호 동시 확인 • 댐퍼의 완전한 개방 여부 확인 불가 • 댐퍼 폐쇄 신호와 동시에 확인 신호 Off로 댐퍼 완전 폐쇄 확인 불가
수동조작	• 감지기와 연동 못했을 경우 제연댐퍼 개폐 불가 • 배출, 급기댐퍼의 개방과 폐쇄 불가 시 인명피해 확대
댐퍼과부하	댐퍼 과부하에 따른 이상 신호 확인불가

4. 해결방안

공통선	전원, 기동, 확인 공통선 분리
확인	• 개방 궤도부 리밋 스위치 적용으로 실제 개방 확인 • 완전 폐쇄 리밋 스위치 적용으로 실제 완전폐쇄 상태 확인
수동조작	• 수동기동 확인선 추가 • 방재실의 수신기 혹은 제어장치에서 수동기동 스위치 작동 가능
댐퍼과부하	댐퍼 과부하 등 이상 신호 접점 추가
무선통신활용	IOT 기술 등 무선통신 기반 시스템 구축

"끝"

1. 문제

터널화재에서 백레이어링(Back Layering)현상과 영향인자 및 대책을 설명하시오.

2. 시험지에 번호 표기

터널화재에서 백레이어링(Back Layering)현상(1)과 영향인자(2) 및 대책(3)을 설명하시오.

3. 실제 답안지에 작성해보기

문 4-3) 터널화재에서 백레이어링 현상과 영향인자 및 대책을 설명

1. 개요

① 백레이어링 현상이란 종류환기방식에서 제트팬의 용량이 부족 시 피난방향으로 연기가 유동되는 현상을 말함

② 피난인원이 연기에 노출되며, 호흡곤란, 독성중독 등 인명피해를 유발시킬 수 있어 터널의 경사도 높이 등 다각도의 검토를 통한 제연설비가 설계되어야 함

2. 백레이어링 메커니즘

개념도	
메커니즘	터널 내 화재 → 연기가 부력으로 상승하여 Ceiling Jet Flow 형성 → 종류식에서 피난방향으로 연기가 전파되지 않게 임계풍속으로 화점 방향 송풍 → 환기기류 이기고 피난방향으로 연기전파(Back-Layering) → 역기류 형성

3. 백레이어링 영향인자

화재강도	화재강도가 클수록 연소생성물이 많아지며, Ceiling Jet Flow도 빠르고 터널 내 압력이 높아져 임계풍속은 증가
화염온도	• 화염의 온도가 낮을수록 연기의 단층화 유발 • 연기가 아래로 이동하며, 피난 장해 발생
터널 높이	터널 높이가 높을수록 연기 발생량 증가, 제트팬 용량의 한계 이상
터널 단면적	터널 단면적이 작을수록 연기의 유동속도가 빨라 임계풍속은 증가
터널의 경사	터널의 종단경사가 심할수록 연기유동이 빨라지고, 임계풍속이 빨라져야 함

4. 문제점 및 대책

1) 백레이어링 문제점

피난안전성	• 피난방향으로 연기이동하여 피난안전성 저하 • 연기에 의한 인체독성 중독 및 호흡 의식불명 등 장해 발생
화재전파	• 연속되는 차량으로 화재 확대 • 화재확대로 인한 연기발생량 증가 및 피해발생

2) 대책

임계풍속	• 터널 내에서 공기의 유속을 임계속도 이상으로 함 • Back Layering현상을 일으키지 않는 공기의 최저 유속을 임계속도(Critical Velocity)라고 한다. • 관계식 $$V_{rc} = K_g \cdot F_{rc}^{-\frac{1}{3}} \cdot \left(\frac{gHQ}{\beta \cdot \rho_o \cdot C_p \cdot A_T \cdot T_f} \right)^{\frac{1}{3}}$$ 여기서, V_{rc} : 임계풍속(m/s), K_g : 터널경사 보정계수 $\quad K_g = [1 + 0.014 \tan^{-1}(\text{grade}/100)]$[grade : 터널종단경사(%)] $\quad F_{rc}$: 임계Froude수(=4.5), g : 중력가속도($=9.8\text{m/s}^2$) $\quad H$: 화점에서 터널 천장까지의 높이(대표직경) $\quad \beta$: 보정계수(설계자가 수치 시뮬레이션 등을 수행하여 신뢰성 검증) $\quad \rho_o$: 초기공기밀도(kg/m^3), Q : 화재강도(MW) $\quad C_p$: 정압비열(J/kg · K), A_R : 터널단면적(m^2) $\quad T_f$: 화점온도(K), $T_f = \dfrac{Q}{\beta \rho_o C_p A_r V_{rc}} + T_o$, T_o : 초기공기온도(K)
연기 성층화	• 성층화란 연기와 공기층이 서로 나뉘어 층을 이루는 것으로 청결층 확보 및 제연의 효과를 높이기 위함 • "역기류≒임계풍속"을 통한 성층화 유지
설계	• 설계 시에 터널 출구로부터 강풍의 유입을 방지하도록 함 • 출구 방향으로 지나친 하향구배 지양 • 하향구배로 설계할 때는 송풍기의 풍량을 크게 해서 부력에도 불구하고 충분한 유속을 얻을 수 있도록 함

"끝"

1. 문제

연기이동에 따른 영향과 관련하여 다음의 사항에 대하여 개념을 쓰고, 계산식으로 나타내어 설명하시오.

(1) 연기의 성층화

(2) 암흑도

(3) 유효증상(FED : Fractional Effective Dose)

2. 시험지에 번호 표기

연기이동에 따른 영향과 관련하여 다음의 사항에 대하여 개념을 쓰고, 계산식으로 나타내어 설명하시오.

(1) 연기의 성층화(1)

(2) 암흑도(2)

(3) 유효증상(FED : Fractional Effective Dose)(3)

3. 실제 답안지에 작성해보기

문	4-4) 연기의 성층화, 암흑도, 유효증상 개념을 쓰고, 계산식으로 설명

1. 연기의 성층화

개념	성층화란 화재구역 내에서 화재연기가 온도차에 의한 부력에 의해 상층부에서 연기층을 형성하는 현상
계산식	• 부력 $부력 = (\rho_f - \rho_n)gV_{체적}, \ \rho = \dfrac{PM}{RT}$ • 연층의 하강시간 $t = \dfrac{20A}{P\sqrt{g}}\left(\dfrac{1}{\sqrt{y}} - \dfrac{1}{\sqrt{h}}\right)$ 여기서, p : 화재둘레(m), A : 바닥면적(m²), g : 중력가속도(m/s²) y : 청결층높이(m), h : 천장높이(m)
메커니즘	화재발생 → 온도상승 → 밀도저하 → 부력형성 → 상층부에 연기축적 → 성층화
소방에의 적용	• 연기의 성층화로 피난안전성 증대 • 터널 및 거실제연설비 청결층 확보 및 제연성능 신뢰도 확보

2. 암흑도

개념	• 연기에 의하여 빛이 차단되는 능력으로 빛을 투과하지 못하게 하는 농도 • 빛이 연기를 통과할 때 광속의 저감 측정 • 광학농도와 같은 개념으로 투과율과 반비례
계산식	• 투과율 : $T = 100 \times \left(\dfrac{I}{I_0}\right)$ 여기서, I : 연기가 있을 때 빛의 세기(lx), I_0 : 연기가 없을 때의 빛의 세기(lx) • 암흑도 : $S = 100 \times \left(1 - \dfrac{I}{I_0}\right)$ 여기서, I : 연기가 있을 때 빛의 세기(lx), I_0 : 연기가 없을 때의 빛의 세기(lx) • 광학농도 : $D = D = \log_{10}\dfrac{I_0}{I} = \log_{10}\dfrac{1}{T}$
소방에의 적용	• 암흑도를 낮춰 가시거리 확보 • 가시거리의 확보로 피난안전성 증가

3. 유효증상

개념	• FED(Fractional Effective Dose)란 유효복용분량으로 화재 시 발생하는 유독가스의 각각의 값과 열 및 복사열 등을 더하여 하나의 지수 값으로 표현 • 연소 독성가스들의 비열적 손상과 고열에 따른 열적 손상 등을 통해 인체유해성을 지수화한 것
계산식	• 혼합가스의 독성 산출 $$FED = \frac{m[CO]}{[CO_2] - b} + \frac{21 - [O_2]}{21 - LC_{50}O_2} + \frac{[HCN]}{LC_{50}HCN} + \frac{[HCl]}{LC_{50}HCl} + \frac{[HBr]}{LC_{50}HBr}$$ 여기서, m과 b값은 CO_2의 농도에 대한 상수 　　　$CO_2 \leq 5\%$이면 $m = -18$, $b = 122,000$, 　　　$CO_2 > 5\%$이면 $m = 23$, $b = -38,600$ • FED는 일산화탄소, 시안화수소, 이산화탄소, 염화수소, 브롬화수소 및 산소결핍증에 대한 평가
소방에의 적용	• NFPA 101 인명안전코드의 성능기준은 유해성 판단기준의 FED값 0.8 이상 • CO의 비치사 노출 FED값을 0.8이라 했을 때 무능화 노출 FED값은 0.3 정도

"끝"

1. 문제

스프링클러설비, 물분무설비, 미분무설비의 특징을 설명하고, 주된 소화효과 및 적응성을 비교하여 설명하시오.

2. 시험지에 번호 표기

스프링클러설비(1), 물분무설비(2), 미분무설비(3)의 특징을 설명하고, 주된 소화효과 및 적응성을 비교하여 설명하시오.

Tip 각각의 설비의 특징과 소화효과 및 적응성에 관해 답안을 작성하고 마지막에 비교표로 결론을 내리면 완벽합니다. 지문에 '비교'라는 내용이 있으면 반드시 마지막엔 표로 내용을 정리해야 합니다.

3. 실제 답안지에 작성해보기

문 4-5) 스프링클러설비, 물분무설비, 미분무설비의 특징을 설명하고, 주된 소화효과 및 적응성을 비교

1. 스프링클러설비

정의	스프링클러설비는 소방대상물의 화재를 자동으로 감지하여 소화 작업을 실시하는 자동식 물소화설비의 일종으로서 수원 및 가압송수장치, 유수검지장치, 스프링클러헤드, 배관 및 밸브류 등으로 구성
특성	• 인명 및 재산보호 Dv 0.99=5.0mm • 화재감지특성 　−반응시간지수(RTI)와 전도열전달계수(C) • 방사특성 　−화재진압, 화세제어 　−조기진압조건 : 빠른 감도특성 ADD＞RDD 필요
주된 소화효과	• 표면냉각 　−물의 현열을 이용 냉각 　−작은 물방울은 화염주변 가연물, 천장구조체를 물의 증발잠열을 이용하여 냉각
적응성	A급 화재(심부성 화재)

2. 물분무설비

정의	물분무설비는 물을 미리 정해놓은 형식, 입도, 속도와 밀도로 특별히 설계된 노즐에서 방사하는 것
특성	• 방사특성 　−용도별 물방울 입자와 살수 밀도 　−방사모멘텀으로 냉각효과/산소희석/복사열 차단효과
주된 소화효과	• 기상냉각 : 미립화된 소화수가 기화잠열을 이용 Ceilling Flow 냉각 • 질식효과 : 미립화된 소화수에 의한 질식소화

주된 소화효과	• 희석효과(산소치환) : 작은 물방울들은 Fire Plume에 의해 증발하여 수증기가 되고 급격한 체적 팽창으로 산소농도를 희석하여 화세를 축소 • 복사열차단 : $\Phi = 1 - e^{-c_s l}$이용 복사열 차단
적응성	가연성 액체, 옥외변압기

3. 미분무 설비

정의	가압된 물이 헤드 통과 후 미세한 입자로 분무됨으로써 소화성능을 가지는 설비로 최소설계압력에서 헤드로부터 방출되는 물입자 중 99%의 누적체적 분포가 $400\mu m$ 이하로 분무되고 A, B, C급 화재에 적응성을 갖는 것
특성	• 방사특성 −용도별 물방울 입자와 살수밀도 −방사 모멘텀으로 냉각효과/산소희석/복사열 차단효과
주된 소화효과	• 질식효과 : Dv 0.99 = $400\mu m$ 이하의 미립화된 소화수에 의한 질식소화 • 희석효과(산소치환) : 작은 물방울들은 Fire Plume에 의해 증발하여 수증기가 되고 급격한 체적 팽창으로 산소농도를 희석하여 화세를 축소 • 복사열차단 : $\Phi = 1 - e^{-c_s l}$이용 복사열 차단
적응성	운송수단, 가연성 액체, 전기설비, 폭발억제장치

4. 비교

구분	스프링클러설비	물분무설비	미분무설비
특징	• 화재감지특성 • 방사특성	• 방사특성 −특수화재방호	• 방사특성 −특수화재방호
주된 소화효과	냉각	냉각 + 질식	질식 + 기상냉각
적응성	A급 화재	가연성 액체, 옥외변압기	운송수단, 가연성 액체 등

"끝"

1. 문제

훈소(Smoldering Combustion)와 표면연소(Surface Combustion)를 비교하고, 훈소의 화염전환과 축열조건에 대하여 설명하시오.

2. 시험지에 번호 표기

훈소(Smoldering Combustion)(1)와 표면연소(Surface Combustion)(2)를 비교(3)하고, 훈소의 화염전환과 축열조건(4)에 대하여 설명하시오.

3. 실제 답안지에 작성해보기

문 4-6) 훈소와 표면연소를 비교하고, 훈소의 화염전환과 축열조건에 대하여 설명

1. 훈소

정의	공기 중의 산소와 가연물고체 표면에서 발생하는 느린 연소과정으로 연료의 표면에서 연쇄반응이 일어나는 연소반응
메커니즘	
특성	연소과정을 거치지 않아 불꽃이 없는 작열연소의 형태
소화	• 연기의 발생으로 광전식 연기감지기 등 효과 • 부촉매효과, 즉 화학적 소화는 적응성이 없으며, 심부화재의 적응성이 있는 A급 소화약제가 필요

128회

2. 표면연소

정의	가연물이 열을 받아 증기압 없이 가연물의 표면에서 연소하는 연소로 저온+산소농도 저하에 따라 발생되는 불꽃이 없는 연소의 한 형태
특성	불꽃이 없는 작열연소의 형태
소화	• 연기의 발생이 없으므로 미립자 검출, 공기흡입형 감지기 등 필요 • 부촉매효과, 즉 화학적 소화는 적응성이 없으며, 심부화재의 적응성이 있는 A급 소화약제가 필요

128회 소방기술사 기출문제풀이 517

3. 훈소와 표면연소의 비교

구분	훈소	표면연소
연소의 형태	불꽃이 없는 연소 형태	불꽃이 없는 연소 형태
화학반응	가연물 표면에서 반응	가연물 표면에서 반응
연기	연기 발생	연기 없음
발생조건	저산소농도 환경 시	저온＋저산소＋증기압 미형성
불꽃연소 전이여부	산소유입 시 불꽃연소로 전이	불꽃연소 전이 곤란
가연물	나무, 종이	코크스, 목탄

4. 훈소의 화염전환과 축열조건

1) 화염전환

개념	• 물적 조건(산소)×에너지조건(온도)＝화염발생 • 열발생속도(발열)＞열방산속도(방열)일 경우 열축적에 의한 불꽃연소 전이
개요도	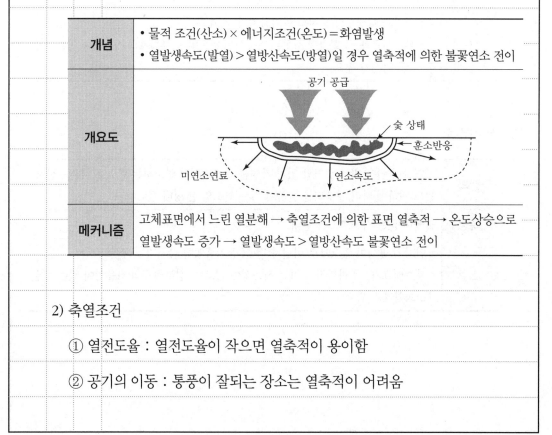
메커니즘	고체표면에서 느린 열분해 → 축열조건에 의한 표면 열축적 → 온도상승으로 열발생속도 증가 → 열발생속도＞열방산속도 불꽃연소 전이

2) 축열조건

① 열전도율 : 열전도율이 작으면 열축적이 용이함

② 공기의 이동 : 통풍이 잘되는 장소는 열축적이 어려움

③ 습도, 함수율

• 수분이 많으면 열의 전도성이 낮고, 축적이 용이함

• 촉매로 작용하여 반응속도 가속

④ 보온성 : 주변환경의 보온성이 높을수록 열축적이 용이함

⑤ 온도 : 반응속도는 온도상승에 따라 현저히 증가하며, 열축적이 용이함

"끝"

128회

Chapter 07

제129회

소방기술사
기출문제풀이

129회 1교시 1번

1. 문제

옥내소화전설비 노즐 선단에서 피토게이지(Pitot Gage)를 이용하여 측정한 압력을 P라 할 때, 유량 계산식($Q = 0.653 \times d^2 \times \sqrt{10P}$)[L/min]을 유도하시오.

2. 시험지에 번호 표기

옥내소화전설비 노즐 선단에서 피토게이지(Pitot Gage)를 이용하여 측정한 압력을 P라 할 때, 유량 계산식($Q = 0.653 \times d^2 \times \sqrt{10P}$)[L/min]을 유도(1)하시오.

> **Tip** 단위를 잘 보셔야 합니다. $10P$에서 P의 단위는 MPa입니다.

3. 실제 답안지에 작성해보기

문 1-1) 유량 계산식($Q = 0.653 \times d^2 \times \sqrt{10P}$)[L/min] 유도

1. 유량 계산식($Q = 0.653 \times d^2 \times \sqrt{10P}$)[L/min] 유도

연속방정식	$Q(\text{m}^3/\text{s}) = AV$ 여기서, A : 면적(m^2), V : 유속(m/s) $A = \dfrac{\pi}{4}D^2(\text{m}^2)$, $P_v = \dfrac{V^2}{20g}(\text{kg/cm}^2) \rightarrow V = \sqrt{20gP_v}$ $Q(\text{m}^3/\text{s}) = \dfrac{\pi}{4}D^2\sqrt{20gP_v}$
단위변환	$Q(\text{m}^3/\text{s}) \rightarrow Q'(\text{LPM})$, $D(\text{m}) \rightarrow d(\text{mm})$로 단위 변환시키면 $\dfrac{1}{1,000} \times \dfrac{1}{60}Q = \dfrac{\pi}{4} \times \left(\dfrac{1}{1,000}\right)^2 d^2\sqrt{20gP_v}$ $Q = 0.6597 \times d^2 \times \sqrt{P_v}$
MPa변환	$Q = 0.6597 \times d^2 \times \sqrt{10P}$
유량계수	유량계수 : 0.99적용 $Q = 0.6597 \times c \times d^2 \times \sqrt{10P} = 0.6597 \times 0.99 \times d^2 \times \sqrt{10P}$ $Q = 0.653 \times d^2 \times \sqrt{10P}$
답	$Q = 0.653 \times d^2 \times \sqrt{10P}$ 유도됨

"끝"

129회 1교시 2번

1. 문제

화재성장속도에서 다음 사항을 설명하시오.

(1) 1972년 Heskestad가 제안한 열발생률(HRR : Heat Release Rate)식
(2) 화재성장속도별 4단계 구분과 대표적인 품목

2. 시험지에 번호 표기

화재성장속도에서 다음 사항을 설명하시오.

(1) 1972년 Heskestad가 제안한 열발생률(HRR : Heat Release Rate)식(1)
(2) 화재성장속도별 4단계 구분과 대표적인 품목(2)

3. 실제 답안지에 작성해보기

문 1-2) Heskestad 열발생률식, 화재성장속도별 4단계 구분, 품목

1. 열발생률(HRR)식

개요	화재성장곡선은 화재가 얼마나 빠르게 성장하는가를 나타내는 것으로 화재성장의 기울기를 말하며 일반적인 화재의 성장은 $Q = \alpha t^2$으로 표현
개요도	
HRR식	$Q = \alpha t^2$ 여기서, Q : 열방출속도(kW), α : 화재성장속도(1,055kW/s^2), t : 열방출률이 1,055kW에 도달하는 시간

2. 화재성장속도별 4단계 구분과 대표적인 품목

화재성장곡선	
구분	열방출률이 1,055kW에 도달하는 시간을 기준으로 Ultra Fast(75s), Fast(150s), Medium(300s), Slow(600s)로 분류

물품	Ultra Fast	75초	석유류, 얇은 합판 옷장, 천을 씌운 가구
	Fast	150초	나무팰릿, 플라스틱폼, 얇은 두께의 목재류
	Medium	300초	매트리스, 두꺼운 목재류
	Slow	600초	종이제품, 단단한 목재 캐비닛, 훈소성 화재

"끝"

1. 문제

화재하중(Fire Load), 화재가혹도(Fire Severity)의 정의와 차이점에 대하여 설명하시오.

2. 시험지에 번호 표기

화재하중(Fire Load)(1), 화재가혹도(Fire Severity)의 정의와 차이점(2)에 대하여 설명하시오.

3. 실제 답안지에 작성해보기

문 1-3) 화재하중, 화재가혹도의 정의와 차이점

1. 화재하중

정의	• 화재실 바닥의 단위면적당 가연물의 양을 등가목재중량으로 환산한 값 • 화재실의 각종 가연물의 발열량을 목재 발열량으로 나누어 화재하중으로 환산
관계식	$W = \dfrac{\sum Q_i \cdot H_i}{4,500\,(\text{kcal/kg}) \cdot A}$ 여기서, W : 화재하중(kg/m²), A : 바닥면적(m²) 　　　　Q : 가연물의 양(kg), H : 연소열(kcal/kg)

2. 화재가혹도

정의	화재 시 건물 또는 수용물에 피해를 입히는 정도
관계식	화재가혹도 = 최고온도 × 최고온도 지속시간 = 화재강도 × 화재하중

3. 차이점

구분	화재하중	화재가혹도
영향요소	가연물의 양	연소열, 비표면적, 공기공급, 단열성, 화재하중
의의	화재의 규모를 판단	• 화재의 강도를 판단하는 척도 • 일정 시간 동안의 최고 에너지
소방에의 적용	• 주수시간과 관련 • 화재지속시간 내 충분히 주수	• 주수율 : 화재강도가 클 경우 주수율을 높여 화재를 제어, 진압 • 주수시간 : 지속시간이 길 경우 주수시간을 늘려 충분한 주수

"끝"

1. 문제

국가화재안전기준이 [화재안전기술기준]과 [화재안전성능기준]으로 이원화되었다. 그 취지에 대하여 설명하시오.

2. 시험지에 번호 표기

국가화재안전기준이 [화재안전기술기준]과 [화재안전성능기준]으로 이원화(1)되었다. 그 취지에 대하여 설명(2)하시오.

3. 실제 답안지에 작성해보기

문 1-4) 화재안전기술기준과 화재안전성능기준으로 이원화된 취지에 대하여 설명

1. 화재안전기술기준과 화재안전성능기준

구분	화재안전기술기준(NFTC)	화재안전성능기준(NFPC)
의의	수단과 방법	목표
내용	성능기준에서 정한 기준을 충족하기 위한 상세 규격	• 화재안전확보 • 재료 공간 설비의 성능규정
형식	공고	고시
변경절차	국립소방연구원 → 소방청 승인 → 소방청 공고	소방청(소방분석제도과) → 소방청 고시(행정규칙 개정절차)
구성	• CODE번호 형식 도입 • 000(2.1.1 수원은 ～)	• 조, 항, 호, 목 형식 • 제0조0항

2. 이원화 취지

1) 기존 화재안전기준

기술발전	• 행정규칙 제·개정 절차에 따라 제·개정 신속한 기준 개정의 어려움 • 신기술, 신제품의 도입 지연
소방산업발전	• 민간의 기술개발의 자율성을 억제 • 기술의 경직성을 키워 소방산업 발전 장애

2) 이원화 취지

기술발전	• 화재안전기준의 전문성, 신속성, 유연성 강화 • 화재안전기술기준은 공고로써 신속한 기준의 개정 • 화재안전성능기준은 기존 고시의 제·개정 절차에 따름 • 신기술, 신제품의 빠른 도입 반영
소방산업발전	• 기술변화에 따라 다양한 사항을 빠르게 반영 • 이를 통해 소방산업의 육성과 발전에 기여

"끝"

---

1. 문제

기계식 주차타워의 화재안전성 강화를 위한 소방시설 등에 대하여 설명하시오.

2. 시험지에 번호 표기

기계식 주차타워(1)의 화재안전성 강화를 위한 소방시설(2) 등에 대하여 설명하시오.

3. 실제 답안지에 작성해보기

문 1-5) 기계식 주차타워의 소방시설 등에 대하여 설명

1. 기계식 주차타워

정의	• 기계를 이용하여 자동차를 주차할 수 있는 시설이 갖추어진 주차장 • 주로 차량용 엘리베이터를 이용하여 차량을 이동
개요도	
특성	**건물적 특성** • 내부 진입로 한정적으로 소화활동 어려움 • 밀폐구조로 화재발생 시 내부온도 급상승 • 승강로를 통한 화재의 급속한 상층으로 확산
	연소 특성 • 화재하중이 커 급격한 연소확대 위험 • 다양한 가연물이 존재(A, B, C급 화재 발생) • 차량의 연료 다량 존재

2. 소방시설

소화설비	• 스프링클러 　-차량 칸막이마다 측벽형 스프링클러헤드 설치 　-K-Factor가 큰 헤드 사용 • 전기자동차 고려 　-차량하부 상부직사형 스프링클러헤드 설치 • 물분무 등 소화설비 　-주차장의 경우 물분무 등 소화설비 설치 　-물분무소화설비, 미분무소화설비, 포소화설비, 기타 가스계 소화설비 설치

경보설비	• 자동화재탐지설비 　－감지기는 불꽃감지기 또는 광전식 분리형, 광전식 공기흡입형 아날로그 적용 • 자동화재속보설비 　－화재 시 소방관서와 관계인에게 통보
기타	• 비상조명등 설치 • 주차장 내부 제연설비 설치

"끝"

129회

1. 문제

공기의 체적유량을 측정하기 위한 노즐이다. 공기의 체적유량을 구하는 공식을 유도하고 아래 조건에 따른 체적유량을 구하시오.

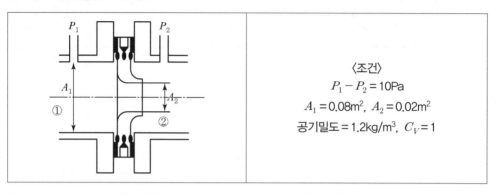

⟨조건⟩
$P_1 - P_2 = 10Pa$
$A_1 = 0.08m^2$, $A_2 = 0.02m^2$
공기밀도 = 1.2kg/m³, $C_V = 1$

Tip 노즐에서의 유량 공식은 베르누이정리와 연속방정식을 이용합니다. A_2는 노즐이기에 방출계수 $C_V = 1$이라고 조건을 친절하게 제시해 주었으므로 벤투리 유량계 공식을 적용하라는 의미입니다. 지문에서 뭘 나타내는지 항상 문제를 정확히, 찬찬히 읽어보아야 합니다.

2. 실제 답안지에 작성해보기

문	1-6) 공기의 체적유량을 구하는 공식을 유도

1. 공기의 체적유량을 구하는 공식 유도

베르누이정리	$\dfrac{v_1^2}{2g}+\dfrac{p_1}{\gamma_2}+z_1=\dfrac{v_2^2}{2g}+\dfrac{p_2}{\gamma_2}+z_2\ (z_1=z_2)$ $\dfrac{v_2^2}{2g}-\dfrac{v_1^2}{2g}=\dfrac{p_1}{\gamma_2}-\dfrac{p_2}{\gamma_2}$, $\dfrac{v_2^2-v_1^2}{2g}=\dfrac{p_1-p_2}{\gamma_2}$, $v_2^2-v_1^2=2g\dfrac{p_1-p_2}{\gamma_2}$ ⋯⋯⋯⋯ ①
연속방정식	$A_1V_1=A_2V_2\rightarrow V_1=\left(\dfrac{A_2}{A_1}\right)V_2$ ⋯⋯⋯⋯ ②
② → ①식	$V_2^2-\left(\dfrac{A_2}{A_1}\right)^2V_2^2\rightarrow\left[1-\left(\dfrac{A_2}{A_1}\right)^2\right]V_2^2=2g\dfrac{p_1-p_2}{\gamma_2}$ $V_2^2=\dfrac{1}{1-\left(\dfrac{A_2}{A_1}\right)^2}2g\dfrac{p_1-p_2}{\gamma_2}=\dfrac{1}{1-\left(\dfrac{A_2}{A_1}\right)^2}2g\dfrac{\triangle P}{\gamma_2}$ 양변에 제곱근, $V_2=\dfrac{1}{\sqrt{1-\left(\dfrac{A_2}{A_1}\right)^2}}\sqrt{2g\dfrac{\triangle P}{\gamma_2}}$
유량계수적용	$Q=C_VA_2V_2=\dfrac{C_VA_2}{\sqrt{1-\left(\dfrac{A_2}{A_1}\right)^2}}\sqrt{2g\dfrac{\triangle P}{\gamma_2}}=\dfrac{C_VA_2}{\sqrt{1-\left(\dfrac{A_2}{A_1}\right)^2}}\sqrt{2g\dfrac{\triangle P}{\rho_2 g}}$ $=\dfrac{C_VA_2}{\sqrt{1-\left(\dfrac{A_2}{A_1}\right)^2}}\sqrt{2\dfrac{\triangle P}{\rho_2}}$ 로 유도됨

2. 체적유량 계산

관계식	$Q=\dfrac{C_VA_2}{\sqrt{1-\left(\dfrac{A_2}{A_1}\right)^2}}\sqrt{2\dfrac{\triangle P}{\rho_2}}$
계산조건	$\triangle P=10\text{Pa}$, $A_1=0.08\text{m}^2$, $A_2=0.02\text{m}^2$, 공기밀도 $=1.2\text{kg/m}^3$, $C_V=1$
계산	$Q=\dfrac{C_VA_2}{\sqrt{1-\left(\dfrac{A_2}{A_1}\right)^2}}\sqrt{2\dfrac{\triangle P}{\rho_2}}=\dfrac{1\times0.02}{\sqrt{1-\left(\dfrac{0.02}{0.08}\right)^2}}\sqrt{2\dfrac{10}{1.2}}=0.0843\,\text{m}^3/\text{s}$
답	$0.0843\,\text{m}^3/\text{s}$

"끝"

1. 문제

> 유류 저유소에 화재가 발생하였다. 다음 조건에 따른 액면강하속도 및 연소지속시간을 구하시오.
>
> <조건>
> - 저장유류 : 등유
> - 등유의 단위면적당 질량감소속도 : 0.039kg/s · m²
> - 등유밀도 : 820kg/m³
> - 저장량 : 15m³
> - 풀(Pool)지경 : 5.5m

2. 시험지에 번호 표기

> 유류 저유소에 화재가 발생하였다. 다음 조건에 따른 **액면강하속도(1)** 및 **연소지속시간(2)**을 구하시오.
>
> <조건>
> - 저장유류 : 등유
> - 등유의 단위면적당 질량감소속도 : 0.039kg/s · m²
> - 등유밀도 : 820kg/m³
> - 저장량 : 15m³
> - 풀(Pool)지경 : 5.5m

Tip 속도는 [m/s], 시간은 [sec]입니다. 속도의 단위가 나오게 하려면 어떤 식을 세워서 풀어야 할지 고민하면 답이 나옵니다. 계산문제는 단위가 생명입니다.

3. 실제 답안지에 작성해보기

문 1 – 7) 액면강하속도 및 연소지속시간

1. 액면강하속도

관계식	액면강하속도$(m/s) = \dfrac{\text{질량감소속도}(kg/s \cdot m^2)}{\text{등유밀도}(kg/m^3)}$
계산조건	질량감소속도 : $0.039kg/s \cdot m^2$, 등유밀도 : $820kg/m^3$
계산	액면강하속도 $= \dfrac{\text{질량감소속도}}{\text{등유밀도}} = \dfrac{0.039}{820} = 4.756 \times 10^{-5} m/s$
답	$4.756 \times 10^{-5} m/s$

2. 연소지속시간

계산식	저장높이$(H) = \dfrac{\text{저장량}(m^3)}{\text{연소면적}(m^2)}(m)$ 연소지속시간 $= \dfrac{\text{저장높이}}{\text{액면강하속도}}$
계산조건	연소면적 $A = \dfrac{\pi}{4}d^2 = \dfrac{\pi}{4} \times 5.5^2 = 23.758\,m^2$ 저장높이 $15m^3 = 23.758m^2 \times H(m)$, $H = 0.631m$
계산	$t = \dfrac{0.631}{4.756 \times 10^{-5}} = 13{,}267.45\,s$
답	$13{,}267.45s$

"끝"

129회 소방기술사 기출문제풀이 537

1. 문제

다음 조건에 따른 스프링클러 헤드의 RTI 값을 구하고, 해당 헤드가 공동주택의 거실에 설치 가능한지 판단하시오.

〈조건〉
평균 작동온도 72℃, 주위온도 20℃, 열기류 온도 141℃, 열기류 속도 1.85m/s, 헤드 작동시간 40초

2. 시험지에 번호 표기

다음 조건에 따른 스프링클러 헤드의 RTI 값(1)을 구하고, 해당 헤드가 공동주택의 거실에 설치 가능한지 판단(2)하시오.

〈조건〉
평균 작동온도 72℃, 주위온도 20℃, 열기류 온도 141℃, 열기류 속도 1.85m/s, 헤드 작동시간 40초

3. 실제 답안지에 작성해보기

문 1-8) 헤드의 RTI 값, 공동주택의 거실에 설치 가능한지 판단	

1. 스프링클러헤드의 RTI

정의	반응시간지수(RTI : Response Time Index)는 헤드의 감열체를 테스트할 때 기류온도, 속도, 작동시간에 대하여 스프링클러헤드 감열체의 반응을 예상한 지수
계산식	$$RTI = \dfrac{-t_{op}\sqrt{U}}{\ln(1-\dfrac{\triangle T_n}{\triangle T_g})}$$ t_{op} : 스프링클러 반응시간(sec), U : 열기류 속도(m/s) $\triangle T_n$: 스프링클러의 평균작동온도와 대기온도의 차(℃) $\triangle T_g$: 열기류와 대기온도의 차(℃)
계산조건	t_{op} : 40s, U : 1.85m/s, $\triangle T_g$: 141−20＝121℃, $\triangle T_n$: 72−20＝52℃
계산	$$RTI = \dfrac{-t_{op}\sqrt{U}}{\ln(1-\dfrac{\triangle T_n}{\triangle T_g})} = \dfrac{-40\sqrt{1.85}}{\ln(1-\dfrac{72-20}{141-20})} = 96.86\,(\sqrt{\text{m}\cdot\text{s}})$$
답	$96.86\,(\sqrt{\text{m}\cdot\text{s}})$

2. 공동주택 거실에 설치 가능한지 판단

1) RTI 구분

① 조기반응형 : 50 이하 → 주거형, ESFR

② 특수반응형 : 50~80 → 특수용도의 방호

③ 표준반응형 : 80~350 → 화재제어용

2) 조기반응형 대상

① 공동주택·노유자시설의 거실

② 오피스텔·숙박시설의 침실, 병원의 입원실

3) 판단 : 화재안전성능기준에 따라 공동주택은 조기반응형으로 RTI가 50 이하

이어야 하기에 상기 조건의 헤드는 설치 불가함

"끝"

1. 문제

소방용품의 형식승인과 성능인증의 개념과 형식승인 절차에 대하여 설명하시오.

2. 시험지에 번호 표기

소방용품의 형식승인과 성능인증의 개념(1)과 형식승인 절차(2)에 대하여 설명하시오.

3. 실제 답안지에 작성해보기

문 1-9) 형식승인과 성능인증의 개념과 형식승인 절차

1. 형식승인과 성능인증의 개념

형식승인	• 강제 인증이며, 법적 의무 • 법률에서 정하는 중요 소방용품의 모델 형상, 구조, 재질, 성분, 성능 등이 기술기준에의 적합여부를 시험하여 승인
성능인증	• 자발적 인증이며, 임의인증 • 형식승인대상품 이외에 법률에서 정하는 소방용품의 모델 형상, 구조, 재질, 성분, 성능 등이 기술기준에의 적합여부를 시험하여 승인

2. 형식승인 절차

① 신청자 : 소방용품의 제작, 수입하여 판매하려고 하는 자

② 소방청장 : 한국소방산업기술원(KFI)에 형식승인 및 검사 위탁

③ KFI : 소방청장의 위탁으로 형식승인의 형식시험, 시험시설 심사 및 형식승인서 발급

④ 절차도

"끝"

1. 문제

「배연설비의 검사표준(KS F 2815)」에서 요구하는 방화댐퍼의 기준과 「건축물의 피난·방화구조 등의 기준에 관한 규칙」에서 요구하는 방화댐퍼의 기준에 대하여 각각 설명하시오.

2. 시험지에 번호 표기

「배연설비의 검사표준(KS F 2815)」에서 요구하는 방화댐퍼(1)의 기준(2)과 「건축물의 피난·방화 구조 등의 기준에 관한 규칙」에서 요구하는 방화댐퍼의 기준(3)에 대하여 각각 설명하시오.

3. 실제 답안지에 작성해보기

문 1−10) 방화댐퍼의 기준

1. 개요

① 정의 : 환기 · 난방 또는 냉방시설의 풍도가 방화구획을 관통하는 경우에는 그 관통부분 또는 이에 근접한 부분에 적합한 댐퍼를 설치

② 목적 : 수평 및 수직의 화재 및 연기의 확산을 방지

2. 배연설비의 검사표준에 의한 방화댐퍼 기준

재질	1.5mm 이상의 철판일 것
누출량	폐쇄 시 20℃에서 1m²당 19.6N의 압력 시 5m³/min
구조	미끄럼부는 열팽창, 녹, 먼지 등에 의해 작동이 저해받지 않는 구조
점검구	검사구, 점검구는 적정한 위치일 것
부착방법	• 구조체에 견고하게 부착시키는 공법 • 화재시 덕트가 탈락, 낙하해도 손상되지 않을 것
배연기관련	배연기의 압력에 의해 방재상 해로운 진동 및 간격이 생기는 않는 구조

3. 건축자재 등 품질인정 및 관리기준에 의한 방화댐퍼 기준

1) 성능기준

내화성능	내화성능시험 결과 비차열 1시간 이상의 성능
방연성능	KS F 2822(방화 댐퍼의 방연 시험 방법)에서 규정한 방연성능

2) 설치기준

미끄럼부	미끄럼부는 열팽창, 녹, 먼지 등에 의해 작동이 저해받지 않는 구조
점검구	방화댐퍼의 주기적인 작동상태, 점검, 청소 및 수리 등 유지 · 관리를 위하여 검사구 · 점검구는 방화댐퍼에 인접하여 설치할 것
부착방법	구조체에 견고하게 부착시키는 공법으로 화재 시 덕트가 탈락, 낙하해도 손상되지 않을 것
배연기관련	배연기의 압력에 의해 방재상 해로운 진동 및 간격이 생기지 않는 구조

"끝"

1. 문제

요양병원에 적응성을 갖는 층별 피난기구의 종류를 쓰고 구조대를 선정할 경우 주의사항을 설명하시오.

2. 시험지에 번호 표기

요양병원에 적응성을 갖는 층별 피난기구(1)의 종류(2)를 쓰고 구조대를 선정할 경우 주의사항(3)을 설명하시오.

3. 실제 답안지에 작성해보기

문 1 – 11) 피난기구의 종류를 쓰고 구조대를 선정할 경우 주의사항

1. 정의

① 화재발생 시 건물내 피난자가 안전한 장소로 피난할 때 사용하는 기구

② 요양병원은 의료시설이며, 3층과 4~10층 이하에 설치

2. 요양병원에 적응성을 갖는 피난기구

설치장소	3층	4층 이상 10층 이하
의료시설 · 근린생활시설중 입원실이 있는 의원 · 접골원 · 조산원	• 미끄럼대 • 구조대 • 피난교 • 피난용 트랩 • 다수인피난장비 • 승강식 피난기	• 구조대 • 피난교 • 피난용 트랩 • 다수인피난장비 • 승강식 피난기

3. 구조대 선정 시 주의사항

종류	

구조대 단면도

[경사강하식]

종류	[수직강하식]
형식승인	경사강하식, 수직강하식 구조대 형식승인 제품 사용
길이	피난상 지장이 없고 안정한 강하속도를 유지할 수 있는 길이
적응성	4층 이상의 층에 설치된 노유자시설 중 장애인 관련 시설로서 주된 사용자 중 스스로 피난이 불가한 자가 있어 추가로 설치하는 경우
소견	스스로 피난이 불가한 자가 있는 의료시설 등에도 적용 필요가 있다고 사료됨

"끝"

1. 문제

랭킨 – 휴고니어(Rankin – Hugoniot)곡선에 대하여 설명하시오.

2. 시험지에 번호 표기

랭킨 – 휴고니어(Rankin – Hugoniot)곡선에 대하여 설명(1)하시오.

3. 실제 답안지에 작성해보기

문 1 - 12) 랭킨 - 휴고니어 곡선에 대하여 설명

1. 정의

① 폭발(폭연/폭굉)후 압력과 체적, 밀도변화를 나타내는 곡선

② 랭킨 - 휴고니어 곡선은 발화 후 폭연에서 폭굉으로 전이되는 과정을 해석한 곡선

2. 랭킨 - 휴고니어 곡선

곡선	
해석	• A점 : 발화점 $P_1 = P_2$, $\rho_1 = \rho_2$인 지점 • B점 : 폭굉점, C - J(Chapman - Jouget)점, A점과 R - H곡선의 접점, $P_1 < P_2$, $\rho_1 < \rho_2$인 지점 • C점 : 폭연과 준폭굉의 경계점, $P_1 < P_2$, $\rho_1 < \rho_2$인 지점 • D점 : 이상상태 연소점, $P_1 \leq P_2$, $\rho_1 \leq \rho_2$인 지점 • E점 : 정상 연소점 $P_1 = P_2$, $\rho_1 \geq \rho_2$인 지점

3. 연소, 폭연, 폭굉의 비교

구분	연소	폭연	폭굉
환경	개방계	밀폐계	밀폐계
연소형태	확산연소	예혼합연소	예혼합연소
화염전파속도 [m/sec]	$0.4\sim0.5$	$0.5\sim$수십 (연소속도 < 음속)	$1,000\sim3,500$ (연소속도 > 음속)
전달 에너지	연소열	연소열 (전도, 대류, 복사)	충격파
압력증가	–	수기압 정도	초기압 10배 이상
특징	정상연소 온도 상승, 압력 일정 밀도 저하	난류확산영향 → 폭굉전이 가능	충격파에 기인 온도, 압력, 밀도 불연속적으로 급상승
상태도			

"끝"

1. 문제

다음 사항을 설명하시오.

(1) 소방관진입창에 설치되는 유리의 종류

(2) 아파트 구조변경 시 설치되는 방화유리창의 구조

2. 시험지에 번호 표기

다음 사항을 설명하시오.

(1) 소방관진입창에 설치되는 유리의 종류(1)

(2) 아파트 구조변경 시 설치되는 방화유리창의 구조(2)

3. 실제 답안지에 작성해보기

문 1 – 13) 소방관진입창에 설치되는 유리의 종류, 방화유리창의 구조

1. 소방관진입창 유리종류

설치대상	• 건축물의 11층 이하의 층, 층별 1개소 이상 • 예외 : 대피공간, 비상용 승강기 설치한 아파트
유리종류	• 플로트판유리로서 그 두께가 6mm 이하 • 강화유리 또는 배강도유리로서 그 두께가 5mm 이하 　– 외부충격에 대한 저항성이 강하며, 파손되더라도 파편이 날카롭지 않아 위험성이 적은 유리 　– 일반판유리에 비해 굽힘강도, 내충격성이 강하며, 내열성이 우수한 유리 • 이중유리로서 그 두께가 24mm 이하

2. 아파트 구조변경 시 방화유리창의 구조

1) 설치대상

　아파트 2층 이상의 층에서 스프링클러의 살수범위에 포함되지 않는 발코니를 구조변경하는 경우

2) 구조

구조도	
높이	발코니 끝부분에 바닥판 두께를 포함하여 높이가 90cm 이상
창호관련	• 창호와 일체 또는 분리하여 설치할 수 있음 • 난간은 별도로 설치하여야 함

방화판	• 재질 : 불연재료 혹은 방화유리
	• 틈새
	  －아래층에서 발생한 화염을 차단가능하도록 발코니 바닥과의 사이에
	    틈새가 없도록 함
	  －내화채움성능이 있는 재료로 틈새 메움

방화유리창	• 내화성능
	  －한국산업표준 KS F 2845(유리구획부분의 내화 시험방법)
	  －차열 30분 이상의 성능

기타	입주자 및 사용자는 방화판 또는 방화유리창 중 하나를 선택할 수 있음

"끝"

1. 문제

구획화재의 화재성상 중 최성기 화재(Fully – Developed Fire)에서 나타나는 다음 사항에 대하여 설명하시오.

(1) 연소속도, 화재온도, 화재계속시간

(2) 개구부의 화염분출 형상, 상층부 연소확대 방지대책

2. 시험지에 번호 표기

구획화재의 화재성상 중 최성기 화재(Fully – Developed Fire)(1)에서 나타나는 다음 사항에 대하여 설명하시오.

(1) 연소속도, 화재온도, 화재계속시간(2)

(2) 개구부의 화염분출 형상, 상층부 연소확대 방지대책(3)

3. 실제 답안지에 작성해보기

문	2-1) 최성기화재 연소속도, 화재온도, 화재계속시간, 개구부의 화염분출 형상, 상층부 연소확대 방지대책

1. 개요

　① 최성기화재는 최고 열방출률 및 온도를 지속적으로 수반, 산소량이 적어 환기

　　지배형 화재의 성질을 지님

　② 고온을 지속적으로 수반하기에 개구부를 통한 화염분출 및 상층부 연소확대

　　방지대책이 필요함

2. 연소속도, 화재온도, 화재계속시간

　1) 연소속도

개요도	
관계식	연소속도 $V = \rho_a 0.5 A \sqrt{H}$ (kg/s) 여기서 ρ_a : 공기의 밀도, A : 개구부 면적(m²), H : 개구부 높이(m)
특성	• 연소속도는 개구부의 면적, 개구부의 형태(종장, 횡장)에 따라 증감 • 최성기에서의 연소속도에 따른 열방출률 $\dot{Q}(\text{kW}) = \rho \times 0.5 A \sqrt{H} \times \Delta H_C = \rho \times 0.5 A \sqrt{H} \times 3,000 (\text{kJ/kg})$

2) 최성기 화재온도

관계식	• 환기요소와의 관계 : $T_{\max} = \dfrac{A\sqrt{H}}{A_T}$ • Babrauscas 관계식 $T_g = T_\infty + (T_1 - T_\infty)\,\theta_1\theta_2\theta_3\theta_4\theta_5$ 여기서, T_g : 상층부 가스온도, T_∞ : 초기온도, T_1 : 실험적 상수(1,725K)
특성	• 화재온도는 개구부의 면적, 개구부의 형태(종장, 횡장)에 따라 증감 • 화학양론적 연소속도(θ_1), 벽에서의 정상상태 손실(θ_2), 벽에서의 전이 손실(θ_3), 개구부 높이의 효과(θ_4), 연소효율(θ_5)에 영향 받음

3) 최성기의 화재지속시간

관계식	$t = \dfrac{W}{\rho_a\,0.5A\sqrt{H}} = \dfrac{w \times A_f}{\rho_a\,0.5\,A\sqrt{H}}\ (\sec)$ 여기서, W : 가연물량, w : 화재하중, A_f : 바닥면적
특성	연속속도가 빠를수록 화재지속시간은 짧아지고, 화재하중이 클수록 화재지속시간은 길어짐

3. 개구부의 화염분출 형상, 상층부 연소확대 방지대책

1) 개구부의 화염분출 형상

개요도	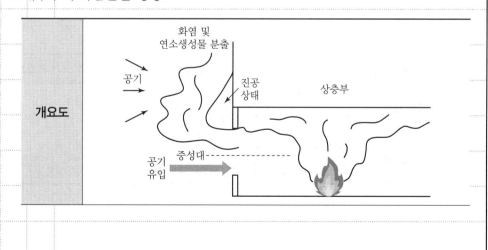

화염분출 형상	• 분출화염의 Coanda Effect 　－흐르는 유체가 만곡면을 흐를 때 그 표면에 밀착하여 흐르는 성질 　－유체는 응집력과 부착력이 작용하는데 화염의 분출력＜벽면의 부착력일 　　경우 유출되는 화염이나 연기는 벽면을 따라 흐름 • 중성대의 형성 　－부력에 의해 실내의 압력차 발생 － $\triangle P = 3,460H\left(\dfrac{1}{T_o} - \dfrac{1}{T_i}\right)$ 　－중성대의 높이가 낮으면 압력이 낮아져 유출되는 힘의 벡터는 약해짐 　－창을 통한 분출력＜벽면과의 부착력일 때 화염은 신장되어 빠르게 상층 연 　　소 확대 • Fick's Law 　－밀도가 높은 주위로부터 밀도가 낮은 화염측으로 공기인입 발생 　－공기인입, 벽과 화염 사이의 진공으로 화염 신장되어 상층으로 확대

2) 연소확대 방지대책

개요도	
예방	• 화재하중 감소　　• 가연물의 불연화, 난연화　　• 창의 크기 최소화
Passive	• 스팬드럴(날개벽) 높이 증대, 캔틸레버(차양) 설치 • 망입유리, 방화유리창, 화재확산방지구조 설치
Active	• 수막설비, 드렌처 설비 • 외벽방호용 S/P 설비 설치, 연소확대방지용 SP

"끝"

1. 문제

승강식 피난기의 특징, 설치기준과 「승강식 피난기의 성능인증 및 제품검사의 기술기준」에서 정하는 승·하강 속도시험기준을 설명하시오.

2. 시험지에 번호 표기

승강식 피난기의 특징(1), 설치기준(2)과 「승강식 피난기의 성능인증 및 제품검사의 기술기준」에서 정하는 승·하강 속도시험기준(3)을 설명하시오.

Tip 수험생이 선택하기에 쉽지 않은 문제입니다.

3. 실제 답안지에 작성해보기

문 2-2) 승강식 피난기의 특징, 설치기준과 승·하강 속도시험기준을 설명

1. 승강식 피난기의 특징

구성도	
	정면도　　　측면도
정의	"승강식 피난기"라 함은 사용자의 몸무게에 의하여 자동으로 하강하고 내려서면 스스로 상승하여 연속적으로 사용할 수 있는 무동력 승강형 피난기를 말함
특징	• 상용전원 비상전원 상관없이 무동력으로 피난 가능 • 사용자의 몸무게에 의해 하강하고, 스스로 상승 • 최소사용하중 200N, 최대사용하중 1,500N × 사용자 수 이상 • 와이어로프방식과 랙기어방식이 있음

2. 설치기준

연계구조	설치층~피난층 연계할 수 있는 구조
대피실	• 면적은 $2m^2$(2세대 이상일 경우에는 $3m^2$) • 하강구(개구부) 규격은 직경 60cm 이상 • 건축법 시행령 대피공간 규정에 적합(외기 개방된 장소에는 예외) • 비상조명등, 층위치 표식과 피난기구 사용설명서 및 주의사항 부착
하강구	• 내측에는 기구의 연결 금속구 등이 설치 불가 • 전개된 피난기구는 하강구 수평투영면적 공간 내의 범위를 침범하지 않는 구조 • 직경 60cm 크기의 범위를 벗어난 경우이거나, 직하층의 바닥면으로부터 높이 50cm 이하의 범위는 제외 • 착지점과 하강구는 상호 수평거리 15cm 이상의 간격을 둘 것
출입문	• 60분, 60분+ 방화문 • 피난방향에서 식별할 수 있는 위치에 "대피실" 표지판 부착
경보, 확인	• 대피실 출입문이 개방 혹은 피난기구 작동 시 해당층 및 직하층 거실에 설치된 표시등 및 경보장치가 작동 • 제어반에서는 피난기구의 작동을 확인할 수 있어야 할 것
기타	• 사용 시 기울거나 흔들리지 않도록 설치할 것 • 한국소방산업기술원 또는 성능시험기관 등 지정받은 기관에서 그 성능을 검증

3. 승하강 속도 시험기준

1) 승강판 하강속도

일반하강 속도	• 하중 : 최대설치높이에서 최소사용하중 · 200N · 750N · 1,500N 및 최대 사용하중을 가하는 때 • 속도 : 하강속도는 11cm/s 이상 130cm/s 미만
평균하강 속도	• 하중 : 최대설치높이에서 750N의 하중을 20회 연속하여 가하는 때 • 속도 : 20회의 평균하강속도의 80% 이상 120% 이하
반복하강 속도	• 하중 : 최대설치높이에서 최대사용하중을 5,000회 연속하여 가하는 때 • 속도 : 기능에 이상이 생기지 아니하여야 하며, 일방하강속도시험에 만족

2) 승강판 상승속도 : 승강판 상승속도는 40cm/s 이상

"끝"

1. 문제

일반건축물 화재 시 발생하는 Roll Over현상과 LNG 저장탱크에서 발생하는 Roll Over현상에 대하여 각각 설명하시오.

2. 시험지에 번호 표기

일반건축물 화재 시 발생하는 Roll Over현상(1)과 LNG 저장탱크에서 발생하는 Roll Over현상(2)에 대하여 각각 설명하시오.

Tip 정의 – 메커니즘 – 문제점 – 원인, 대책 순서로 작성합니다.

3. 실제 답안지에 작성해보기

문 2-3) 일반건축물 화재 시 발생하는 Roll Over현상과 LNG 저장탱크에서 발생하는 Roll Over현상

1. 화재 시 발생하는 Roll Over현상

정의	• 화재실의 공기가 부족한 상태에서 천장부분에 축적된 분해가스가 점화되어 화재의 선단부분이 매우 빠르게 확대되어 가는 현상 • 화염선단이 천장밑을 굴러가는 것처럼 보이기 때문에 Roll Over라고 함
개요도	
메커니즘	구획실 화재 발생 → 부력에 의한 화재 플럼 생성 → 연소생성물이 천장밑에 층 생성 → 상층부 온도가 증가하며, 부분적 자연발화 → 신성공기가 연기층 밑으로 유입 → 화염이 주변공간으로 확산
문제점	• Flash Over 발생(전조현상) • 급격한 화재확산 유발 • 소방대의 소방활동 곤란과 소방대의 피해 야기
대책	• 가연물 대책 　-복도, 통로에 가연물 방치 금지　　-옥내의 불연화, 난연화 • 건축적 대책 　-화재하중에 따른 방화구획 철저　　-성능위주 내화설계 • 소방적 대책 　-빠른 감지, 초기 소화　　　　　-제연설비 설치로 연기 배출

2. LNG 저장탱크에서 발생하는 Roll Over현상

정의	비점이 낮은 액화가스를 저장탱크 내 저장 시 그 액화가스의 조성에 따라 층이 형성되어 단시간에 상부와 하부의 액체가 혼합되면서 다량의 BOG(Boiled Off Gas)가 급속히 발생되어 탱크 내 압력이 급격히 상승하는 현상
개요도	정상증발 / 증발감소 / 급격한 증발 경질 LNG / 중질 LNG / 급속한 혼합 균일한 밀도 / 균일한 밀도 / 균일한 밀도
메커니즘	LNG 저장탱크 내 상부 경질 LNG, 하부 중질 LNG 저장층 형성 → 탱크 측면, 하부로부터 입열로 내부온도 상승 및 압력 상승 → 상층부 메탄의 우선 증발로 인한 농도의 증가로 액밀도 상승, 하층부액은 액온 상승으로 인한 액밀도 저하 → 상하층액의 밀도차에 의한 급격한 혼합 다량의 BOG 발생으로 과압 형성
문제점	• 과압으로 인한 안전밸브 작동 및 대기 중 방출되는 소모성 가스 증가 • 과압으로 인한 탱크의 강도 저하 및 심한 경우 탱크의 파손
대책	• LNG 조성범위 제한 및 동일조성 범위의 LNG 저장 • 제트노즐을 통한 인입 LNG와 잔류 LNG 혼합 • 탱크의 입열제한 및 단열도 향상 • Flare Vent 및 Safety Relief Valve 설치 • 탱크 주입구 분리, 상부 → 중질 LNG 주입, 하부 → 경질 LNG 주입

"끝"

1. 문제

공사현장에서의 용접·용단 작업 시 다음 사항에 대하여 설명하시오.

(1) 비산불티의 특성 및 비산거리 영향요소

(2) 용접·용단 작업 시 화재 및 폭발의 주요 발생원인과 대책

2. 시험지에 번호 표기

공사현장에서의 용접·용단 작업(1) 시 다음 사항에 대하여 설명하시오.

(1) 비산불티의 특성 및 비산거리 영향요소(2)

(2) 용접·용단 작업 시 화재 및 폭발의 주요 발생원인과 대책(3)

3. 실제 답안지에 작성해보기

문	2-4) 비산불티의 특성 및 비산거리 영향요소, 용접 · 용단 작업 시 화재 및
	폭발의 주요 발생원인과 대책

1. 개요

① 두 개 이상의 모재 간에 연속성이 있도록 접합부분에 열 또는 압력을 가하여

결합시키는 과정을 말하며, 이때 생기는 비산불티는 작업높이 철판두께 등에

따라 수십m 이상 비산할 수 있음

② 비산한 불티는 화재 및 폭발, 인체의 화상을 일으키므로 이에 대한 방지대책이

필요함

2. 비산불티의 특성 및 비산거리 영향요소

비산불티 특성	• 용접 · 용단 작업 시 수천 개의 불티가 발생하여 비산 • 비산불티는 풍향, 풍속에 따라 비산거리가 달라짐 • 용접 비산불티는 1,600℃ 이상의 고온체로 점화원으로 작용 • 비산된 후 상당시간 경과 후에도 축열에 의하여 화재발생 가능 • 가스 용접 시 산소 압력, 절단속도 및 절단방향에 따라 비산불티의 양과 크기가 달라질 수 있음
비산거리 영향요소	• 작업높이 : 작업높이가 높을수록 비산거리 깊 • 철판두께 : 철판두께가 두꺼울수록 비산거리 깊 • 작업의 종류 : 세로방향이 가로방향보다 비산거리 깊 • 바람의 방향 : 바람을 등지고 작업 시 바람을 향하고 작업 시보다 비산거리 깊 • 풍속 : 풍속이 클수록 비산거리 깊

3. 용접·용단 작업 시 화재 및 폭발의 주요 발생원인과 대책

1) 화재

발생원인	대책
• 불꽃비산 • 열을 받은 용접부분 및 비산불티 주변의 가연물	• 불꽃받이, 방염시트 사용으로 비산불티 수집 • 가연물 제거 및 주변 정리정돈 • 소화기 비치 및 화기책임자 배치 • 용접부 뒷면 등 주변점검 • 작업종료 후 일정시간 이상 재점검

2) 폭발

발생원인	대책
• 토치, 호스에서 가스누설 및 구획실 내 잔류 • 드럼통, 가스용기 잔류가스에 의한 폭발 • 역화에 의한 가스용기 폭발	• 가스누설이 없는 토치, 호스 사용 및 환기작업 • 호스접속 시 오접속방지 명찰부착 • 불활성작업 : 진공, 압력퍼지 등 실시 • 용기 내부에 잔류가스 확인 및 점검 • 정비, 점검완료된 토치, 호스 사용 • 역화방지기 설치

3) 화상

발생원인	대책
• 토치, 호스에서 산소누설 • 산소를 공기 대신 환기나 압력시험용으로 사용	• 산소누설이 없는 토치, 호스 사용 • 작업 전 화기책임자·작업자 확인 및 점검 • 소화기 비치 및 환기작업 시 작업자 교육 실시

"끝"

1. 문제

에너지저장장치(ESS : Energy Storage System)를 의무적으로 설치해야 하는 대상, ESS 설비의 구성, 「전기저장시설의 화재안전성능기준」에서 규정하고 있는 배터리용 소화장치에 대하여 설명하시오.

2. 시험지에 번호 표기

에너지저장장치(ESS : Energy Storage System)(1)를 의무적으로 설치해야 하는 대상(2), ESS 설비의 구성(3), 「전기저장시설의 화재안전성능기준」에서 규정하고 있는 배터리용 소화장치(3)에 대하여 설명하시오.

3. 실제 답안지에 작성해보기

문 2-5)	ESS 의무적으로 설치해야 하는 대상, 설비의 구성, 배터리용 소화장치에 대하여 설명

1. 개요

① "전기저장장치"(ESS)란 생산된 전기를 전력 계통에 저장했다가 전기가 가장 필요한 시기에 공급해 에너지 효율을 높이는 장치

② 배터리, BMS, PCS 등으로 구성되어 있고, 배터리에 화재위험이 있어 화재안전성능기준에 배터리용 소화장치의 기준이 규정되어 있음

2. ESS 의무적 설치대상

설치대상	• 공공기관은 전력피크 저감 등을 위해 계약전력 1,000kW 이상의 건축물일 경우 • 용량 : 계약전력 5% 이상 규모의 에너지저장장치(ESS)를 설치
제외	• 임대건축물 • 발전시설, 전기. 가스공급시설, 석유비축시설, 상하수도시설 및 빗물 펌프장 • 공항, 철도 및 지하철 시설 • 최대 피크전력이 계약전력의 100분의 30 미만 • 전력피크대응 건물 등으로서 산업통상자원부장관이 인정하는 시설

3. ESS 설비의 구성

구성도	

구성	• 배터리
	−리튬이온 배터리셀(Cell)이 모여 Module을 이루고, 모듈이 랙(rack)을 구성
	−실질적으로 전력을 저장하는 장치
	• BMS(Battery Management System)
	−배터리 각각의 셀 특성에 따른 배터리 제어장치
	−셀 용량, 충·방전 등을 통해 에너지 저장장치가 최대의 성능 발휘 및 안전성 확보를 위한 제어
	• PCS(Power Conversion System)
	−전력변환 장치로 컨버터(Converter)와 인버터(Inverter)로 구성
	−에너지 저장창치에 저장 시와 전력사용처에 공급 시로 나눠 사용
	−전력 저장 시 : 교류(AC) → 직류(DC) → 컨버터 사용
	−사용처 공급 시 : 직류(DC) → 교류(AC) → 인버터 사용
	• EMS(Energy Management System)
	−전력관리 시스템
	−ESS 전반적인 정보 수집 및 모니터링

4. 배터리용 소화장치

1) 화재안전성능기준

적용조건	• 소방기술심의위원회의 심의를 거쳐 소방청장이 인정하는 시험방법, 시험기관 • 소화성능을 인정받은 경우 적용 가능
장소조건	• 옥외형 전기저장장치 설비가 컨테이너 내부에 설치된 경우 • 옥외형 전기저장장치 설비가 다른 건축물, 주차장, 공용도로, 적재된 가연물, 위험물 등으로부터 30m 이상 떨어진 지역에 설치된 경우

2) 성능시험

시험기관	• 한국소방산업기술원 • 한국화재보험협회 부설 방재시험연구원 • 비영리 국가 공인시험기관

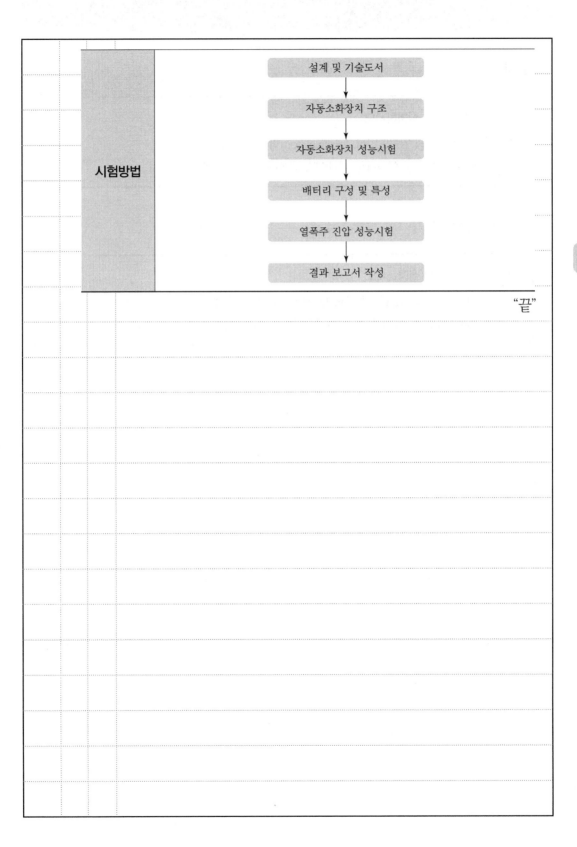

시험방법	설계 및 기술도서
	자동소화장치 구조
	자동소화장치 성능시험
	배터리 구성 및 특성
	열폭주 진압 성능시험
	결과 보고서 작성

"끝"

129회

1. 문제

다음 사항에 대하여 설명하시오.

(1) 푸리에(Fourier)의 열전도법칙, 뉴턴(Newton)의 냉각법칙

(2) 기체분자운동론의 가정 5가지, 그레이엄(Graham)의 확산법칙

2. 시험지에 번호 표기

다음 사항에 대하여 설명하시오.

(1) 푸리에(Fourier)의 열전도법칙, 뉴턴(Newton)의 냉각법칙(1)

(2) 기체분자운동론의 가정 5가지, 그레이엄(Graham)의 확산법칙(2)

3. 실제 답안지에 작성해보기

> **문 2-4) 푸리에의 열전도법칙, 뉴턴의 냉각법칙, 기체분자운동론의 가정 5가지, 그레이엄의 확산법칙**

1. 푸리에(Fourier)의 열전도법칙

관계식	$\dot{q}'' = k\dfrac{(T_2 - T_1)}{l}$ 여기서, $\dot{q}''$: 물질을 통해 전달되는 열량(W/m², J/m²·sec) $\quad k$: 물질의 열전도도(W/m·K), T_1, T_2 : 물질 양면의 온도(K) $\quad l$: 물질의 두께(m)
개념	• 전도는 고체 또는 정지 상태의 유체 내에서 매질을 통한 열전달 • 열은 온도가 높은 데서 낮은 데로 이동하고, 열전달률은 단위길이와 온도변화와 전달면적에 비례
소방에의 적용	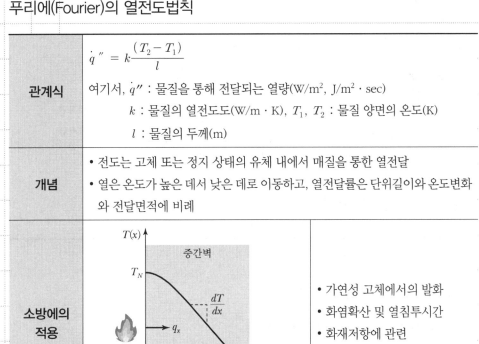 • 가연성 고체에서의 발화 • 화염확산 및 열침투시간 • 화재저항에 관련 • 화재초기 열전달 현상

2. 뉴턴(Newton)의 냉각법칙

관계식	$\dot{q}'' = k\dfrac{(T_2 - T_1)}{l} = h(T_2 - T_1)$ $h = \dfrac{k}{l}$ 여기서, h : 대류전열계수(W/m²K), 공기의 특성과 유속에 의존
개념	대류열전달은 고체 표면과 움직이는 유체 사이에서 분자의 불규칙한 운동과 거시적인 유체의 유동을 통해 열전달

소방에의 적용	 공기+연소 생성물 동반상승 부력플럼 간헐화염 연속화염 • Fire Plume 발생 및 실의 온도 증가 • Ceiling Jet Flow 발생 • SP RTI 계산 • 화재 성장기 열전달 현상

3. 기체분자운동론의 가정 5가지

① 기체 분자가 차지하는 부피 무시

② 기체 분자들의 무질서한 직선 운동

③ 기체 분자 상호 간 인력과 반발력 무시

④ 분자들이 충돌할 때, 손실 없는 완전 탄성충돌

⑤ 분자의 평균 운동에너지는 오직 절대온도에 비례함

⑥ 실제기체비교

구분	이상기체	실제기체
분자의 부피	무시	부피 존재
분자 간 상호작용	무시	인력, 반발력 존재
손실발생여부	손실없음	손실 존재
온도, 압력변화 시	상시 기체로 존재	상태변화

4. 그레이엄(Graham)의 확산법칙

관계식	$$\dfrac{V_a}{V_b} = \sqrt{\dfrac{M_b}{M_a}}$$ 여기서, V_a : a기체의 확산속도, V_b : b기체의 확산속도, M_a : a기체의 분자량, M_b : b기체의 분자량
개념	• 그레이엄의 확산법칙은 기체의 분자량과 기체 분자들의 평균 이동속도에 관한 법칙 • 유체는 같은 온도와 압력에서 두 기체의 확산속도비는 두 기체의 분자량의 제곱근에 비례
소방에의 적용	• 확산속도의 비교를 통해 가연성 기체의 위험성 비교 • 분자량이 작을수록 기체의 확산속도가 빨라지고, 분자량이 클수록 확산속도는 증가함

"끝"

1. 문제

도로터널에 관한 다음 사항을 설명하시오.

(1) 방재등급별 기준 및 방재시설의 종류

(2) 터널화재에서의 백레이어링(Black Layering) 현상과 예방대책

2. 시험지에 번호 표기

도로터널(1)에 관한 다음 사항을 설명하시오.

(1) 방재등급별 기준 및 방재시설의 종류(2)

(2) 터널화재에서의 백레이어링(Black Layering) 현상과 예방대책(3)

3. 실제 답안지에 작성해보기

문 3-1) 도로터널에 방재등급별 기준 및 방재시설의 종류, 터널화재에서의 백 레이어링현상과 예방대책 설명

1. 개요

① 도로터널이란 자동차의 통행을 목적으로 지반을 굴착하여 지하에 건설한 구조물, 개착공법으로 지중에 건설한 구조물, 기타 특수공법으로 하저에 건설한 구조물과 지상에 건설한 터널형 방음시설(방음터널)을 말함

② 연장등급과 방재등급별 기준으로 방재시설을 설치하여야 하며, 종류식 환기장치의 경우 백레이어링의 위험으로 피난안전성을 해칠 우려가 있기에 대책을 세워야 함

2. 방재등급별 기준 및 방재시설의 종류

1) 방재등급별 기준

[연장등급 및 방재등급별 기준]

방재 등급별 기준	등급	터널연장(L) 기준		위험도지수 (X)기준
		일반도로터널, 소형차전용터널(m)	방음터널(m)	
	1	$L \geq 3,000$		$X > 29$
	2	$1,000 \leq L < 3,000$		$19 < X \leq 29$
	3	$500 \leq L < 1,000$	$250 \leq L < 1,000$	$14 < X \leq 19$
	4	$L < 500$	$L < 250$	$X \leq 14$
개념	• 터널등급은 터널연장(L)을 기준으로 하는 연장등급과 교통량 등 터널의 제반 위험 인자를 고려한 위험도지수(X)를 기준으로 하는 방재등급으로 구분 • 터널의 방재등급은 개통 후 매5년 단위로 실측교통량 및 주변도로 여건 등을 조사하여 재평가하며, 이에 따라 방재시설의 조정 검토			

2) 등급별 방재시설의 종류

방재시설		터널등급	1	2	3	4	비고
소화 설비	소화기구		●	●	●	●	
	옥내소화전설비		● ○	● ○			연장등급, 방재등급 병행
	물분무설비		○				
경보 설비	비상경보설비		●	●	●		
	자동화재탐지설비		●	●			
	비상방송설비		○	○	○		
	긴급전화		○	○	○		
	CCTV		○	○	○	△	△ : 200m 이상 터널
	유고감지설비		△	△	△		
	재방송설비		○	○	○	△	△ : 200m 이상 터널
	정보표시판		○	○			
	진입차단설비		○	○			
피난 대피 설비	비상조명등		●	●	●	△	△ : 200m 이상 터널
	유도등		○	○	○		
	대피시설	피난연결통로	●	●	●		
		피난대피터널	●	△			1등급 : 피난대피터널을 우선 적용
		격벽분리형 피난대피통로	△	●	●		2등급 : 격벽분리형 피난 대피통로를 우선 적용
		비상주차대	○	○			
소화 활동 설비	제연설비		○	○	◉		연장 3등급이고 피난대피시설이 미흡한 터널에 제연설비 보강
	무선통신보조설비		●	●	●	△	
	연결송수관설비		● ○	● ○			연장등급, 방재등급 병행
	(비상)콘센트설비		●	●	●		
비상전원 설비	무정전전원설비		●	●	●	△	
	비상발전설비		● ○	● ○	△		연장등급, 방재등급 병행

● 기본시설 : 연장등급에 의함, ○ 기본시설 : 방재등급에 의함, △ 권장시설 : 설치의 필요성 검토에 의함,
◉ 보강설비 : 연장등급 및 방재등급에 의함

3. 터널화재에서의 백레이어링 현상과 예방대책

정의	종류환기방식에서 제트팬의 용량 부족 시 주행방향의 반대방향으로 연기가 유동되는 현상
개요도	
메커니즘	터널 내 화재 → 연기가 부력으로 상승하여 터널 길이방향으로 전파 → 종류식에서 피난방향으로 연기가 전파되지 않게 화점 방향으로 기류형성 → 연기기류 > 환기기류 피난방향으로 연기전파(Back-Layering) → 역기류 형성
문제점	• 피난안전성 저해 및 인명피해 발생 • 연속된 차량의 화재 확대
대책	• 임계풍속 : Back Layering이 발생되지 않을 수 있는 환기기류의 최소유속 $$V_{rc} = K_g \, F_{rc}^{-\frac{1}{3}} \left(\frac{g \cdot H \cdot Q}{\beta \cdot \rho_o \cdot C_p \cdot A_r \cdot T_f} \right)^{\frac{1}{3}}$$ • 터널 내에서 공기의 유속을 임계속도 이상으로 함 • 횡류 반횡류방식의 환기방식 적용 • 시뮬레이션을 통한 배연설비, 자동소화설비 설치

"끝"

1. 문제

> 원형관에서 유체의 유동으로 발생하는 손실(Loss in Pipe Flow)에 관한 다음 사항을 설명하시오.
>
> (1) 달시 – 바이스바하(Darcy – Weisbach) 식
>
> (2) 하젠 – 윌리엄스(Hazen – Williams) 실험식
>
> (3) 돌연 확대. 축소관에서의 손실수두식

2. 시험지에 번호 표기

> 원형관에서 유체의 유동으로 발생하는 손실(Loss in Pipe Flow)에 관한 다음 사항을 설명하시오.
>
> (1) 달시 – 바이스바하(Darcy – Weisbach) 식(1)
>
> (2) 하젠 – 윌리엄스(Hazen – Williams) 실험식(2)
>
> (3) 돌연 확대. 축소관에서의 손실수두식(3)

Tip 모두 계산식이 들어가는 경우로서 개요는 쓰지 않아도 되지만 단위와 정확한 식이 중요합니다.

3. 실제 답안지에 작성해보기

문 3-2) 달시-바이스바하식, 하젠-윌리엄스실험식, 돌연 확대. 축소관에서

의 손실수두식을 설명

1. 달시-바이스바하(Darcy-Weisbach) 식

관계식	$\triangle H = f \times \dfrac{L}{D} \times \dfrac{V^2}{2g}$, $f = \dfrac{64}{Re}$, $Re = \dfrac{v \cdot d}{\nu} = \dfrac{\rho v d}{\mu}$ 여기서, μ : 점성계수, ν : 동점성계수($\nu = \dfrac{\mu}{\rho}$)
특성	• 관마찰에 의한 압력손실은 관로의 길이, 유속, 관의 안지름, 유체의 점도, 밀도, 관벽의 조도의 함수 • 관의 길이가 길수록, 관의 직경이 작을수록 마찰손실($\triangle H$) 증가 • 유체의 흐름특성에서 유속이 빠를수록 마찰손실($\triangle H$) 증가 • 유체로서 물에만 적용, 관의 물리적 특성만으로 마찰손실 계산 가능

2. 하젠-윌리엄스 실험식

관계식	$\triangle p(\text{MPa}) = 6.053 \times 10^4 \dfrac{Q^{1.85}}{C^{1.85} \times D^{4.87}} \times L$ 여기서, C : 조도계수, L : 관의 길이, D : 관경, Q : 유량
특성	• 조도계수 C 배관 내면의 거칠기(Roughness)를 나타내는 계수, C값이 클수록 마찰손실은 감소 • 유량이 증가하면 관의 길이도 증가, 관의 직경이 감소하면 마찰손실 $\triangle H$는 증가 • 모든 유체 사용, 레이놀즈수를 이용하므로 적용 어려움

3. 돌연확대 · 축소관에서의 손실수두식

1) 돌연확대관 손실수두식

개요도	[돌연확대 배관]
손실 수두식	• 운동량 법칙의 적용 $P_1 A_2 - P_2 A_2 = \dfrac{\gamma}{g} Q(V_2 - V_1)$ (단면 1의 면적 : A_2) ······ ① • 베르누이식 적용 $\dfrac{P_1}{\gamma} + \dfrac{V_1^2}{2g} = \dfrac{P_2}{\gamma} + \dfrac{V_2^2}{2g} + h_L$ ······ ② ①과 ②에서 $\dfrac{P_1 - P_2}{\gamma} = \dfrac{Q}{gA_2}(V_2 - V_1) = \dfrac{V_2^2 - V_1^2}{2g} + h_L$ • 손실수두 h_L $h_L = \dfrac{2V_2(V_2 - V_1)}{2g} - \dfrac{V_2^2 - V_1^2}{2g} = \dfrac{2V_2^2 - 2V_2 V_1 - V_2^2 + V_1^2}{2g} = \dfrac{(V_1 - V_2)^2}{2g}$ $\therefore h_L = (1 - \dfrac{V_2}{V_1})^2 \dfrac{V_1^2}{2g}$
답	$h_L = (1 - \dfrac{V_2}{V_1})^2 \dfrac{V_1^2}{2g}$

2) 돌연축소관 손실수두식

개요도	[돌연축소 배관]
손실 수두식	• 운동량방정식 $$P_o A_2 - P_2 A_2 = \frac{\gamma}{g} Q(V_2 - V_o)$$ • 연속방전식 $$Q = A_o V_o = A_2 V_2$$ $\dfrac{Q}{A_2} = V_2$ 이므로 $\dfrac{P_o - P_2}{\gamma} = \dfrac{2V_2(V_2 - V_o)}{2g}$ ...... ① • A_o와 A_2에서의 수정베르누이 식 적용 $$\frac{P_o}{\gamma} + \frac{v_o^2}{2g} = \frac{P_2}{\gamma} + \frac{v_2^2}{2g} + h_L \quad h_L = \frac{P_o - P_2}{\gamma} + \frac{v_o^2 - v_2^2}{2g}$$ ...... ② ①과 ②를 합하면 $$h_L = \frac{2V_2(V_2 - V_o)}{2g} + \frac{V_o^2 - V_2^2}{2g} = \frac{(V_o - V_2)^2}{2g}$$ • C_o를 수축계수(Coefficient of Contraction)라 하면 연속방정식 $Q = A_o V_o = A_2 V_2$에서 $C_o = \dfrac{A_o}{A_2} = \dfrac{V_2}{V_o}$ $V_o = \dfrac{V_2}{C_o}$ 를 적용하여 정리하면 $h_L = \left(\dfrac{1}{C_o} - 1\right)^2 \dfrac{V_2^2}{2g}$
답	$$h_L = \left(\frac{1}{C_o} - 1\right)^2 \frac{V_2^2}{2g}$$

"끝"

1. 문제

「위험물안전관리법」에서 규정하는 인화성 액체에 관한 다음 사항을 설명하시오.

(1) 인화점 시험방법 및 인화점 측정시험 방법 3가지

(2) 제4류 위험물의 위험등급 분류 및 다른 유별 위험물과의 혼재가능 여부

2. 시험지에 번호 표기

「위험물안전관리법」에서 규정하는 **인화성 액체(1)**에 관한 다음 사항을 설명하시오.

(1) 인화점 시험방법 및 인화점 측정시험 방법 3가지(2)

(2) 제4류 위험물의 위험등급 분류 및 다른 유별 위험물과의 혼재가능 여부(3)

3. 실제 답안지에 작성해보기

문 3-3) 인화점 시험방법 및 인화점 측정시험 방법 3가지, 제4류 위험물의 위
험등급 분류, 다른 유별 위험물과의 혼재가능 여부

1. 개요

① 인화성 액체란 표준조건에서 점화원이 존재할 때 화재를 일으키는 충분한 증
기를 만들 수 있는 물질

② 위험물을 분류하기 위해서 태그밀폐식, 신속평형법 등을 사용하며, 국내에서
는 제4류 위험물로 제1~4석유류, 동식물유류로 분류하고 있음

2. 인화점 시험방법 및 측정시험

1) 개요

정의	• 가연성 혼합기를 형성하는 고체 및 액체의 최저온도 • 점화원이 있을 경우 순간 발화
관계식	$T_F = 0.683\,T_B - 71.7$ 여기서, T_F : 밀폐계의 인화점(℃), T_B : 비점(℃)

2) 인화점 시험방법 및 측정시험 방법

측정방법	시험방법	적용
시험장소외	• 1기압, 무풍의 장소 • 화염의 크기 : 직경 4mm	
태그밀폐식	• 인화점 93℃ 이하 시료 • 시료컵에 시험물품 5cm²를 넣고 시험불꽃 점화 가열 　-예상 인화점 60℃ 미만 시 : 매분 1℃ 　-예상 인화점 60℃ 이상 시 : 매분 3℃로 가열 • 측정 　-예상 인화점 60℃ 미만 시 : 0.5℃마다 　-예상 인화점 60℃ 이상 시 : 1℃마다 불꽃접촉 인화하는 최 　　저온도 구함	가솔린, 등유, 원유 등

측정방법	시험방법	적용

신속평형법	• 태그밀폐식을 적용할 수 없는 시료
	• 시료컵을 설정온도까지 가열 또는 냉각하여 시험물품 2mL를 시료컵에 넣고 온도 1분간 유지
	• 1분 경과 후 개폐기를 작동하여 시험불꽃을 시료컵에 2.5초간 노출시키고 닫을 것
	   – 인화한 경우에는 인화하지 않을 때까지 설정온도를 낮추고,
	   – 인화하지 않는 경우에는 인화할 때까지 설정온도를 높여 인화점을 측정
		경유, 중유, 원유, 절연유, 방청유

클리브랜드
개방식
	• 인화점 80℃ 이상 시료
	• 측정기의 시료컵의 표시선까지 시험물품을 채우고 점화
	   – 14℃/60초의 비율로 상승시키고,
	   – 설정온도보다 55℃ 이하일 경우 가열을 조절하여 28℃ 낮은 온도로 60초간 5.5℃씩 온도를 상승
	• 측정
	   – 설정온도보다 28℃ 낮은 경우 시험불꽃을 시료컵 중심으로 일직선으로 1초간 횡단시켜 측정
		석유, 아스팔트, 각종 윤활유

3. 제4류 위험물의 위험등급 분류 및 다른 유별 위험물과의 혼재가능 여부

1) 제4류 위험물의 위험등급 분류

위험등급	품명		지정수량(L)
Ⅰ	특수인화물		50
Ⅱ	제1석유류	비수용성	200
		수용성	400
	알코올류		400
Ⅲ	제2석유류	비수용성	1,000
		수용성	2,000
	제3석유류	비수용성	2,000
		수용성	4,000
	제4석유류		6,000
	동식물유류		10,000

2) 제4류 위험물과 다른 유별 위험물과의 혼재가능 여부

표	위험물 구분	제1류	제2류	제3류	제4류	제5류	제6류
	제1류		×	×	×	×	○
	제2류	×		×	○	○	×
	제3류	×	×		○	×	×
	제4류	×	○	○		○	×
	제5류	×	○	×	○		×
	제6류	○	×	×	×	×	

[비고]
1. "×" 표시는 혼재할 수 없음을 표시한다.
2. "○" 표시는 혼재할 수 있음을 표시한다.

혼재가능	제2류(가연성 고체), 제3류(자기발화성 물질, 금수성 물질), 제5류(자기반응성 물질)
혼재불가	제1류(산화성 고체), 제6류(산화성 액체)

"끝"

1. 문제

층고가 낮은 지하주차장에 장방형 금속제 제연덕트를 설치할 경우 단면형상과 시공방법에 대하여 설명하시오.

2. 시험지에 번호 표기

층고가 낮은 지하주차장(1)에 장방형 금속제 제연덕트를 설치할 경우 단면형상과 시공방법(2)에 대하여 설명하시오.

3. 실제 답안지에 작성해보기

문 3-4) 장방형 금속제 제연덕트를 설치할 경우 단면형상과 시공방법을 설명

1. 개요

① 제연설비. 자연 또는 기계적인 방법(송풍기, 배출기)을 이용하여 연기의 이동 및 확산을 제한하기 위해 사용되는 설비로서 제연덕트를 사용함

② 지하주차장의 경우와 같이 층고가 낮을 경우에는 Aspect Ratio 및 System Effect를 고려하여야 함

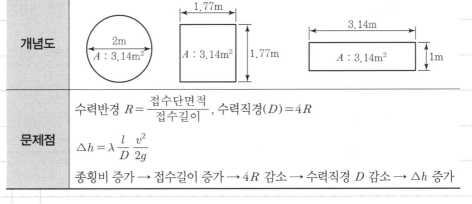

2. 종횡비와 시스템 효과

1) 종횡비

개념도	
문제점	수력반경 $R = \dfrac{\text{접수단면적}}{\text{접수길이}}$, 수력직경$(D) = 4R$ $\Delta h = \lambda \dfrac{l}{D}\dfrac{v^2}{2g}$ 종횡비 증가 → 접수길이 증가 → $4R$ 감소 → 수력직경 D 감소 → Δh 증가

2) 시스템 효과

성능곡선	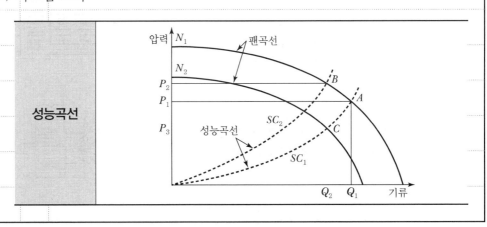

정의	송풍기의 System Effect는 송풍기의 흡입 측과 토출 측 덕트 연결 시 덕트의 연결방식에 따른 송풍기의 성능이 감소되는 현상
문제점	• 송풍기 임펠러 측으로 난류와 불균등유동(Uneven Flow)이 발생하며 불량하게 설치된 흡입 덕트는 높은 성능 손실이 발생 • 송풍기의 토출 측 방향 전환이 정상류가 되지 않는 거리에 있으면, 거리에 따라 시스템 효과로 인한 압력 손실량이 달라짐

3. 층고가 낮은 지하주차장 장방형 금속제 제연덕트 단면형상, 시공방법

1) 단면형상

장방형 덕트	층고가 낮을 경우 종횡비 증가
종횡비 제한이유	• 마찰손실 증가 $\triangle h = \lambda \dfrac{l}{D} \dfrac{v^2}{2g}$: 종횡비 증가 → 접수길이 증가 → $4R$ 감소 → 수력직경 D 감소 → $\triangle h$ 증가 • 장변부 덕트 함몰 : 유체 이송 면적 감소 → 규정유량 확보 곤란 • 장변에 대한 추가 보강 필요 → 경제적 손실
대책	• 종횡비 $= \dfrac{\text{장변}}{\text{단변}} \leq 4$ • 종횡비를 고려하여 단면의 형상을 원형에 가깝게 설계 및 시공

2) 시공방법

흡입 측	

[흡입 측 연결 시 공기의 소용돌이]

토출 측	○ 바람직한 예 ✕ 바람직하지 못한 예 [덕트연결의 참고 예]
시공 방법	• 토출 측 : 직경 D의 $7D$ 이상의 직관거리에서 분기 • 흡입 측 : 직경 D의 $3D$ 이상의 직관거리 이상 엘보우 설치 • 방화댐퍼 : 화재 시에 쉽게 탈락되지 않게 하고 보존, 점검이 쉬운 구조로 방화 구획 관통부분 또는 이에 근접한 부분에 설치 • 내열성 : 제연덕트와 배출용 송풍기와의 접합부분은 250℃에서 1시간의 내열성능 및 기밀성능이 있는 불연재 Canvas를 150mm 폭으로 장치

129회

4. 소견

토출댐퍼제어 성능곡선	
문제점	• 송풍기의 풍량제어를 위한 토출댐퍼 제어를 사용하여 실시하고 있음 • 효율의 저하 • 전문가가 아닌 무분별한 제어로 급기가압성능 불가
대책	• 회전수 제어방식 채택 • 주기적인 TAB 실시로 신뢰성 확보

"끝"

129회 소방기술사 기출문제풀이 **589**

1. 문제

초고층건축물에서 고가수조방식의 가압송수장치를 적용할 경우 저층부의 과압발생 문제를 해결할 수 있는 방안을 제시하시오.

2. 시험지에 번호 표기

초고층건축물에서 고가수조방식(1)의 가압송수장치를 적용할 경우 저층부의 과압발생 문제(2)를 해결할 수 있는 방안(3)을 제시하시오.

3. 실제 답안지에 작성해보기

문	3-5) 저층부의 과압발생 문제를 해결할 수 있는 방안을 제시

1. 개요

① 최근의 건축물은 대지의 효율적 이용을 위해 초고층 및 대규모 건축물 확대되고 있고 이러한 건물들에는 고가수조방식을 채택하고 있음

② 초고층건축물의 고가수조방식은 저층부의 과압문제를 해결하기 위하여 감압밸브, 고가수조의 분리방식이 타당함

2. 과압발생 시 문제점

SP 설비	• 배관 내의 유속은 제한 범위를 초과 - 가지배관 10m/s, 그밖의 배관 6m/s • 헤드의 선단 과압 - 물의 입자가 작아짐 - ADD ↓, RDD ↑
옥내·외 소화전	• 관계인 및 소방대의 작동 운영곤란 • 화점에 정확한 분사 어려움 → 소화실패 • 호스의 파단 및 배관의 누수 발생

3. 해결방안

1) 고가수조 분리방식

개요도	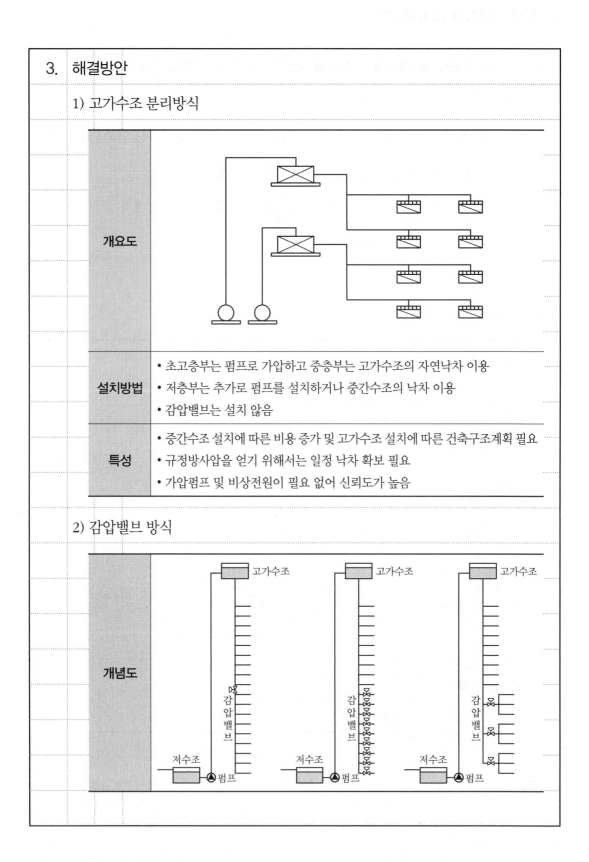
설치방법	• 초고층부는 펌프로 가압하고 중층부는 고가수조의 자연낙차 이용 • 저층부는 추가로 펌프를 설치하거나 중간수조의 낙차 이용 • 감압밸브는 설치 않음
특성	• 중간수조 설치에 따른 비용 증가 및 고가수조 설치에 따른 건축구조계획 필요 • 규정방사압을 얻기 위해서는 일정 낙차 확보 필요 • 가압펌프 및 비상전원이 필요 없어 신뢰도가 높음

2) 감압밸브 방식

개념도	

	설치방법	• 고층부는 펌프가압, 중층부는 고가수조의 자연낙차 이용, 저층부는 감압밸브 적용 • 저층부 감압 용이(국내 가장 일반적인 사용 방식) • 감압밸브 세팅 및 유지관리가 중요
	고려사항	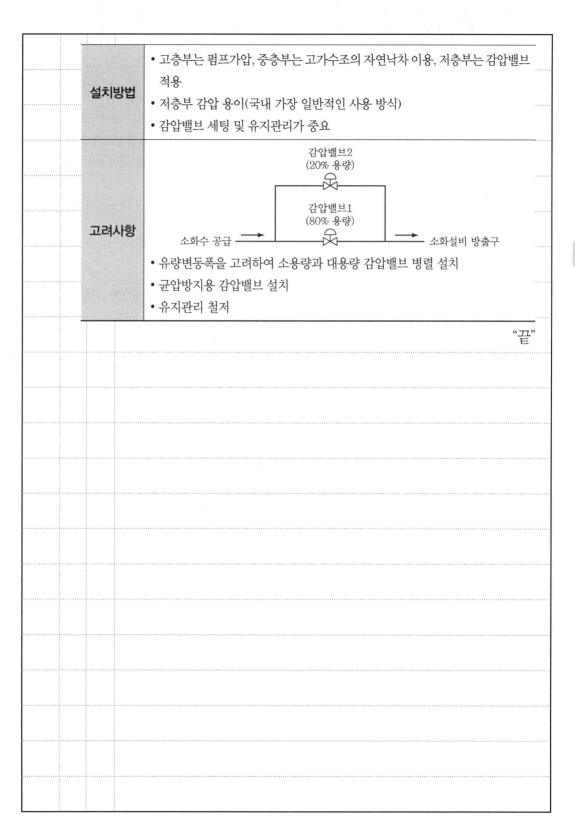 • 유량변동폭을 고려하여 소용량과 대용량 감압밸브 병렬 설치 • 균압방지용 감압밸브 설치 • 유지관리 철저

"끝"

1. 문제

스프링클러설비의 화재안전성능기준에서 공동주택의 스프링클러헤드 수평거리 3.2m이하를 「스프링클러헤드의 형식승인 및 제품검사의 기술기준」의 유효반경으로 적용하도록 규정하고 있다. 수평거리 3.2m를 적용한 경우와 2.6m를 적용한 경우의 살수밀도를 계산하고, NFPA에서 규정하는 등급을 고려하여 적정성 여부를 설명하시오.

2. 시험지에 번호 표기

스프링클러설비의 화재안전성능기준에서 공동주택의 스프링클러헤드 수평거리 3.2m이하를 「스프링클러헤드의 형식승인 및 제품검사의 기술기준」의 유효반경으로 적용하도록 규정하고 있다. 수평거리 3.2m를 적용한 경우와 2.6m를 적용한 경우의 살수밀도를 계산(1)하고, NFPA에서 규정하는 등급(2)을 고려하여 적정성 여부(3)를 설명하시오.

3. 실제 답안지에 작성해보기

문 3-6) 수평거리 3.2m와 2.6m를 적용한 경우의 살수밀도를 계산하고, NFPA

에서 규정하는 등급을 고려하여 적정성 여부를 설명

1. 살수밀도의 계산

1) 수평거리 3.2m

헤드 간 거리	$2xr \times \cos45° = 2 \times 3.2 \times \cos45° = 4.525\text{m}$
살수면적	$4.525 \times 4.525 = 20.476\text{m}^2$
살수밀도	$80\text{LPM} \div 20.476\text{m}^2 = 3.907\text{LPM/m}^2 = 3.907\text{mm/min}$
단위변환	$3.907 \times 0.02455 = 0.096\text{gpm/ft}^2$

2) 수평거리 2.6m

헤드 간 거리	$2xr \times \cos45° = 2 \times 2.6 \times \cos45° = 3.677\text{m}$
살수면적	$3.677 \times 3.677 = 13.52\text{m}^2$
살수밀도	$80\text{LPM} \div 13.520\text{m}^2 = 5.917\text{LPM/m}^2 = 5.917\text{mm/min}$
단위변환	$5.917 \times 0.02455 = 0.1453\text{gpm/ft}^2$

2. NFPA 규정 등급

분류	예
경급	교회, 교육시설, 병원, 공공기관, 서고를 제외한 도서관, 박물관, 보육원, 요양원, 사무실, 주거시설, 식당, 무대부를 제외한 극장 및 콘서트홀 등
중급(1)	주차장, 상품진열대, 제과점, 주류공장, 전자제품공장, 세탁소, 식당의 주방
중급(2)	화학플랜트, 제과공장, 증류처리, 도서관의 서고, 상점, 우체국, 차량 정비
상급(1)	항공기격납고, 다이캐스팅, 합판 제조
상급(2)	인화성 액체 도장, 플로우코팅, 플라스틱 생산시설 등

3. 적정성 여부

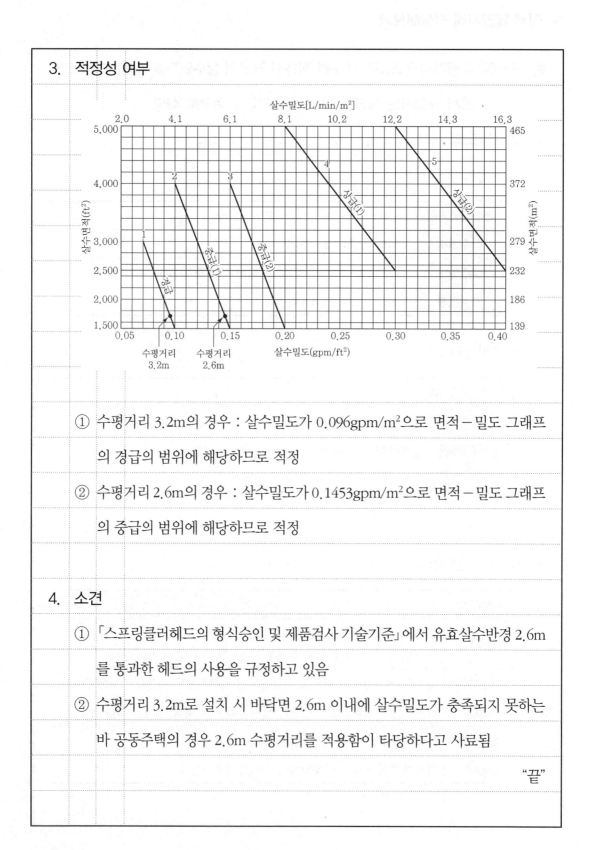

① 수평거리 3.2m의 경우 : 살수밀도가 0.096gpm/m²으로 면적 – 밀도 그래프

의 경급의 범위에 해당하므로 적정

② 수평거리 2.6m의 경우 : 살수밀도가 0.1453gpm/m²으로 면적 – 밀도 그래프

의 중급의 범위에 해당하므로 적정

4. 소견

① 「스프링클러헤드의 형식승인 및 제품검사 기술기준」에서 유효살수반경 2.6m

를 통과한 헤드의 사용을 규정하고 있음

② 수평거리 3.2m로 설치 시 바닥면 2.6m 이내에 살수밀도가 충족되지 못하는

바 공동주택의 경우 2.6m 수평거리를 적용함이 타당하다고 사료됨

"끝"

1. 문제

전기자동차 화재와 관련하여 다음 사항을 설명하시오.

(1) 리튬이온 배터리의 열폭주 현상 및 발생요인

(2) 지하 주차구역(충전장소)의 화재대응 대책

2. 시험지에 번호 표기

전기자동차 화재와 관련하여 다음 사항을 설명하시오.

(1) 리튬이온 배터리의 열폭주 현상 및 발생요인(1)

(2) 지하 주차구역(충전장소)의 화재대응 대책(2)

3. 실제 답안지에 작성해보기

문 4-1) 리튬이온 배터리의 열폭주 현상 및 발생요인, 지하 주차구역(충전장소)의 화재대응 대책

1. 리튬이온 배터리의 열폭주 현상 및 발생요인

1) 열폭주 현상

정의	리튬 이온 배터리가 기계적/전기적으로 과다 사용될 경우 하나의 셀 내부 온도 상승이 전체 배터리의 연쇄적인 반응으로 이어져 제어할 수 없을 정도로 온도가 상승하고 폭발로 이어지는 현상
메커니즘	**발화조건 형성**: 과충전, 과방전 / 고온방치, 가열 / 외부충격, 손상 / 물기접촉, 침투 / 내·외부 단락 → **안전장치 결함**: 보호회로(PCM) 미설치/고장/미작동 → **폭발 및 발화**: 배터리 온도 및 압력상승 → 열폭주 → 배터리셀 터짐 → 폭발, 화재 → **연소 확대**: 주변 가연물 연소 확대
문제점	• 주수소화 곤란 　－전기자동차는 바닥부분에 배터리 위치하기에 직접 주수소화 곤란 　－일반 SP 설비의 경우 상부에서 소화수 방사 • 불산(HF) 발생 　－$LiPF_6 + H_2O \rightarrow HF + PF_5 + LiOH$ 　－NFPA 704 : 유독성(4), 가연성(1), 반응성(1)

2) 열폭주 발생원인

과충전	• 배터리 과충전 • BMS 오류로 인한 과충전 발생
기계적 충격	• 차체의 충돌로 인한 화재 • 배터리 충격, 진동에 따른 분리막 등의 손상
과열	• 배터리의 충전 및 방전 시의 발열 • 냉각장치 손상에 따른 방열 부족
분리막 손상	• 절연체인 분리막의 불량 및 파손 • 배터리셀의 내부 양극 음극판의 절연파괴로 인한 열폭주

2. 지하주차구역(충전장소)의 화재대응 대책

주차구역 위치	• 외기에 개방된 지상에 설치 • 지하층에 설치 시 주차장 램프 인근 등 외기에 가까운 피난층에 설치
구조 및 시설	• 자연배출 및 전용의 배출설비 −배풍기, 배출덕트(내식성, 내열성), 후드 등을 이용 옥외로 강제배출 −바닥면적 1m²에 27m³/h 이상의 용량을 배출할 것 −화재감지기와 연동, 수동으로도 작동할 수 있을 것 −옥외에 면하는 벽에 설치 −주차구역 전면에 내화구조 또는 불연재료의 0.6m 이상 제연경 계벽 설치 • 방화구획 −주차단위 구획별 3면을 내화성능 1시간 이상 벽체로 방화구획 −벽체길이는 평행주차 시 2m 이상, 평행주차외 5m 이상
물막이판	• 높이 60mm 이상의 물막이판을 수동 또는 감지기와 연동하여 자동 작동 • 소화수조 형태로 충수할 수 있는 구조 • 1개의 물막이판은 1인이 운반 설치가 용이한 무게로 누수가 되지 않고 수압의 반대 방향으로 지주에 고정
소화설비	• 전기차 전용구역 스프링클러 −최대 설치 개수의 방출량 K−Factor 115 이상 −설치된 주차단위구획 중 가장 큰 면적(m²) × 18.4LPM/m² × 30분 −스프링클러헤드 간격은 1.8m 이상 유지 −수리계산을 수원의 양을 확보할 것

소화설비	• 전용 연결송수관 설비 • 물막이판용 급수배관 • 전기차 소화질식포
집수설비	소화 오염수 처리를 위한 전용의 집수설비 설치 또는 차수판 내부 오염수를 전문 폐기물 업체에서 처리할 수 있도록 할 것

기타	• 감시설비
	  − 감시용 CCTV를 설치하여 방재실, 관리실 등에서 상시 감시
	  − CCTV 열 또는 영상 등을 인식하여 경보를 발할 수 있는 기능을 가진 것 설치
	• 충전구역 표시 및 표지판
	• 안전관리 철저

"끝"

1. 문제

주거용 주방자동소화장치에 대한 다음 사항을 설명하시오.

(1) 주거용 주방자동소화장치의 종류, 주요 구성요소, 작동메커니즘

(2) 「주거용자동소화장치의 형식승인 및 제품검사의 기술기준」에서 규정하는 소화성능 시험기준

2. 시험지에 번호 표기

주거용 주방자동소화장치(1)에 대한 다음 사항을 설명하시오.

(1) 주거용 주방자동소화장치의 종류, 주요 구성요소, 작동메커니즘(2)

(2) 「주거용자동소화장치의 형식승인 및 제품검사의 기술기준」에서 규정하는 소화성능 시험기준(3)

3. 실제 답안지에 작성해보기

문	**4-2) 주거용 주방자동소화장치의 종류, 주요 구성요소, 작동메커니즘, 소화** **성능 시험기준**

1. 개요

① 주거용 주방자동소화장치란 주거용 주방에 설치된 조리기구에 대한 가연성 가스의 누출이나 화재발생 시 경보를 발하고, 가연성 가스의 누출 및 전원을 차단하는 장치

② 아파트 등 및 오피스텔의 모든 층에 설치하며, 감지부, 탐지부 수신부 등으로 구성되어 규정된 소화성능을 갖추어야 함

2. 주거용 주방자동소화장치의 종류, 주요 구성요소, 작동메커니즘

1) 주거용 주방소화장치의 종류

형태에 의한 분류	• 가압식 자동소화장치 　－소화약제의 방출원이 되는 가압가스를 별도의 전용용기에 충전한 방식 • 축압식 자동소화장치 　－저장용기 중에 소화약제와 소화약제의 방출원이 되는 질소 등의 압축 가스를 함께 봉입한 방식 • 비압력형 자동소화장치 　－용기에 대기압 이상의 압력을 가하지 않고 소화약제를 방출하는 방식
작동방식에 의한 분류	• 전기적 작동방식 • 기계적 작동방식 • 가스 작동방식

2) 주요 구성요소

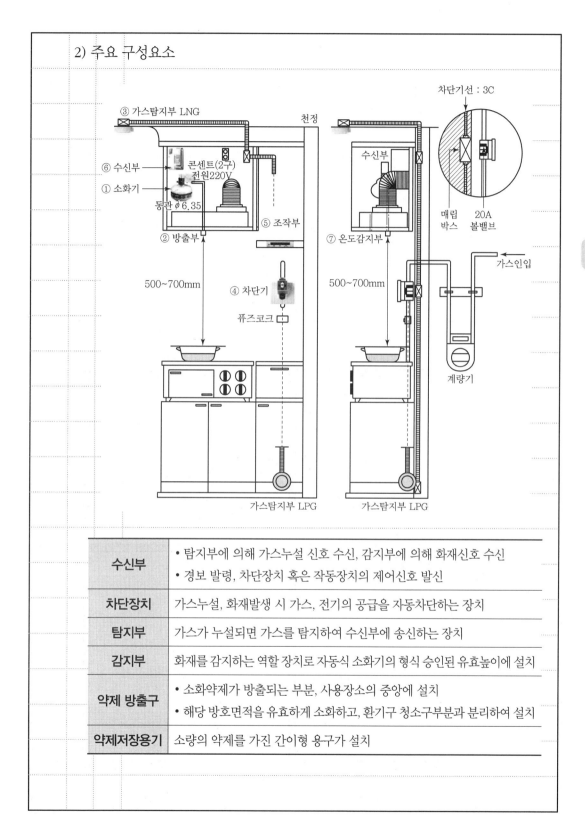

수신부	• 탐지부에 의해 가스누설 신호 수신, 감지부에 의해 화재신호 수신
	• 경보 발령, 차단장치 혹은 작동장치의 제어신호 발신
차단장치	가스누설, 화재발생 시 가스, 전기의 공급을 자동차단하는 장치
탐지부	가스가 누설되면 가스를 탐지하여 수신부에 송신하는 장치
감지부	화재를 감지하는 역할 장치로 자동식 소화기의 형식 승인된 유효높이에 설치
약제 방출구	• 소화약제가 방출되는 부분, 사용장소의 중앙에 설치
	• 해당 방호면적을 유효하게 소화하고, 환기구 청소구부분과 분리하여 설치
약제저장용기	소량의 약제를 가진 간이형 용구가 설치

3) 작동 메커니즘

① 가스누출 시 : 탐지부에서 가스 검출 → 수신부 경보 → 가스차단장치 작동

② 화재발생 시

- 1차 감지부 작동 → 수신부 경보, 예비화재표기등 점등 → 가스차단장치 작동

- 2차 감지부 작동 → 수신부에 화재표시등 점등 → 소화약제 방출

5. 소화성능 시험 기준

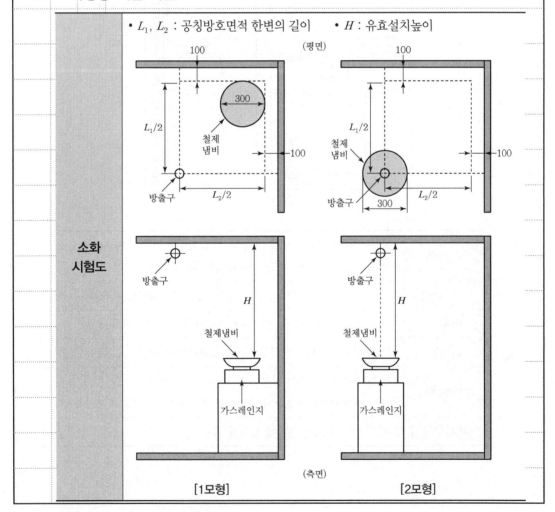

- L_1, L_2 : 공칭방호면적 한변의 길이
- H : 유효설치높이

소화 시험도

[1모형]   [2모형]

시험방법	• 소화시험모형(1모형과 2모형)을 설치 후 철제냄비에 대두유를 넣고 가열하여 발화 • 두 모형 모두 소화되고, 소화약제 방사종료 후 2분 이내에 재연하지 않을 것
약제방출 시간	철제냄비 대두유에 점화된 후 2분 이내에 소화약제 방출
공칭방호 면적	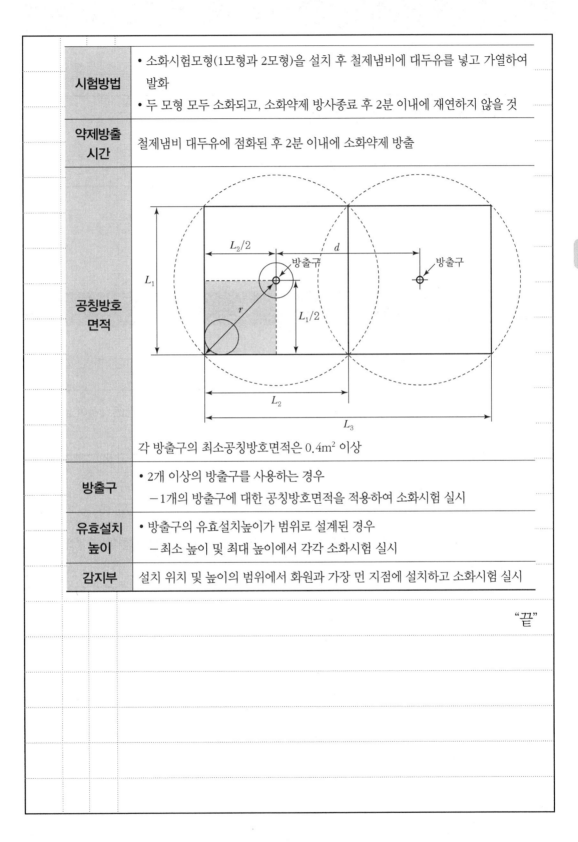 각 방출구의 최소공칭방호면적은 $0.4m^2$ 이상
방출구	• 2개 이상의 방출구를 사용하는 경우 −1개의 방출구에 대한 공칭방호면적을 적용하여 소화시험 실시
유효설치 높이	• 방출구의 유효설치높이가 범위로 설계된 경우 −최소 높이 및 최대 높이에서 각각 소화시험 실시
감지부	설치 위치 및 높이의 범위에서 화원과 가장 먼 지점에 설치하고 소화시험 실시

"끝"

1. 문제

> **건축관련법에서 규정하는 다음 사항을 설명하시오.**
>
> (1) 건축물의 경사지붕 아래에 설치하는 '대피공간'의 설치대상 및 설치기준
>
> (2) 공동주택 중 아파트 '대피공간'의 설치대상, 설치기준 및 면제기준

Tip 전회차에서 설명하였으며, 자주 출제되는 문제입니다.

1. 문제

> 수조가 펌프보다 낮게 설치된 경우 펌프 흡입 측 배관의 구성 및 설치 시 유의사항에 대하여 설명하시오.

2. 시험지에 번호 표기

> 수조가 펌프보다 낮게 설치된 경우(1) 펌프 흡입 측 배관의 구성(2) 및 설치 시 유의사항(3)에 대하여 설명하시오.

3. 실제 답안지에 작성해보기

문 4-4) 펌프 흡입 측 배관의 구성 및 설치 시 유의사항에 대하여 설명

1. 개요

   ① 수조가 펌프보다 낮게 설치되는 경우에는 와류에 의한 공기흡입과 공기가 고이는 현상이 발생할 수 있음

   ② 이로 인해 펌프 방식의 가압송수장치는 캐비테이션, 수격, 서징 등 유체의 이상현상을 감안하여야 하고, 펌프의 진동에 의한 배관의 내성도를 가지고 있어야 함

2. 펌프 흡입 측 배관의 구성

구성도	
후트밸브	• 체크밸브 기능 　－펌프기동 시 물의 흐름을 펌프 측으로만 흡입 　－흡수구와 임펠러 사이의 배관에 물을 채움 • 여과기능 　－수조 내 이물질이 흡입되는 것을 1차적으로 걸러주는 여과기능
개폐밸브	펌프 및 설비의 점검, 유지를 위하여 설비
스트레이너	흡입 측 이물질을 거르기 위하여 설치
플렉시블 조인트	펌프의 진동을 흡수하기 위하여 설치
연성계	부압을 측정할 수 있는 압력계인 진공계 또는 연성계를 설치

구성도 내 레이블: Vortex Plate, 개폐밸브, 플렉시블, 연성계, 모터(전동기) M, 스트레이너, 펌프, 후트밸브

3. 설치 시 유의사항

배관	• 캐비테이션 방지
	  − 배관의 길이는 짧게 할 것
	  − 배관 구경은 펌프 정격유량의 1.5배 유량에서 4.6m/s 이하가 될 수 있도록 설치
	• 배관의 공기고임 방지
	  − 편심리듀서 설치
	  − 배관구배는 펌프를 향해 올림구배로 설치

Anti − Voltex Plate	 • Anti − Voltex Plate는 와류발생 방지 − 공기흡입으로 인한 펌프 진동, 소음 성능저하 방지
밸브	 • 개폐밸브에 버터플라이 밸브 설치를 지양하여 공동현상 방지 • 버터플라이 밸브는 디스크가 몸체 내에서 회전 유체의 흐름 차단 • 경계층 박리 발생, 흡입측 압력손실 증가

마찰손실 수두	달시 – 바이스바하식 $H = \dfrac{\Delta P}{\gamma} = f \dfrac{L}{D} \dfrac{V^2}{2g}$ • 배관의 흡입 측 길이를 짧게 함 • 배관의 유속을 낮춤 • 배관의 관경을 크게 함

"끝"

1. 문제

NFPA 11(포소화설비)에서 포소화설비가 적절하게 설치되었는가를 판단하기 위해 필요한 인수시험(세정 포함), 압력시험, 작동시험, 방출시험 절차에 대하여 각각 설명하시오.

Tip 수험생이 선택하기에 쉽지 않은 문제입니다.

1. 문제

소방시설 비상전원에 대하여 다음 사항을 설명하시오.

(1) 비상전원의 정의

(2) 비상전원설비가 갖추어야 할 기준

(3) 다음 소방시설에 관한 사항

　　가. 옥내소화전설비의 비상전원 설치대상 및 종류

　　나. 유도등, 제연설비 및 고층건축물 스프링클러설비의 비상전원 종류 및 용량

2. 시험지에 번호 표기

소방시설 비상전원에 대하여 다음 사항을 설명하시오.

(1) 비상전원의 정의(1)

(2) 비상전원설비가 갖추어야 할 기준(2)

(3) 다음 소방시설에 관한 사항

　　가. 옥내소화전설비의 비상전원 설치대상 및 종류(3)

　　나. 유도등, 제연설비 및 고층건축물 스프링클러설비의 비상전원 종류 및 용량(4)

3. 실제 답안지에 작성해보기

문 4-6) 소방시설 비상전원에 대하여 정의, 기준, 용량 등에 대해 설명

1. 비상전원의 정의

정의	상용전원의 공급이 중단되었을 경우 소방대상물에서 소방시설을 일정시간 사용하기 위한 별도의 전원공급 장치
개요도	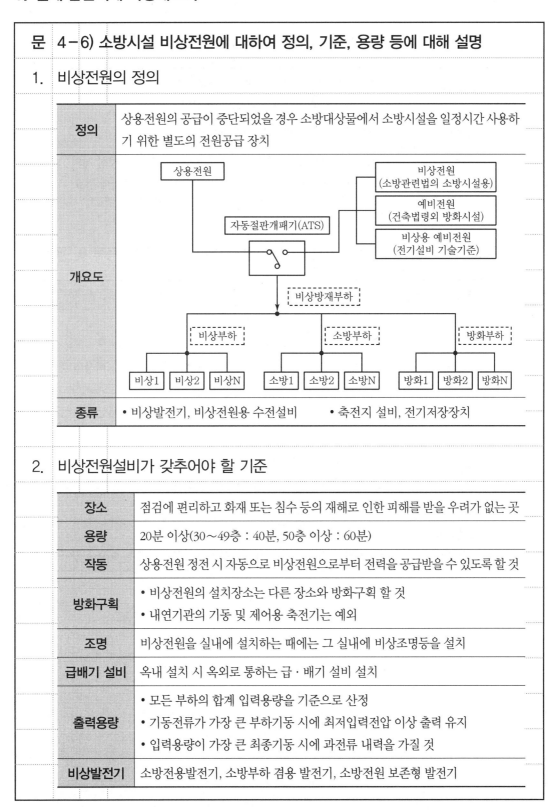
종류	• 비상발전기, 비상전원용 수전설비　　• 축전지 설비, 전기저장장치

2. 비상전원설비가 갖추어야 할 기준

장소	점검에 편리하고 화재 또는 침수 등의 재해로 인한 피해를 받을 우려가 없는 곳
용량	20분 이상(30~49층 : 40분, 50층 이상 : 60분)
작동	상용전원 정전 시 자동으로 비상전원으로부터 전력을 공급받을 수 있도록 할 것
방화구획	• 비상전원의 설치장소는 다른 장소와 방화구획 할 것 • 내연기관의 기동 및 제어용 축전기는 예외
조명	비상전원을 실내에 설치하는 때에는 그 실내에 비상조명등을 설치
급배기 설비	옥내 설치 시 옥외로 통하는 급·배기 설비 설치
출력용량	• 모든 부하의 합계 입력용량을 기준으로 산정 • 기동전류가 가장 큰 부하기동 시에 최저입력전압 이상 출력 유지 • 입력용량이 가장 큰 최종기동 시에 과전류 내력을 가질 것
비상발전기	소방전용발전기, 소방부하 겸용 발전기, 소방전원 보존형 발전기

3. 옥내소화전설비의 비상전원 설치대상 및 종류

설치대상	• 층수가 7층 이상으로서 연면적이 2,000m² 이상인 것 • 지하층의 바닥면적의 합계가 3,000m² 이상인 것
종류	자가발전설비, 축전지설비 또는 전기저장장치
소견	• 층수가 7층 미만이면 연면적이 2,000m² 초과 시에도 설치대상 제외 • 건축물의 용도와 거주자밀도, 사용인원에 따라 설치대상 확대 필요

4. 유도등, 제연설비 및 고층건축물 스프링클러설비의 비상전원 종류 및 용량

구분	비상전원 종류	용량
유도등	축전지 설비	• 20분 • 60분 　－지하층을 제외한 층수가 11층 이상의 층 　－지하층 또는 무창층으로 도소매시장, 여객 　　자동차터미널, 지하역사, 지하상기
제연설비	자가발전설비, 축전지설비, 전기저장장치	• 20분 • 부속실 제연설비 　－30~49층 : 40분 　－50층 이상 : 60분
고층건축물 스프링클러	자가발전설비, 축전지설비, 전기저장장치	• 40분 이상 • 50층 이상의 건축물의 경우는 60분 이상

"끝"

Chapter 08

제130회

소방기술사
기출문제풀이

130회 1교시 1번

1. 문제

아크의 정의, 아크 차단기의 구성과 동작원리를 설명하시오.

2. 시험지에 번호 표기

아크의 정의(1), 아크 차단기의 구성과 동작원리(2)를 설명하시오.

3. 실제 답안지에 작성해보기

문 1-1) 아크의 정의, 아크 차단기의 구성과 동작원리

1. 아크의 정의

개념도	아크(Arc) 발생
정의	• 전위차가 있는 전로 사이의 공기 또는 절연피복의 절연이 파괴될 때 나타나는 고온 발광 방전현상 • 공기의 경우 3kV/mm 이상 시 절연파괴 • 아크는 비주기적고 비정현파

2. 아크 차단기의 구성과 동작원리

구성도	
구성	• 열센서, 자기센서 : 기존 누전차단기 구성요소 • 부하전류센서, 아크특성필터, 논리회로 : 아크탐지회로
동작원리	① 부하전류센서에서 정상전류와 아크 구별 ② 아크파형 주파수만 통과하는 아크필터로 보냄 ③ 증폭기를 통해 논리회로에 보냄 ④ 논리회로에서 불안전한 파형을 판단 → 회로차단

3. 소견

① 미국의 경우 2002년 모든 주택에 아크 차단기 설치 의무화

② 누전 차단기는 아크에 의한 전기화재를 예방할 수 없기에 주택용 화재의 예방

을 위해 아크 차단기 설치가 필요하다고 사료됨   "끝"

1. 문제

「도로터널 방재·환기시설 설치 및 관리지침」에 따른 도로터널의 정의를 쓰고, 터널 연장(L)기준과 위험도 지수(X)에 따른 터널 등급구분을 설명하시오.

2. 시험지에 번호 표기

「도로터널 방재·환기시설 설치 및 관리지침」에 따른 도로터널의 정의(1)를 쓰고, 터널 연장(L)기준과 위험도 지수(X)에 따른 터널 등급구분(2)을 설명하시오.

3. 실제 답안지에 작성해보기

문 1-2) 도로터널의 정의, 터널 등급구분

1. 도로터널의 정의

1) 목적 : 자동차의 통행을 목적으로 함

2) 정의

① 지반을 굴착하여 지하에 건설한 구조물

② 개착공법으로 지중에 건설한 구조물(Box형 지하차도)

③ 특수공법(침매공법 등)으로 하저에 건설한 구조물(침매터널 등)

④ 지상에 건설한 터널형 방음시설(방음터널)

2. 터널의 등급구분

1) 연장등급 : 터널연장(L)을 기준으로 하는 연장등급(길이)

2) 위험도지수 : 주행거리계, 터널제원, 대형차혼입률, 위험물의 수송에 대한 법

  적규제, 정체정도, 통행방식을 잠재적인 위험인자로 하여 산정

3) 방재등급

등급	터널연장(L) 기준		위험도지수(X) 기준
	일반도로터널 및 소형차전용터널(m)	방음터널(m)	
1	$L \geq 3,000$		$X > 29$
2	$1,000 \leq L < 3,000$		$19 < X \leq 29$
3	$500 \leq L < 1,000$	$250 \leq L < 1,000$	$14 < X \leq 19$
4	$L < 500$	$L < 250$	$X \leq 14$

4) 조정 : 터널의 방재등급은 개통 후 매 5년 단위로 실측교통량 및 주변 도로 여건

  등을 조사하여 재평가하며, 이에 따라 방재시설의 조정검토 가능

"끝"

1. 문제

분기배관, 확관형 분기배관, 비확관형 분기배관의 정의와 분기배관 명판에 표시하여야 하는 사항을 설명하시오.

2. 시험지에 번호 표기

분기배관, 확관형 분기배관, 비확관형 분기배관의 정의(1)와 분기배관 명판에 표시하여야 하는 사항(2)을 설명하시오.

3. 실제 답안지에 작성해보기

문 1-3) 분기배관의 정의와 분기배관 명판에 표시하여야 하는 사항

1. 정의

분기배관	배관 측면에 구멍을 뚫어 둘 이상의 관로가 생기도록 가공한 배관으로서 확관형 분기배관과 비확관형 분기배관을 말함
확관형 분기배관	 • 배관의 측면에 조그만 구멍을 뚫고 소성가공으로 확관 • 배관 용접이음자리를 만들거나 배관 용접이음자리에 배관이음쇠를 용접 이음한 배관
비확관형 분기배관	 배관의 측면에 분기호칭내경 이상의 구멍을 뚫고 배관이음쇠 용접이음한 배관

2. 분기배관 명판 표시사항

표시	금속제 또는 은박지 명판에 표시
표시사항	• 성능인증번호 및 모델명 • 제조자 또는 상호 • 치수 및 호칭(분기관 직근에 치수와 호칭이 별도로 표시 경우 생략 가능) • 제조년도, 제조번호 또는 로트번호 • 스케줄(Schedule) 번호(해당되는 배관에 한함), 배관재질 또는 KS규격명 • 설치방법 • 품질보증내용 및 취급 시 주의사항 등

"끝"

1. 문제

Burgess – Wheeler 법칙에 의한 식을 이용하여 프로판의 연소하한계 값을 구하시오. (단, 프로판의 연소열은 2,220kJ/mol, 연소하한계 값은 소수점 첫째 자리에서 반올림할 것)

2. 시험지에 번호 표기

Burgess – Wheeler 법칙(1)에 의한 식을 이용하여 프로판의 연소하한계 값(2)을 구하시오.(단, 프로판의 연소열은 2,220kJ/mol, 연소하한계 값은 소수점 첫째 자리에서 반올림할 것)

3. 실제 답안지에 작성해보기

문	1 – 4) Burgess – Wheeler 법칙, 프로판의 연소하한계 값

1. 정의

정의	• Burgess – Wheeler 법칙은 파라핀계 탄화수소의 연소하한계와 연소열의 곱은 1,050에 수렴하게 된다는 법칙 • 연소열을 이용한 가연성 혼합물의 폭발한계 예측 가능
관계식	$LFL \times \Delta H_C \simeq 1{,}050$ 여기서, LFL : 연소하한계, ΔH_C : 연소열

2. 프로판의 연소하한계

관계식	$LFL \times \Delta H_C \simeq 1{,}050$
계산조건	ΔH_C : 2,220kJ/mol = 530.58kcal/mol
계산	$LFL \times 530.58 \simeq 1{,}050$ $LFL \simeq 1{,}050 \div 530.58 \simeq 1.9789$
답	$LFL = 2.0\%$

3. 비교

1) 프로판의 연소범위

   ① 연소상한계 : 9.5%

   ② 연소하한계 : 2.1%

2) 비교

   ① 2% ≃ 2.1%

   ② 답과 거의 일치함

"끝"

1. 문제

조도(照度, Intensity of Illumination)에 대하여 설명하고, 비상조명등과 관련된 화재안전기술기준에서 조도 관련 내용을 설명하시오.

2. 시험지에 번호 표기

조도(照度, Intensity of Illumination)(1)에 대하여 설명하고, 비상조명등과 관련된 화재안전기술기준에서 조도 관련 내용(2)을 설명하시오.

3. 실제 답안지에 작성해보기

문 1-5) 조도, 비상조명등 조도 관련 내용을 설명

1. 조도

정의	단위면적당 비추는 빛의 밝기로, 빛의 밝기를 나타내는 정도
개념도	
관계식	$E = \dfrac{F}{A} = \dfrac{4\pi I}{4\pi r^2} = \dfrac{I}{r^2}(\text{lx})$ 여기서, F : 광도(lm), A : 구의 면적(m²), I : 광도(cd), r : 구 반지름(m)

2. 화재안전기술기준에서 비상조명등의 조도 기준

NFTC 304	• 비상조명등 화재안전기술기준 • 특정소방대상물의 각 거실과 그로부터 지상에 이르는 복도, 계단 및 그 밖의 통로에 설치 • 조도는 비상조명등이 설치된 장소의 각 부분의 바닥에서 1lx 이상
NFTC 603	• 도로터널의 화재안전기술기준 • 상시 조명이 소등된 상태에서 비상조명등이 점등되는 경우 • 터널 안의 차도 및 보도의 바닥면의 조도는 10lx 이상, 그외 지점의 조도는 1lx 이상
NFTC 604	• 고층건축물 화재안전기술기준 • 피난안전구역 비상조명등 상시 조명이 소등된 상태에서 비상조명등이 점등되는 경우 • 각 부분의 바닥에서 조도는 10lx 이상

3.	소견

1) 문제점

    ① 화재안전기술기준 관련 규정이 서로 상이

    ② 최저 조도 확보에 문제가 있어 피난 시 문제 발생 우려

    ③ 비상조명등 설치 간격 높이 기준이 없어 현장마다 설치 간격 상이

2) 개선점

    ① 최저 조도를 KS 기준보다 높은 10lx 이상 확보 필요

    ② 비상조명등 설치 간격, 높이를 규정하여 균일한 조도 확보 필요

"끝"

1. 문제

메탄의 고위발열량이 55,528kJ/kg일 때, 메탄의 저위발열량을 계산하고, 저위발열량에 대하여 설명하시오.(단 물의 증발잠열은 2,260kJ/kg이다.)

2. 시험지에 번호 표기

메탄의 고위발열량이 55,528kJ/kg일 때, 메탄의 저위발열량을 계산(1)하고, 저위발열량에 대하여 설명(2)하시오.(단 물의 증발잠열은 2,260kJ/kg이다.)

3. 실제 답안지에 작성해보기

문 1-6) 메탄의 저위발열량 계산 및 저위발열량에 대한 설명

1. 메탄의 저위발열량 계산

화학반응식	$CH_4 + 2O_2 \rightarrow CO_2 + 2H_2O$
관계식	$LHV = HHV - \dfrac{m_{H_2O}}{m_{fuel}} \times h_{fg}$ 여기서, LHV : 저위발열량, HHV : 고위발열량 　　　m_{H_2O} : 발생되는 수증기 질량(kg), m_{fuel} : 필요한 연료 메탄의 질량(kg) 　　　h_{fg} : 25℃에서 물의 증발잠열(kJ/kg)
계산조건	HHV(고위발열량) $= 55,528$(kJ/kg) m_{H_2O} : $2\,kmol \times \dfrac{18\,kg}{1\,kmol} = 36\,kg$ m_{fuel} : $1\,kmol \times \dfrac{16\,kg}{1\,kmol} = 16\,kg$ h_{fg}(25℃에서 물의 증발잠열) $= 2,260\,kJ/kg$
계산	$LHV = HHV - \dfrac{m_{H_2O}}{m_{fuel}} \times h_{fg}$ $= 55,528\,kJ/kg - \dfrac{36\,kg}{16\,kg} \times 2,260\,kJ/kg = 50,443\,kJ/kg$
답	$50,443\,kJ/kg$

2. 저위발열량

개념	• 고위발열량에서 수증기의 응축잠열을 뺀 값으로 순발열량 • 실제로 사용되는 연료의 발열량 • 고체나 액체 연료의 경우 저위발열량으로 기준 　－고체나 액체 연료의 경우 연료를 기화시켜 연소시키기 위하여 연료 중에 함유된 수분을 증발시켜야 하기 때문
소방에의 적용	• 화재역학 열방출률 • 열방출률에 따른 성능위주설계 적용

"끝"

1. 문제

화재안전기술기준에 따라 설치되는 누전경보기 중 변류기(영상변류기)의 작동원리에 대하여 설명하시오.

2. 시험지에 번호 표기

화재안전기술기준에 따라 설치되는 누전경보기 중 **변류기(영상변류기)(1)**의 **작동원리(2)**에 대하여 설명하시오.

3. 실제 답안지에 작성해보기

문 1-7) 누전경보기 중 변류기(영상변류기)의 작동원리에 대한 설명

1. 정의

① 누전경보기 : "누전경보기"란 사용전압 600V 이하인 경계전로의 누설전류를 검출하여 당해 소방 대상물 관계자에게 경보를 발하는 설비로서 변류기와 수신부로 구성된 것

② 변류기 : "누전경보기의 변류기"란 경계전로의 누설전류를 자동적으로 검출하여 이를 누전경보기의 수신부에 송신하는 것

③ 설치대상 : 내화구조가 아닌 건축물로서 벽, 바닥 또는 천장의 전부나 일부를 불연재료 또는 준불연재료가 아닌 재료에 철망을 넣어 만든 건축물

2. 작동원리

구분	단상2선식	3상3선식
구성도	영상변류기 / 전원 / 변압기 / E_2 / 2종 접지 / ϕ_1 / ϕ_2 / i_1 / i_2 / i_g / 누전부분 / 부하 / 부저·벨 등 / 수신부	변압기 / ZCT / 제2종접지 / i_1 / i_2 / i_3 / i_{ab} / i_{bc} / i_{ca} / a점 / b점 / c점 / i_g 지락 / 지락
평상시	• $i_1 = i_2$ $i_1 = i_2 \rightarrow \phi_1 = \phi_2$ 자속이 상쇄, 경보기가 동작 안함	• a점의 전류 $i_1 = i_{ab} - i_{ca}$ b점의 전류 $i_2 = i_{bc} - i_{ab}$ c점의 전류 $i_3 = i_{ca} - i_{bc}$ $-$각 선전류 벡터 합 $- i_1 + i_2 + i_3$ $= i_{ab} - i_{ca} + i_{bc} - i_{ab} + i_{ca} - i_{bc} = 0$ • $\phi_1 = \phi_2 = \phi_3$ 자속이 상쇄되어 경보기가 동작 안함

구분	단상2선식	3상3선식
누전 시	• $i_2 = i_1 - i_g$ 누설전류 i_g에 의해 자속 ϕ_g가 유기되어 경보기 동작	• a점의 전류 $i_1 = i_{ab} - i_{ca}$ b점의 전류 $i_2 = i_{bc} - i_{ab}$ c점의 전류 $i_3 = i_{ca} - i_{bc} + i_g$ • 누설전류 i_g에 의해 자속 ϕ_g가 유기되어 경보기 동작
유기 기전력	• $E(\text{V}) = 4.44 \times f \times \phi_g \times N_2 \times 10^8$ 여기서, f : 주파수, ϕ_g : 누설전류에 의한 자속, N_2 : 변류기 2차 권선수 • 누전차단기는 이 전압을 증폭하여 경보기 동작	

"끝"

1. 문제

자동화재탐지설비 중 아날로그식 감지기, 다신호식 감지기, R형 수신기용으로 사용되는 차폐선
(Shielded Wire)의 종류와 시공방법에 대하여 설명하시오.

2. 시험지에 번호 표기

자동화재탐지설비 중 아날로그식 감지기, 다신호식 감지기, R형 수신기용으로 사용되는 차폐선
(Shielded Wire)(1)의 종류와 시공방법(2)에 대하여 설명하시오.

3. 실제 답안지에 작성해보기

문 1-8) 차폐선(Shielded Wire)의 종류와 시공방법

1. 정의

정의	차폐선은 통신선 내부와 외부의 이상 신호(잡음원)를 차단하기 위한 전선
개요도	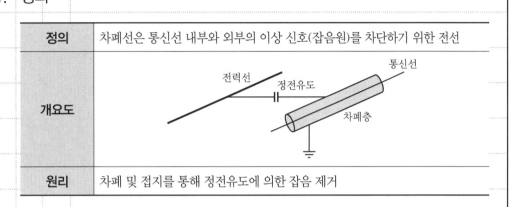
원리	차폐 및 접지를 통해 정전유도에 의한 잡음 제거

2. 차폐선의 종류 및 시공방법

차폐선 종류	시공방법
• FR-CVV-SB(난연성 제어용 비닐절연 비닐외장 케이블) • H-CVV-SB(내열성 제어용 비닐절연 비닐외장 케이블)	• 내화전선 이상 적용 • 내화전선 인증 시 케이블 공사방법으로 시공 • 노출배선
• STP(소방신호제어용 비닐절연 비닐외장 차폐케이블) • CVV-SB(제어용 가교폴리에틸렌 절연 비닐 시이즈 케이블)	• 수납하는 방법 　-금속관, 금속제가요전선관, 금속덕트에 수납 • 구획실 내 설치 방법 　-내화성능을 갖는 배선전용실 또는 배선용 샤프트, 피트, 덕트 등에 설치 　-구획실 내 다른 설비의 배선이 있는 경우 15cm 이상 이격 　-배선지름 중 가장 큰 것의 1.5배 이상의 높이 불연성 격벽 설치 후 포설 시공

3. 시공 시 고려사항

① 선로 중간 선간 조인을 하지 않고, 단자대를 통한 결선

② 고압케이블 등과 충분한 이격 시공하거나 차단벽 설치

③ 접지선 설치 시 SPD 설치

"끝"

1. 문제

「소방시설 설치 및 관리에 관한 법률」에서는 성능위주설계 대상을 규정하고 있다. 성능위주설계 표준 가이드라인에서 제시하는 최적화된 경보설비(통신간선 이중화, 적응성 감지기)시스템에 대하여 설명하시오.

2. 시험지에 번호 표기

「소방시설 설치 및 관리에 관한 법률」에서는 성능위주설계 대상을 규정하고 있다. 성능위주설계(1) 표준 가이드라인에서 제시하는 최적화된 경보설비(통신간선 이중화, 적응성 감지기)시스템(2)에 대하여 설명하시오.

3. 실제 답안지에 작성해보기

문 1 - 9) 최적화된 경보설비시스템에 대한 설명
1. 정의
① 정의 : 성능위주설계는 법규위주설계 시 화재 안전성능을 확보하기 곤란한 고층건축물 등 특수한 건축물에 적합한 최적의 소방대책을 구축하기 위한 법규 위주설계를 대체하여 공학적 기법을 이용하여 설계하는 것
② 목적 : 성능위주설계 평가를 통한 과학적이고 합리적인 최적의 소방시스템 구축
2. 최적화된 경보설비시스템

필요성	초고층건축물에 설치되는 경보설비시스템를 최적화하여 재실자의 화재조기 인지 및 피난안전성을 확보하고자 함
배선	• 수신기와 수신기, 중계기와 수신기 또는 중계기와 중계기 간의 배선 • Loop Back System으로 설치하여 통신(신호)간선을 이중화할 것 • 본선과 별도의 배관으로 분리 이격하여 설치할 것
수신기	• 수신기는 선로의 단락 등의 이상이 발생한 경우에도 성능을 유지 • 보호기능을 가진 것 또는 보호설비를 설치 • 경보설비 선로에는 단락 보호기능의 Isolator를 적정 개소마다 반영
자탐설비	• 자동화재탐지설비는 동별 중계반을 설치 • 소방시설이 신속하게 작동할 수 있도록 계획
화재감지기	• 지하주차장 또는 물류창고 등에 설치되는 화재감지기 • 비화재보 방지 및 화재 조기 감시 경보 체계 구축을 위해 특수형 감지기 적용 • 아날로그방식 · 공기흡입형 감지기 등
시각경보기	실별 2개 이상 설치 시 동기점등방식으로 설치
비상방송	비상방송 스피커는 피난용 승강기 승강장 등 공용부에도 적용
취침고려	• 취침 고려 소리로 경보할 수 있도록 함 • 호텔 객실 등에는 사운드 베이스 감지기 적용 권고
소음고려	• 기계실 등과 같이 주위소음이 큰 장소 • 비상방송설비용 음향장치 출력 10W • 시각경보장치를 설치
양방향통신	• 종합방재실과 원활한 양방향통신 • 피난안전구역에 비상전화기를 설치

"끝"

1. 문제

> 물류창고 및 창고형 판매시설 등 화재하중이 높은 장소에서 성능위주설계 시 적용할 수 있는 경보설
> 비, 피난설비, 방화시설에 대하여 설명하시오.

2. 시험지에 번호 표기

> 물류창고 및 창고형 판매시설 등 화재하중(1)이 높은 장소에서 성능위주설계 시 적용할 수 있는 경보
> 설비, 피난설비, 방화시설(2)에 대하여 설명하시오.

3. 실제 답안지에 작성해보기

문 1 – 10) 성능위주설계 시 경보설비, 피난설비, 방화시설

1. 정의

화재하중	• 화재하중이란 화재 건축물의 단위면적당 가연물의 질량을 말함 • 여러 가연물을 동일한 발열량의 목재로 환산한 값으로 최고온도의 지속시간과 관련
성능위주설계	성능위주설계는 법규위주설계 시 화재 안전성능을 확보하기 곤란한 고층건축물 등 특수한 건축물에 적합한 최적의 소방대책을 구축하기 위한 법규위주설계를 대체하여 공학적 기법을 이용하여 설계하는 것

2. 물류창고 및 창고형 판매시설에 적용 소방시설

적용방법	물류창고 및 창고형 판매시설 등 화재하중이 높은 장소에는 일반형 스프링클러설비헤드(K Factor 80) 사용을 지양하고 가연물의 양, 종류, 적재방법 및 화재위험등급에 따라 소방시설을 적용
경보설비	• 화재 조기감지, 위치 확인 및 비화재보 방지 　－공기흡입형 감지기 등 특수감지기 설치 • 조기 안내방송을 위한 비상방송설비 성능 강화 　－음향 : 1W → 3W
피난설비	• 랙식 창고 랙 통로 부분 축광식 피난유도선 또는 랙부착유도등 설치 　－피난설비 인지도 향상
방화시설	• 방화구획 완화 제한(건축법령), 드렌처(수막설비) 도입 등 　－3,000m²마다 내화구조의 벽으로 구획(불가피한 경우 방화셔터) 　－물류창고 자동화설비(컨베이어벨트, 수직반송장치 등) 방화구획 성능강화 • 개구부 　－화재안전기준 충족하는 설비로서 수막을 형성하여 화재확산 방지 설비 설치 • 개구부 외의 부분 　－화재를 조기 진화할 수 있도록 설계된 스프링클러
기타	• 물류창고 밀집지역 상수도소화용수 확보 • 물류창고 주위 소방활동공간 확보(위험물 보유공지 개념)

"끝"

---

1. 문제

「건축물의 피난·방화구조 등의 기준에 관한 규칙」과 「지하구의 화재안전성능기준」에 명시된 방화벽을 각각 설명하시오.

2. 시험지에 번호 표기

「건축물의 피난·방화구조 등의 기준에 관한 규칙」(1) 과 「지하구의 화재안전성능기준」에 명시된 방화벽(2)을 각각 설명하시오.

3. 실제 답안지에 작성해보기

문 1-11) 방화벽을 각각 설명

1. 「건축물의 피난·방화구조 등의 기준에 관한 규칙」의 방화벽

   1) 설치대상 : 연면적 1,000m² 이상인 건축물, 각 구획된 바닥면적의 합은

   1,000m² 미만일 것

   2) 설치목적

   ① 대 공간에서의 화염확대 방지

   ② 화재를 한정하여 인적·물적 피해를 최소화하기 위함

   3) 방화벽구조

구조	내화구조로 홀로 설 수 있는 구조
돌출	• 방화벽의 양쪽, 위쪽 끝 • 건축물의 외벽면 및 지붕으로부터 0.5m 이상 튀어 나오게 할 것
출입문	• 출입문의 너비 및 높이는 각각 2.5m 이하 • 60+ 방화문 또는 60분 방화문을 설치

2. 「지하구의 화재안전성능기준」의 방화벽

   1) 설치대상 : 소화활동설비로 지하구 등 수평으로 긴 공간에 설치

   2) 설치목적 : 지하구 등에서 수평으로 연소확대 방지

   3) 방화벽구조

구조	내화구조로 홀로 설 수 있는 구조
출입문	• 60분+ 방화문 또는 60분 방화문 • 항상 닫힌 상태를 유지 • 자동폐쇄장치에 의하여 화재 신호 받고 자동으로 닫히는 구조
관통부	방화벽을 관통하는 케이블·전선 등에는 국토교통부 고시에 따라 내화충전 구조로 마감

설치위치	• 방화벽은 분기구 및 국사·변전소 등의 건축물과 지하구가 연결되는 부위에 설치할 것 • 건축물로부터 20m 이내
폐쇄장치	• 자동폐쇄장치를 사용하는 경우 • 「자동폐쇄장치의 성능인증 및 제품검사의 기술기준」에 적합한 것

"끝"

1. 문제

위험성평가기법 중 작업안전분석(JSA : Job Safety Analysis) 방법에 대하여 설명하시오.

2. 시험지에 번호 표기

위험성평가기법 중 작업안전분석(1)(JSA : Job Safety Analysis) 방법(2)에 대하여 설명하시오.

3. 실제 답안지에 작성해보기

문 1 – 12) 작업안전분석(JSA : Job Safety Analysis) 방법

1. 정의

① 정의 : 작업위험성분석(JRA)을 통하여 선정된 중요작업을 주요 단계로 구분하여 각 단계별 유해위험요인을 파악하고, 유해위험요인과 사고를 제거, 예방하기 위한 대책을 마련하기 위한 방법

② 평가대상 : 작업위험성분석(JRA) 결과 중요작업으로 선정된 작업에 대하여 실시

2. 작업안전분석 방법

시행시기	• 작업을 수행하기 전, 공정 또는 작업방법을 변경한 경우 • 새로운 물질 사용 및 설비 등을 도입한 경우 • 작업 또는 업무의 시스템적인 분석이 필요한 경우
시행절차	

작업 분류 [공정(작업) 분석 및 자료 수집]
위험요인 파악 작업별 위험성 식별
위험성 평가
위험등급 결정 허용 범위 결정
위험관리 계획 수립 ← 고위험 등급 / 저위험 등급 → 관리상태 유지
계획 적합성 검토 및 이행
위험성 재평가 저위험 등급

[작업위험성평가 절차]

3. 위험감소대책

작업적 대책	• 작업 전 안전조치 재확인 • 유해위험장소 격리 • 주변 가연물, 점화원 확인 및 제거 • 작업 전 GAS Check, 방폭공구 사용
설비적 대책	• PSM 대상 설비 점검주기 강화 • 방호장치, 공정보완 • 작업환경개선, 안전장치 제거 불가능 조치
관리적 대책	• 작업표준 제 · 개정 • 작업장소 관리감독 강화 • 경고표지 및 기계기구 주의사항 부착 • 작업 전 작업방법, MSDS 교육 • 안전보호장구 착용 등

"끝"

1. 문제

NFPA 72에서의 Unwanted Alarm 종류에 대하여 설명하시오.

2. 시험지에 번호 표기

NFPA 72에서의 Unwanted Alarm(1) 종류(2)에 대하여 설명하시오.

3. 실제 답안지에 작성해보기

문 1 – 13) Unwanted Alarm 종류에 대한 설명

1. 정의

① Unwanted Alarm이란 위험상태가 존재하지 않은 때 발생하는 모든 경보

② 화재경보시스템의 불신, 재실자의 혼란가중으로 피난안전성을 저해함

2. Unwanted Alarm 종류

악의적 경보 (Malicious Alarm)	• 고의, 악의를 가지고 행동하는 사람에 의함 • 장난, 고의적인 행위에 의한 비화재보
비화재 경보(환경적) (Nuisance Alarm)	• 잠재적으로 위험한 상태의 결과가 아닌 자극이나 조건에 응답 • 기계적인 결함, 설비의 고장, 시설유지관리 미비
비고의적 경보 (Unintentional Alarm)	• 악의가 없이 행동하는 사람에 의함 • 오조작, 실수에 의한 행동에 의한 비화재보
미확인 경보 (Unknow Alarm)	• 확인할 수 없는 경우의 입출력에 의한 비화재보 • 기타 원인을 알 수 없는 경우

3. 대책

설계 시 대책	• 설치장소 환경에 맞는 감지기 설치 : 축적형 감지기, 수신기 설치 • 신뢰성 높은 감지기 설치 : 불꽃감지기, 공기흡입형 감지기 등
시공 시 대책	• 시공 시 케이블, 배선의 손상 방지 • 공구 등의 사용 시 부주의한 의한 기구의 손상 방지 • 천장, 반자 등의 기구 고정 시 고정 견고하게 설치
유지관리 시 대책	• 경년변화에 따른 주기적인 보수, 점검, 교체 필요 • 내부구조 및 인테리어 시 구조 고려 기존 설비 점검 • 관계인 및 거주자의 지속적인 교육 실시

"끝"

1. 문제

성능위주설계 표준 가이드라인에 따른 고층(초고층)건축물의 규모와 특성에 맞는 거실제연설비, 부속실·승강장, 피난안전구역 제연설비, 지하주차장 제연설비 시스템에 대하여 설명하시오.

2. 시험지에 번호 표기

성능위주설계 표준 가이드라인(1)에 따른 고층(초고층)건축물의 규모와 특성에 맞는 거실제연설비(2), 부속실·승강장(3), 피난안전구역 제연설비(4), 지하주차장 제연설비(5) 시스템에 대하여 설명하시오.

3. 실제 답안지에 작성해보기

문 2-1) 거실제연설비, 부속실 · 승강장, 피난안전구역 제연설비, 지하주차장 제연설비 시스템에 대한 설명

1. 제연설비의 목적

목적	고층건축물의 규모와 특성이 반영된 제연설비 시스템을 적용하여 원활한 소방활동 및 재실자의 초기 피난안전성 확보, 연소 확대 방지에 기여하고자 함
제연방식	• 거실제연설비 : 급 · 배기를 통한 청결층 확보 • 부속실제연설비 : 차압 및 방연풍속이용 연기침입 방지

2. 거실제연설비

SMD	• SMD(Smoke Moter Damper)는 누설등급 CLASS-Ⅱ 이상을 적용 • 누설량을 반영할 것
공조겸용 시	공조 TAB 결과 댐퍼 개구율이 조정된 경우에도 제연 운전 시 개폐 스케줄에 따라 제연 풍량이 적절하게 배분될 수 있도록 제연 시 개방되는 댐퍼의 개도치를 공조댐퍼의 개구율 조정과 별도로 조정할 수 있도록 할 것
감시제어반	댐퍼 개폐와 송풍기의 작동상태 등을 그림 또는 문자 등의 형태로 표시한 디스플레이방식의 감시제어반으로 구성
판매시설	• 판매시설 용도는 지상층 부분이 유창층일 경우에도 제연설비 설치 규모에 해당되면 거실제연설비 적용할 것 • 복도에는 적용하지 않을 수 있음

3. 부속실 · 승강장 제연설비

풍량산정	제연설비 풍량은 법적기준 출입문(20층 초과인 경우 2개소) + 1층 또는 피난층(1개소) 출입문이 개방되는 것을 기준으로 풍량을 산정
송풍기송풍량	제연 송풍기의 송풍량은 연결된 덕트의 누설량 및 댐퍼는 누설등급에 따른 누설량을 반영하여 산정하고 설계도서에 명기

4. 피난안전구역 제연설비

댐퍼 설치	피난안전구역의 외기취입구 설치기준은 하부층의 화재로 인해 발생된 연기가 유입되지 않도록 덕트 전용 연기감지기를 덕트 내에 설치하여 연기유입 시 자동으로 폐쇄할 수 있는 구조로 설치
외기취입구	연기유입 시 자동 폐쇄되는 경우를 대비하여 외기취입구 위치를 이중화하고 이격하여 설치

5. 지하주차장 제연설비

개요도	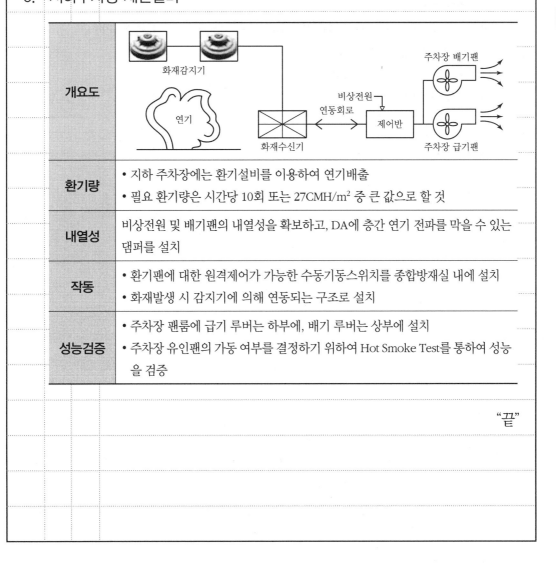
환기량	• 지하 주차장에는 환기설비를 이용하여 연기배출 • 필요 환기량은 시간당 10회 또는 27CMH/m² 중 큰 값으로 할 것
내열성	비상전원 및 배기팬의 내열성을 확보하고, DA에 층간 연기 전파를 막을 수 있는 댐퍼를 설치
작동	• 환기팬에 대한 원격제어가 가능한 수동기동스위치를 종합방재실 내에 설치 • 화재발생 시 감지기에 의해 연동되는 구조로 설치
성능검증	• 주차장 팬룸에 급기 루버는 하부에, 배기 루버는 상부에 설치 • 주차장 유인팬의 가동 여부를 결정하기 위하여 Hot Smoke Test를 통하여 성능을 검증

"끝"

1. 문제

감리업무 중 공사비용이 증감되는 설계변경이 발생할 때, 아래의 내용을 설명하시오.

(1) 발주자 지시에 의한 설계변경

(2) 시공자 제안에 의한 설계변경

(3) 설계변경 검토항목 및 검토내용

2. 시험지에 번호 표기

감리업무 중 공사비용이 증감되는 설계변경(1)이 발생할 때, 아래의 내용을 설명하시오.

(1) 발주자 지시에 의한 설계변경(2)

(2) 시공자 제안에 의한 설계변경(3)

(3) 설계변경 검토항목 및 검토내용(4)

3. 실제 답안지에 작성해보기

문 2-2) 발주자 지시에 의한 설계변경, 시공자 제안에 의한 설계변경, 설계변경
      검토항목 및 검토내용

1. 개요

   1) 업무흐름도

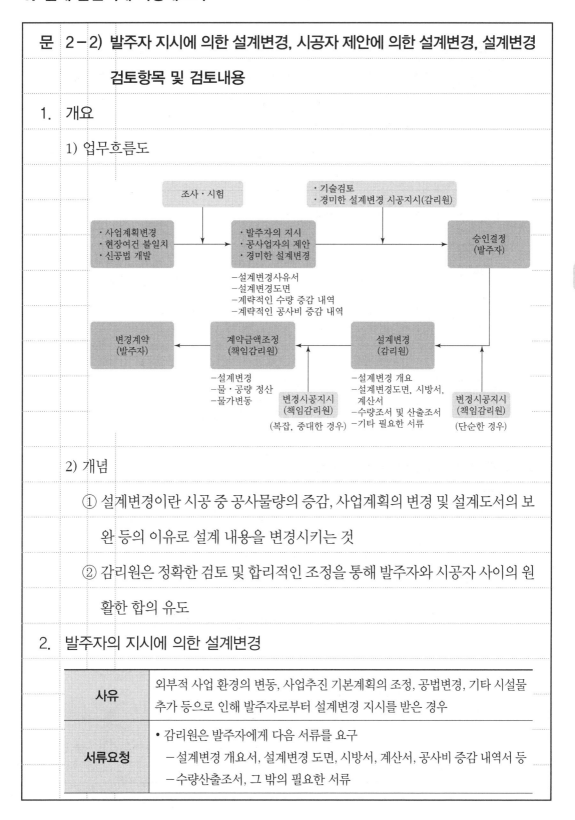

   2) 개념

   ① 설계변경이란 시공 중 공사물량의 증감, 사업계획의 변경 및 설계도서의 보
      완 등의 이유로 설계 내용을 변경시키는 것

   ② 감리원은 정확한 검토 및 합리적인 조정을 통해 발주자와 시공자 사이의 원
      활한 합의 유도

2. 발주자의 지시에 의한 설계변경

사유	외부적 사업 환경의 변동, 사업추진 기본계획의 조정, 공법변경, 기타 시설물 추가 등으로 인해 발주자로부터 설계변경 지시를 받은 경우

서류요청	• 감리원은 발주자에게 다음 서류를 요구
	  -설계변경 개요서, 설계변경 도면, 시방서, 계산서, 공사비 증감 내역서 등
	  -수량산출서, 그 밖의 필요한 서류

시공자 통보	발주자로부터 설계변경 지시를 받은 감리원은 지체 없이 시공자에게 내용 통보
시공자	시공자는 설계변경 내용의 이행가능 여부를 당시 공정, 자재수급현황 등 검토하여 확정. 이행 불가 시 사유와 근거 자료를 첨부 감리원에게 제출
감리원	감리원은 내용을 확인하여 발주자에게 보고
감리자	감리자는 감리원으로부터 제출받은 서류를 기술지원 감리원의 심사를 거쳐 감리자 대표 명의로 발주자에게 제출

3. 시공자의 제안에 의한 설계변경

사유	시공자는 현장여건과 설계도서 미부합, 공사비 절감 및 소방시설의 품질향상 개선 등 설계변경 필요시 현장실정보고서를 첨부하여 감리원에 제출
감리원	• 감리원 검토·확인 후 기술검토 의견서 첨부하여 발주자에게 보고 • 감리원은 발주자의 승인을 득한 후 시공토록 조치
중대설계변경	• 시공자는 주공정에 중대한 영향을 미치는 설계변경으로 긴급히 요구사항 발생 시 감리원에게 긴급현장실정보고 • 감리원은 발주자에게 긴급 보고 후 승인을 득한 후 시공 조치

4. 설계변경 검토항목 및 검토내용

검토항목	검토내용
주의사항	• 감리자 임의대로 설계변경 지시 금지 • 설계변경사항은 반드시 발주처에 보고, 승인 후 진행 • 감리자는 설계변경의 권한을 가지지 못함 • 시방서 등이 변경된 경우 설계변경을 하여야 함 • 금액변경이 있는 것과 금액변경이 없는 설계변경으로 진행
설계변경 요건	• 발주자 지시 : 레이아웃 변경, 설계누락, 오류, 시방서 변경 등 • 시공자 제안 : 시공자가 시공상 문제점 또는 신기술 등 제안사항 • 경미한 설계변경 • ESC(물가변동)
발생조건 확인	• ESC 발생/설계도서 변경 및 누락, 오류 등 발췌 : 설계사 의견첨부 등 관련 근거 마련

검토항목	검토내용
실정보고	• 설계변경 관련 근거 마련 : 실정보고 자료정리 제출 • 설계변경사항이 발생될 경우 해당사항에 대하여 문제점, 타당성 등을 검토하여 보고 • 실정보고 시 예상 소요금액을 포함하여 검토
검토의견서 작성 및 발주자 제출	• 시공자 제출자료 검토 후 발주처 송부 • 제출된 자료에 대하여 적합 여부, 문제점 등을 세부적으로 검토 • 검토의견서를 작성하여 발주자에 제출
실정보고요건에 대하여 승인	발주자는 해당 설계변경사항에 대하여 타당하다고 판단되는 경우 승인
설계변경 세부 자료 준비	• 설계변경 관련 근거에 따라 세부내역서 및 산출서 등 준비(수량산출서/내역서/관련 근거/신규단가 등) • 설계변경사유서, 설계변경도면, 개략적인 수량산출서 • 개략적인 공사비증감내역, 기타 필요한 서류
설계변경 요청	• 준비된 설계변경 자료를 감리원에 제출 • 제출된 자료를 검토하여 검토의견서를 작성
검토의견서 작성보고	설계변경 검토의견서 작성 : 첨부된 자료의 적합성, 수량, 금액, 설계변경요건 등을 종합적으로 검토하여 발주처에 보고
승인	발주자는 감리의견에 문제가 없을 경우 설계변경 승인하며 계약변경 진행
수정공정 계획검토	설계변경으로 변경된 공정표를 제출받아 검토
계약변경	• 시공자와 발주처 간 변경계약체결 －계약내역서 －변경계약서 －변경공정표 등 첨부
설계변경부분 시공	• 설계변경에 대한 승인이 되지 않은 경우 해당공정에 대한 작업은 진행할 수 없음 • 설계변경승인이 나지 않은 상태에서 공사가 이루어지는 경우 해당 부분에 대한 비용을 받을 수 없는 경우 발생 우려 • 원칙적으로 설계변경이 되지 않은 상태에서 공사를 할 수 없음

검토항목	검토내용
설계변경관리	• 설계변경사항은 관리대장을 작성하여 관리 • 설계변경사항에 대한 도면정리 • 금액변경이 없는 사항에 대해서도 도면정리를 절차에 따라 정리
기술검토의견	시공 중 발생되는 기술적 문제점 및 설계변경사항, 공사계획, 시공 중 당면한 문제점, 설계도면과 시방서 상호 간의 차이 등의 문제점, 발주처 요청사항 등에 대하여 해결방안 등을 제시

"끝"

1. 문제

아래와 같은 병렬 및 직렬 누설 틈새 식을 유도하시오.

(1) 병렬 누설 틈새 식 : $A_t = A_1 + A_2 + \cdots + A_n$

(2) 직렬 누설 틈새 식 : $\dfrac{1}{A_t{}^n} = \dfrac{1}{A_1{}^n} + \dfrac{1}{A_2{}^n} + \cdots + \dfrac{1}{A_n{}^n}$

2. 시험지에 번호 표기

아래와 같은 병렬 및 직렬 **누설 틈새(1)** 식을 유도하시오.

(1) **병렬 누설 틈새 식(2)** : $A_t = A_1 + A_2 + \cdots + A_n$

(2) **직렬 누설 틈새 식(3)** : $\dfrac{1}{A_t{}^n} = \dfrac{1}{A_1{}^n} + \dfrac{1}{A_2{}^n} + \cdots + \dfrac{1}{A_n{}^n}$

3. 실제 답안지에 작성해보기

문 2-3) 병렬 및 직렬 누설 틈새식 유도

1. 개요

① 제연구역에서 차압을 유지하기 위한 풍량 계산 시 출입문 틈새로 빠져나가는

누설면적을 말하는 것으로 면적이 클수록 누설량이 증가함

② 누설틈새의 배치를 기준으로 직렬, 병렬로 구분되고 누설량이 달라지게 됨

2. 병렬 누설 틈새식 유도

개요도	
유체역학 원리	전체유량은 각 틈새유량의 합과 같음 $Q_t = Q_1 + Q_2 + \cdots + Q_n$
관계식	$Q = KA \sqrt[n]{\triangle P}$ 에서 $Q = KA \triangle P^{\frac{1}{n}}$
유도	• 각 경로의 유량 $Q_1 = KA_1 \triangle P^{\frac{1}{n}}$, $Q_2 = KA_2 \triangle P^{\frac{1}{n}}$, $Q_n = KA_n \triangle P^{\frac{1}{n}}$, $Q_t = KA_t \triangle P^{\frac{1}{n}}$ • $Q_t = Q_1 + Q_2 + \cdots + Q_n$ $KA_t \triangle P^{\frac{1}{n}} = KA_1 \triangle P^{\frac{1}{n}} + KA_2 \triangle P^{\frac{1}{n}} + \cdots + KA_n \triangle P^{\frac{1}{n}}$ • A_t에 대해서 정리하면 $A_t = A_1 + A_2 + \cdots + A_n$

3. 직렬 누설 틈새식 유도

개요도	
유체역학 원리	• 공간의 온도가 동일하다면 유량은 일정 $Q_1 = Q_2 = \cdots = Q_n = Q_t$ • 가압공간과 외부 사이의 전 압력차($\triangle P_t$)는 각 부분의 압력차의 합과 같음 $\triangle P_t = \triangle P_1 + \triangle P_2 + \cdots + \triangle P_n$
관계식	$Q = KA \sqrt[n]{\triangle P}$ 에서 $Q = KA \triangle P^{\frac{1}{n}}$
유도	• 각 경로의 유량 $Q_1 = KA_1 \triangle P_1^{\frac{1}{n}}, \ Q_2 = KA_2 \triangle P_2^{\frac{1}{n}}, \ \cdots \ Q_n = KA_n \triangle P_n^{\frac{1}{n}}, \ Q_t = KA_t \triangle P_t^{\frac{1}{n}}$ • $\triangle P$에 대해 정리하면 $\triangle P_1 = \dfrac{Q_1^n}{K^n A_1^n}, \ \triangle P_2 = \dfrac{Q_2^n}{K^n A_2^n} \ \cdots \ \triangle P_n = \dfrac{Q_n^n}{K^n A_n^n}, \ \triangle P_t = \dfrac{Q_t^n}{K^n A_t^n}$ ($\triangle P_t : P_1 \sim P_n$의 전체 압력차) • $\triangle P_t = \triangle P_1 + \triangle P_2 + \cdots + \triangle P_n$에 대입하면 $\dfrac{Q_t^n}{K^n A_t^n} = \dfrac{Q_1^n}{K^n A_1^n} + \dfrac{Q_2^n}{K^n A_2^n} + \cdots + \dfrac{Q_n^n}{K^n A_n^n}$ $Q_1 = Q_2 = \cdots = Q_n = Q_t$이므로 $\dfrac{1}{A_t^n} = \dfrac{1}{A_1^n} + \dfrac{1}{A_2^n} + \cdots + \dfrac{1}{A_n^n}$

"끝"

1. 문제

> 「스프링클러헤드의 형식승인 및 제품검사의 기술기준」(소방청고시)이 개정되어 열반응 시험이 반영되었다. 해당 시험의 제 · 개정 이유, 도입배경, 시험기준 및 시험절차 등에 대하여 설명하시오.

2. 시험지에 번호 표기

> 「스프링클러헤드의 형식승인 및 제품검사의 기술기준」(소방청고시)이 개정되어 열반응 시험이 반영되었다. 해당 시험의 제 · 개정이유(1), 도입배경(2), 시험기준 및 시험절차(3) 등에 대하여 설명하시오.

3. 실제 답안지에 작성해보기

문 2-4) 열반응 시험 제·개정 이유, 도입배경, 시험기준 및 시험절차 등에 대
한 설명

1. 열반응 시험 제·개정 이유 및 도입배경

1) 제·개정 이유

① 저성장화재 시 스프링클러헤드 미분리 우려에 따른 개선대책

② 퓨지블링크타입(Fusible Link Type) 폐쇄형 헤드 열반응시험을 도입

③ 스프링클러헤드가 정상작동할 수 있도록 기술기준을 강화

2) 도입배경

① 화재 시 헤드의 비정상적 작동으로 소화수 미방수 시 인적·물적 피해가 발생

② 국가에서 이를 방지할 수 있도록 관련 규정을 정비하고 개선할 필요가 있음

③ 저성장화재의 퓨지블링크 폐쇄형 헤드의 정상작동을 위해 열반응 시험을

도입-UL 열감지부 민감도 시험인 룸히트 테스트 도입

2. 시험기준 및 시험절차

1) 시험기준

퓨지블링크 구조의 폐쇄형 헤드(상향형 헤드는 제외)는 별도 장치에 헤드를 설

치하여 열반응 시험을 실시하는 경우 아래 표에서 정한 기준에 적합

표시온도 구분(℃)		작동시간
표준반응	57~77	231초 이하
	79~107	189초 이하
조기반응		75초 이하

2) 시험장치 평면도

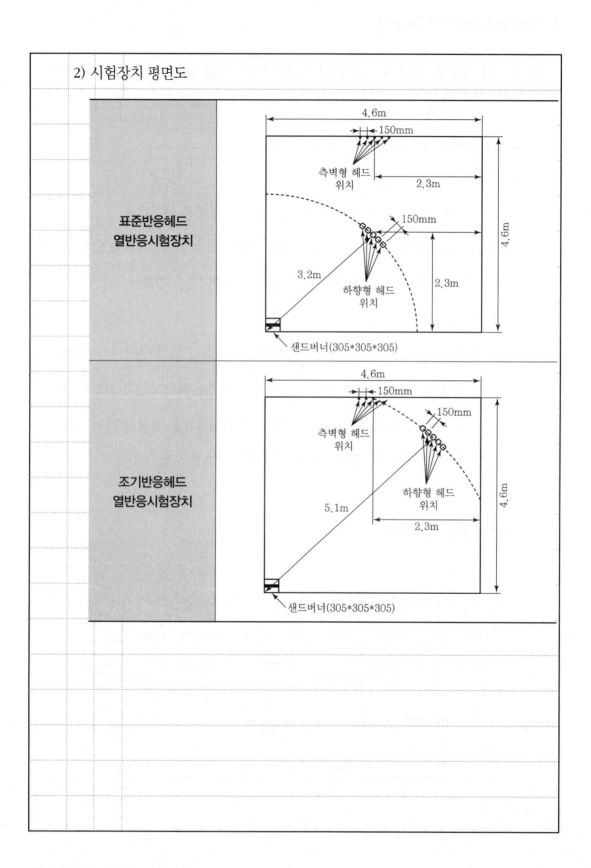

표준반응헤드 열반응시험장치	4.6m 150mm 측벽형 헤드 위치 2.3m 150mm 4.6m 3.2m 하향형 헤드 위치 2.3m 샌드버너(305*305*305)
조기반응헤드 열반응시험장치	4.6m 150mm 측벽형 헤드 위치 150mm 하향형 헤드 위치 4.6m 5.1m 2.3m 샌드버너(305*305*305)

3) 시험절차

순서	내용
① 헤드설치	열반응시험 장치 평면도의 표시 위치에 헤드를 설치
② 수조	• 헤드 소화수공급 수조 내부의 크기는 가로 750mm, 세로 150mm, 높이 100mm • 수조 내부에는 각 헤드마다 동일한 소화수가 공급될 수 있도록 높이 80mm의 칸막이를 150mm 간격으로 구획 • 각 부분의 치수 공차는 ±5mm로 함
③ 시험시작	수조의 수온이 (20±5)℃로 설정된 상태에서 시험 시작

④ 화원

화원은 샌드버너에 아래 표에 따른 메탄가스를 공급하여 점화

표시온도 구분		가스공급유량(m³/hr)
표준반응	57~77℃	9.6
	79~107℃	25.9
조기반응	57~77℃	14.2
	79~107℃	17.0

⑤ 헤드작동 시간

• 헤드의 작동시간은 아래 표의 천장온도에 도달한 시점부터 측정을 시작
• 천장온도는 천장 중앙부에서 아래로 254mm 지점에서 측정

표시온도 구분	천장온도
57~77℃	(31±1)℃
79~107℃	(49±2)℃

순서	내용
⑥ 측정단위	헤드의 작동시간을 0.1초 단위까지 측정
⑦ 시험횟수	①~⑥의 시험을 2회 실시

"끝"

1. 문제

「화재의 예방 및 안전관리에 관한 법률」에 따른 특수가연물 품명 및 수량, 저장취급기준, 표지설치에 대하여 설명하시오.

2. 시험지에 번호 표기

「화재의 예방 및 안전관리에 관한 법률」에 따른 **특수가연물(1) 품명 및 수량(2)**, **저장취급기준(3)**, **표지설치(4)**에 대하여 설명하시오.

3. 실제 답안지에 작성해보기

문 2-5) 특수가연물 품명 및 수량, 저장취급기준, 표지설치에 대한 설명

1. 개요

① 특수가연물이란 화재 시 연소확대 속도가 빠른 물질로서 대통령령으로 정하는 수량 이상의 것

② 그 위험성을 알리고 예방하기 위하여 저장취급기준과 표지를 설치함

2. 특수가연물 품명 및 수량

품명		수량
면화류		200kg 이상
나무껍질 및 대팻밥		400kg 이상
넝마 및 종이부스러기, 사류, 볏짚류		1,000kg 이상
가연성 고체류		3,000kg 이상
석탄·목탄류		10,000kg 이상
가연성 액체류		$2m^3$ 이상
목재가공품 및 나무부스러기		$10m^3$ 이상
고무류·플라스틱류	발포시킨 것	$20m^3$ 이상
	그 밖의 것	3,000kg 이상

3. 저장취급기준

구분	품명별로 구분하여 쌓을 것		
높이/면적	구분	살수설비 혹은 대형 수동식 소화기를 설치하는 경우	그 밖의 경우
	높이	15m 이하	10m 이하
	쌓는 부분 바닥 면적	$200m^2$ 이하 (석탄·목탄류 $300m^2$ 이하)	$50m^2$ 이하 (석탄·목탄류 $200m^2$ 이하)

실외저장	• 이격거리 : 쌓는 부분과 대지경계선, 도로 및 인접 건축물과 최소 6m 이상 간격을 둘 것 • 예외 : 쌓는 높이보다 0.9m 이상 높은 내화구조 벽체를 설치한 경우
실내저장	• 실내 주요구조부는 내화구조이면서 불연재료 • 다른 종류의 특수가연물과 같은 공간에 보관하지 않을 것 ─ 내화구조의 벽으로 분리하는 경우는 그렇지 않음
바닥면적 간격	• 실내의 경우 1.2m 또는 쌓는 높이의 1/2 중 큰 값 이상으로 간격 • 실외의 경우 3m 또는 쌓는 높이 중 큰 값 이상으로 간격

4. 표지설치

개요도	<table><tr><td colspan="2" align="center">특수가연물</td></tr><tr><td colspan="2" align="center">화기엄금</td></tr><tr><td align="center">품명</td><td align="center">합성수지류</td></tr><tr><td align="center">최대저장수량(배수)</td><td align="center">○○○톤(○○배)</td></tr><tr><td align="center">단위부피당 질량(단위체적당 질량)</td><td align="center">○○○kg/m²</td></tr><tr><td align="center">관리책임자(직책)</td><td align="center">홍길동 팀장</td></tr><tr><td align="center">연락처</td><td align="center">02─000─0000</td></tr></table>
포함내용	품명, 최대저장수량, 단위부피당 질량 또는 단위체적당 질량, 관리책임자 성명·직책, 연락처 및 화기취급의 금지표시 등
크기	한 변의 길이가 0.3m 이상, 다른 한 변의 길이가 0.6m 이상인 직사각형
색상	• 특수가연물 표지의 바탕은 흰색, 문자는 검은색 • 화기엄금 표시 부분의 바탕은 붉은색, 문자는 백색

"끝"

1. 문제

> 건축허가동의 시 분야별 주요 검토사항 중 피난·방재분야의 방화구획 적정성 확보를 위한 확인사
> 항에 대하여 설명하시오.

2. 시험지에 번호 표기

> 건축허가동의 시 분야별 주요 검토사항 중 피난·방재분야의 방화구획 적정성 확보(1)를 위한 확인
> 사항(2)에 대하여 설명하시오.

Tip 수험생이 내용을 만들어야 하는 문제입니다. 답안 내용에는 성능위주설계 평가운영 표준가이
드에 따른 근거가 있어야 합니다.

3. 실제 답안지에 작성해보기

문	2-6) 피난·방재분야의 방화구획 적정성 확보를 위한 확인사항

1. 검토목적

방화구획 적정성 확보는 화재로 인해 발생하는 화염과 연기를 구조적으로 원천 차단하여 재실자의 피난안전 환경 마련으로 인명 및 재산피해를 최소화하기 위함

2. 확인사항

구분	내용

방확구획도	• 방화구획 여부를 쉽게 확인할 수 있도록 방화구획도 제출
	  −내화구조의 벽, 60분+방화문, 자동방화셔터는 각각 다른 색깔로 구분
	  −범례표 작성하여 방화구획 적정성 여부를 쉽게 확인할 수 있도록 할 것

방화구획	• 건축물의 주요 설비 공간 및 공용시설물은 다른 부분과 방화구획 −펌프실, 제연팬룸실, 기계실, 전기실, 쓰레기집하장, 공용물품창고 등

자동방화셔터	• 판매시설 등 대형 공간 및 에스컬레이터, 지하주차장 램프구간에 방화구획용 방화셔터를 설치하는 경우
	  −3m 이내에 피난이 가능한 고정식 방화문을 설치할 것
	  −계단에는 방화셔터 설치 금지
	  −작동방식을 사용 형태별 위험요소 감안하여 1단 또는 2단으로 구분할 것
	  −방화셔터 상부 천장 내부와 액세스플로어 내부는 구획 성능이 확보되도록 설계도를 첨부할 것
	  −방화셔터 하부 바닥에는 셔터 하강 지점임을 표시하고 비상구(피난구)가 설치된 지점의 바닥에는 피난 유도표시(화살표, 픽토그램 등)를 할 것

순위조절기	• 방화구획용 방화문이 쌍여닫이 방화문인 경우 • 순차적인 폐쇄가 되도록 순위조절기 설치할 것

구분	내용
관통부	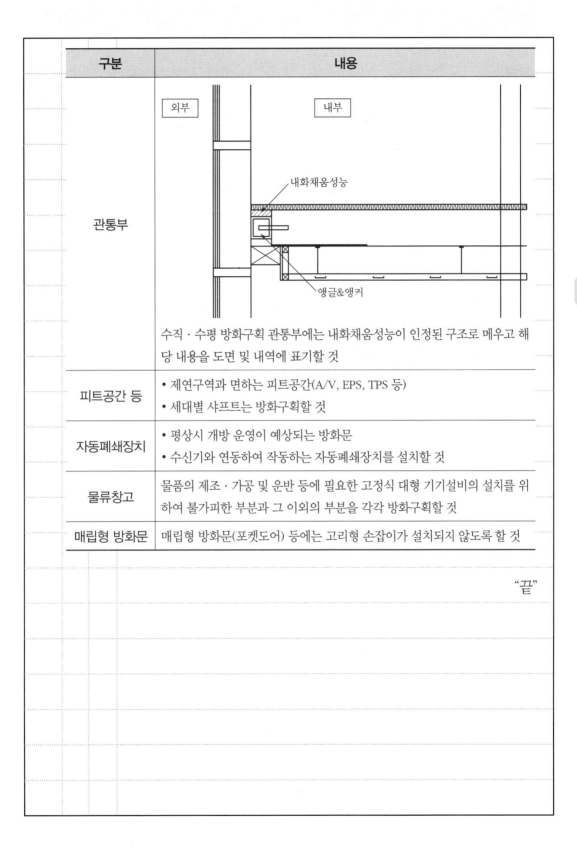 수직·수평 방화구획 관통부에는 내화채움성능이 인정된 구조로 메우고 해당 내용을 도면 및 내역에 표기할 것
피트공간 등	• 제연구역과 면하는 피트공간(A/V, EPS, TPS 등) • 세대별 샤프트는 방화구획할 것
자동폐쇄장치	• 평상시 개방 운영이 예상되는 방화문 • 수신기와 연동하여 작동하는 자동폐쇄장치를 설치할 것
물류창고	물품의 제조·가공 및 운반 등에 필요한 고정식 대형 기기설비의 설치를 위하여 불가피한 부분과 그 이외의 부분을 각각 방화구획할 것
매립형 방화문	매립형 방화문(포켓도어) 등에는 고리형 손잡이가 설치되지 않도록 할 것

"끝"

1. 문제

「화재안전기술기준」에서 제시하는 스프링클러설비 설치 · 유지를 위한 아래 내용에 대하여 설명하시오.

(1) 비상전원 출력용량 기준을 만족하기 위한 정격출력, 출력전압, 과전류 내력의 기준
(2) 스프링클러설비의 음향장치 및 기동장치(펌프 및 밸브)

2. 시험지에 번호 표기

「화재안전기술기준」에서 제시하는 스프링클러설비 설치 · 유지를 위한 아래 내용에 대하여 설명하시오.

(1) 비상전원 출력용량 기준을 만족하기 위한 정격출력, 출력전압, 과전류 내력의 기준(1)
(2) 스프링클러설비의 음향장치 및 기동장치(펌프 및 밸브)(2)

3. 실제 답안지에 작성해보기

문 3-1) 비상전원 출력용량 기준, 음향장치 및 기동장치

1. 비상전원 출력용량 기준

정격출력	• 동시에 운전될 수 있는 모든 부하의 합계 입력용량을 기준 • 예외 : 소방전원 보존형 발전기를 사용할 경우
출력전압	• 기동전류가 가장 큰 부하가 기동될 때 • 부하의 허용 최저입력전압 이상의 출력전압을 유지
과전류내력	• 단시간 과전류에 견디는 내력 • 입력용량이 가장 큰 부하가 최종 기동할 경우에도 견딜 것

2. 스프링클러 음향장치 및 기동장치(펌프 및 밸브)

1) 음향장치 및 기동장치

작동방식	• 습식 유수검지장치 또는 건식 유수검지장치를 사용하는 설비 　- 헤드가 개방되면 유수검지장치가 화재신호를 발신, 음향장치가 경보되게 할 것 • 준비작동식 유수검지장치 또는 일제개방밸브를 사용하는 설비 　- 화재감지기의 감지에 따라 음향장치가 경보되도록 할 것 　- 화재감지기회로를 교차회로방식으로 하는 때에는 하나의 화재감지기 회로가 화재를 감지하는 때에도 음향장치가 경보
설치장소	• 음향장치는 유수검지장치 및 일제개방밸브 등의 담당구역마다 설치 • 그 구역의 각 부분으로부터 하나의 음향장치까지의 수평거리는 25m 이하
종류, 음색	• 경종 또는 사이렌(전자식 사이렌 포함) • 주위의 소음 및 다른 용도의 경보와 구별이 가능한 음색
주음향장치	수신기의 내부 또는 그 직근에 설치
우선경보	• 층수가 11층(공동주택의 경우 16층) 이상의 특정소방대상물 　- 2층 이상의 층에서 발화한 때에는 발화층 및 그 직상 4개 층에 경보 　- 1층에서 발화한 때에는 발화층·그 직상 4개 층 및 지하층에 경보 　- 지하층에서 발화한 때에는 발화층·그 직상층 및 기타의 지하층에 경보
구조, 성능	• 정격전압의 80% 전압에서 음향을 발할 수 있는 것 • 음향크기는 부착된 음향장치의 중심으로부터 1m 떨어진 위치에서 90dB 이상

2) 펌프의 작동

습식 유수검지장치 또는 건식 유수검지장치	준비작동식 유수검지장치 또는 일제개방밸브
• 유수검지장치의 발신 • 기동용 수압개폐장치에 의하여 작동 • 이 두 가지의 혼용에 따라 작동	• 화재감지기의 화재감지 • 기동용 수압개폐장치에 따라 작동 • 이 두 가지의 혼용에 따라 작동

3) 준비작동식 유수검지장치 또는 일제개방밸브의 작동

작동방식	담당구역 내의 화재감지기의 동작에 따라 개방 및 작동
교차회로 방식	• 화재감지회로는 교차회로방식으로 할 것 • 예외규정 　－배관 또는 헤드에 누설경보용 물 또는 압축공기가 채워지거나 부압식스 　　프링클러설비의 경우 　－불꽃감지기, 정온식 감시선형 감지기, 분포형 감지기, 광전식 분리형 감지 　　기, 아날로그방식 감지기, 다신호식 감지기, 축적방식의 감지기 사용 시
수동기동	• 준비작동식 유수검지장치, 일제개방밸브 인근에서 수동기동에 의한 개방 　및 작동 • 전기식 및 배수식
감지기	자동화재탐지설비 및 시각경보장치의 화재안전기술기준 준용
발신기	• 자동화재탐지설비의 발신기가 설치된 경우 제외 가능 　－조작이 쉬운 장소, 스위치는 바닥으로부터 0.8m 이상 1.5m 이하 높이 설치 　－특정소방대상물의 층마다 설치 　－각 부분으로부터 하나의 발신기까지의 수평거리가 25m 이하 　－복도 또는 별도로 구획된 실로서 보행거리가 40m 이상일 경우에는 추가 　　설치 　－발신기의 위치를 표시하는 표시등은 함의 상부에 설치 　－그 불빛은 부착면으로부터 15° 이상의 범위 안에서 부착지점으로부터 　　10m 이내의 어느 곳에서도 쉽게 식별할 수 있는 적색등

"끝"

1. 문제

이산화탄소 소화설비가 최적의 상태로 운전될 수 있는지 여부를 확인하기 위한 성능시험 시 다음에 대하여 설명하시오.

(1) 저장용기 (2) 기동장치

(3) 선택밸브 (4) 감지기 점검사항

2. 시험지에 번호 표기

이산화탄소 소화설비(1)가 최적의 상태로 운전될 수 있는지 여부를 확인하기 위한 성능시험 시 다음에 대하여 설명하시오.

(1) 저장용기(2) (2) 기동장치(3)

(3) 선택밸브(4) (4) 감지기 점검사항(5)

3. 실제 답안지에 작성해보기

문 3-2) 이산화탄소 소화설비 성능시험 시 저장용기, 기동장치, 선택밸브, 감지기 점검사항에 대한 설명

1. 개요

계통도	
정의	• 질식 작용에 의한 소화를 목적으로 이산화탄소를 방출하여 산소의 농도를 저하시켜 연소 작용을 정지시키는 소화 설비 • 저장용기, 화재 감지 장치, 분사헤드, 기동 장치, 배관, 제어반, 비상전원, 자동폐쇄장치(방호구역 폐쇄) 등으로 구성

2. 저장용기 점검사항

| 일반사항 | • 설치장소 적정
　－방호구역 외 또는 내부 피난구 부근, 온도 40℃ 이하 및 온도변화 적은 곳
　－직사광선 및 빗물 침투 우려가 없는 곳
• 표지 설치 여부 및 저장용기실 방화문 구획 여부
• 저장용기 설치장소 표지 설치 여부
• 저장용기 간격 이격(3cm 이상) 여부
• 저장용기와 집합관 연결배관 상 체크밸브 설치 여부
• 저장용기 충전비 적정 여부
• 저장용기 내압시험압력 합격 여부 |

일반사항	• 저장용기 개방밸브 자동 · 수동 개방 및 안전장치 부착 여부 • 저장용기와 선택밸브 또는 개폐밸브 사이 안전장치 설치 여부
저압식	• 안전밸브 및 봉판 설치 적정(작동 압력) 여부 • 액면계 · 압력계 설치 여부 및 압력강하경보장치 작동 압력 적정 여부 • 자동냉동장치의 설치 여부

3. 기동장치의 점검사항

일반사항	방호구역별 출입구 부근 소화약제 방출표시등 설치 및 작동 여부
수동식 기동장치	• 약제방출 지연 비상스위치 설치 여부 • 방호구역별(전역방출) 또는 방호대상별(국소방출) 기동장치 설치 여부 • 해당 방호구역 출입구부분 등 조작자가 쉽게 피난할 수 있는 장소 설치 여부 • 기동장치 조작부 바닥으로부터 설치 높이 적정 여부 • "이산화탄소소화설비 기동장치" 표지 설치 여부 • 전기사용 기동장치 전원표시등 설치 여부 • 기동장치 방출용 스위치 음향경보장치와 연동 여부
자동식 기동장치	• 감지기 작동과의 연동 여부 • 수동식으로 전환하여 기동가능 여부 • 저장용기 수량에 따른 전자개방밸브 적정 설치 및 작동 여부 • 기동용 가스용기의 내압 성능(밸브), 용적, 충전압력 적정 여부
가스압력식	• 기동용 가스용기의 안전장치, 압력게이지 설치 여부(가스압력식 기동장치) • 저장용기 개방구조 적정 여부(기계식 기동장치)

4. 선택밸브, 감지기 점검사항

선택밸브	• 방호구역, 방호대상물마다 선택밸브 설치 여부 • 선택밸브 담당하는 방호구역, 방호대상물 표시 여부
감지기	• 방호구역별 화재감지기 감지에 의한 기동장치 작동 여부 • 교차회로 설치 여부 • 불꽃감지기, 정온식 감시선형 감지기, 분포형 감지기, 광전식 분리형 감지기, 아날로그 방식감지기, 다신호식 감지기, 축적방식의 감지기 설치 여부 • 화재감지기별 유효 바닥면적 적정 여부

"끝"

1. 문제

성능위주설계 대상, 변경신고대상, 건축심의 전 제출도서, 건축허가동의 전 제출도서를 각각 설명하
시오.

2. 시험지에 번호 표기

성능위주설계 대상(1), 변경신고대상(2), 건축심의 전 제출도서(3), 건축허가동의 전 제출도서(4)를
각각 설명하시오.

3. 실제 답안지에 작성해보기

문 3-3) 성능위주설계 대상, 변경신고대상, 건축심의 전 제출도서, 건축허가동의 전 제출도서 각각 설명

1. 성능위주설계 대상

정의	"성능위주설계"란 건축물 등의 재료, 공간, 이용자, 화재 특성 등을 종합적으로 고려하여 공학적 방법으로 화재 위험성을 평가하고 그 결과에 따라 화재안전성능이 확보될 수 있도록 특정소방대상물을 설계하는 것
대상	• 연면적 20만㎡ 이상인 특정소방대상물(아파트 제외) • 50층 이상(지하층 제외)이거나 지상으로부터 높이가 200m 이상인 아파트 등 • 30층 이상(지하층 포함)이거나 지상으로부터 높이가 120m 이상인 특정소방대상물(아파트 제외) • 연면적 3만㎡ 이상인 특정소방대상물 　　－ 철도 및 도시철도 시설 　　－ 공항시설 • 창고시설 　　－ 면적 10만㎡ 이상인 것 　　－ 지하층 층수가 2개층 이상이고 지하층 바닥면적 합계가 3만㎡ 이상인 것 • 영화상영관이 10개 이상인 특정소방대상물 • 지하연계 복합건축물 • 터널 중 수저(水底)터널 또는 길이가 5천m 이상인 것

2. 설계변경 신고대상 소방대상물

• 변경신고대상 : 특정소방대상물의 연면적·높이·층수의 변경이 있는 경우

3. 건축 심의 전 제출도서

설계도서	• 건축물의 개요(위치, 구조, 규모, 용도) • 부지 및 도로의 설치 계획(소방차량 진입 동선 포함) • 화재안전성능의 확보 계획 • 화재 및 피난 모의실험 결과

설계도서	• 소방시설 설치계획 및 설계 설명서 • 성능위주설계를 할 수 있는 자의 자격 · 기술인력을 확인할 수 있는 서류 • 성능위주설계 계약서 사본
건축물 설계도면	• 주단면도 및 입면도 • 층별 평면도 및 창호도 • 실내 · 실외 마감재료표 • 방화구획도(화재 확대 방지계획 포함) • 건축물의 구조 설계에 따른 피난계획 및 피난 동선도

4. 건축허가 동의 전 제출 도서

설계도서	• 건축물의 개요(위치, 구조, 규모, 용도) • 부지 및 도로의 설치 계획(소방차량 진입 동선 포함) • 화재안전성능의 확보 계획 • 성능위주설계 요소에 대한 성능평가(화재 및 피난 모의실험 결과 포함) • 성능위주설계 적용으로 인한 화재안전성능 비교표
건축물 설계도면	• 주단면도 및 입면도 • 층별 평면도 및 창호도 • 실내 · 실외 마감재료표 • 방화구획도(화재 확대 방지계획 포함) • 건축물의 구조 설계에 따른 피난계획 및 피난 동선도 • 소방시설의 설치계획 및 설계 설명서
소방시설 설계도면	• 소방시설 계통도 및 층별 평면도 • 소화용수설비 및 연결송수구 설치 위치 평면도 • 종합방재실 설치 및 운영계획 • 상용전원 및 비상전원의 설치계획 • 소방시설의 내진설계 계통도 및 기준층 평면도
기타	• 소방시설에 대한 전기부하 및 소화펌프 등 용량계산서 • 성능위주설계를 할 수 있는 자의 자격 · 기술인력을 확인할 수 있는 서류 • 성능위주설계 계약서 사본

"끝"

1. 문제

> 「소방시설공사업법」 감리업무 수행내용 중 완공 전 소방시설 등의 성능시험이 있다. 스프링클러 준 비작동식 성능 시운전 점검 시 자동작동시험과 수동작동시험을 각각 설명하시오.

2. 시험지에 번호 표기

> 「소방시설공사업법」 감리업무 수행내용 중 완공 전 소방시설 등의 성능시험이 있다. 스프링클러 준 비작동식 성능 시운전(1) 점검 시 자동작동시험(2)과 수동작동시험(3)을 각각 설명하시오.

130회

3. 실제 답안지에 작성해보기

문 **3 – 4)** 스프링클러 준비작동식 성능 시운전 점검 시 자동작동시험과 수동작
동시험

1. 개요

1) 정의 : "준비작동식 스프링클러설비"란 가압송수장치에서 준비작동식 유수검
지장치 1차 측까지 배관 내에 항상 물이 가압되어 있고, 2차 측에서 폐쇄형 스프
링클러헤드까지 대기압 또는 저압으로 있다가 화재발생 시 감지기의 작동으로
준비작동식 유수검지장치가 작동하여 폐쇄형 스프링클러헤드까지 소화용수
가 송수되어 폐쇄형 스프링클러헤드가 열에 따라 개방되는 방식의 스프링클러
설비

2) 계통도

2. 자동작동시험

개요	• 화재 감지기에 의한 작동여부 시험 • 교차회로 감지기(2회로) 작동을 통한 점검 방법

절차	① 감지기 A회로 → 경종 등 경보 발령 　감지기 B회로 작동 → 솔레노이드 개방 ② 솔레노이드밸브 개방 후 중간 챔버 압력하강 클래퍼 개방 ③ 2차 측 개폐밸브까지 소화수 가압 ④ 배수밸브를 통한 유수 흐름 ⑤ 가압수에 의해 압력스위치가 동작(유수검지장치 경보)

3. 수동작동시험

작동방법	• 밸브 자체의 수동 긴급해제밸브(솔레노이드밸브) 개방을 통한 점검 • SVP(슈퍼비죠리판넬) 내의 버튼 조작을 통한 점검 • 수신반 밸브기동스위치 조작을 통한 검검 • 수신반 동작시험스위치 및 회로선택스위치 작동을 통한 점검
절차	① 솔레노이드밸브 개방 후 중간 챔버 압력하강 클래퍼 개방 ② 2차 측 개폐밸브까지 소화수 가압 ③ 배수밸브를 통한 유수 흐름 ④ 가압수에 의해 압력스위치가 동작(유수검지장치 경보)

4. 확인사항

수신기	• A감지기 작동 시 : 화재표시등, A감지기 지구표시등 점등 • A and B감지기 작동 시 : 밸브개방표시등 점등 • 수신기 내 경보 부저 작동 확인
경보	• 해당 방호구역 경보 발령 여부 확인 • 수신기 주경종 발령 여부
펌프	펌프의 자동기동 여부

"끝"

1. 문제

다음 소방설비에 대하여 설명하시오.

(1) 하향식 피난구 성능기준

(2) 교차회로방식과 송배전방식

(3) 대형 소화기의 소화약제량(물, 강화액, 할로겐화합물, 이산화탄소, 분말, 포소화기)

(4) 고가수조, 압력수조, 가압수조

(5) 미분무 정의와 사용압력에 따른 미분무소화설비 분류

2. 시험지에 번호 표기

다음 소방설비에 대하여 설명하시오.

(1) 하향식 피난구 성능기준(1)

(2) 교차회로방식과 송배전방식(2)

(3) 대형 소화기의 소화약제량(물, 강화액, 할로겐화합물, 이산화탄소, 분말, 포소화기)(3)

(4) 고가수조, 압력수조, 가압수조(4)

(5) 미분무 정의와 사용압력에 따른 미분무소화설비 분류(5)

3. 실제 답안지에 작성해보기

문 3-5) 하향식 피난구 성능기준, 교차회로방식과 송배전방식, 대형 소화기의

소화약제량 등

1. 하향식 피난구 성능기준

   1) 피난기구의 화재안전성능기준(NFPC 301)

설치경로	설치경로가 설치층에서 피난층까지 연계될 수 있는 구조로 설치할 것
대피실	• 「건축법 시행령」 규정에 적합 • 면적은 $2m^2$(2세대 이상일 경우에는 $3m^2$) 이상 • 출입문은 60분＋ 방화문 또는 60분 방화문으로 설치, 피난방향에서 식별할 수 있는 위치에 "대피실" 표지판을 부착 • 대피실 내에는 비상조명등을 설치 • 층의 위치표시와 피난기구 사용설명서 및 주의사항 표지판을 부착
경보장치	• 대피실 출입문이 개방되거나 피난기구 작동 시 • 해당층 및 직하층 거실에 설치된 표시등 및 경보장치가 작동 • 감시 제어반에서는 피난기구의 작동을 확인
하강구	• 내측에는 기구의 연결 금속구 등이 없을 것 • 전개된 피난기구는 하강구 수평투영면적 공간 내의 범위를 침범하지 않는 구조 • 착지점과 하강구는 상호 수평거리 15cm 이상의 간격
기타	사용 시 기울거나 흔들리지 않도록 설치할 것

   2) 건축자재 등 품질인증 및 관리기준

내화성능	• KS F 2257－1(건축부재의 내화시험방법)－수평가열로 시험 • KS F 2268－1(방화문의 내화시험방법)에서 정한 비차열 1시간 이상의 내화성능 • 하향식 피난구로서 사다리가 피난구에 포함된 일체형인 경우에는 모두를 하나로 보아 성능을 확보
사다리	「피난사다리의 형식승인 및 제품검사의 기술기준」의 재료기준 및 작동시험 기준에 적합
덮개	• 장변 중앙부에 $637N/0.2m^2$의 등분포하중을 가하는 시험 • 중앙부 처짐량이 15mm 이하일 것

2. 교차회로방식과 송배전방식

1) 교차회로방식

① 개요도

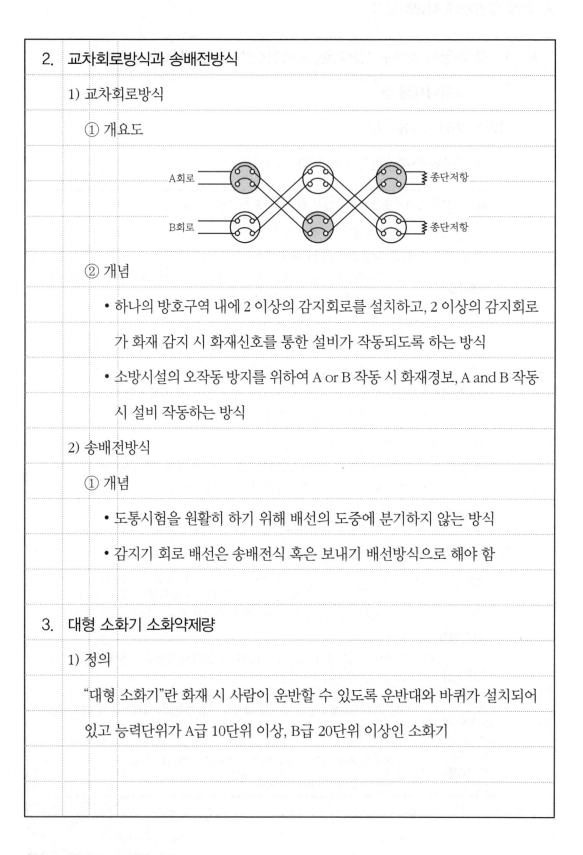

② 개념

- 하나의 방호구역 내에 2 이상의 감지회로를 설치하고, 2 이상의 감지회로가 화재 감지 시 화재신호를 통한 설비가 작동되도록 하는 방식
- 소방시설의 오작동 방지를 위하여 A or B 작동 시 화재경보, A and B 작동 시 설비 작동하는 방식

2) 송배전방식

① 개념

- 도통시험을 원활히 하기 위해 배선의 도중에 분기하지 않는 방식
- 감지기 회로 배선은 송배전식 혹은 보내기 배선방식으로 해야 함

3. 대형 소화기 소화약제량

1) 정의

"대형 소화기"란 화재 시 사람이 운반할 수 있도록 운반대와 바퀴가 설치되어 있고 능력단위가 A급 10단위 이상, B급 20단위 이상인 소화기

2) 소화약제량

종류	소화약제량
포소화기(기계표)	20L 이상
강화액소화기	60L 이상
물소화기	80L 이상
분말소화기	20kg 이상
할론소화기	30kg 이상
이산화탄소소화기	50kg 이상

4. 고가수조, 압력수조, 가압수조

고가수조		• 급수펌프를 이용하여 고가수조에 소화수 공급 후 자연낙차 이용 • $H = H_1 + H_2 + 17$(옥외소화전=25, SP설비=10) 　여기서, H : 필요한 낙차(m) 　　　　H_1 : 소방용호스 마찰손실수두(m) 　　　　H_2 : 배관의 마찰손실수두(m)
압력수조		• 압축공기(1/3) 이용하여 소화수(2/3)에 압력을 가하여 수원 공급 • $P = P_1 + P_2 + P_3 + 0.17$(옥외소화전=0.25, SP설비=0.1) 　여기서, P : 필요한 압력(MPa) 　　　　P_1 : 소방용호스의 마찰손실수두압(MPa) 　　　　P_2 : 배관의 마찰손실수두압(MPa) 　　　　P_3 : 낙차 환산 수두압(MPa)
가압수조		• 별도의 가압용기를 이용 가압하여 소화수를 공급 • 소규모 대상에 적용

5. 미분무 정의와 사용압력에 따른 미분무소화설비 분류

1) 정의

① 최소설계압력에서 헤드로부터 방출되는 물입자 중 99%의 누적체적분포가 400μm 이하로 분무되고 A, B, C급 화재에 적응성을 갖는 것

② Dv0.99 ≤ 400μm → C급 화재적응성 높임

2) 분류

분류	국내 기준	NFPA 750
저압식	최고사용압력 1.2MPa 이하	압력12bar 이하(175psi 이하)
중압식	사용압력이 1.2~3.5MPa	압력 12~35bar(17~500psi)
고압식	최저사용압력 3.5MPa 초과	압력 35bar 이상(500psi 이상)

"끝"

1. 문제

연소생성물의 종류에 대하여 설명하고 화재 시 연소생성물이 인체에 미치는 영향에 대하여 설명하시오.

2. 시험지에 번호 표기

연소생성물(1)의 종류(2)에 대하여 설명하고 화재 시 연소생성물이 인체에 미치는 영향(3)에 대하여 설명하시오.

3. 실제 답안지에 작성해보기

문 3-6) 연소생성물의 종류에 대한 설명과 화재 시 연소생성물이 인체에 미치는 영향

1. 개요

　① 화재 시 발생되는 연소생성물은 빛, 열, 연기 등이 있음

　② 빛에 의한 복사열과 열에 의한 열적 손상, 연기에 의한 비열적 손상 등 인명피해가 발생됨

2. 연소생성물의 종류

　1) 급기 관련

　　① 완전 연소 시 : CO_2, H_2O 주로 발생

　　② 불완전 연소 시 : CO_2, H_2O + CO, HCN, $SOOT$ 등

　2) 훈소 : 많은 CO 발생

　3) 기타 : 고온의 환경 및 복사열

3. 인체에 미치는 영향

　1) 열적 손상

　　① 정의 : 열적 손상은 일정시간 동안 노출에 의한 열응력과 순각적으로 발생하는 화상

　　② 열응력

　　　• 비교적 장시간 동안의 노출에 의함

　　　• 신체의 내부온도가 41℃에 달할 때 발생, 피부는 45℃에 도달 시 통증 유발

　　　• 인명안전기준 : 60℃

③ 화상

- 고온의 노출, 화염의 직접적인 접촉에 의함

- 4kW/m² 이상의 열류에서 발생

분류	신체변화
1도	홍반성 화상, 표피층만 손상
2도	수포성 화상, 표피와 진피층까지 손상, 물집이 생김
3도	괴사성 화상, 피하지방까지 손상
4도	흑색화상, 근육 또는 뼈까지 도달하는 화상

2) 비열적 손상

① 마취성 가스 : CO, CO₂, 저농도의 산소 등에 의해 발생

일산화 탄소 (CO)	• 무색 · 무취의 가스, 산소 공급을 방해하여 질식 • 인명안전기준 : 1,400ppm • $COH_b\% = 0.33V \times X_{CO}\% \times t$(시간) 여기서, V : 분당흡입량(L/min), $X_{CO}\%$: CO농도(Vol%)				
	최대허용 농도	800ppm	1,600ppm	3,200ppm	6,400ppm	12,800ppm
	인체 영향	2시간 내 사망	1시간 내 사망	30분 내 사망	15분 내 사망	3분 내 사망
이산화 탄소 (CO₂)	• 탄산가스, 무색 · 무취의 가스, 마취성 가스 • 인명안전기준 : 5%				
	허용농도	2%	4%	8%	10%	20%
	인체 영향	불쾌감	두통, 현기증	호흡곤란	1분 내 의식상실	단시간 내 사망

저산소 농도	• 인명안전기준 : 15%					
	산소농도	6%	8%	10%	12%	16%	18%
	인체 영향	6분 내 사망	8분 내 사망	안면 창백	현기증	두통	안전 한계

② 자극성 가스

• 종류

   −할로겐산(HF, HBr, Hcl 등)

   −아크롤레인(CH_2 = CHCHO), 포름알데히드(HCHO) 등

• 인체 영향

   −노출 시 수분과 반응, 눈과 기도 자극

   −HCl은 체내에 들어가면 수분과 결합하여 염산이 되고 호흡기에 염증을 일으켜 기도를 파괴하고 기계적인 질식사를 초래

③ 독성가스

• 종류

   −CO, HCN은 마취성 가스인 동시에 독성가스

   −할로겐산, 아크롤레인은 자극성 가스인 동시에 독성가스

• HF의 독성

   −NFPA 704 : 유독성(4), 가연성(0), 반응성(1)

   −무색의 자극성 기체로 유독성으로 피부 등에 강하게 침투함

3) 가시거리

감광계수	$C_S = \dfrac{1}{L} \ln \dfrac{I_0}{I} \, (\text{m}^{-1})$ 여기서, L : 가시거리(m), I_0 : 연기가 없을 때 빛의 세기(lx) $\qquad I$: 연기가 있을 때 빛의 세기(lx)
가시거리와의 관계	• 반사판형 표지 : $L = \dfrac{2 \sim 4}{C_S}$ • 발광형 표지 : $L = \dfrac{5 \sim 10}{C_S}$
	• 자극성 연기의 경우 위 식에 보정계수(S)를 곱함 $\quad S = 0.133 - 1.47 \log C_S$

4. 소견

인명피해는 연기에 의한 비열적 손상이 치명적이기에 성능위주피난설계 및 제연

설비의 설치대상을 확대할 필요가 있다고 사료됨

"끝"

1. 문제

대규모 데이터 센터의 화재가 발생할 때 다음에 대해 설명하시오.

(1) 업무중단으로 인한 리스크

(2) 데이터 센터의 화재 관련 손실 발생요인

2. 시험지에 번호 표기

대규모 데이터 센터(1)의 화재가 발생할 때 다음에 대해 설명하시오.

(1) 업무중단으로 인한 리스크(2)

(2) 데이터 센터의 화재 관련 손실 발생요인(3)

3. 실제 답안지에 작성해보기

문 4-1) 대규모 데이터 센터의 화재가 발생할 때 업무중단으로 인한 리스크,
        손실 발생요인 설명

1. 개요

① 데이터 센터는 기업 컴퓨터, 네트워크, 스토리지, 그리고 비즈니스 운영을 지원하는 기타 IT 장비가 위치하는 중앙집중식 물리적 시설을 지칭

② 데이터 센터의 리스크로는 직접적인 센터 자체 손실 리스크 및 간접적인 업무중단 리스크가 있으며, 손실발생요인으로는 연소생성물인 열과 연기에 의한 손실과 소화수에 의한 수손이 있음

2. 업무중단 리스크

사고파급 효과	• 사전수립된 비상계획이나 신속한 대응 여부
	  －사고의 여파
	  －네트워크에 주는 영향의 범위
	  －서비스 중단 시간 차이가 큼

재정적 결과	• 대형 데이터 센터의 파괴 자체의 상당한 금전적 손실 • 갑작스러운 이용 불가로 인해 소송 등 더 심각한 재정적 결과가 발생

업무 연속성	• 업무의 연속성 불가
	  －파괴된 설비가 유일무이
	  －유사한 장치가 너무 멀거나 기존 데이터 처리부하로 인해 사용할 수 없는 경우
	  －자연재해로 광범위한 지역의 다수의 데이터 센터가 피해를 입은 상태
	  －보안문제로 외부에서 기밀 데이터를 처리하는 것을 허용하지 않는 경우
	  －컴퓨터가 산업 공정(예 : 화학 플랜트 또는 주요 부품)을 직접 제어

3. 데이터 센터의 화재 관련 손실 발생요인

1) 화재발생으로 인한 주요 손실 발생과정

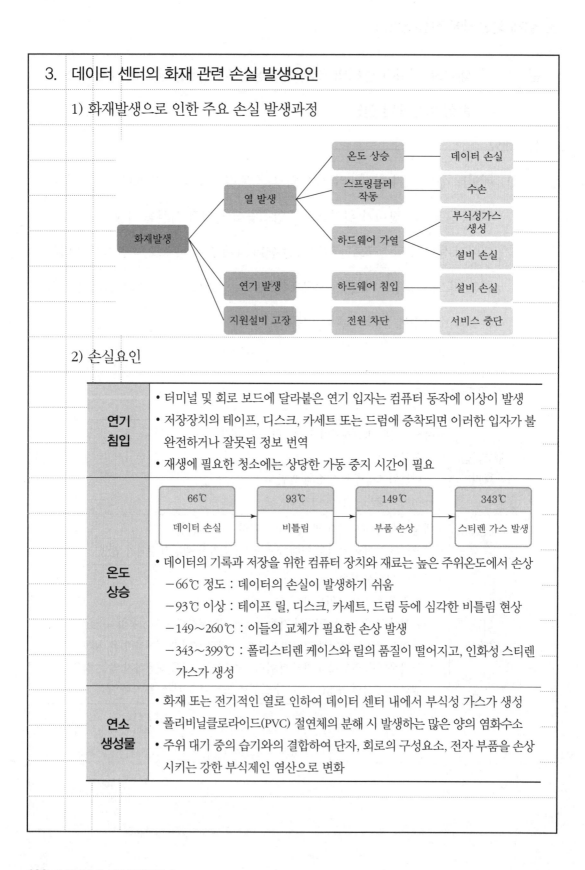

2) 손실요인

연기 침입	• 터미널 및 회로 보드에 달라붙은 연기 입자는 컴퓨터 동작에 이상이 발생 • 저장장치의 테이프, 디스크, 카세트 또는 드럼에 증착되면 이러한 입자가 불완전하거나 잘못된 정보 번역 • 재생에 필요한 청소에는 상당한 가동 중지 시간이 필요
온도 상승	<table><tr><td>66℃ 데이터 손실</td><td>→</td><td>93℃ 비틀림</td><td>→</td><td>149℃ 부품 손상</td><td>→</td><td>343℃ 스티렌 가스 발생</td></tr></table> • 데이터의 기록과 저장을 위한 컴퓨터 장치와 재료는 높은 주위온도에서 손상 　－66℃ 정도 : 데이터의 손실이 발생하기 쉬움 　－93℃ 이상 : 테이프 릴, 디스크, 카세트, 드럼 등에 심각한 비틀림 현상 　－149~260℃ : 이들의 교체가 필요한 손상 발생 　－343~399℃ : 폴리스티렌 케이스와 릴의 품질이 떨어지고, 인화성 스티렌 가스가 생성
연소 생성물	• 화재 또는 전기적인 열로 인하여 데이터 센터 내에서 부식성 가스가 생성 • 폴리비닐클로라이드(PVC) 절연체의 분해 시 발생하는 많은 양의 염화수소 • 주위 대기 중의 습기와의 결합하여 단자, 회로의 구성요소, 전자 부품을 손상시키는 강한 부식제인 염산으로 변화

수손	• 스프링클러 작동으로 인한 물 방출로 인한 손실 • 소방대의 소화수 방사로 인한 수손 • 일반적인 건물의 지원설비 배관에서의 누출에 의한 수손

4. 대책

Passive	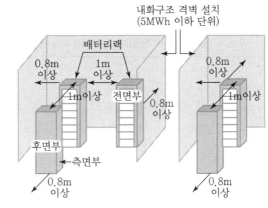 [배터리 적정 이격거리 확보] 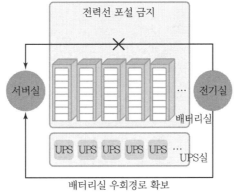 [배터리실 내 전력선 포설 금지] • 데이터 센터의 구조적 안정성 확보 • 리튬이온 배터리 화재 확산을 방지 　－배터리실 내 UPS 등 타 전기설비와 전력선 포설을 금지 　－배터리 랙 간 이격거리를 0.8~1m 이상

Active	• 배터리 화재 사전탐지 시스템을 다중화 　－배터리 계측 주기를 10초 이하로 단축하는 등 BMS를 개선 　－BMS 외에도 다양한 배터리 이상징후 탐지체계를 병행 구축 • 긴급 상황 탐지 시 재난 관리자에게 자동으로 통보하는 경보장치와 자동 수동 겸용 UPS－배터리 연결 차단 체계를 설치 • 리튬이온 배터리 열폭주 방지를 위해 배터리 랙, 모듈 또는 셀에 내부적으로 소화약제가 설치된 '자체 소화약제 내장 배터리'를 도입 • 리튬이온 배터리 화재 발생 시 가연성 가스로 인해 고압가스가 폭발하거나 인명 피해가 나타날 우려가 있어 '급속 배기장치'를 설치

"끝"

1. 문제

「소방시설 설치 및 관리에 관한 법률」 및 「화재안전기술기준」에 따라 다음에 대하여 설명하시오.

(1) 임시소방시설을 설치해야 하는 화재위험작업의 종류

(2) 임시소방시설을 설치해야 하는 공사종류와 규모

(3) 임시소방시설 성능 및 설치기준

(4) 설치면제 기준

2. 시험지에 번호 표기

「소방시설 설치 및 관리에 관한 법률」 및 「화재안전기술기준」에 따라 다음에 대하여 설명하시오.

(1) 임시소방시설을 설치해야 하는 화재위험작업의 종류(1)

(2) 임시소방시설을 설치해야 하는 공사종류와 규모(2)

(3) 임시소방시설 성능 및 설치기준(3)

(4) 설치면제 기준(4)

3. 실제 답안지에 작성해보기

문 4-2)	**임시소방시설 설치대상, 성능 및 설치기준, 설치면제 기준에 대하여 설명**

1. 임시소방시설을 설치해야 하는 화재위험작업의 종류

개요	임시소방시설은 소방시설의 설치가 완료되지 않은 화재위험이 있는 공사현장 작업장에 화재 피해를 예방하기 위해 설치 및 철거가 쉬운 화재대비시설
화재위험 작업	• 인화성 · 가연성 · 폭발성 물질을 취급하거나 가연성 가스를 발생시키는 작업 • 용접 · 용단 등 불꽃을 발생시키거나 화기를 취급하는 작업 • 전열기구, 가열전선 등 열을 발생시키는 기구를 취급하는 작업 • 알루미늄, 마그네슘 등을 취급하여 폭발성 부유분진을 발생시킬 수 있는 작업 • 그 밖에 제1호부터 제4호까지와 비슷한 작업으로 소방청장이 정하여 고시

2. 임시소방시설을 설치해야 하는 공사종류와 규모

소화기	• 건축허가 등을 할 때 소방본부장 또는 소방서장의 동의 대상 • 건축 · 대수선 · 용도변경 또는 설치 등을 위한 공사 중 화재 위험 작업을 하는 현장
간이소화장치	• 연면적 3,000m² 이상 • 해당 층의 바닥면적이 600m² 이상인 지하층, 무창층 및 4층 이상의 층
비상경보장치	• 연면적 400m² 이상 • 해당 층의 바닥면적이 150m² 이상인 지하층 또는 무창층
가스누설경보기	바닥면적이 150m² 이상인 지하층 또는 무창층의 작업현장
간이피난유도선	바닥면적이 150m² 이상인 지하층 또는 무창층의 작업현장
비상조명등	바닥면적이 150m² 이상인 지하층 또는 무창층의 작업현장
방화포	용접 · 용단 작업이 진행되는 화재위험작업현장

3. 임시소방시설 성능 및 설치기준

소화기	• 적응성 있는 소화기를 층마다 능력단위 3단위 이상인 소화기 2개 이상을 설치 • 작업지점으로부터 5m 이내 쉽게 보이는 장소에 능력단위 3단위 이상인 소화기 2개 이상과 대형 소화기 1개를 추가 배치
간이소화 장치	• 수원 : 20분 이상의 소화수를 공급할 수 있는 양 • 최소방수압력 0.1MPa 이상, 방수량은 65L/min 이상 • 작업 지점으로부터 25m 이내에 설치, 상시 사용이 가능, 동결방지 조치
비상경보 장치	• 화재사실 통보 및 대피를 해당 작업장의 모든 사람이 알 수 있을 정도의 음량 • 작업 지점으로부터 5m 이내에 설치
간이피난 유도선	• 광원점등방식으로 공사장의 출입구까지 설치, 상시점등 • 바닥으로부터 높이 1m 이하 • 작업장의 어느 위치에서도 출입구로의 피난방향을 알 수 있는 표시

4. 설치면제 기준

구분	면제기준
소화기	면제 없음
간이소화장치	• 옥내소화전설비 • 작업지점 25m 이내 대형 소화기 6개 이상 배치 시
비상경보장치	• 비상방송설비　　　　　• 자동화재탐지설비 설치 시
간이피난유도선	피난유도선, 피난구유도등, 통로유도등 또는 비상조명등 설치 시

5. 소견

① 시공사 : 시공사는 임시소방시설 설치에 만전을 기함

② 작업자 : 작업자 자신의 생명과 직결되는 사항이니 작업 전 · 후 안전수칙 준수

③ 안전관리자 : 소방서 및 안전관리자의 관리, 감독, 교육 강화

"끝"

1. 문제

성능위주설계 시 인명안전성평가를 위한 화재 · 피난시뮬레이션 수행방식의 종류를 설명하시오.

2. 시험지에 번호 표기

성능위주설계 시 인명안전성평가를 위한 화재 · 피난시뮬레이션(1) 수행방식의 종류(2)를 설명하시오.

3. 실제 답안지에 작성해보기

문 4 – 3) 화재 · 피난시뮬레이션 수행방식의 종류 설명

1. 개요

① 화재시뮬레이션 : 화재 시 인명 및 재산피해를 최소화하기 위해 화재의 성장, 연기거동, 독성, 화재 위험성 평가 등을 예측하는 것

② 피난시뮬레이션 : 건물 내 화재발생을 가정하고, 컴퓨터를 이용해 시간경과에 따른 재실자의 피난특성을 예측하는 것

③ 수행방식 종류 : 논커플링(Non – Coupling) 방식, 화재 및 피난시뮬레이션을 연계하여 결과를 도출하는 세미커플링(Semi – Coupling) 방식 및 커플링(Coupling) 방식

2. 화재피난시뮬레이션 수행방식의 종류

1) 논커플링(Non – Coupling) 방식

개념	설계자가 특정지점을 지정한 후 화재 및 피난시뮬레이션을 독립적으로 수행하여 RSET과 ASET을 비교하는 방식
특성	• 설계자에 따라 특정지점의 수, 위치가 달라짐 • 화재가 재실자의 행동에 어떤 영향을 주는지 평가 못함 • 신뢰성 저하
프로그램	• 화재시뮬레이션 : Pyrosim, Smartfire • 피난시뮬레이션 : Pathfinder, buildingEXODUS, Simulex

2) 세미커플링(Semi – Coupling) 방식

개념	화재시뮬레이션과 피난시뮬레이션의 결과 화면을 동시에 확인하는 방식
특성	• 화재발생 이후 동일한 경과시간상에서 같은 지오메트리 위에 화재시뮬레이션과 피난시뮬레이션의 결과를 동시에 확인하며 인명안전성평가를 진행

특성	• 지오메트리상의 에이전트가 화원을 그대로 통과하거나 국내 인명안전기준상 사망할 수 있는 60℃ 이상의 복사열 측정영역 또는 5m 미만의 가시거리 미확보 영역을 자유보행으로 무사통과할 수 있다는 것이 한계 • 화재가 재실자의 행동에 어떤 영향을 주는지 평가 못함 • 신뢰도 중간
프로그램	• 화재시뮬레이션 : Pyrosim • 피난시뮬레이션 : Pathfinder

3) 커플링(Coupling) 방식

개념	화재시뮬레이션과 피난시뮬레이션을 연동하여 수행하는 방식
특성	• 화재시뮬레이션의 결과값이 피난시뮬레이션 구동 시 에이전트 피난에 영향을 주는 방식 • 화재 · 피난시뮬레이션을 물리적 · 화학적으로 결합하여 인명안전성평가를 수행 • 화재가 재실자의 행동에 영향을 미침 • 신뢰성 우수
프로그램	• 화재시뮬레이션 : Pyrosim, Smartfire, FDS, CFAST • 피난시뮬레이션 : EVAC, buildingEXODUS

3. 수행방식의 비교

구분	특성	프로그램 결합
논커플링 방식	• ASET과 RSET 비교 • 특정지점에서의 인명안전성평가 • 설계자에 따라 다른 위치선정	• 독립수행 • Pyrosim + Pathfinder • Pyrosim + buildingEXODUS
세미커플링 방식	• 화재 · 피난시뮬레이션 결과값 겹쳐 보는 방식 • 특정지점에 대한 타당성 검증 가능	Pyrosim + Pathfinder
커플링 방식	• 화재시뮬레이션 결과값인 화재영향을 이용 • 화재 · 피난시뮬레이션을 상호연동하여 동시에 연산하는 방식 • 화재영향이 직접적으로 에이전트의 보행, 행동, 반응에 영향을 주는 것이 특징	• FDS + EVAC • CFAST + buildingEXODUS • Smartfire + buildingEXODUS

4. 소견

① 국내 성능설계의 대부분은 논커플링(Non-Coupling) 방식을 선택하여 검증하고 있어 신뢰도가 낮아 커플링(Coupling) 방식으로 개선할 점이 있음

② Database를 구축하여 설계자의 능력향상과 교육에 사용할 수 있게 되어야 한다고 사료됨

"끝"

1. 문제

포그머신 등을 이용하여 Hot Smoke Test를 실시하려 한다. Hot Smoke Test 절차도 작성, Hot Smoke Test 발생에 필요한 장비의 구성, Hot Smoke Test로 얻을 수 있는 효과에 대하여 설명하시오.

2. 시험지에 번호 표기

포그머신 등을 이용하여 Hot Smoke Test(1)를 실시하려 한다. Hot Smoke Test 절차도 작성(2), Hot Smoke Test 발생에 필요한 장비의 구성(3), Hot Smoke Test로 얻을 수 있는 효과(4)에 대하여 설명하시오.

3. 실제 답안지에 작성해보기

문 4-4) Hot Smoke Test 절차도 작성, 필요한 장비의 구성, 얻을 수 있는 효과
에 대한 설명

1. 개요

① Hot Smoke Test는 알코올 화원과 인공 연기를 이용하여, 연기 온도 변화와 연
기 축적상태를 분석하는 가시적 분석 실험 방법

② 열전대를 이용한 감지기의 작동시간 및 제연시스템의 신뢰성 평가, 연기의 거
동을 예측하여 화재·피난시뮬레이션의 검증방법으로 사용됨

2. Hot Smoke Test 절차도

3. Hot Smoke Test 발생에 필요한 장비의 구성

1) 장비구성도

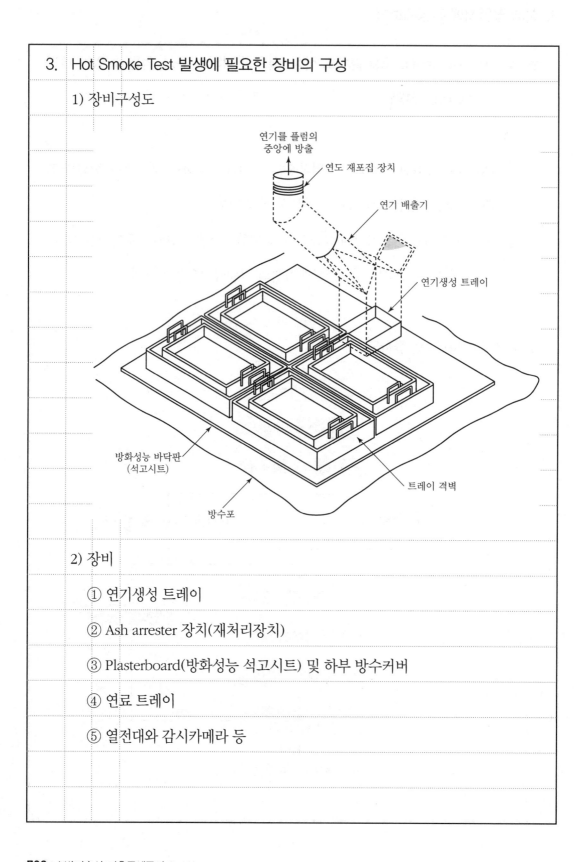

연기를 플럼의
중앙에 방출

연도 재포집 장치

연기 배출기

연기생성 트레이

방화성능 바닥판
(석고시트)

트레이 격벽

방수포

2) 장비

① 연기생성 트레이

② Ash arrester 장치(재처리장치)

③ Plasterboard(방화성능 석고시트) 및 하부 방수커버

④ 연료 트레이

⑤ 열전대와 감시카메라 등

4. Hot Smoke Test로 얻을 수 있는 효과

연기의 축적 및 이동과정 분석	
제연설비의 적정성 확인	• 거실 제연설비의 성능확인 및 신뢰성 확보방안 마련 • 부속실 제연설비의 성능확인 및 신뢰성 확보방안 마련
Ceiling Jet Flow 확인	• 감지기 및 헤드 설치위치의 공학적 설명 및 적응성 확인 • 두께 : 층고의 5~12% • 최고온도 지점 : 층고의 1% 지점
화재시뮬레이션	• 화재시뮬레이션의 결과값 확인 • 실제 시험값과 비교 및 보완 가능 • 신뢰성 확보

"끝"

1. 문제

> 「초고층 및 지하연계 복합건축물 재난관리에 관한 특별법」에 따라 고층(초고층)건축물에 반드시 갖추어야 하는 소방시설과 그에 따른 스프링클러설비와 인명구조기구 설치기준에 대하여 설명하시오.

2. 시험지에 번호 표기

> 「초고층 및 지하연계 복합건축물 재난관리에 관한 특별법」에 따라 고층(초고층)건축물(1)에 반드시 갖추어야 하는 소방시설(2)과 그에 따른 스프링클러설비(3)와 인명구조기구 설치기준(4)에 대하여 설명하시오.

3. 실제 답안지에 작성해보기

문 4-5) 고층건축물에 반드시 갖추어야 하는 소방시설과 그에 따른 스프링클러설비와 인명구조기구 설치기준

1. 개요

   ① 고층건축물은 층수가 30층 이상이거나 높이가 120m 이상으로서 Core를 통한 화재확산과 피난동선이 긺

   ② 소방대의 구조활동 혹은 소화활동에 제약이 많기에 소화설비, 인명구조기구의 설치 및 강화로 자체적 소방안전성을 확보하는 방안이 필요함

2. 갖추어야 하는 소방시설

소화설비	• 소화기구 : 소화기, 간이소화용구 • 옥내소화전설비, 스프링클러설비
경보설비	자동화재탐지설비
피난설비	• 인명구조기구 : 방열복, 공기호흡기, 인공소생기 • 비상조명등 및 휴대용 비상조명 • 피난안전구역으로 피난을 유도하기 위한 유도등 · 유도표지, 피난유도선
소화활동설비	제연설비, 무선통신보조설비

3. 스프링클러설비 설치기준

수원	• 기준개수 $3.2m^3$ 이상 • 기준개수 $4.8m^3$(50층 이상 시)
옥상수조	산정수원의 3분의 1 이상을 옥상에 설치
가압송수장치	• 전동기 또는 내연기관에 의한 펌프를 이용 시 • 스프링클러설비 전용으로 설치 • 주펌프와 동등 이상의 성능이 있는 별도의 펌프로서 내연기관의 기동과 연동하여 작동되거나 비상전원을 연결한 예비펌프를 추가로 설치

내연기관 용량	• 내연기관의 연료량은 펌프를 40분 이상 • 50층 이상인 건축물의 경우에는 60분 이상 운전할 수 있는 용량
급수배관	전용으로 설치
수직배관	• 50층 이상인 건축물의 스프링클러설비 주배관 중 수직배관 • 주배관 성능을 갖는 2개 이상으로 설치 • 각각의 수직배관에 유수검지장치를 설치
헤드	• 50층 이상의 헤드에는 2개 이상의 가지배관으로부터 양방향에서 소화수가 공급 • 수리계산에 의한 설계
음향장치	우선경보방식에 의한 경보 발령
비상전원	• 자가발전설비, 축전지설비 또는 전기저장장치 • 스프링클러설비를 유효하게 40분 이상 작동 • 50층 이상인 건축물의 경우에는 60분 이상

4. 인명구조기구 설치기준

개수	• 방열복, 인공소생기를 각 두 개 이상 비치
	• 공기호흡기(보조마스크 포함)
	  −45분 이상 사용할 수 있는 성능
	  −예비용기를 10개 이상 비치(50층 이상 시)

비치	화재 시 쉽게 반출할 수 있는 곳에 비치할 것
표지	인명구조기구가 설치된 장소의 보기 쉬운 곳에 "인명구조기구"라는 표지판 설치

"끝"

1. 문제

> 화재플럼(Fire Plume)의 발생 메커니즘을 쓰고, 광전식 공기흡입형 감지기(아날로그방식)의 작동원리와 적응성에 대하여 설명하시오.

2. 시험지에 번호 표기

> 화재플럼(Fire Plume)의 발생 메커니즘(1)을 쓰고, 광전식 공기흡입형 감지기(아날로그방식)의 작동원리와 적응성(2)에 대하여 설명하시오.

3. 실제 답안지에 작성해보기

문 4-6) 화재플럼의 발생 메커니즘, 광전식 공기흡입형감지기의 작동원리와 적응성

1. 화재플럼의 발생 메커니즘

정의	Fire Plume은 부력에 의해 상승하는 화염기둥의 열기류로서 온도차에 의한 밀도차에 의해 중력의 반대 방향(상승)으로 이동
부력	 고온의 천장제트 흐름 중성대 • 온도 상승에 의한 밀도차 때문에 발생하는 상승압력, 밀도 $\rho = \dfrac{PM}{RT}$ • 온도 상승 → $\rho = \dfrac{PM}{RT}$ 감소 → 주변공기보다 가벼워져 상승 • $\triangle P = 3,460\, H\left(\dfrac{1}{T_{out}} - \dfrac{1}{T_i}\right)$
공기인입	 공기인입 Fick's law 차가운 공기가 화재플럼 내로 인입

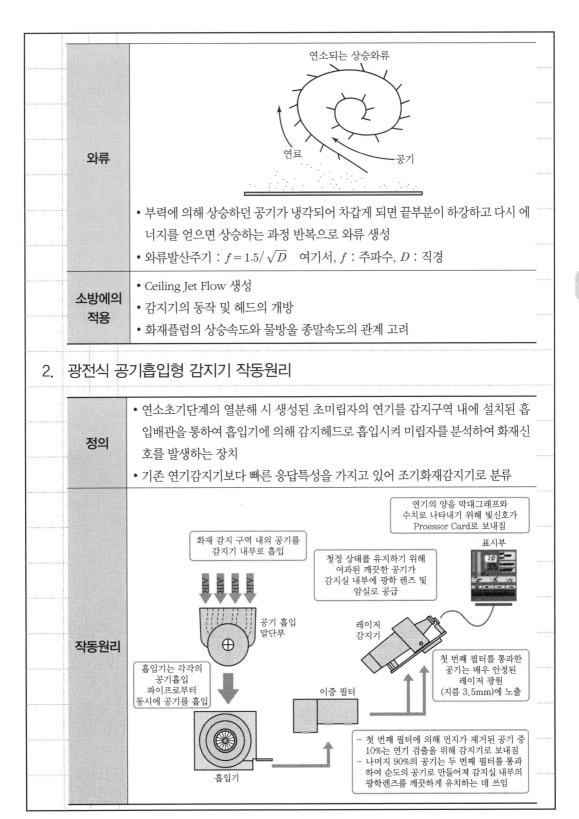

와류	연소되는 상승와류
	연료　공기
	• 부력에 의해 상승하던 공기가 냉각되어 차갑게 되면 끝부분이 하강하고 다시 에너지를 얻으면 상승하는 과정 반복으로 와류 생성
	• 와류발산주기 : $f = 1.5/\sqrt{D}$　여기서, f : 주파수, D : 직경
소방에의 적용	• Ceiling Jet Flow 생성
	• 감지기의 동작 및 헤드의 개방
	• 화재플럼의 상승속도와 물방울 종말속도의 관계 고려

2. 광전식 공기흡입형 감지기 작동원리

정의	• 연소초기단계의 열분해 시 생성된 초미립자의 연기를 감지구역 내에 설치된 흡입배관을 통하여 흡입기에 의해 감지헤드로 흡입시켜 미립자를 분석하여 화재신호를 발생하는 장치
	• 기존 연기감지기보다 빠른 응답특성을 가지고 있어 조기화재감지기로 분류
작동원리	화재 감지 구역 내의 공기를 감지기 내부로 흡입 AIR AIR AIR AIR 공기 흡입 말단부 흡입기는 각각의 공기흡입 파이프로부터 동시에 공기를 흡입 흡입기 연기의 양을 막대그래프와 수치로 나타내기 위해 빛신호가 Proessor Card로 보내짐 표시부 청정 상태를 유지하기 위해 여과된 깨끗한 공기가 감지실 내부에 광학 렌즈 및 암실로 공급 레이저 감지기 첫 번째 필터를 통과한 공기는 매우 안정된 레이저 광원 (지름 3.5mm)에 노출 이중 필터 - 첫 번째 필터에 의해 먼지가 제거된 공기 중 10%는 연기 검출을 위해 감지기로 보내짐 - 나머지 90%의 공기는 두 번째 필터를 통과하여 순도의 공기로 만들어져 감지실 내부의 광학렌즈를 깨끗하게 유지하는 데 쓰임

특징

• 화재초기의 초미립자 검출(0.005~0.02μm)
• 화재징후 감시 단계적 출력 가능
• 아날로그 감지기로 비화재보 방지 및 주소기능 가능 |
| **적응성** | • 20m 이상의 대공간
　－층고가 높거나 기류가 흐르는 장소로 연기감지가 어려운 장소
　－아트리움, 성당, 창고시설, 비행기 격납고 등
• 기류가 흐르는 장소
　－먼지를 제거하기 위해 상시 기류가 흐르는 장소
　－반도체 공장, 제약공장의 Clean Room 등
• ASET > RSET 확보
　－병원, 장애인 시설, 노인복지시설
　－고층·초고층건축물
• 중요 보안시설 및 고가 물품의 보관장소
　－데이터센터, 통신전산시설, 발전소 등
　－박물관, 미술관 등 |

"끝"

Chapter 09

제131회

소방기술사
기출문제풀이

131회 1교시 1번

1. 문제

> 스프링클러헤드 작동 시 발생할 수 있는 로지먼트(Lodgement) 현상과 이 현상을 확인할 수 있는 시험방법에 대하여 설명하시오.

2. 시험지에 번호 표기

> 스프링클러헤드 작동 시 발생할 수 있는 로지먼트(Lodgement) 현상(1)과 이 현상을 확인할 수 있는 시험방법(2)에 대하여 설명하시오.

Tip 보통 정의 – 메커니즘 – 문제점 – 원인 · 대책 순이지만 이 지문에서는 시험방법이 대책입니다.

3. 실제 답안지에 작성해보기

문 1-1) 로지먼트 현상과 이 현상을 확인할 수 있는 시험방법

1. 로지먼트 현상

정의	• 스프링클러헤드 개방 시 감열체의 부분 개방 • 헤드 부품에 의한 걸림으로 소화수의 살수패턴이 변형되는 현상
문제점	• 소화수 살수패턴 왜곡으로 미경계지역 발생 • 균일한 살수밀도 확보 곤란 : 소화, 화재의 진압 제어 불가
원인	• 원형 헤드 : 헤드오리피스 동판의 이탈 불량으로 반사판에 걸림 • 드라이펜던트 : 내부 이중관 하강 불량 및 부품 반사판에 걸림 • 표준형 헤드 : 감열체 변형 및 반사판 이물질 부착 • 플러시 헤드 : 반사판 하강 불량

2. 시험방법

개요	• 미국 FM-Hang Up Test • ISO와 UL-Logement Test, 기능테스트의 하나로 화염으로 헤드감열체 탈락 시 디플렉터에 부품이 걸리는지 여부를 확인 • 국내-걸림작동시험
배관도	[이중공급 배관도]

배관도	[단일공급 배관도]
시험방법	① 시료를 시험배관에 설치방향대로 연결 ② 시험배관을 통한 가압 : 0.1MPa, 0.4MPa, 0.7MPa, 1.2MPa ③ 열기류를 사용하여 헤드 개방 작동
성능기준	• 분해되는 부품이 걸리지 않을 것 • 반사판 등 분해되지 않는 부품은 변형 또는 파손되지 않을 것

"끝"

1. 문제

무디선도(Moody Diagram)의 개념을 설명하고 이를 이용한 미분무소화설비 배관의 마찰손실 계산에 대하여 설명하시오.

2. 시험지에 번호 표기

무디선도(Moody Diagram)의 개념을 설명(1)하고 이를 이용한 미분무소화설비 배관의 마찰손실 계산(2)에 대하여 설명하시오.

3. 실제 답안지에 작성해보기

문 1-2) 무디선도의 개념, 미분무소화설비 배관의 마찰손실 계산

1. 무디선도의 개념

   ① 마찰계수는 유동특성에 따라 레이놀즈수와 상대조도와의 함수이며, 상대조
      도는 파이프의 거칠기와 내경의 비로 정의

   ② Moody Diagram은 이러한 관계를 표로 나타낸 것

   ③ 원형 덕트, 배관에 적용하며 각형 덕트, 배관은 상당지름을 적용

[무디선도]

2. 미분무 소화설비의 배관의 마찰손실계산

관계식	• 달시-바이스바하식(Darcy-Weisbach) $\triangle p = f \times \dfrac{l}{d} \times \dfrac{\gamma\,v^2}{2g}\ (\text{MPa})$ 여기서, f : 관마찰계수, l : 배관길이(m), γ : 비중량(kg/m³) 　　　　v : 유속(m/s), d : 배관내경(mm), g : 중력가속도(m/s²)

관마찰계수	• 층류영역(Laminar Flow) $\quad -\mathrm{Re} \leq 2{,}100,\ f = \dfrac{64}{\mathrm{Re}}$ $\quad -\mathrm{Re}$만의 함수로 Re 수 증가에 따른 관마찰계수 감소 • 천이영역(Transition Resion) $\quad -2{,}100 < \mathrm{Re} \leq 4{,}000$ $\quad -$상대조도$(\dfrac{\varepsilon}{d})$와 Re의 함수로 $\dfrac{\varepsilon}{d}$ 과 Re를 계산함. 무디선도에서 관마찰 $\quad\quad$계수 결정 • 난류영역(Turbulence Flow) $\quad -\mathrm{Re} > 4{,}000$ $\quad -$매끄러운 관 : Re의 함수로 Re를 계산하여 무디선도에서 관마찰계수 $\quad\quad$결정 $\quad -$거친 관 : 상대조도$(\dfrac{\varepsilon}{d})$만의 함수로 상대조도를 계산하여 관마찰계수 $\quad\quad$결정
마찰손실계산	관마찰계수(f)와 관경, 관의 길이, 유속에 의해 마찰손실 계산

1. 문제

「소방의 화재조사에 관한 법률」에서 정하고 있는 화재조사의 대상, 조사사항 및 절차에 대하여 설명하시오.

2. 시험지에 번호 표기

「소방의 화재조사에 관한 법률」에서 정하고 있는 화재조사의 대상(1), 조사사항 및 절차(2)에 대하여 설명하시오.

3. 실제 답안지에 작성해보기

문 1-3) 화재조사의 대상, 조사사항 및 절차에 대한 설명
1. 화재조사의 대상
1) 정의 : 소방청장, 소방본부장 또는 소방서장이 화재원인, 피해상황, 대응활동 등을 파악하기 위하여 자료의 수집, 관계인 등에 대한 질문, 현장 확인, 감식, 감정 및 실험 등을 하는 일련의 행위
2) 대상
① 소방기본법에 따른 소방대상물에서 발생한 화재
② 그 밖에 소방관서장이 화재조사가 필요하다고 인정하는 화재
2. 화재조사 사항 및 절차
1) 화재조사 사항
① 화재원인에 관한 사항
② 화재로 인한 인명·재산피해상황
③ 대응활동에 관한 사항
④ 소방시설 등의 설치·관리 및 작동 여부에 관한 사항
⑤ 화재발생건축물과 구조물, 화재유형별 화재위험성 등에 관한 사항
⑥ 그 밖에 대통령령으로 정하는 사항
2) 화재조사 절차
① 출동 중 조사 : 화재발생 접수, 출동 중 화재상황 파악 등
② 현장 조사 : 화재현장에서 화재의 발화(發火)원인, 연소상황 및 피해상황 조사 등
③ 정밀 조사 : 정밀조사, 감식·감정, 화재원인 판정 등
④ 결과 보고 : 화재조사 결과 보고   "끝"

131회

1. 문제

자연발화현상에서 열방사에 의한 자연발화와 고온기류에 의한 자연발화에 대하여 설명하시오.

2. 시험지에 번호 표기

자연발화현상(1)에서 열방사에 의한 자연발화와 고온기류에 의한 자연발화(2)에 대하여 설명하시오.

3. 실제 답안지에 작성해보기

문 1-4) 열방사에 의한 자연발화와 고온기류에 의한 자연발화

1. 정의

① 점화원 없이 열을 축적하며, 발화점에 도달 시 연소하는 현상

② 발열 > 방열인 조건에서 발생

2. 열방사에 의한 자연발화와 고온기류에 의한 자연발화

구분	열방사	고온기류
메커니즘	복사에너지 → 수열면의 온도 증가 → 발열 > 방열 → 열축적 → 발화점 도달 → 발화	고온기류 접촉 → 수열면의 온도 증가 → 발열 > 방열 → 열축적 → 발화점 도달 → 발화
영향인자	• 화재 크기 및 온도 : 화염이 크고, 온도가 높을 때 열방사율 커지고 발화 쉬움 • 열전도율 : 재료 자체의 열전도율이 작을수록 열축적 용이 • 공기흐름 : 공기흐름 낮을수록 열축적이 용이 • 표면적 : 표면적이 클수록 산소와의 접촉면적이 커지며 산화반응 가속됨 • 촉매물질 : 정촉매물질일수록 산화반응이 쉽고 빠름	
대책	• 다중 방호 복사실드 설치하여 복사열 영향을 줄이는 대책 • 화염의 크기를 작게 하여 기류의 온도를 낮게 유지 • 환기가 잘 되고 온도를 낮게 유지 • 부촉매 물질을 사용	

"끝"

1. 문제

다음 접지 관련 용어에 대하여 각각 설명하시오.

(1) 계통접지

(2) 보호접지

(3) 피뢰시스템 접지

2. 시험지에 번호 표기

다음 접지(1) 관련 용어에 대하여 각각 설명하시오.

(1) 계통접지(2)

(2) 보호접지(2)

(3) 피뢰시스템 접지(2)

3. 실제 답안지에 작성해보기

문 1-5) 계통접지, 보호접지, 피뢰시스템 접지

1. 정의

① 정의 : 접지란 통신장비 혹은 전기설비와 같은 시스템을 대지, 즉 지구에 전기적으로 접속시키는 것

② 목적 : 이상 전압 발생 시에도 고장 전류를 표면 전위가 영전위인 대지로 흘려보내, 같은 전위로 유지하여 기기와 인체를 보호함

2. 계통접지, 보호접지, 피뢰시스템 접지

계통접지

- 저압전로의 보호도체 및 중성선의 접속방식에 따라 접지계통분류
  - TN, TT, IT 접지 계통
  - TN 계통 : TN-S 계통, TN-C 계통, TN-C-S 계통
- 변압기, 발전기 등의 전원 측에 중성점을 접지 혹은 비접지하여 전기계통의 안정성을 확보하기 위한 접지방식

보호접지	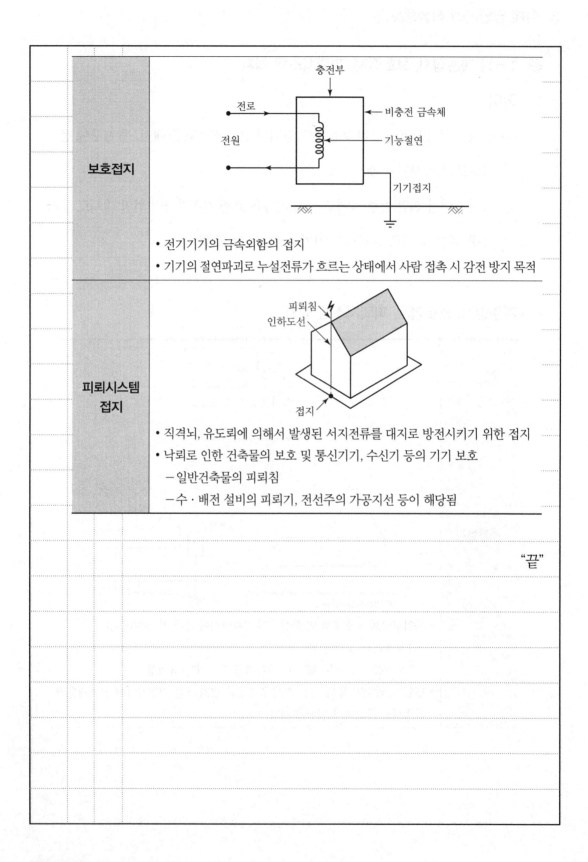 충전부 전로 ── 비충전 금속체 전원 ── 기능절연 기기접지 • 전기기기의 금속외함의 접지 • 기기의 절연파괴로 누설전류가 흐르는 상태에서 사람 접촉 시 감전 방지 목적
피뢰시스템 접지	피뢰침 인하도선 접지 • 직격뢰, 유도뢰에 의해서 발생된 서지전류를 대지로 방전시키기 위한 접지 • 낙뢰로 인한 건축물의 보호 및 통신기기, 수신기 등의 기기 보호 　　－일반건축물의 피뢰침 　　－수 · 배전 설비의 피뢰기, 전선주의 가공지선 등이 해당됨

"끝"

1. 문제

자가발전설비 적용 시 건물이 여러 동으로 구성된 경우 부하를 결정하는 방법에 대하여 설명하시오.

2. 시험지에 번호 표기

자가발전설비(1) 적용 시 건물이 여러 동으로 구성된 경우 부하를 결정하는 방법(2)에 대하여 설명하시오.

3. 실제 답안지에 작성해보기

문 1 – 6) 자가발전설비 건물이 여러 동으로 구성된 경우 부하결정 방법

1. 정의

① 정의 : 상용전원 정전되었을 때 소방부하, 비상부하에 전원을 공급하기 위한 발전설비

② 종류

소방전용 발전기	소방겸용 발전기	소방전원 보존형 발전기
소방부하 전용 공급	소방부하 + 비상부하 합산	• 소방부하 또는 비상부하 • 비상부하 순차 · 일괄제어차단

2. 건물이 여러 동으로 구성된 경우 부하결정 방법

개념	• 건물이 여러 동일 경우 부하별 가장 큰 동을 기준으로 부하 결정 • 타 건물로 연소확대 시 자가발전설비 셧다운 가능성
부하가 가장 큰 동 기준	• 부하가 가장 큰 하나의 동 기준 • 소방부하 및 비상부하 각각의 합계 부하용량합계 • 비상부하는 기준 수용률을 적용
승강기 전체 부하용량 기준	• 소방부하 및 비상부하로 적용하는 비상용 승강기 + 비상부하로 적용하는 승용 승강기의 전체 대수의 합계 • 승강기 부하산정 시 기준수용률 적용
제연송풍기합계 부하용량 기준	• 부하가 가장 큰 동 전체 제연송풍기 합계 부하용량을 기준으로 정격출력 용량 결정 • 지하주차장 또는 상가 등으로 여러 동이 연결될 경우 　－부하용량이 큰 하나의 방화구획 　－스프링클러 방호구역 내의 모든 동의 제연송풍기 합계 부하용량기준

3. 소견

여러 동의 공동주택 및 특정소방대상물로 구성되는 경우의 비상발전기 용량산정 기준이 없기에 이에 대한 규정이 필요하다고 사료됨

"끝"

1. 문제

「화재의 예방 및 안전관리에 관한 법률」에서 정하고 있는 불을 사용할 때 지켜야 하는 사항 중 화목(火木) 등 고체연료를 사용하는 보일러를 사용할 때 지켜야 하는 사항을 설명하시오.

2. 시험지에 번호 표기

「화재의 예방 및 안전관리에 관한 법률」에서 정하고 있는 불을 사용할 때 지켜야 하는 사항 중(1) 화목(火木) 등 고체연료를 사용하는 보일러를 사용할 때 지켜야 하는 사항(2)을 설명하시오.

3. 실제 답안지에 작성해보기

문 1-7) 화목 등 고체연료를 사용하는 보일러 사용할 때 지켜야 하는 사항

1. 보일러 일반 기준

   ① 벽, 바닥 혹은 천장과 접촉하는 연통 등의 부분은 불연성 단열재로 덮을 것

   ② 보일러 본체와 벽, 천장 사이 거리는 0.6m 이상 이격

   ③ 실내 설치 시 콘크리트 바닥, 금속 외의 불연재료로 된 바닥 위에 설치

2. 화목 등 고체연료를 사용하는 보일러를 사용할 때 지켜야 하는 사항

위험성	• 화목보일러는 주택 인근에 위치하여 화재발생 시 주택으로 화재 확산 • 화목보일러 특성상 불티 발생으로 주변 땔감 및 신문지 등에 전파 가능
설치도	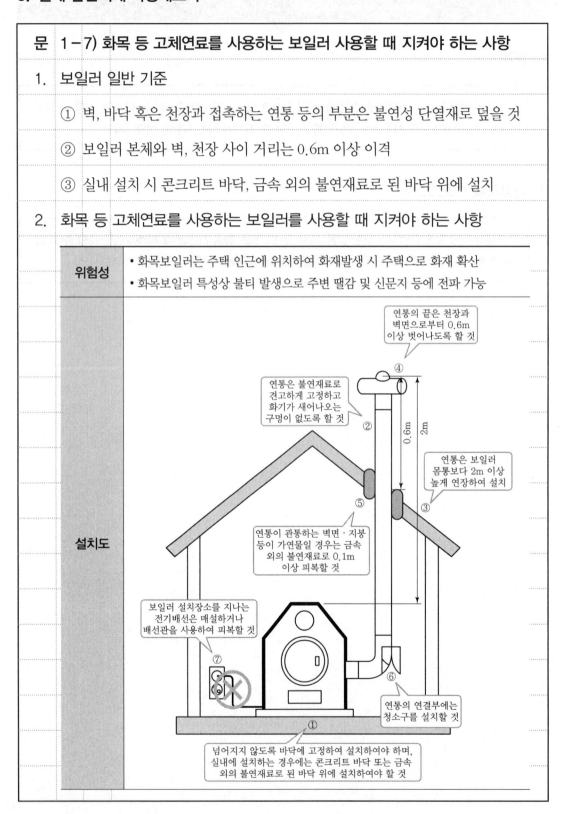

연료보관	• 보일러 본체와 수평거리 2m 이상 간격을 두어 보관 • 불연재료로 된 별도의 구획된 공간에 보관
연통	천장으로부터 0.6m 떨어지고, 연통의 배출구는 건물 밖으로 0.6m 이상 나오도록 설치
배출구 높이	연통의 배출구는 보일러 본체보다 2m 이상 높게 설치할 것
연통 관통부	연통이 관통하는 벽면, 지붕 등은 불연재료로 처리할 것
연통재질	연통재질은 불연재료로 사용하고 연결부에 청소구를 설치할 것

"끝"

131회

1. 문제

피난용 승강기 설치 시 소방시설 등 「성능위주설계 평가운영 표준가이드라인」에서 요구되는 안전성
능 검증 방안에 대하여 설명하시오.

2. 시험지에 번호 표기

피난용 승강기(1) 설치 시 소방시설 등 「성능위주설계 평가운영 표준가이드 라인」에서 요구되는 안
전성능 검증 방안에 대하여 설명(2)하시오.

3. 실제 답안지에 작성해보기

문 1-8) 피난용 승강기 설치 시 안전성능 검증 방안

1. 개요

정의	화재 등 재난 발생 시 피난 층 또는 피난안전구역으로 대피하기 위한 승강기로서 피난활동에 필요한 추가적인 보호기능, 제어장치 및 신호를 갖춘 승강기
목적	비상용(피난용) 승강장 크기기준 확대 및 화재 시 운영 방안을 마련하여 원활한 소방활동과 신속한 재실자 피난이 가능하게 하고자 함

2. 피난용 승강기 설치 시 안전성능 검증방안

내부공간, 통로	• 비상용 승강기 내부공간은 원활한 구급대 들것 이동 고려 　－길이 220cm 이상, 폭 110cm 이상 크기 • 승강장 통로 　－환자용 들것의 원활한 이동을 위해 여유폭(회전반경) 확보
메뉴얼	• 비상시 피난용 승강기 운영방식 및 관제계획 매뉴얼 제출 　－1차 : 화재 층에서 피난안전구역 　－2차 : 피난안전구역에서 지상1층 또는 피난층
구조	• 비상용 승강기 승강장과 피난용 승강기 승강장은 일정 거리를 이격하여 설치 • 사용목적을 감안하여 서로 경유되지 않는 구조로 설치 • 공동주택(아파트)의 경우 부속실 제연설비 성능이 확보된다면 비상용, 피난용 승강기 승강장을 경유하여 설치할 수 있음
표시	• 비상용(피난용) 승강기 승강장 출입문에는 사용 용도를 알리는 표시 　－백화점, 대형 판매시설, 숙박시설 등 불특정다수인이 이용하는 시설 　－픽토그램(그림문자)으로 적용
이격거리	• 여러 대의 비상용 승강기 및 피난용 승강기는 각각 이격하여 설치 　－구조상 불가피한 공동주택(아파트)의 경우 제외

"끝"

1. 문제

NFPA 101에서 제시하는 지연출구 전기 잠금 시스템(Delayed Egress Electrical Locking System)에 대하여 설명하시오.

2. 시험지에 번호 표기

NFPA 101에서 제시하는 **지연출구 전기 잠금 시스템(Delayed Egress Electrical Locking System)(1)**에 대하여 **설명(2)**하시오.

3. 실제 답안지에 작성해보기

문 1-9) 지연출구 전기 잠금 시스템에 대한 설명	
1. 개요	

정의	화재신호를 수신하여 출입문의 잠금장치가 자동으로 해제되어 피난을 원활하게 돕는 장치
적용	• 자동화재탐지설비 또는 자동식스프링클러에 의해 건물 전체가 방호되는 경우와 경급 및 중급 위험 수용품을 수용하는 건물의 문에는 지연출구 전기 잠금시스템이 허용 • 국내의 비상문자동개폐장치로서 옥상광장의 출입문에 설치 의무화

2. 지연출구 전기 잠금 시스템(NFPA 101)

잠금해제 조건	• 자동식 스프링클러설비 동작 시 • 자동 화재감지설비의 열 감지기 1개 동작 시 • 자동 화재감지설비의 연기 감지기 2개 이상 동작 시
전원차단 시	자물쇠나 잠금장치를 제어하는 전원이 차단되었을 때 문의 잠금이 해제

수동개방시	• 해제장치에 힘을 가했을 때, 15~30초 이내에 피난방향으로 잠금장치를 해제
	  - 힘은 15lb(67N) 이하
	  - 힘을 가하는 시간은 3초 이하
	  - 해제 조작이 시작되면 문 부근의 음향 신호장치가 작동
	  - 해제된 잠금장치는 수동식 방법으로만 다시 잠글 수 있어야 함

표지판	• 문의 해제장치 인접 부분 표지판을 부착
	• 바탕색과 잘 대조되는 글자로, 높이 1in(2.5cm) 이상, 폭 1/8in(0.3cm) 이상
	  - "경보가 울릴 때까지 미시오. 15초 이내에 피난 방향으로 문이 열립니다."
	  - "경보가 울릴 때까지 당기시오. 15초 이내에 피난 반대 방향으로 문이 열립니다."
	• 관할 기관이 문 작동시간의 연장을 허용 시 표지판의 시간도 그에 따라 표시

조명	잠금해제 지연 피난 잠금장치가 설치된 문 개구부는 비상조명 등이 제공

"끝"

1. 문제

랙(Rack)식 창고에서의 송기공간(Flue Space)에 대하여 설명하시오.

2. 시험지에 번호 표기

랙(Rack)식 창고에서의 송기공간(Flue Space)(1)에 대하여 설명하시오.

3. 실제 답안지에 작성해보기

문 1-10) 랙식 창고에서의 송기공간에 대한 설명

1. 정의

랙식 창고	물건을 입체적으로 보관하는 다단식 선반이 있는 창고
송기공간	랙을 일렬로 나란하게 맞대어 설치하는 경우 랙 사이에 형성되는 공간(사람이나 장비가 이동하는 통로는 제외)
문제점	일반가연물과 달리 랙식 창고는 적재물품이 3차원 공간의 구조적 배치의 특성을 가져 화재 가혹도가 크며, 송기 공간(Flue Space)을 통해 급격히 화재가 수직으로 확산

2. 랙식 창고의 소방대책

화재 감지	• 영상정보처리기기 설치 시 수신기는 영상정보의 열람·재생 장소에 설치 • 아날로그방식의 감지기, 광전식 공기흡입형 감지기 또는 이와 동등 이상의 기능·성능이 인정되는 감지기를 설치할 것 • 감지기 작동 시 해당 감지기의 위치가 수신기에 표시
인랙 SP (In-Rack)	• 라지드롭형 스프링클러헤드를 랙 높이 3m 이하마다 설치 • 수평거리 15cm 이상의 송기공간이 있는 랙식 창고에는 랙 높이 3m 이하마다 설치하는 스프링클러헤드를 송기공간에 설치할 수 있음
ESFR	• 천장 높이가 13.7m 이하인 랙식 창고 • 송기공간에 ESFR In-Rack 적용 　－특수가연물 : 랙 높이 4m 이하마다 　－일반가연물 : 랙 높이 6m 이하마다 설치

[정면도]

[평면도]

방화방벽
(배리어
설치)

수평 방화방벽

수직 방화방벽

통로

수평 방화방벽

통로

- 수평 방화장벽
  - 화재의 수직 확산을 방지하기 위하여 인랙 스프링클러헤드와 함께 설치되는 금속판, 목재 또는 이와 유사한 재료로 제작된 수평 방화장벽은 랙의 전체 길이 및 폭까지 연장하여 설치
- 수직 방화방벽
  - 두께 10mm의 합판이나 하드보드 또는 0.78mm의 금속판과 동등한 재질의 밀폐형 수직 방화장벽을 랙의 바닥부터 끝 높이까지 설치

3. 소견

NFPA	• 저장물품의 분류 – 클래스 Ⅰ ~ Ⅳ, 그룹 A, B, C로 분류 – 위험급별을 분류하고 이에 맞게 소방시설의 설계를 달리 해야 함

국내 소방법규에 따른 창고건물의 소방시설 설치대상은 저장물품의 위험급별에 대한 세부적 구분 없이 저장하는 특수가연물량 초과 여부에 따라 일률적인 설계기준이 적용되어 개선할 점이 있다고 사료됨

"끝"

1. 문제

화재 시 연기의 성층화(Stratification) 현상과 연기의 성층화 관련 계산식에 대하여 설명하시오.

2. 시험지에 번호 표기

화재 시 연기의 성층화(Stratification) 현상(1)과 연기의 성층화 관련 계산식(2)에 대하여 설명하시오.

3. 실제 답안지에 작성해보기

문 1-11) 연기의 성층화(Stratification) 현상과 관련 계산식

1. 개요

정의	화재 시 발생한 열, 연기가 부력에 의해 상승하다 주위 공기에 의해 희석·냉각되어 천장까지 상승하지 못하고 중간에 정체되어 층을 이루는 현상
개념도	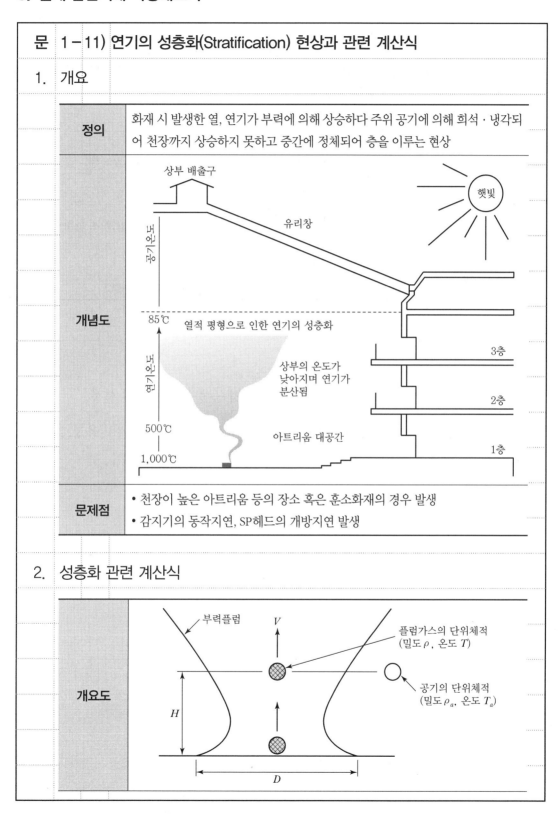
문제점	• 천장이 높은 아트리움 등의 장소 혹은 훈소화재의 경우 발생 • 감지기의 동작지연, SP헤드의 개방지연 발생

상부 배출구

햇빛

공기온도

유리창

85℃ 열적 평형으로 인한 연기의 성층화

연기온도

상부의 온도가 낮아지며 연기가 분산됨

500℃

아트리움 대공간

1,000℃

3층

2층

1층

2. 성층화 관련 계산식

개요도	부력플럼 V 플럼가스의 단위체적 (밀도 ρ, 온도 T) 공기의 단위체적 (밀도 ρ_a, 온도 T_a) H D

계산식	① 화재플럼에서 부력의 위치에너지가 운동에너지로 변환 ② 중력가속도(g)가 작용하는 상황에서 높이 H 위치에서 단위체적당 상대적인 위치에너지는 $(\rho_a - \rho)gH$ ③ 단위체적당 운동에너지 $= \dfrac{\rho v^2}{2}$ ④ 에너지 보존법칙에 의해 위치에너지 = 운동에너지 $(\rho_a - \rho)gH = \dfrac{\rho v^2}{2}$ 속도(v)에 대해서 정리하면 $$v = \sqrt{\frac{2gH(\rho_a - \rho)}{\rho}} = \sqrt{\frac{2gH(T - T_a)}{T_a}} \left(\because \frac{\rho_a}{\rho} = \frac{T}{T_a} \text{밀도는 온도와 반비례} \right)$$
설명	• 플럼의 가스온도가 주변공기보다 높으면 플럼의 상승 • 주변의 공기온도와 같아지면 정지, 연기의 성층화(Stratification)

3. 대책

① 화재감지 : 불꽃감지기, 공기흡입형 감지기 등 능동적 감지기 선정

② 소화설비 : SP설비는 개방형 헤드를 설치하거나 RTI 낮은 조기반응형 설치

"끝"

1. 문제

대기압이 753mmHg일 때 진공도 90%의 절대압력은 몇 MPa인지 계산하여 설명하시오.

2. 시험지에 번호 표기

대기압이 753mmHg일 때 진공도 90%의 **절대압력(1)**은 **몇 MPa인지 계산(2)**하여 설명하시오.

3. 실제 답안지에 작성해보기

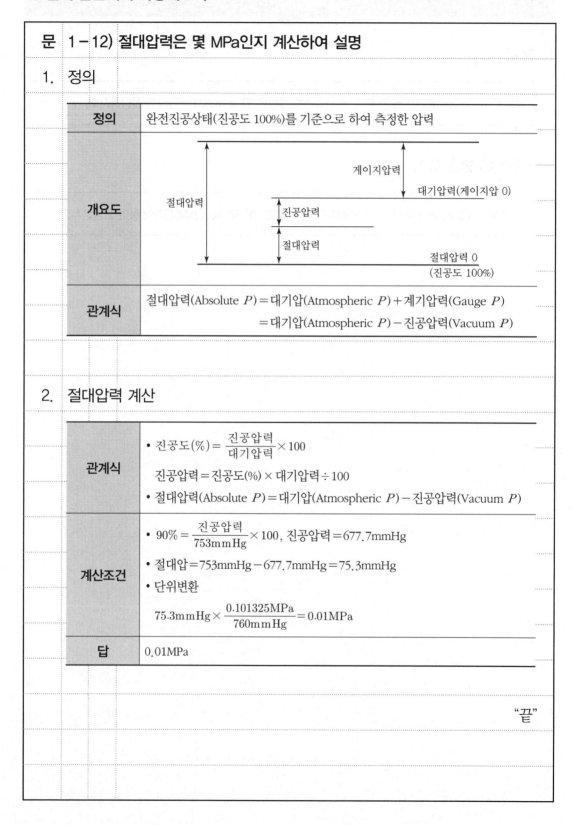

문 1 – 12) 절대압력은 몇 MPa인지 계산하여 설명

1. 정의

정의	완전진공상태(진공도 100%)를 기준으로 하여 측정한 압력
개요도	
관계식	절대압력(Absolute P) = 대기압(Atmospheric P) + 계기압력(Gauge P) = 대기압(Atmospheric P) − 진공압력(Vacuum P)

2. 절대압력 계산

관계식	• 진공도(%) = $\dfrac{진공압력}{대기압력} \times 100$ 진공압력 = 진공도(%) × 대기압력 ÷ 100 • 절대압력(Absolute P) = 대기압(Atmospheric P) − 진공압력(Vacuum P)
계산조건	• $90\% = \dfrac{진공압력}{753\text{mmHg}} \times 100$, 진공압력 = 677.7mmHg • 절대압 = 753mmHg − 677.7mmHg = 75.3mmHg • 단위변환 $75.3\text{mmHg} \times \dfrac{0.101325\text{MPa}}{760\text{mmHg}} = 0.01\text{MPa}$
답	0.01MPa

"끝"

1. 문제

저압식 이산화탄소소화설비에서 Vapor Delay Time을 구하는 계산식을 제시하고 이에 영향을 주는 인자에 대하여 설명하시오.

2. 시험지에 번호 표기

저압식 이산화탄소소화설비에서 Vapor Delay Time(1)을 구하는 계산식을 제시하고 이에 영향을 주는 인자(2)에 대하여 설명하시오.

3. 실제 답안지에 작성해보기

문 1-13) Vapor Delay Time을 구하는 계산식, 영향을 주는 인자

1. 정의

저압식 이산화탄소 소화약제의 방출 시 배관 전방의 이산화탄소의 증기압력에 의

해 나중의 액상 소화약제의 방출이 지연되는 시간

2. 계산식과 영향을 주는 인자

계산식	$t_d = \dfrac{W \times C_p \times (T_1 - T_2)}{9.13 \times (Q - q)} + \dfrac{1,050\ V}{Q}$ 여기서, t_d : Vapor Delay Time(sec), W : 배관중량(lb) $\quad\quad C_p$: 배관비열(kJ/kg·K), T_1 : 초기배관온도(℉), T_2 : CO$_2$ 온도(℉) $\quad\quad Q$: 보정된 유량, q : 유량보정량, V : 배관 내 용적	
영향인자	유량	유량 ↑, Vapor Delay Time ↑
	배관중량	배관중량 ↑, Vapor Delay Time ↑
	초기배관온도	초기배관온도 ↑, Vapor Delay Time ↑
	배관 내 용적	배관 내 용적 ↑, Vapor Delay Time ↑
	저장온도	저장온도 ↓, Vapor Delay Time ↑

3. 대책

1) 배관

① 저장용기실과 방호구역을 가까이 설치하여 배관길이 줄임

② 배관의 스케줄을 작게 설치하면 배관중량 감소

2) 실내 냉방

① 하절기 실내냉방장치 설치로 배관의 온도 낮춤

② 배관의 온도 낮출수록 기화되는 양 감소

"끝"

1. 문제

실제 화재 시 소화에 필요한 소화방법을 작용면에서 물리적 작용에 바탕을 둔 소화방법과 화학적 작용에 바탕을 둔 소화방법으로 분류하는데 다음에 대하여 설명하시오.

(1) 물리적 작용에 바탕을 둔 소화방법에서

　(ㄱ) 연소에너지 한계에 바탕을 둔 소화방법

　(ㄴ) 농도 한계에 바탕을 둔 소화방법

　(ㄷ) 화염의 불안전화에 의한 소화방법

(2) 화학적 작용에 바탕을 둔 소화방법

(3) 물리적 작용과 화학적 작용 소화방법 간의 상호보완 작용

2. 시험지에 번호 표기

실제 화재 시 소화에 필요한 소화방법(1)을 작용면에서 물리적 작용에 바탕을 둔 소화방법과 화학적 작용에 바탕을 둔 소화방법으로 분류하는데 다음에 대하여 설명하시오.

(1) 물리적 작용에 바탕을 둔 소화방법(2)에서

　(ㄱ) 연소에너지 한계에 바탕을 둔 소화방법

　(ㄴ) 농도 한계에 바탕을 둔 소화방법

　(ㄷ) 화염의 불안전화에 의한 소화방법

(2) 화학적 작용에 바탕을 둔 소화방법(3)

(3) 물리적 작용과 화학적 작용 소화방법 간의 상호보완 작용(4)

3. 실제 답안지에 작성해보기

문 2-1) 물리적 작용에 바탕을 둔 소화방법, 화학적 작용에 바탕을 둔 소화방법, 상호보완 작용

1. 개요

1) 연소

연소는 가연물, 점화원, 산소의 3요소가 필요하고, 연쇄반응을 포함 4요소

2) 소화

① 물리적 소화 : 연소의 3요소를 제어하는 방법

② 화학적 소화 : 연쇄반응 억제를 통한 소화

2. 물리적 작용에 바탕을 둔 소화방법

1) 개요

2) 연소에너지 한계에 바탕을 둔 소화방법

점화원	에너지(온도)를 제공하는 점화원의 차단
현열, 잠열	• 물질의 온도 변화와 상변화에 이용되는 현열과 잠열을 이용 소화 　－증발잠열 539kcal/kg, 비열 1kcal/kg · ℃
적용	수계 소화설비의 물을 분무, 봉상주수하여 냉각소화

3) 농도한계에 바탕을 둔 소화방법

가연성 물질 농도	• 가연성 물질의 농도를 연소범위 밖으로 하여 소화 • 가연성 혼합기에 불활성 물질첨가로 연소범위 좁혀 소화

산소 농도	• 산소의 농도를 21%에서 15% 이하로 낮춰 소화
	  − 저장용기의 밀폐로 외기와의 차단으로 소화
	  − 비수용성 액체 표면에 유화층 형성하여 소화
	  − 가연성 물질의 표면을 포 혹은 방화포 등으로 밀폐 소화

적용	이산화탄소, 포소화설비, 불활성 기체 소화약제에 의한 소화

4) 화염의 불안전화에 의한 소화

① 유정화재 : 유정화재 시 폭발로 의한 폭풍으로 소화

② 산불화재 : 산불진행방향의 나무를 제거하여 화염지속성 저하

③ 점화원제거 : 전기화재에서 전기의 공급을 차단하여 아크의 발생 차단

3. 화학적 작용에 바탕을 둔 소화방법

개요	• 연쇄반응의 억제를 통해 소화하는 방법 • 활성라디칼의 생성의 중단 연쇄반응의 종료
개요도	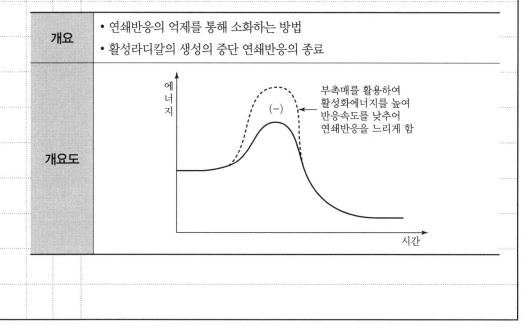

부촉매를 활용하여 활성화에너지를 높여 반응속도를 낮추어 연쇄반응을 느리게 함

특성	• 부촉매를 이용하여 활성화에너지를 높여 소화
	• 전파, 분기, 억제, 종료 반응을 통한 소화
	  − 전파 : $OH^* + H_2 \rightarrow H_2O + H^*$
	  − 분기 : $H^* + O_2 \rightarrow OH^* + O^*$
	  − 억제 : $Br^* + H^* \rightarrow HBr$
	  − 종료 : $Br^* + OH^* \rightarrow H_2O + Br^*$

적용	할론, 분말, 할로겐화합물 소화약제가 해당됨

4. 물리적 작용과 화학적 작용 소화방법 간 상호보완 작용

개념	• 물리적 소화와 화학적 소화를 이용한 소화 • 두 가지 소화효과 적용 시 빠른 소화 유도 가능

적용	• 분말소화약제
	  − 분말에 의한 질식과 포착라디칼에 의한 부촉매 효과 이용, 녹다운 효과
	• 할로겐화합물 소화약제
	  − 소화약제의 냉각작용과 할로겐이온에 의한 부촉매 효과
	• 강화액 소화약제
	  − 물에 의한 냉각과 수증기에 의한 질식, 포착라디칼에 의한 부촉매 효과

"끝"

1. 문제

소방감리원은 소방도면 이외에 건축도면, 기계도면, 전기 및 통신 도면을 검토해야 하는데 이때 검토해야 할 항목과 소방 설계도서 목록 중 설계도면, 설계시방서, 내역서, 설계계산서의 주요 검토 내용에 대하여 설명하시오.

2. 시험지에 번호 표기

소방감리원은 소방도면 이외에 건축도면, 기계도면, 전기 및 통신 도면을 검토(1)해야 하는데 이때 검토해야 할 항목(2)과 소방 설계도서 목록 중 설계도면, 설계시방서, 내역서, 설계계산서의 주요 검토 내용(3)에 대하여 설명하시오.

3. 실제 답안지에 작성해보기

문 2-2) 설계도면, 설계시방서, 내역서, 설계계산서의 주요 검토 내용에 대한 설명

1. 개요

① 감리는 발주자의 위임으로 발주자의 감독권한을 대행하며 관계법령에 따라 공사의 품질·시공·공정·안전관리를 시행

② 건축, 기계, 전기 등 타공정과 관련된 소방공사의 원활한 시공을 위해 설계도서 등을 검토해야 함

2. 건축도면, 기계도면, 전기 및 통신 도면 검토해야 할 항목

1) 건축도면

방화구획	• 일반사항 : 층별, 면적별, 용도별 구획 확인 • 관통부 마감, 방화셔터, 방화문 승강기 방화문 적용 여부
승강기	• 비상용, 피난용 승강기 설치대상 고려 • 제연방식 및 구조 검토
피난계단	• 피난, 특별피난계단 구조 확인 • 방화문 적용, 마감재 확인
시험성적서 등	• 방화셔텨, 방화문, 내화충전구조, 내장재 등 시험성적서 확인 • 건축물의 층고 확인 및 감지기 적응성 확인

2) 기계도면

수조	• 물탱크의 용량계산서 검토 • 소화설비와의 겸용의 경우 유효수량 적정성 확인 • 내진설계 적정성 확인
기계실	• 가압송수장치 설치 및 용량계산서 확인 • 장비의 배치 위치 등 확인
제연설비	• 공조 겸용 시 덕트의 규격 및 댐퍼 디퓨저 확인 • Fan의 위치 및 덕트의 보온재 성능 확인

3) 전기, 통신도면

비상전원	• 비상발전기 용량계산서 검토
	• 비상전원 계통도 확인
배선	• 전력선 · 통신선 포설경로 트레이 구분 확인
	• 소방용 전선과의 이격 및 구분 여부 확인

3. 소방설계도면, 설계시방서, 내역서, 설계계산서의 주요 검토 내용

설계도면	• 건축허가 및 사업계획 승인조건 등의 건축도면 및 소방도면 등에 반영 여부
	• 건축허가동의 시 설계자가 제출한 설치계획표 및 산출표
	• 연면적 및 용도, 층고에 따른 소방대상물의 소방시설 누락 여부 확인
	• 화재안전기준에 따른 소방시설 및 기구의 적합성 여부
	• 소화전, 밸브, 댐퍼 등 소방기계 도면과 전기도면의 일치 여부
	• 시공의 실제 가능 여부 및 시공 시 예상 문제점 등
설계시방서	• 시방서가 사업주체의 지침 및 요구사항, 설계기준 등과 일치하고 있는지 여부
	• 모든 정보 및 자료의 정확성, 완성도 및 일관성 여부
	• 관계법령 및 규정, 기준 등이 적절하게 언급되었는지 여부
	• 시방서 내용이 제반법규 및 규정과 기준 등에 적합하게 적용되었는지 여부
	• 관련된 다른 시방서 내용과 일관성 및 일치성 여부
	• 설계도면, 계산서, 공사내역서 등과 일치성 여부
내역서	• 공종별 목적물의 물량내역서의 도면 일치 여부
	• 공사원가의 구성 비목 검토(재료비, 노무비, 경비, 일반관리비, 이윤 등)
	• 설계도면과 시방서 등에 의한 적정물량, 적정 금액 및 제경비의 적용 타당성
	• 재료비, 노무비 등의 적용이 최신 자료가 적용되었는지 확인
	• 산출내역서 제 비율의 반영 적정성 확인
설계계산서	• 대상건축물의 특징과 상황을 파악하고 계산되었는지 확인
	• 용량선정 시 안전율, 경제성, 여유율 고려 여부
	• 법적 · 기능적으로 적절한지 확인
	• 시방서에 요구된 내용이 적절히 반영되었는지 확인
	• 계산의 정확성 검토

"끝"

1. 문제

상업용 주방자동소화장치의 정의, 설치기준 및 설계매뉴얼에 포함되어야 할 사항에 대하여 설명하시오.

2. 시험지에 번호 표기

상업용 주방자동소화장치의 정의(1), 설치기준(2) 및 설계매뉴얼에 포함되어야 할 사항(3)에 대하여 설명하시오.

3. 실제 답안지에 작성해보기

문 2-3) 상업용 주방자동소화장치의 정의, 설치기준 및 설계매뉴얼에 포함되어야 할 사항

1. 개요

① 정의 : 상업용 주방에 설치되는 조리기구의 사용으로 인해 발생하는 화재를 자동으로 감지해 경보를 발하고, 열원(전기·가스)을 차단하면서 화재를 진압하는 장치

② 개요도

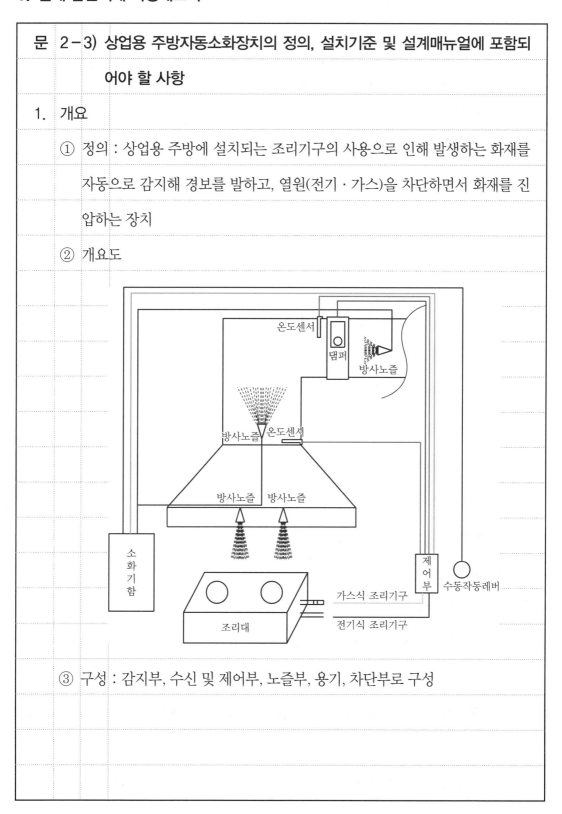

③ 구성 : 감지부, 수신 및 제어부, 노즐부, 용기, 차단부로 구성

2. 설치기준

소화장치	조리기구의 종류별로 성능인증을 받은 설계매뉴얼에 적합하게 설치
감지부	성능인증을 받은 유효 높이 및 위치에 설치
차단장치	상시 확인 및 점검이 가능하도록 설치
분사헤드	• 후드에 설치되는 분사헤드 −후드 가장 긴 변의 길이까지 방출될 수 있도록 소화약제의 방출 방향 및 거리를 고려하여 설치 • 덕트에 설치되는 분사헤드 −성능인증을 받은 길이 이내로 설치

3. 설계매뉴얼에 포함되어야 할 사항

① 소화장치 및 구성품의 사양을 포함한 소화장치 작동 및 설치에 관한 세부사항

② 소화장치에 대한 설계 제한사항

  • 최소/최대 배관 길이, 부속품의 종류별 최대 수량, 노즐의 종류

  • 방호 조리기구 종류별 적용 노즐의 형태 및 최대 방호면적, 최소/최대 설치 높이, 노즐의 설치위치 및 방향

  • 방출시간 및 방호 조리기구 종류별 노즐의 방출률

③ 소화장치에 사용되는 배관, 튜브, 피팅류 및 호스의 종류 및 사양

④ 소화장치의 정상 작동을 위한 소화장치 배열(Layout) 및 설치 제한사항

⑤ 감지부 및 제어부의 형태 및 사양

⑥ 사용온도 범위

⑦ 저장용기의 21℃ 충전압력 및 종류(소화약제 용량 포함)

⑧ 가압용 가스용기의 종류 및 사양(가압식에 한함)

⑨ 모든 설계 제한사항을 포함하는 최대 크기의 소화장치 설계 예시

⑩ 두 개 이상의 소화장치를 연결하여 사용 시 소화장치의 설치 및 사용 제한사항

⑪ 시공 및 작동 그리고 유지관리에 대한 지침

- 주의 및 경고표지

- 소화장치를 구성하는 모든 부품에 대한 도면 및 기술사양

- 소화장치 유지를 위한 정기점검 및 사후관리에 관한 사항

⑫ 주요 부품의 신청업체의 상호명 및 제품모델번호 등을 표시

- 저장용기(가압용 가스용기 포함), 밸브, 노즐, 플렉시블호스

- 저장용기 작동장치(니들밸브 등), 기동용기함 등

"끝"

1. 문제

> 소방청의 「건축위원회(심의) 표준가이드라인」에서 제시하는 다음 사항을 설명하시오.
>
> (1) 종합방재실(감시제어반실) 설치기준 강화
>
> (2) 지하주차장 연기배출설비 운영 강화
>
> (3) 전기차 주차구역(충전장소) 화재예방대책 강화

Tip 전회차에서 설명을 드렸습니다. 성능위주설계 가이드라인의 내용입니다.

1. 문제

> 제연설비에 사용되는 송풍기의 각 풍량제어 방법별 성능곡선 및 특성을 비교 설명하시오.

Tip 전회차에서 설명을 드렸습니다.

1. 문제

> ESFR 스프링클러헤드에 적용되는 실제살수밀도(ADD)의 개념, 특징, 영향인자 및 측정방법에 대하여 설명하시오.

2. 시험지에 번호 표기

> ESFR 스프링클러헤드(1)에 적용되는 실제살수밀도(ADD)의 개념, 특징, 영향인자(2) 및 측정방법(3)에 대하여 설명하시오.

3. 실제 답안지에 작성해보기

문 2-6) ESFR 실제살수밀도(ADD)의 개념, 특징, 영향인자 및 측정방법에 대한 설명

1. 개요

① ESFR(Early Suppression Fast Response) : 조기감지, 조기진압

② 정해진 면적에 충분한 물을 방사할 수 있는 능력 ADD > RDD가 되게 하여 화재를 진압하는 헤드

2. 실제살수밀도의 개념·특징·영향인자

개념	• 연소표면에 실제 도달되는 물의 양(Actual Delivered Density) $ADD(LPM/m^2) = \dfrac{\text{실제 가연물 상단에 도달한 방수량}}{\text{가연물 상단 표면적}}$ • 침투된 물의 분포 밀도
특징	 • ESFR 헤드는 RTI가 낮은 조기반응형 감지특성 헤드 사용 　－RTI가 낮을수록 ADD가 커 화재진압 가능 　－RTI 높으면 ADD가 작아 조기진압 실패 • ADD > RDD 되게 하여 화재진압

영향인자	감지특성	• RTI, C, 표시온도 관련 　－RTI : $28\sqrt{M \cdot S}$ 　－C : $1\sqrt{M/S}$ 　－표시온도 74℃

영향인자	방사특성	• K-Factor : 200~360 • 방사압력, 살수분포, 작동 헤드수
	환경조건	• 화재강도 • SP헤드의 수평거리, 가연물 상단과의 거리

3. 측정방법

1) 시험도

천장면 　　헤드　　 간격 350mm

채수통　　측정모형　　1,000mm

610mm　　화재원　　채수통　　1,300mm

바닥면

2) 시험방법

① 시험실은 무풍의 장소, 채수통은 화재원 위 16개, 아래 4통 설치

② 화재원은 n-헵탄 사용, 분무노즐은 균일하게 배치

③ 헤드를 설치한 배관은 천정에서 230mm, 헤드는 350mm 아래 설치

④ 화재원 발화 후 물을 규정압력으로 최소 10분간 방사

⑤ 각 채수통의 채수량을 mm까지 측정

3) 성능 : 방수상수(K)가 200 및 240인 하향형의 경우

K	헤드 수	헤드 설치 간격 (m)	배관 설치 간격 (m)	채수 통과 천정의 간격 (m)	자유 연소 시 전달 되는 방출열 (kW)	압력 MPa (kg/cm²)	유량 공급 방향	16통 최소 평균 ADD (mm/ min)	연도 (4통) 최소 평균값 (mm/ min)
200	1	0	0	4.57	1,318	0.35(3.5)	양방향	19.18	60.38
	1	0	0	4.57	2,636	0.35(3.5)	양방향	9.79	20.40
	2	3.66	0	1.22	2,636	0.35(3.5)	일방향	11.83	—
	2	0	3.66	1.22	2,636	0.35(3.5)	양방향	14.28	—
	4	2.44	3.66	1.22	2,636	0.35(3.5)	양방향	26.11	—
240	1	0	0	4.57	1,318	0.24(2.4)	양방향	19.18	60.38
	1	0	0	4.57	2,636	0.24(2.4)	양방향	9.79	20.40
	2	3.66	0	1.22	2,636	0.24(2.4)	일방향	11.83	—
	2	0	3.66	1.22	2,636	0.24(2.4)	양방향	14.28	—
	4	2.44	3.66	1.22	2,636	0.24(2.4)	양방향	26.11	—

"끝"

1. 문제

행정안전부장관이 침수피해 우려된다고 인정하는 지역 내 지하도로, 지하광장, 지하에 설치되는 공동구, 지하도 상가 및 바닥이 지표면 아래에 있는 건축물을 설치하는 경우 침수피해를 예방하기 위한 지하공간의 침수방지시설의 기술적 기준을 공통 적용사항과 시설별 적용사항으로 구분하여 설명하시오.

2. 시험지에 번호 표기

행정안전부장관이 침수피해 우려된다고 인정하는 지역 내 지하도로, 지하광장, 지하에 설치되는 공동구, 지하도 상가 및 바닥이 지표면 아래에 있는 건축물을 설치하는 경우 침수피해를 예방하기 위한 지하공간의 침수방지시설의 기술적 기준을 공통 적용사항(1)과 시설별 적용사항(2)으로 구분하여 설명하시오.

Tip 내용이 많지만 채점자는 내용이 아니라 Keyword만 봅니다. 항목별 두 줄 정도만 답안을 채우시면 기본 점수 이상이 나옵니다. 모든 답안은 Keyword가 중요합니다.

3. 실제 답안지에 작성해보기

문 3-1) 지하공간의 침수방지시설의 기술적 기준을 공통 적용사항과 시설별 적용사항

1. 개요

① 지하공간이란 경제적 이용이 가능한 범위 내에서 지표면의 하부에 자연적으로 형성되었거나 또는 인위적으로 조성된 공간

② 지하공간의 침수 시 인명의 피해 및 기반시설의 훼손 등이 발생하기에 지하공간 수방기준을 마련한 것임

2. 지하공간 침수방지시설의 공통 적용사항

1) 수방기준 업무 흐름도

```
┌─────────────────────────────────┐
│  지하공간 수방기준 적합 여부 확인사항  │
└─────────────────────────────────┘
                │
        ┌───────────────┐
        │ 예상침수높이 파악 │
        └───────────────┘
                │
                ▼
         ◇─────────────◇           NO
         │ 홍수범람위험지도가 │────────────┐
         │ 작성되어 있는가?  │            │
         ◇─────────────◇     ┌──────────────────────┐
                │            │ ·자료에 따른 예상 높이    │
               YES           │ ·과거 침수실적에 의함    │
                │            │ ·주민 탐문에 의함       │
                ▼            └──────────────────────┘
        ┌───────────────┐          │
        │ 예상침수높이 결정 │◄─────────┘
        └───────────────┘
```

출입시설	전력·환기시설	배수시설	대피시설
[주요 확인사항]	[주요 확인사항]	[주요 확인사항]	[주요 확인사항]
· 침수 방지턱 높이 · 방수판 설치 여부 · 모래주머니 적정 장소 비치 여부 · 침수확산방지 위한 출입구 차단방안 · 침수 시 출입문의 개폐 여부 · 계단 등에 대피용 난간 설치 여부	· 지구접지 및 누전 차단기 설치 여부 · 콘센트 등 출력단자 안전장소 설치 여부 · 전원공급장치의 지상·지하 분리 여부 · 지하변전소 전력구 일체식 연결 여부 · 환기구의 침수심 이상 설치 여부 · 채광창의 차수벽· 차수문 설치 여부	· 배수구의 침수심 이상 설치 여부 · 역류방지밸브 설치 여부 · 침수대비 배수펌프 설치 여부 · 집수정 침사조 설치 여부 · 지하다층 다단계 펌프 설치 여부 · 지하수 차단을 위한 방수시공 여부	· 침수 시 비상조명 밝기 제공 여부 · 비상조명의 별도 전원 설치 여부 · 침수 시 대피 위한 안내방송 가능 여부 · 개구부 폐쇄 시 비상 대피경로 확보 여부 · 관리실·상황실의 지상설치 여부 · 침수 시 행동요령 홍보계획 수립 여부

```
┌──────────────────────────────────────────┐
│ 지하공간 침수방지를 위한 단계별 계획 수립 여부 확인 │
└──────────────────────────────────────────┘
```

2) 공통 적용사항

침수피해 방지기준	• 출입구 방지턱의 높이 　－지하공간의 침수 방지, 침수 속도 지연시키기 위해 지하공간 출입구의 　　침수 높이를 고려하여 설정 • 환기구 및 채광용 창 위치 　－환기구 및 채광 장치 설치 시 예상 침수 높이보다 높은 위치에 설치하여 　　우수의 유입이 없도록 유의 • 물막이판, 모래주머니 등 　－출입구에 방지턱을 설치하여도 지하 침수를 완벽하게 방지하지 못하는 　　경우 물막이판 또는 모래주머니 등을 설치하여 침수를 방지 • 역류방지밸브 설치 　－지하공간에 설치된 배수구를 통한 우수의 역류 현상을 방지하기 위하여 　　역류방지밸브를 설치
침수피해 경감기준	• 비상조명 및 대피 유도등 　－침수되어 전력공급 장치가 작동하지 않는 때에도 비상조명 및 대피 유 　　도등은 대피자가 인지할 수 있도록 할 것 • 누전, 감전 및 정전 방지 　－침수 시 누전, 감전, 정전 방지를 위해 조치를 할 것 • 배수펌프 및 집수정 설치 　－유입된 우수 및 지하수를 배제하기 위한 배수펌프 및 집수정을 설치, 예 　　비 배수펌프를 추가 • 유도수로의 설치 　－신속한 배수를 위해 우수 및 지하수가 집수정 등으로 원활하게 유입될 　　수 있도록 유도수로의 설치 • 침수피해 확산의 방지 　－침수피해가 확산하는 것을 막기 위해 지하층 계단 통로 환기구 등을 차 　　단하는 방안을 고려 • 대피로 확보 　－조명과 대피로의 폭 등이 충분히 보장 　－침수 발생 시 탈출이 쉽도록 비상탈출 사다리 등의 피난설비를 설치 • 경보방송 시설 　－침수 또는 침수 예상 시 경보방송 시설을 설치 • 난간 설치 　－이용자의 안전 확보 위한 계단 등에는 난간을 설치

침수피해 경감기준	• 진입 차단시설 및 침수 안내시설의 설치 −경보방송시설 · CCTV 외에 이용자 진입 차단시설, 안내표지판 등을 설치

침수피해
예방기준
	• 방재 훈련
	  −지하공간 침수를 대비하여 지하 침수상황 발생에 따른 대피 행동요령 인지
	  −모의 방재 훈련을 통하여 침수 발생 시 지하공간 내 인원들의 적절한 대
	  피를 유도
	• 방재를 위한 홍보
	  −지하공간 관리자는 평상시 지하공간 이용자들이 잘 보이는 곳에 침수
	  시 행동 요령을 게시
	• 저지대 내 지하공간 신축 억제
	• 침수 방지 시설물에 대한 유지 · 관리
	  −물막이판 등 우수 유입을 차단하기 위한 시설물의 작동 여부
	  −배수설비, 내부 수위 탐지 장치의 작동 여부
	  −환기구, 물막이판, 장비 반입구 등의 수밀성 여부
	  −경보방송시설, 비상조명, 대피 유도등, 진입 차단시설 등의 가동 여부
	  −대피로, 안내표지판 등의 관리상태

3. 시설별 적용사항(침수 방지를 위한 공통 기준을 반영)

지하도로	이용자가 안전하고 신속하게 대피할 수 있도록 지하보도 및 지하 출입 시설을 설치
지하광장 및 지하도상가	지하광장 및 지하도상가 지상의 출입구가 폐쇄될 경우를 대비 출입구 이외의 통로 또는 긴급대피를 위한 사다리 등을 설치
지하 공동구	• 작업자의 출입 및 장비의 반입을 위한 개구부 설치 높이는 예상 침수 높이 이상 • 지하수가 없는 위치에 설치
도시철도 및 철도	• 관제실은 침수 시에도 활용할 수 있도록 가능한 지상에 설치 • 다양한 방법의 대피 방송체계를 구축 · 운영
지하변전소	• 침수피해가 우려없는 지역에 되도록 설치 • 변전소의 개구부의 설치 높이는 예상 침수 높이 이상
바닥이 지표면 아래에 있는 건축물	• 지하에 원활한 배수를 위해 집수정과 배수펌프를 설치 • 집수정 크기는 유입량과 펌프의 용량을 고려 결정 • 배수펌프는 수중형 설치

"끝"

1. 문제

일반건축물의 경우 건축허가 등 동의와 관련하여 관할 소방관서의 행정절차에 대하여 동의 시, 착공 및 감리 시, 완공 시, 유지·관리 시로 각각 구분하여 설명하시오.

Tip 수험생이 선택하기에 쉽지 않은 문제입니다.

[참고] 건축허가 등의 동의 업무처리 표준 매뉴얼

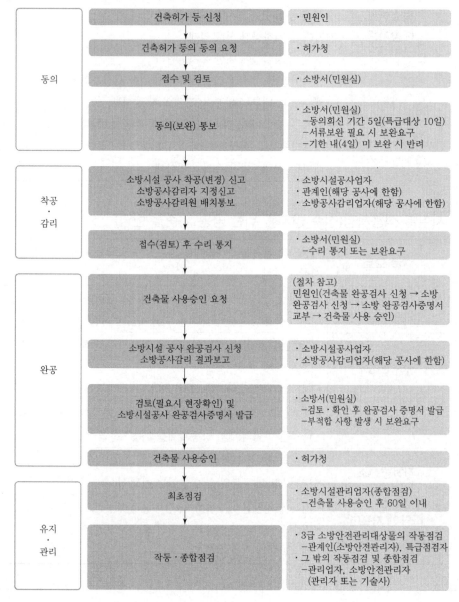

1. 문제

옥외 탱크저장소의 포소화설비 설치와 관련하여 다음에 대하여 설명하시오.

(1) 위험물 탱크의 구조에 따라 적용하는 고정포방출구의 종류

(2) 고정포방출구의 종류별 정의와 특징

2. 시험지에 번호 표기

옥외 탱크저장소의 **포소화설비(1)** 설치와 관련하여 다음에 대하여 설명하시오.

(1) 위험물 탱크의 구조에 따라 적용하는 고정포방출구의 종류(2)

(2) 고정포방출구의 종류별 정의와 특징(3)

3. 실제 답안지에 작성해보기

문 3-3) 고정포방출구의 종류, 종류별 정의와 특징 설명

1. 개요

① 포소화설비는 물에 의한 소화방법으로는 효과가 적거나 화재가 확대될 위험성이 있는 가연성 액체 등의 화재에 사용

② 포소화약제를 화학적 또는 기계적으로 발포시키고 고정포방출구를 통해 연소부분을 거품으로 덮어 소화하는 설비

2. 위험물 탱크의 구조에 따라 적용하는 고정포방출구의 종류

종류	개념도	적용
Ⅰ형	 홈통 홈통(Trough)	고정지붕구조의 탱크에 상부포주입법 이용
Ⅱ형	 봉판 탱크 홈 챔버 디플렉터 액면 발포기	고정지붕구조 혹은 부상지붕구조의 탱크에 상부포주입법 이용
특형	 봉판 굽도리판 높이 0.9m 이상 실(Seal)	부상지붕구조의 탱크에 상부포주입법 이용

종류	개념도	적용
III형	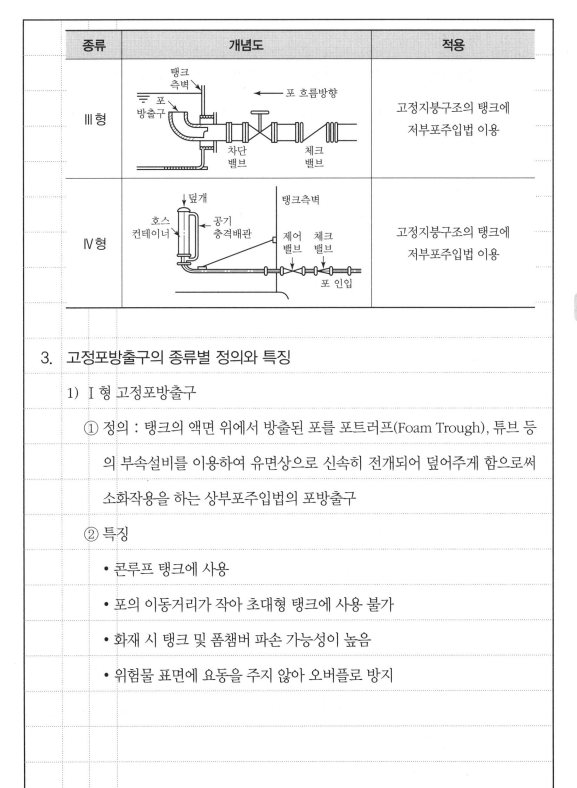	고정지붕구조의 탱크에 저부포주입법 이용
IV형		고정지붕구조의 탱크에 저부포주입법 이용

3. 고정포방출구의 종류별 정의와 특징

1) I형 고정포방출구

① 정의 : 탱크의 액면 위에서 방출된 포를 포트러프(Foam Trough), 튜브 등

의 부속설비를 이용하여 유면상으로 신속히 전개되어 덮어주게 함으로써

소화작용을 하는 상부포주입법의 포방출구

② 특징

• 콘루프 탱크에 사용

• 포의 이동거리가 작아 초대형 탱크에 사용 불가

• 화재 시 탱크 및 폼챔버 파손 가능성이 높음

• 위험물 표면에 요동을 주지 않아 오버플로 방지

2) Ⅱ형 고정포방출구

① 정의 : 탱크의 액면 위에서 방출된 포를 반사판(Deflector)에서 반사시켜 탱크 측판의 내면을 따라 흘러 들어가 유면을 덮어 소화작용을 하도록 한 포방출구

② 특징

- 콘루프 탱크에 사용 가능
- 포의 이동거리가 작아 초대형 탱크에 사용 불가
- 화재 시 탱크 및 폼챔버 파손 가능성이 높음
- 설치가 간단, 유지관리가 쉬움

3) 특형 고정포방출구

① 정의 : 탱크 상부의 내 측면으로부터 0.9m 이상 높이의 금속제 굽도리판을 1.2m 이상 떨어진 곳에 설치하고 양쪽 사이의 환상부위에 포를 방사하여 소화작용을 하도록 한 상부포주입법의 포방출구

② 특징

- 플루팅 루프 탱크(FRT)에 사용
- 초대형 탱크에 부적합
- 화재 시 탱크 및 폼챔버 파손 가능성
- 환상부분에만 화재가 일어나므로 안정성이 높음

4) Ⅲ형 고정포방출구

① 정의 : 탱크의 액면 저부에 설치된 송포관으로부터 발포된 포가 유면 아래에서부터 위로 떠올라 소화작업을 하도록 한 저부포주입법의 포방출구

② 특징

- 확산속도가 빠르고, 기후에 영향을 받지 않음

- 대형에 적합한 설비

- 중질유 경우 점성이 높아 사용이 불가능

- 포파괴로 수용성 제품 사용 불가능

5) Ⅳ형 고정포방출구

① 정의 : 탱크의 액면 저부에 설치된 격납통이 송포관 말단에 접속되어 있다

가 배관 안으로 포가 공급되면 공기가 압축되어 격납통의 뚜껑이 이탈되고

수납되어 있던 호스가 액면 위로 떠올라 펼쳐지면서 호스 선단에서 포를 방

사하여 소화작용을 하도록 한 저부포주입법의 포방출구

② 특징

- 대형의 탱크에 사용 가능(직경 60m 이상)

- 포가 유류에 파괴되지 않고, 모든 소화약제 사용 가능

- 고점도 액체, 플루팅 탱크에 사용 불가능

- 포방출 시 탱크 바닥에 물교반이 생기지 않음

"끝"

1. 문제

고체 가연물의 연소속도를 정의하고 연소속도에 영향을 미치는 요인과 발화온도에 영향을 미치는 요인에 대하여 설명하시오.

2. 시험지에 번호 표기

고체 가연물의 연소속도를 정의(1)하고 연소속도에 영향을 미치는 요인(2)과 발화온도에 영향을 미치는 요인(3)에 대하여 설명하시오.

3. 실제 답안지에 작성해보기

문 3-4) 고체 가연물의 연소속도를 정의하고 연소속도, 발화온도에 영향을 미치는 요인

1. 고체 가연물의 연소속도

정의	화재 시 단위시간과 단위면적당 소비되는 고체 가연물의 감소속도(g/m² · s)
개요도	 연료(Gas) 연료(고체 또는 액체) [연소를 일으키는 열유속의 요소들]
관계식	$\dot{m}'' = \dfrac{\dot{q}''}{L} = \dfrac{\text{순열유속}}{\text{기화열}} = \dfrac{\text{입사열유속} - \text{방사열유속}}{\text{기화열}}$ $= \dfrac{(\text{화염열유속} + \text{외부열유속}) - \text{방사열유속}}{\text{기화열}} (\text{g/m}^2 \cdot \text{s})$

2. 연소속도에 영향을 주는 요인

화염열유속	• 화재 시 발생되는 화염 자체의 열유속 • 구획실 내의 산소와 관련 　－연료지배형 → 환기지배형 화염의 크기 다름 • $q = \varepsilon T^4$
외부열유속	• 화재발생 시 고온이 주변으로부터 전달되는 열유속 • 구획실화재 시 내부온도 상승하면 외부열유속 증가 • 외부열유속의 감소는 환기요소($A\sqrt{H}$) 중요
방사열유속	• 재복사를 통한 손실 열유속 • 손실열유속은 재료의 기화온도일 때 가장 큼
기화열	• 가연물을 기화하는 데 필요한 에너지 : 흡열－분해(기화)－혼합－연소－배출 • 가연물 자체가 가지는 특성

| 기타 | • 주변환경 온도↑, 습도↓, 압력↑일수록 연소속도는 증가
• 소화설비인 SP, 제연설비의 가동으로 연소속도 감소 가능 |

3. 발화온도에 영향을 주는 요인

1) 정의 : 빛, 파장, 열에너지가 주어졌을 때 점화원 없이 스스로 발화할 수 있는 최저온도

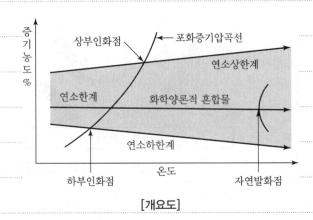

[개요도]

2) 영향요인

관계식	• 발화지연시간 $\log t = (E/RT) + B$ • 발화지연시간이 빠를수록 발화온도는 낮아짐
산소	• 산소농도 증가 시 가연성 가스 분자와 산소 충돌빈도 증가 • 유효충돌횟수 증가로 발화온도 낮아짐 • 당량비 1에 가까울수록 발화온도 낮아짐
온도	온도가 높을수록 반응속도 증가 및 발화점 낮아짐
압력	압력이 높을수록 분자의 운동량 증가로 발화온도 낮아짐
가연물	가연물의 두께, 적재방법, 함수율 등에 따라서 발화온도 달라짐
활성화에너지	활성화에너지 작을수록 발화온도 낮아짐
기타	환기↓, 습도↓, 열용량↓, 열관성↓일수록 발화온도 증가

"끝"

1. 문제

> 「건축법 시행령」과 「건축물의 피난·방화구조 등의 기준에 관한 규칙」에 따른 문화 및 집회시설(공연장)의 개별 관람실(바닥면적 400m²) 내부의 출구 설치기준에 대하여 설명하고, 개별 관람실 출구의 개수와 유효너비를 산정하시오.

2. 시험지에 번호 표기

> 「건축법 시행령」과 「건축물의 피난·방화구조 등의 기준에 관한 규칙」에 따른 문화 및 집회시설(공연장)의 개별 관람실(바닥면적 400m²) 내부의 출구 설치기준(1)에 대하여 설명하고, 개별 관람실 출구의 개수와 유효너비를 산정(2)하시오.

Tip 계산 문제는 개요, 정의를 작성하기보다는 계산식과 답을 정확히 맞추는 게 중요합니다.

3. 실제 답안지에 작성해보기

문 3-5) 공연장의 개별 관람실 내부의 출구 설치기준, 출구의 개수와 유효너비를 산정

1. 개별관람실 내부 출구 설치기준

   1) 대상

   ① 제2종 근린생활시설 중 공연장, 종교집회장 : 해당 용도 바닥면적 300m² 이상

   ② 문화 및 집회시설 : 전시장 및 동·식물원 제외

   ③ 종교시설, 위락시설, 장례시설

   2) 설치기준

개요도	 −종교시설 −위탁시설 −장례식장 −공연장 안팎여닫이 안여닫이
출구형태	건축물의 관람실 또는 집회실로부터 바깥쪽으로의 출구로 쓰이는 문은 안여닫이 금지
공연장	• 문화 및 집회시설 중 공연장의 개별 관람실의 출구 　−바닥면적이 300m² 이상인 것 　−관람실별로 2개소 이상 설치할 것 　−각 출구의 유효너비는 1.5m 이상일 것 　−개별 관람실 출구의 유효너비의 합계는 개별 관람실의 바닥면적 100m² 마다 0.6m의 비율로 산정한 너비 이상

2. 개별 관람실 출구의 개수와 유효너비

1) 출구의 개수

2개소 이상 설치

2) 유효너비

관계식	유효너비의 합계 $= \dfrac{\text{개별관람실 바닥면적}(\text{m}^2)}{100\text{m}^2} \times 0.6\text{m}$
계산요소	바닥면적 : 400m²
계산	• $\dfrac{400}{100} \times 0.6 = 2.4\text{m}$ 이상 • 각 출구의 유효너비는 최소 1.5m 이상
답	• 출구 개수 : 2개소 이상 • 각 출구 유효너비 : 1.5m 이상

"끝"

1. 문제

「사업장 위험성평가에 관한 지침」(고용노동부 고시)에서 규정하는 사업장 위험성 평가와 관련하여 다음 사항을 설명하시오.

(1) 위험성평가 정의

(2) 위험성평가 실시 시기

(3) 위험성평가 절차 및 주요내용

2. 시험지에 번호 표기

「사업장 위험성평가에 관한 지침」(고용노동부 고시)에서 규정하는 사업장 위험성 평가와 관련하여 다음 사항을 설명하시오.

(1) 위험성평가 정의(1)

(2) 위험성평가 실시 시기(2)

(3) 위험성평가 절차 및 주요내용(3)

3. 실제 답안지에 작성해보기

문	3-6) 위험성평가 정의, 위험성평가 실시 시기, 위험성평가 절차 및 주요내용

1. 위험성 평가 정의

사업주가 스스로 유해·위험요인을 파악하고 해당 유해·위험요인의 위험성 수준을 결정하여, 위험성을 낮추기 위한 적절한 조치를 마련하고 실행하는 과정

2. 위험성 평가 시기

최초
위험성평가
	• 사업이 성립된 날로부터 1개월이 되는 날까지 착수
	   -1개월 미만의 기간 동안 이루어지는 작업 또는 공사
	   -작업 또는 공사 개시 후 지체 없이 최초 위험성평가를 실시

수시 위험성평가	• 사업장 건설물의 설치·이전·변경 또는 해체 • 기계·기구, 설비, 원재료 등의 신규 도입 또는 변경 • 건설물, 기계·기구, 설비 등의 정비 또는 보수 • 작업방법 또는 작업절차의 신규 도입 또는 변경 • 중대산업사고 또는 산업재해 발생 • 그 밖에 사업주가 필요하다고 판단한 경우
적정성 재검토	• 기계·기구, 설비 등의 기간 경과에 의한 성능 저하 • 근로자의 교체 등에 수반하는 안전·보건과 관련되는 지식 또는 경험의 변화 • 안전·보건과 관련되는 새로운 지식의 습득 • 현재 수립되어 있는 위험성 감소대책의 유효성 등
상시적 위험성평가	상시적 위험성평가 이행 시 수시평가와 정기평가 실시한 것으로 봄 ① 매월 1회 이상 근로자 제안제도 활용, 아차사고 확인, 작업과 관련된 근로자를 포함한 사업장 순회점검 등을 통해 사업장 내 유해·위험요인을 발굴하여 위험성 결정 및 위험성 감소대책 수립·실행을 할 것 ② 매주 안전보건관리책임자, 안전관리자, 보건관리자, 관리감독자 등을 중심으로 ①의 결과 등을 논의·공유하고 이행상황을 점검할 것 ③ 매 작업일마다 ①과 ②의 실시결과에 따라 근로자가 준수하여야 할 사항, 주의사항을 작업 전 안전점검회의 등을 통해 공유·주지할 것

3. 위험성평가 절차 및 주요내용

1) 절차도

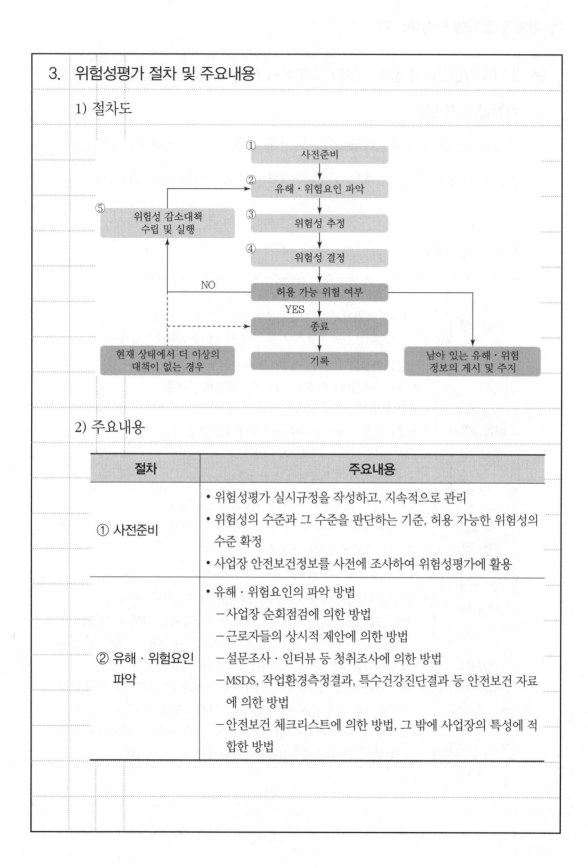

2) 주요내용

절차	주요내용
① 사전준비	• 위험성평가 실시규정을 작성하고, 지속적으로 관리 • 위험성의 수준과 그 수준을 판단하는 기준, 허용 가능한 위험성의 수준 확정 • 사업장 안전보건정보를 사전에 조사하여 위험성평가에 활용

② 유해·위험요인 파악	• 유해·위험요인의 파악 방법
	   －사업장 순회점검에 의한 방법
	   －근로자들의 상시적 제안에 의한 방법
	   －설문조사·인터뷰 등 청취조사에 의한 방법
	   －MSDS, 작업환경측정결과, 특수건강진단결과 등 안전보건 자료에 의한 방법
	   －안전보건 체크리스트에 의한 방법, 그 밖에 사업장의 특성에 적합한 방법

절차	주요내용
③ 위험성 결정	• 사업주는 파악된 유해 · 위험요인이 근로자에게 노출되었을 때의 위험성을 위험의 수준 따른 기준에 의해 판단 • 사업주는 판단한 위험성의 수준이 허용 가능한 위험성의 수준인지 결정
④ 위험성 감소대책 수립 및 실행	• 허용 가능한 위험성이 아니라고 판단한 경우 위험성 감소를 위한 대책을 수립 　－위험한 작업의 폐지 · 변경, 유해 · 위험물질 대체 등의 조치 　－연동장치, 환기장치 설치 등의 공학적 대책 　－사업장 작업절차서 정비 등의 관리적 대책 　－개인용 보호구의 사용 • 위험성 감소대책 실행 후 위험성 수준이 허용 가능한 위험성 수준인지를 확인 • 허용 가능한 위험성 수준으로 내려오지 않는 경우 추가의 감소대책을 수립 • 사업주는 중대재해, 중대산업사고 또는 심각한 질병 등 위험성 감소대책의 실행에 많은 시간이 필요한 경우 즉시 잠정적인 조치를 강구
⑤ 결과 기록 및 보존	• 위험성평가를 위해 사전조사 한 안전보건정보 • 그 밖에 사업장에서 필요하다고 정한 사항 • 기록의 최소 보존기한은 실시 시기별 위험성평가를 완료한 날부터 기산

1. 문제

> 할로겐화합물 및 불활성 기체 소화설비와 관련하여 NFPA 2001에서 제시한 다음 사항에 대하여 설명하시오.
>
> (1) 소화약제의 인체노출 제한기준
>
> (2) 안전 요구사항

2. 시험지에 번호 표기

> 할로겐화합물 및 불활성 기체 소화설비(1)와 관련하여 NFPA 2001에서 제시한 다음 사항에 대하여 설명하시오.
>
> (1) 소화약제의 인체노출 제한기준(2)
>
> (2) 안전 요구사항(3)

Tip NFPA 2001에 대한 답을 요구하고 있기 때문에 마지막 소견에 국내의 기준에 대한 개선점에 대해 작성합니다.

3. 실제 답안지에 작성해보기

문 4-1) NFPA 2001에서 소화약제의 인체노출 제한기준, 안전 요구사항 설명

1. 개요

1) 할로겐화합물 소화약제

정의	• 불소, 염소, 브롬 또는 요오드 중 하나 이상의 원소를 포함하고 있는 유기화합물을 기본성분으로 하는 소화약제 • NOAEL, LOAEL, PBPK 통한 인체 노출 제한
NOAEL	• NOAEL : NO Observable Adverse Effect Level • 심장에 독성이 미치지 않는 최고 농도
LOAEL	• LOAEL : Lowest Observed Adverse Effect Level • 시험물질을 시험동물에 투여하였을 때 독성이 나타나는 최소용량
PBPK	• PBPK : Physiologically Based Pharmacokinetic 모델링 • 생리학적 약물동태학 : 컴퓨터 수치계산 모델링 • 할로겐화합물에 노출되었을 때, 인체에 흡수된 소화약제의 농도가 LOAEL과 일치되는 시점을 기준으로 한 것

2) 불활성 기체 소화약제

정의	헬륨, 네온, 아르곤 또는 질소가스 중 하나 이상의 원소를 기본성분으로 하는 소화약제
NEL	• No Effect Level(NOAEL) • 저산소 분위기에서 인체에 영향을 주지 않는 최대농도(설계농도 − 12% O_2)
LEL	• Low Effect Level(LOAEL) • 저산소 분위기에서 인체에 생리적 영향을 주는 최소농도(설계농도 − 10% O_2)

2. 소화약제의 인체노출 제한기준

1) 할로겐화합물

PBPK	상주/비상주	설계농도	적용
PBPK 자료 있을 경우	상주	PBPK 5분 이상 농도	5분 이내 노출 허용
		PBPK 5분 이하 농도	허용 안 됨
	비상주	설계농도 < LOAEL	제한사항 없음
		설계농도 > LOAEL	PBPK 제한사항 따름
PBPK 자료 없을 경우	상주	설계농도 < LOAEL	5분 이내 피난 가능
	비상주	설계농도 < LOAEL	1분 이내 피난 가능
		설계농도 > LOAEL	30초 이내 피난 가능

2) 불활성 기체

상주/비상주	최대농도	산소농도	적용
상주	43% 미만	12% 이상	노출시간 5분 이하 수단 마련
	43~52%	10~12%	노출시간 3분 이하 수단 마련
비상주	52~62%	8~10%	노출시간 30초 이하 수단 마련
	62% 이상	8% 미만	노출우려 금지

3. 안전요구사항

진입방지 및 안전장치	• 방호 공간에서의 신속한 대피 및 진입의 방지를 보장 • 갇힌 사람을 신속하게 구조할 수 있는 적절한 안전장치를 제공
안전사항 고려	교육, 경고표지, 방출경보기, 자급식호흡기(SCBA), 대피계획, 소방훈련 등 고려
약제의 방호공간 구역 외 이동 고려	• 약제의 농도가 NOAEL 이상 시 분해생성물 및 인접공간 크기 고려 • 약제 방출 후 방호공간 개방, 환기 시 경로 고려

상주공간 설계농도	• 설계농도가 상주공간에 사용하도록 승인된 농도를 초과하는 경우 − 감시되는 수동 시스템 잠금 밸브 − 공압식(뉴메틱) 방출 전 경보장치(불활성 가스에 의한 작동) − 공압식(뉴메틱) 시간 지연 장치 − 경고 신호 표지
가스용기취급, 이동 전	• 용기 배출구가 시스템 배관 입구에 연결되지 않을 때 용기 배출구에는 반동 방지 장치, 실린더 캡 또는 둘 다 설치 • 용기를 고정 브래킷에서 제거하기 전에 액추에이터를 비활성화하거나 제거
안전교육	소화 시스템을 검사, 시험, 유지 보수 또는 작동하는 모든 사람은 안전 교육을 받아야 함

4. 소견

NFPA 2001	• 최고허용 설계농도 규정 • 설계농도에 따른 노출 가능시간 규정 • 설계 및 시공, 유지관리에 관한 규정
국내	• 최고허용설계농도 규정 있음 • 노출시간에 대한 규정 없음 • 설계 및 시공, 유지관리에 관한 규정 없음 • 상기 내용과 같은 규정이 필요하다고 사료됨

"끝"

1. 문제

엘리베이터 피스톤 효과(Piston Effect)에 대하여 설명하고 피스톤 효과로 발생할 수 있는 압력에 대한 해석과 문제점에 대하여 설명하시오.

2. 시험지에 번호 표기

엘리베이터 피스톤 효과(Piston Effect)에 대하여 설명(1)하고 피스톤 효과로 발생할 수 있는 압력에 대한 해석(2)과 문제점(3)에 대하여 설명하시오.

3. 실제 답안지에 작성해보기

문 4-2) 엘리베이터 피스톤 효과, 피스톤 효과로 발생할 수 있는 압력에 대한 해석과 문제점

1. 엘리베이터 피스톤 효과

정의	엘리베이터의 이동경로는 일정한 승강로를 따라 상승 및 하강하기 때문에 움직이는 방향으로 압력이 상승하고 반대쪽에는 압력이 하강하게 되는데 이것을 엘리베이터에 의한 피스톤효과(Piston Effect)라 함
승강기 운행 시 압력변화	• 엘리베이터 상승 시 　- Car 진행방향 : 과압상태로 승강기 문 등 개구부를 통하여 압력 배출 　- Car 후방부 : 부압으로 외부 및 실내공기 유입 • 엘리베이터 하강 시 　- Car 진행방향 : 과압상태로 승강기 문 등 개구부를 통하여 압력 배출 　- Car 후방부 : 부압으로 외부 및 실내공기 유입

2. 피스톤 효과로 발생할 수 있는 압력에 대한 해석

개요도	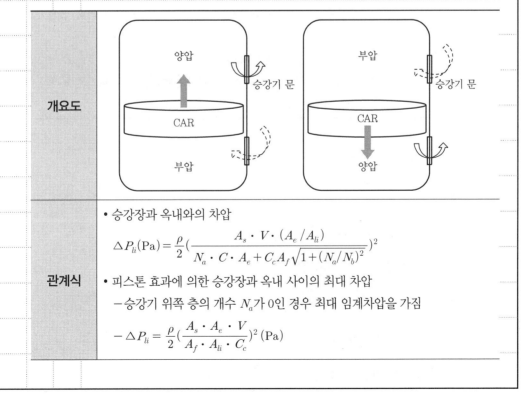
관계식	• 승강장과 옥내와의 차압 $$\triangle P_{li}(\mathrm{Pa}) = \frac{\rho}{2}\left(\frac{A_s \cdot V \cdot (A_e / A_{li})}{N_a \cdot C \cdot A_e + C_c A_f \sqrt{1 + (N_a / N_b)^2}}\right)^2$$ • 피스톤 효과에 의한 승강장과 옥내 사이의 최대 차압 　- 승강기 위쪽 층의 개수 N_a가 0인 경우 최대 임계차압을 가짐 $$-\triangle P_{li} = \frac{\rho}{2}\left(\frac{A_s \cdot A_e \cdot V}{A_f \cdot A_{li} \cdot C_c}\right)^2 (\mathrm{Pa})$$

관계식	$-$누설면적 $A_e = \left(\dfrac{1}{A_{sl}^2} + \dfrac{1}{A_{io}^2} \right)^{-\frac{1}{2}}$
고려사항	• $\triangle P_{li}$: 승강기 Car의 운행으로 발생된 차압(Pa) • ρ : 승강로 내의 공기 밀도 • A_s : 승강로의 단면적 • A_e : 승강로와 외부 사이의 층단유효 유동면적 • A_{sl} : 승강로와 승강장 사이의 누설면적 • A_{io} : 옥내와 외부 사이의 누설면적 • V : 승강기 Car의 속도 • A_{li} : 승강장과 옥외 사이의 누설면적 • A_f : 승강로 내부 Car 주변의 자유유동면적 • C_c : 승강기 Car 주변의 흐름계수(무차원) 　$-$복수 Car용 승강로 : $C_c \fallingdotseq 0.94$ 　$-$단수 Car용 승강로 : $C_c \fallingdotseq 0.83$
해석	•승강장과 옥내와의 차압 증가 　$-$승강로 단면적, 승강로와 외부 사이 유동면적이 클수록 　$-$승강로 내부 Car 주변 유동면적, 승강장과 옥외 사이 누설면적, 흐름계수가 작을수록 　$-$승강기 Car의 속도가 빠를수록 증가 •1대용의 승강기 승강로에서 고속 승강기가 운행하는 경우 피스톤 효과가 더욱 커지며, 2대용의 승강로에서는 피스톤 효과가 현저히 작아짐

3. 피스톤 효과의 문제점

1) 문제점

① 연기확산으로 피난안전성 저하

② 공기의 공급으로 인한 화세 확대

③ 승강로를 통한 기류이동 가속

④ 제연설비의 성능 저하

⑤ 차압과 방연풍속 영향

2) 대책

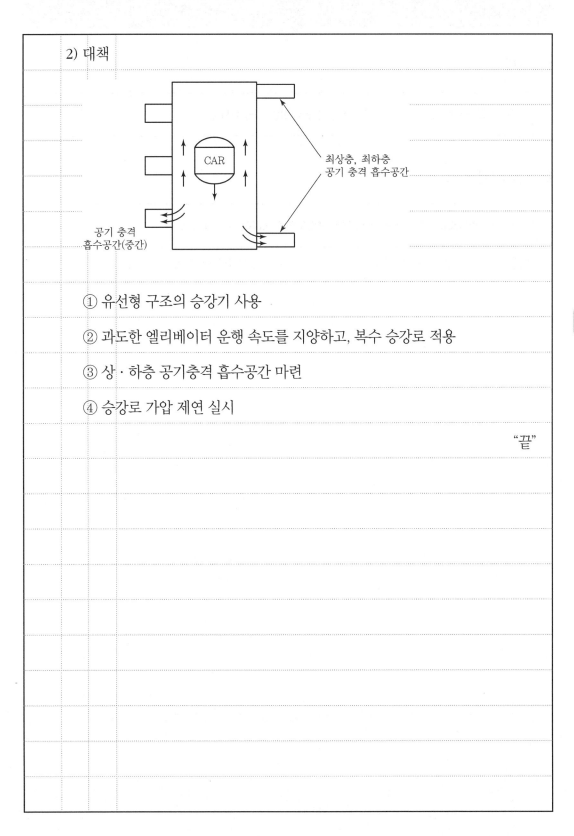

① 유선형 구조의 승강기 사용

② 과도한 엘리베이터 운행 속도를 지양하고, 복수 승강로 적용

③ 상·하층 공기충격 흡수공간 마련

④ 승강로 가압 제연 실시

"끝"

1. 문제

스프링클러설비의 수리계산 절차 및 방법에 대하여 설명하시오.

2. 시험지에 번호 표기

스프링클러설비의 수리계산(1) 절차 및 방법(2)에 대하여 설명하시오.

Tip NFPA 규정이 나오면 국내 규정과 비교하는 내용이 답안에 포함되어야 합니다.

3. 실제 답안지에 작성해보기

문 4 - 3) 스프링클러설비의 수리계산 절차 및 방법

1. 개요

① 수리계산은 방호대상의 위험용도에 따른 설계면적과 살수밀도를 설계자가 결정하여 주수계 획과 배관계획을 세워 설계하는 방식

② 국내에서도 성능위주설계 시 수리계산에 의하며, 고층건축물의 설계방식에도 수리계산을 적용함

2. 수리계산의 절차 및 방법

절차	방법
1단계	• 방호대상물의 위험용도 분류 <table><tr><td rowspan="2">구분</td><td rowspan="2">경급</td><td colspan="2">중급</td><td colspan="2">상급</td></tr><tr><td>I</td><td>II</td><td>I</td><td>II</td></tr><tr><td>가연물량, 가연성, 열방출률</td><td>적다</td><td>중간</td><td>중간 이상</td><td>매우 많음</td><td>매우 많음</td></tr><tr><td>적재높이</td><td></td><td>2.4m 이하</td><td>3.7m 이하</td><td></td><td></td></tr><tr><td>인화성 · 가연성 액체</td><td></td><td></td><td></td><td>거의 없음</td><td>매우 많음</td></tr></table>
2단계	• 설계면적 및 살수 밀도 : 그래프를 통한 결정

절차	방법
3단계	• 설계면적 내 헤드 수 산출 $$\text{총 헤드 수} = \frac{\text{설계면적}(m^2)}{\text{스프링클러헤드 1개의 방호면적}(m^2)} \text{ (소수점 이하 절상)}$$ 헤드 1개의 방호면적 = 헤드간격 + 가지관 사이 간격
4단계	• 설계면적의 길이 결정 $$\text{길이}(L) = 1.2\sqrt{A(\text{설계면적})}$$
5단계	• 설계면적 내 가지배관상의 헤드 수 결정 $$\text{헤드 수} = \frac{\text{가지배관 방향의 길이}}{\text{헤드 간격}}$$
6단계	• 말단헤드의 유량 및 방수압 결정 말단헤드유량 = 살수밀도(LPM/m^2) × 헤드 1개의 방호면적(m^2) • 방수압력 $$Q = K\sqrt{P} \rightarrow P = \left(\frac{Q}{K}\right)^2 \quad \text{여기서, } P : \text{방수압력, } Q : \text{유량, } K : \text{K-Factor}$$
7단계	• 말단헤드 → 펌프 배관마찰손실 계산 • 각 헤드의 유량 및 방수압 결정
8단계	펌프의 용량 및 수원 결정

3. 국내와의 비교

구분	국내	NFPA
방호대상물의 화재위험도	용도별 · 규모별 결정	• 화재가혹도 산정 • 경급, 중급 I · II, 상급 I · II
SP 작동면적	기준 개수가 설계면적 (10/20/30개)	설계면적 및 살수밀도 그래프에서 결정
살수밀도	수평거리가 살수밀도	설계면적 및 살수밀도 그래프에서 결정
방호구역형태	설계면적 형태와 무관	• $L = 1.2 \times \sqrt{\text{설계면적}}$ − 노즐의 방사압, 유량이 일정하지 않기에 설계면적의 크기와 형태결정이 필요
유량, 방사압	• 말단 유량 : 80LPM • 방수압 : 0.1MPa	• 말단 유량 : 살수밀도에 의한 결정 • 방수압 0.05MPa

4.	소견	
	1) 수리계산대상	
		① 성능위주 설계대상 및 고층건축물 수리계산 대상만 실시
		② 수리계산 대상 확대로 경제적, 정량적 주수, 배관계획 확립 필요하다고 사료됨
	2) 설계 시	
		① 설계면적 및 살수 밀도 설계자에 의한 결정
		② Data Base 및 교육확대로 설계의 질적 향상이 필요하다고 사료됨

"끝"

131회

1. 문제

「화재의 예방 및 안전관리에 관한 법률」에 따라 건설현장의 소방안전관리를 위한 소방안전관리대상물의 범위, 선임기간, 건설현장 소방안전관리자의 업무 및 건설현장에 설치하는 임시소방시설의 종류에 대하여 설명하시오.

2. 시험지에 번호 표기

「화재의 예방 및 안전관리에 관한 법률」에 따라 건설현장의 소방안전관리(1)를 위한 소방안전관리대상물의 범위(2), 선임기간(3), 건설현장 소방안전관리자의 업무(4) 및 건설현장에 설치하는 임시소방시설의 종류(5)에 대하여 설명하시오.

3. 실제 답안지에 작성해보기

문	**4-4) 건설현장의 소방안전관리대상물의 범위, 선임기간, 소방안전관리자의 업무 및 임시소방시설의 종류**

1. 개요

① 건설현장 소방안전관리자는 건설현장에서 선임기간동안 화재발생 및 안전사고 예방을 위한 업무를 수행하는 자

② 시공자는 소방안전관리자를 선임하고, 임시소방시설을 갖춰 화재에 대비, 대응해야 함

2. 건설현장의 소방안전관리 대상물의 범위

구분	기준
연면적	• 신축 · 증축 · 개축 · 재축 · 이전 · 용도변경 또는 대수선을 하려는 부분 • 연면적의 합계가 1만 5천m² 이상
연면적+층, 창고	• 신축 · 증축 · 개축 · 재축 · 이전 · 용도변경 또는 대수선을 하려는 부분 • 연면적이 5천m² 이상 + 　- 지하층의 층수가 2개 층 이상인 것 　- 지상층의 층수가 11층 이상인 것 　- 냉동창고, 냉장창고 또는 냉동 · 냉장창고

3. 선임기간

① 선임 시 소방본부장 · 소방서장에게 신고

② 소방 시설공사 착공 신고일부터 건축물 사용승인일까지

4. 건설현장의 안전관리자의 업무

① 건설현장의 소방계획서의 작성

② 임시소방시설의 설치 및 관리에 대한 감독

③ 공사진행 단계별 피난안전구역, 피난로 등의 확보와 관리

④ 건설현장의 작업자에 대한 소방안전 교육 및 훈련

⑤ 초기대응체계의 구성·운영 및 교육

⑥ 화기취급의 감독, 화재위험작업의 허가 및 관리

⑦ 그 밖에 건설현장의 소방안전관리와 관련하여 소방청장이 고시하는 업무

4. 임시소방시설의 종류

종류	설치대상	면제기준
소화기	• 건축허가 동의 대상 • 화재위험 작업현장	
간이소화장치	• 연면적 3,000m² 이상인 작업장 • 지하층, 무창층 및 4층 이상의 층 + 해당 층의 바닥면적이 600m² 이상인 작업장	소화기, 옥내소화전
비상경보장치	• 연면적 400m² 이상인 작업장 • 지하층 또는 무창층으로서 해당 층의 바닥면적이 150m² 이상인 작업장	비상방송설비, 자동화재탐지설비
가스누설경보기	지하층 또는 무창층으로서 해당 층의 바닥면적이 150m² 이상인 작업장	
간이피난유도선	지하층 또는 무창층으로서 해당 층의 바닥면적이 150m² 이상인 작업장	피난유도선, 피난구유도등, 통로유도등, 비상조명등
비상조명등	지하층 또는 무창층으로서 해당 층의 바닥면적이 150m² 이상인 작업장	
방화포	용접·용단 작업이 진행되는 화재위험작업현장	

"끝"

1. 문제

「화재의 예방 및 안전관리에 관한 법률」에 따라 소방안전 특별관리시설물의 관계인은 정기적인 화재예방안전진단을 받아야 한다. 이때 화재예방안전진단의 대상 및 화재예방안전진단의 실시절차 등에 대하여 설명하시오.

2. 시험지에 번호 표기

「화재의 예방 및 안전관리에 관한 법률」에 따라 소방안전 특별관리시설물의 관계인은 정기적인 화재예방안전진단(1)을 받아야 한다. 이때 화재예방안전진단의 대상(2) 및 화재예방안전진단의 실시절차(3) 등에 대하여 설명하시오.

131회

3. 실제 답안지에 작성해보기

문 4-5) 화재예방안전진단의 대상 및 화재예방 안전진단의 실시절차 등에 대하여 설명
1. 화재예방안전진단
1) 정의
"화재예방안전진단"이란 화재가 발생할 경우 사회·경제적으로 피해 규모가 클 것으로 예상되는 소방대상물에 대하여 화재위험요인을 조사하고 그 위험성을 평가하여 개선대책을 수립하는 것
2) 진단 범위
① 화재위험요인의 조사에 관한 사항
② 소방계획 및 피난계획 수립에 관한 사항
③ 소방시설 등의 유지·관리에 관한 사항
④ 비상대응조직 및 교육훈련에 관한 사항
⑤ 화재 위험성 평가에 관한 사항
⑥ 그 밖에 화재예방진단을 위하여 대통령령으로 정하는 사항
2. 화재예방안전진단 대상
① 연면적이 1천m² 이상인 공항시설
② 역 시설의 연면적이 5천m² 이상인 철도시설
③ 역사 및 역 시설의 연면적이 5천m² 이상인 도시철도시설
④ 여객이용시설 및 지원시설의 연면적이 5천m² 이상인 항만시설
⑤ 전력용 및 통신용 지하구 중 공동구
⑥ 천연가스 인수기지 및 공급망 중 가스시설

⑦ 발전소 중 연면적이 5천m² 이상인 발전소

⑧ 가연성 가스 탱크의 저장용량의 합계가 100톤 이상이거나 저장용량이 30톤 이상인 가연성 가스 탱크가 있는 가스공급시설

3. 화재예방안전진단 실시절차 등

① 최초진단 : 관계인은 건축물 사용승인 혹은 소방시설 완공검사를 받은 날로부터 5년이 경과한 날이 속하는 해에 최초의 화재예방안전진단을 받아야 함

② 안전등급 : 안전등급에 따라 정기적 화재예방안전진단 실시

－우수 : 6년, 양호 · 보통 : 5년, 미흡 · 불량 : 4년이 경과한 날이 속하는 해

안전등급	화재예방안전진단 대상물의 상태
우수(A)	화재예방안전진단 실시 결과 문제점이 발견되지 않은 상태
양호(B)	화재예방안전진단 실시 결과 문제점이 일부 발견되었으나 대상물의 화재안전에는 이상이 없으며 대상물 일부에 대해 따른 보수 · 보강 등의 조치명령이 필요한 상태
보통(C)	화재예방안전진단 실시 결과 문제점이 다수 발견되었으나 대상물의 전반적인 화재안전에는 이상이 없으며 대상물에 대한 다수의 조치명령이 필요한 상태
미흡(D)	화재예방안전진단 실시 결과 광범위한 문제점이 발견되어 대상물의 화재안전을 위해 조치명령의 즉각적인 이행이 필요하고 대상물의 사용 제한을 권고할 필요가 있는 상태
불량(E)	화재예방안전진단 실시 결과 중대한 문제점이 발견되어 대상물의 화재안전을 위해 조치명령의 즉각적인 이행이 필요하고 대상물의 사용 중단을 권고할 필요가 있는 상태

③ 기타 : 그 외 절차 및 방법 등에 관하여 필요한 사항은 행정안전부령 따름

"끝"

1. 문제

「대기환경보전법 시행규칙」에 따라 "저탄시설 옥내화"를 의무화해 2024년까지 모든 석탄화력발전소는 옥내에 석탄을 보관해야 한다. 이러한 옥내 저탄장(Coal Shed)에서 발생 가능한 자연발화의 원인을 분석하고 옥내 저탄장에 적응성 있는 소방시설과 화재 안전대책을 설명하시오.

2. 시험지에 번호 표기

「대기환경보전법 시행규칙」에 따라 "저탄시설 옥내화"를 의무화해 2024년까지 모든 석탄화력발전소는 옥내에 석탄을 보관(1)해야 한다. 이러한 옥내 저탄장(Coal Shed)에서 발생 가능한 자연발화의 원인을 분석(2)하고 옥내 저탄장에 적응성 있는 소방시설과 화재 안전대책(3)을 설명하시오.

3. 실제 답안지에 작성해보기

문 4-6) 옥내 저탄장에서 발생 가능한 자연발화의 원인을 분석, 소방시설과 화
재 안전대책을 설명

1. 개요
① 대기환경의 보전을 위한 석탄화력발전소의 야외 저탄장의 옥내화가 추진되고
있음
② 석탄은 저장·이송 시 자연발화 및 분진폭발의 위험이 있기에 적절한 소방시
설과 화재안전대책이 필요함

2. 자연발화의 원인 분석

1) 자연발화 원인

원인	내용
석탄의 입자	입자가 작을수록 자연발화 가능성이 큼
수분	• 수분 12% 함유 시 자연발화가 잘 일어남 • 수분함량이 15% 이상이면 자연발화가 일어나지 않음
휘발분	휘발분이 많을수록 자연발화가 잘 일어남
온도	온도가 높을수록 자연발화가 잘 일어남

2) 자연발화 메커니즘

① 개요도

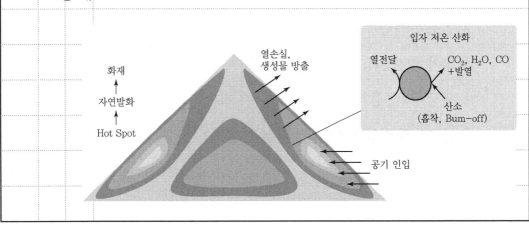

② 메커니즘

석탄 저장 → 공기노출 시 외부환경에 의한 산화발열반응 시작 → 석탄 더미의 내부 공간의 중심부의 발열 > 방열 환경 산화발열반응 가속 → 중심부의 온도상승 지속 발화점 도달 시 발화 → 분진폭발

3. 소방시설 및 화재안전대책

1) 소방시설

감지시설	• 특수감지기 설치 : 광학영상(CCTV) 감지기, CO 감지기, 공기흡입형 감지기 등 • 적외선 열화상 카메라 : 온도상승 감지
소화설비	• 물분무소화설비 • 스프링클러 소화설비 • Weting Agent 첨가 : 소화설비 적응성 높임

2) 화재안전대책

① 저탄 시 Pile 높이를 가능한 낮게 저탄

② 옥내저탄장 온도감지시스템 설치 및 모니터링

③ 자연발화방지제 도포 및 감시카메라 감시

④ 질소 등 불활성가스 투입관 및 분사노즐 설치

⑤ 전기, 집진장치의 분진방폭기기 적용

⑥ 내장재의 불연화 및 시설물 내화구조 적용

⑦ 근로자 및 작업자 소방훈련 및 교육 실시

"끝"

소방기술사 기출문제풀이 2

발행일 | 2024. 6. 20   초판발행

저 자 | 배상일, 김성곤
발행인 | 정용수
발행처 | 예문사

주 소 | 경기도 파주시 직지길 460(출판도시) 도서출판 예문사
T E L | 031) 955 – 0550
F A X | 031) 955 – 0660
등록번호 | 11 – 76호

정가 : 45,000원

ISBN 978-89-274-5481-6 13530